對本書的讚譽

「在未來十年中，每一位偉大的工程師都應該掌握機器學習這項工具。對想要深入研究深度學習、電腦視覺與 NLP，並且設法踏出第一步的人來說，Laurence Moroney 的 *AI and Machine Learning for Coders* 是他們迫切需要的起點。」

—*Dominic Monn*，*Doist* 的機器學習專家

「本書使用 TensorFlow 來徹底讓你理解和實作機器學習與人工智慧模型。它涵蓋了各種深度學習模型及其實際應用，並教你利用 TensorFlow 框架在各種平台上開發和部署 ML/AI 應用程式。我把這本書推薦給想要實作 ML 與 AI 的每一個人。」

—*Jialin Huang* 博士，微軟的資料與應用科學家

「Laurence 的書籍協助我復習 TensorFlow 框架與 Coursera Specialization，並且鼓勵我取得 Google 的認證。如果你有時間，而且想要踏上 ML 之旅，本書將是你練習的起點。」

—*Laura Uzcátegui*，軟體工程師

「對想要踏入 AI/ML 領域的開發者來說，本書是必讀的。它透過實際編寫程式來教導各種範例，而不是透過數學。」

—*Margaret Maynard-Reid*，*ML Google* 開發專家

「這是一本應該放在桌上的深度學習模型實作手冊。」

—*Pin-Yu Chen*，*IBM Research AI* 研究人員

「這本讀起來饒富趣味的書籍將協助你為 AI 與機器學習專案編寫程式，它用直觀的說法和圖表來解釋不容易了解的概念與演算法，而且用很酷的範例程式來教你 AI 與 ML 的關鍵元素。最後，你將為 PC 程式、Android、iOS 與瀏覽器編寫 AI 專案！」

—*Su Fu*，*Alchemist* 的 *CEO*

從程式員到 AI 專家
寫給程式員的人工智慧與機器學習指南

AI and Machine Learning for Coders
A Programmer's Guide to Artificial Intelligence

Laurence Moroney 著
賴屹民 譯

O'REILLY®

目錄

推薦序

親愛的讀者：

AI 即將改變每一個行業，但是幾乎每一個 AI 應用程式都必須視其用途而量身訂作，讀取醫療紀錄的系統與尋找瑕疵品的系統不一樣，它們也都和產品推薦引擎不同。為了讓 AI 充分發揮潛力，工程師需要使用一些工具來幫助他們調整 AI 的功能，以解決數以百萬計的具體問題。

當我領導 Google Brain 團隊時，我們開始建構 TensorFlow 的 C++ 前身——DistBelief。我們非常期待可以利用數千個 CPU 來訓練神經網路（例如，使用 16,000 顆 CPU 用不平衡的 YouTube 影片來訓練貓偵測器）。回顧往日，深度學習有如此長足的進步了！以前最頂尖的技術，現在只要用 3,000 美元的雲端計算點數就可以完成，而且 Google 經常大規模地使用 TPU 和 GPU 來訓練神經網路，在幾年前，這是難以想像的情況。

TensorFlow 同樣有了很大的進步，它的實用性比早期更好了，而且具備豐富的功能，包括模型建構、使用預訓模型，以及在低計算能力的邊緣設備上部署。如今，成千上萬位開發者已經利用它來建構他們自己的深度學習模型。

Google 的 AI Advocate 主管 Laurence Moroney 一直是將 TensorFlow 打造成全球領導 AI 框架的主力，我很榮幸可以透過 deeplearning.ai 與 Coursera 來支援他教導 TensorFlow。這些課程已經指導了 8 萬多位學員，且佳評如潮。

我和 Laurence 之間的友誼有一個出人意外的層面——他也是免費的愛爾蘭詩歌來源，他曾經念這首詩歌給我聽：

Andrew sang a sad old song
fainted through miss milliner
invitation hoops
fainted fainted
[...]

他用傳統的愛爾蘭歌詞來訓練一個 LSTM，並且讓它做出上面那幾行詩歌。既然 AI 可以打開這種有趣的大門了，誰不想參與其中？你可以 (i) 展開推動人道主義的專案，(ii) 提升你的職涯，以及 (iii) 獲得免費的愛爾蘭歌詞。

希望你在學習 TensorFlow 的過程中一切順利。有 Laurence 當你的導師，你將開啟一場偉大的冒險旅程。

學習不懈！

— *Andrew Ng*
deeplearning.ai 的創辦人

前言

歡迎閱讀《*從程式員到 AI 專家*》，我在好幾年前就想要寫這本書了，但是直到機器學習（ML）和（尤其是）TensorFlow 最近的進展，我才能將這個想法付諸實踐。本書的目的是幫你這位程式員做好準備，讓你有能力面對許多機器學習場景，你**不需要**取得博士學位就可以成為一位 ML 和 AI 開發者！希望你以後會覺得這是一本有用的書，它將讓你充滿信心，開始這趟美妙且滿載而歸的旅程。

誰該閱讀本書？

如果你對 AI 和 ML 有興趣，而且想要快速地建立一個能夠從資料中學習的模型，那麼這本書就很適合你。如果你想要從常見的 AI 和 ML 概念學起（電腦視覺、自然語言處理、序列建模…等），而且想要知道如何訓練神經模型來解決這些領域的問題，我認為你會喜歡這本書。如果你已經訓練過模型，而且想要透過手機、瀏覽器或雲端來讓用戶使用，本書也是為你而寫的！

最重要的是，如果你因為覺得困難，而一直猶豫是否該踏入這個有價值的電腦科學領域，尤其是你認為你必須重拾塵封已久的微積分書本，別怕，本書採取程式優先的做法，讓你知道使用 Python 和 TensorFlow 來踏入機器學習和人工智慧的大門有多麼簡單。

著作動機

我是在 1992 年春天開始認真地從事人工智慧的，當時我剛取得物理學學位，住在倫敦，糟遇可怕的經濟困境，有 6 個月找不到工作。那時英國政府啟動一項專案，準備訓練 20 位 AI 技術人才，開始接受應徵申請。我是第一個被錄取的，經過三個月之後，這項專案以失敗告終，因為儘管在**理論**上，AI 可以完成大量的工作，我們卻無法用簡單的方法來**實踐**它。當時，我可以用 Prolog 語言來撰寫簡單的推理程式，並且用 Lisp 語言來執行串列處理，但沒有人知道如何在業界部署它們，然後，我進入著名的「AI 寒冬」。

2016 年，當我在 Google 參與 Firebase 專案時，Google 為所有工程師提供了機器學習訓練，當時我們一起坐在一間房間裡，聽著關於微積分和梯度下降的講座，我根本無法把那些東西與 ML 的實作聯繫起來，這讓我想到 1992 年的場景，我把這個感受，以及我們應該如何教育 ML 人才的想法回饋給 TensorFlow 團隊，他們在 2017 年錄取我。隨著 TensorFlow 2.0 在 2018 年發表，特別是它的重心是可以讓開發者更容易入門的高階 API，我認為必須用一本書來教大眾利用它使用 ML，免得只有數學家或博士能夠使用 ML。

我相信，有越多人使用這項技術，並且部署它來讓終端用戶使用，就會大幅增加 AI 與 ML 的數量，從而避免另一次 AI 寒冬的降臨，並且讓世界更加美好。我已經看到它的影響了，包括 Google 的糖尿病視網膜病變研究、賓洲洲立大學與 PlantVillage 建構了一個行動 ML 模型來協助農夫診斷木薯病、無國界醫生組織使用 TensorFlow 模型來協助診斷抗生素抗藥性，族繁不及備載！

本書簡介

本書有兩大部分。第一部分（第 1–11 章）討論如何在各種場景之下使用 TensorFlow 來建構機器學習模型，它將帶你從第一原理（用只有一個神經元的神經網路來建構模型）經歷電腦視覺、自然語言處理，以及序列建模。接下來的第二部分（第 12–20 章）將協助你將模型植入別人手裡的 Android 和 iOS、用 JavaScript 植到瀏覽器，以及透過雲端提供服務。大多數的章節都是互相獨立的，所以你可以跳到各章來學習新知識，當然，你也可以從頭到尾看完這本書。

你需要了解的技術

本書前半部分的目標是協助你學習如何使用 TensorFlow 來以各種架構建立模型，唯一的先決條件是了解 Python，尤其是 Python 的資料表示法和陣列處理法。你可能也要了解 NumPy，它是進行數值計算的 Python 程式庫。如果你不熟悉它們，它們都很容易學習，你應該可以在過程中認識它們（不過有些陣列標示法或許比較難以掌握）。

在第二部分中，我通常不會教導語言知識，而是展示如何在各種語言裡面使用 TensorFlow 模型。因此，舉例來說，在介紹 Android 的那一章（第 13 章），你將學會如何以 Kotlin 和 Android studio 來建構 app，在介紹 iOS 的那一章（第 14 章），你將學會用 Swift 和 Xcode 來建構 app。我不會教導這些語言的語法，所以如果你不熟悉它們，你可能需要閱讀入門教材，由 Jonathon Manning、Paris Buttfield-Addison 和 Tim Nugent 合著的 *Learning Swift*（O'Reilly）是很棒的選擇，繁體中文版《*Swift* 學習手冊》由碁峰資訊出版。

線上資源

本書使用和提供各種線上資源，建議你至少關注一下 TensorFlow（*https://www.tensorflow.org*）和它的 YouTube 頻道（*https://www.youtube.com/tensorflow*），來了解本書談到的技術有沒有任何更新和重大變化。

本書的程式碼位於 *https://github.com/lmoroney/tfbook*，我會隨著平台的演進而持續更新它。

本書編排慣例

本書使用下列的編排規則：

斜體字（*Italic*）

　代表新術語、URL、email 地址、檔名，與副檔名。中文以楷體表示。

定寬字（`Constant width`）

　在長程式中使用，或是在文章中代表變數、函式名稱、資料庫、資料型態、環境變數、陳述式、關鍵字等程式元素。

定寬粗體字（**`Constant width bold`**）

代表應由使用者親自輸入的命令或其他文字。

這個圖案代表註解。

使用範例程式

本書旨在協助你完成工作。一般來說，除非你更動了程式的重要部分，否則你可以在自己的程式或文件中使用本書的程式碼而不需要聯繫出版社取得許可。例如，使用這本書的程式段落來編寫程式不需要取得許可，出售或發表 O'Reilly 書籍的範例則需要取得許可。引用這本書的內容與範例程式碼來回答問題不需要我們的許可，但是在產品的文件中大量使用本書的範例程式則需要我們的許可。

我們很感謝你在引用它們時標明出處（但不強制要求），出處一般包含書名、作者、出版社和 ISBN。例如：「*AI and Machine Learning for Coders*, by Laurence Moroney. Copyright 2021 Laurence Moroney, 978-1-492-07819-7.」。

如果你覺得自己使用範例程式的程度超出上述的允許範圍，歡迎隨時與我們聯繫：*permissions@oreilly.com*。

誌謝

感謝幫助我完成這本書的人。

Jeff Dean 給我機會進入 TensorFlow 團隊，開啟我的 AI 之旅的第二階段。我還要感謝團隊的其他成員，人數實在太多了，特別感謝 Sarah Sirajuddin、Megan Kacholia、Martin Wicke 與 Francois Chollet 出色的領導和工程技術！

Kemal El Moujahid、Magnus Hyttsten 與 Wolff Dobson 領導了 TensorFlow 開發者關係團隊，他們建立了一個平台，讓人們可以用 TensorFlow 來學習 AI 與 ML。

撰寫本書推薦序的 Andrew Ng 信任我教導 Foreword 的方法，我和他一起在 Coursera 創作了三個專業課程，教導成千上萬名學員如何用機器學習和 AI 來取得成功。Andrew 也在 deeplearning.ai（*https://www.deeplearning.ai*）帶領一個團隊，協助我成為更好的機器學習創作者，團隊的成員包括 Ortal Arel、Eddy Shu 與 Ryan Keenan。

還有讓本書得以出版的 O'Reilly 團隊：Rebecca Novack 與 Angela Rufino，如果沒有他們的辛勞，我就無法完成這本書！

致傑出的校閱團隊：Jialin Huang、Laura Uzcátegui、Lucy Wong、Margaret Maynard-Reid、Su Fu、Darren Richardson、Dominic Monn 和 Pin-Yu。

當然，最重要的是我的家人（甚至比 Jeff 和 Andrew 更重要 ;) ），他們讓最重要的東西變得有意義：我的太太 Rebecca Moroney、女兒 Claudia Moroney 和兒子 Christopher Moroney。感謝你們讓我的生命比想像中更美好。

第一部分

建構模型

第一章

TensorFlow 簡介

若要製作人工智慧（AI），機器學習（ML）與深度學習是很棒的起點，但是，在初期，一般人很容易被所有的選項和新術語搞得不知所措，本書希望為程式員揭開神秘的面紗，帶領你藉著編寫程式來實作機器學習和深度學習的概念，並且在電腦視覺、自然語言處理（NLP）及其他場景中，建立出展現類似人類行為的模型，因此，它們是一種合成的，或人工的智慧。

但是我們說的**機器學習**究竟是什麼東西？在深入討論之前，我們先從程式員的角度來了解它，然後，本章將告訴你如何安裝業界的工具，包括 TensorFlow 本身，以及寫程式和除錯 TensorFlow 模型的環境。

什麼是機器學習？

在了解 ML 的來龍去脈之前，我們先從傳統程式設計的角度來看看它是如何演變的。我們先討論什麼是傳統程式設計，然後想一下它在哪些情況之下能力有限。接下來，我們會了解為了處理這些案例，ML 是如何進化並且開啟實作新場景的新機會，從而解鎖許多人工智慧的概念。

傳統的程式設計需要編寫規則，用程式語言來表達規則，讓它處理資料並提供答案。幾乎所有可以用程式來編寫的東西都是如此。

例如，受歡迎的打磚塊遊戲用程式碼來決定球的移動方向、分數，以及贏得或輸掉遊戲的各種條件，想一下球從磚塊反彈的情況，如圖 1-1 所示。

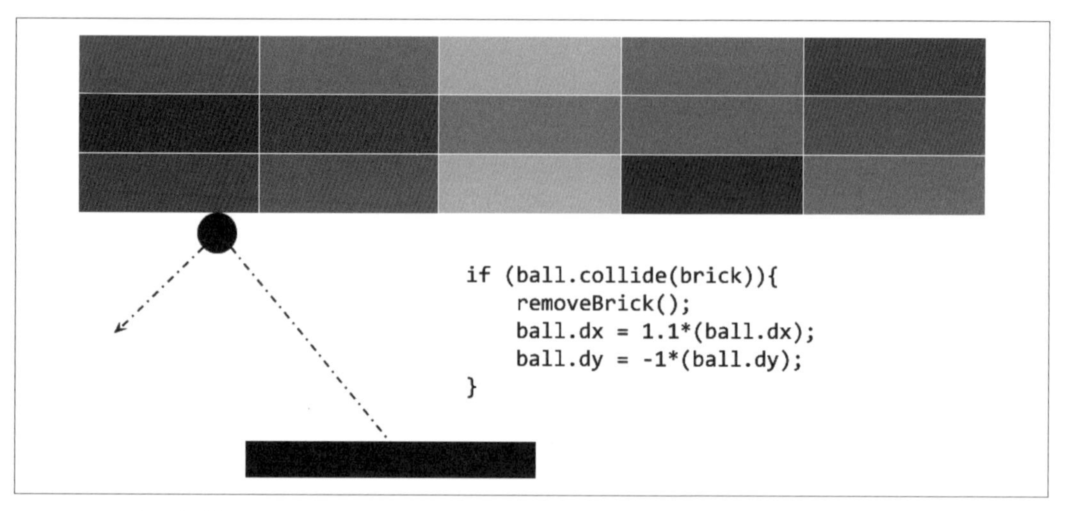

圖 1-1　打磚塊遊戲的程式

球的移動方向可以用它的 dx 與 dy 屬性來決定，當它打到磚塊時，磚塊會被移除，球的速度會增加，方向也會改變，這段程式根據與遊戲情況有關的資料採取行動。

舉另一個例子——金融服務場景。你有關於公司股票的資料，例如它的現價和目前盈餘，你可以用圖 1-2 的程式來計算一個稱為 P/E（市價除以每股盈餘）的比率。

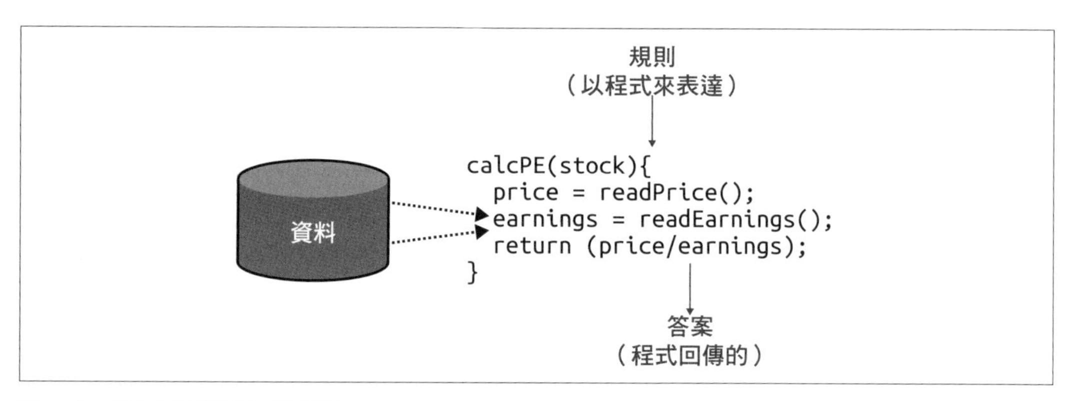

圖 1-2　金融服務場景的程式碼

你的程式會讀取價格，讀取盈餘，然後回傳一個前者除以後者的值。

如果我試著用一張圖表來總結這種傳統程式，它應該會類似圖 1-3。

圖 1-3　傳統程式設計的高階視角

如你所見，我們用程式語言來描述規則，用這些規則來處理資料，結果就是答案。

傳統程式設計的限制

圖 1-3 的模式從最初就是開發的主幹，但是它有一個固有的限制：只能處理可以找出規則的場景。其他的場景呢？通常因為程式會過於複雜，所以不可能開發出來，根本無法用程式來處理。

例如，考慮偵測活動的情況。可以偵測活動的健康監視器是最近出現的一項創新，之所以直到最近才出現，不僅因為它價格低廉、體積很小，也因為進行偵測的演算法以前根本寫不出來，我們來研究一下原因。

圖 1-4 是簡單的偵測走路的活動演算法，透過人的移動速度來偵測，如果它少於某個值，我們就可以認為他們應該在走路。

圖 1-4　偵測活動的演算法

因為我們的資料是速度，我們可以擴展程式，來偵測他們是不是在跑步（圖 1-5）。

圖 1-5　擴展演算法來偵測跑步

如你所見，我們可以藉著判斷速度低於某個值（假如是 4 英里）來認出用戶在走路，否則他就是在跑步。這在某方面來說是可行的。

假設我們要將這段程式擴展成另一種流行的健身運動——騎單車，演算法如圖 1-6 所示。

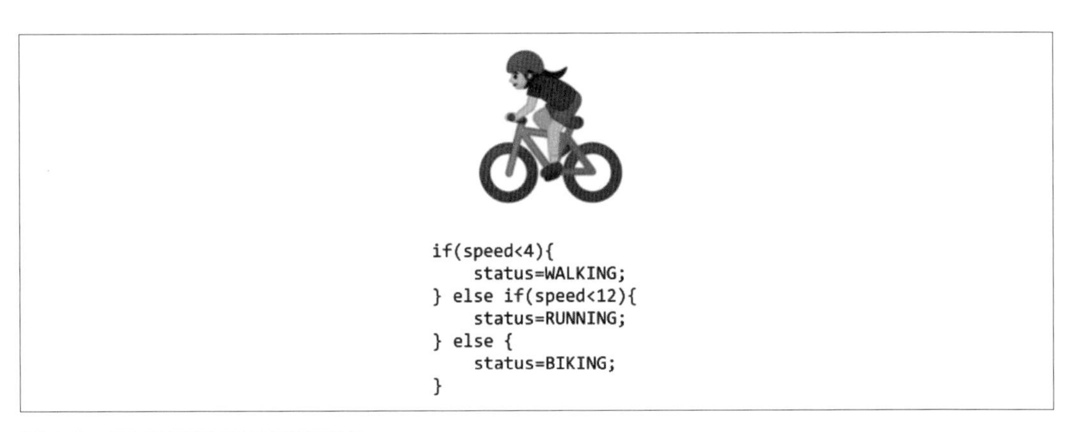

圖 1-6　擴展演算法來偵測騎單車

在這裡只偵測速度實在太草率了，舉例來說，有些人跑得比別人快，而且往下坡跑步可能比往上坡騎單車更快。但是整體來說，這種做法仍然可行。然而，如果我們想要實作另一個場景，例如打高爾夫球時，會怎樣（圖 1-7）？

圖 1-7　如果要編寫高爾夫演算法呢？

現在我們卡住了，我們該如何用這種方法來判斷用戶正在打高爾夫？那個人可能會走路一段時間，停下來，做一些動作，再走路一段時間，但是我們怎麼知道他在打高爾夫？

用傳統規則來偵測活動的做法遇到瓶頸了。但是或許有更好的方法。

也就是踏入機器學習大門。

從編寫程式到學習

回顧一下之前那張展示傳統程式設計的圖（圖 1-8），它用一些規則來處理資料，並產生答案。在活動偵測場景中，資料是人移動的速度，據此，我們可以編寫規則，來偵測他們的活動究竟是走路、騎單車，還是跑步。但是在偵測打高爾夫球時，我們遇到瓶頸，因為我們沒辦法用規則來判斷那個活動的樣貌。

圖 1-8　傳統程式設計流程

但是，如果把這張圖左右對調呢？我們不找出**規則**，而是找出**答案**，並且結合資料來尋找規則，那會怎樣？

圖 1-9 就是這種做法，我們可以用這張高階的圖來定義**機器學習**。

圖 1-9　藉由左右對調來產生機器學習

那麼，這張圖是什麼意思？現在不是由**我們**試圖找出規則是什麼，而是取得許多關於場景的資料，標注那些資料，由電腦找出為一項資料指定某個標籤，為另一項資料指定另一個標籤的規則。

在活動偵測場景中，如何採取這種做法？我們可以用感應器來取得關於用戶的資料，如果讓他們使用穿戴式設備，該設備可以偵測心跳率、位置、速度等資訊，並且在他們進行各種活動時，收集這類的資料，我們就有代表「走路的樣子」、「跑步的樣子」等資料（圖 1-10）。

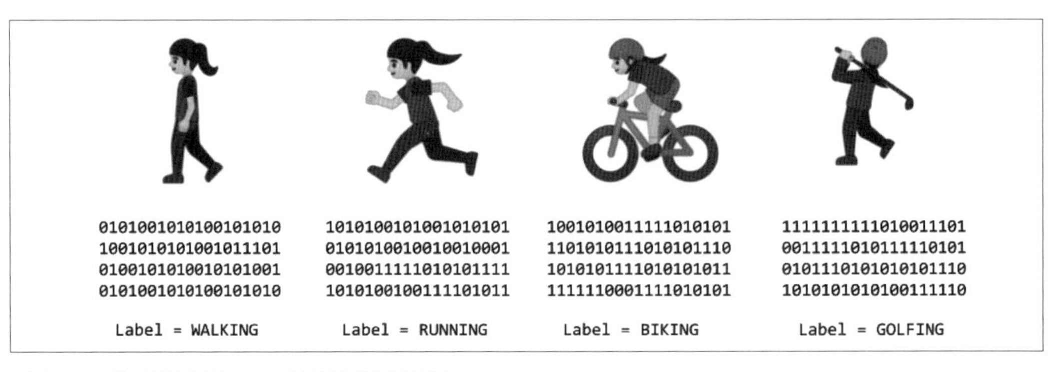

圖 1-10　從寫程式到 ML：收集和標注資料

現在程式員的工作從「找出規則」變成「確認活動」，以及寫出為資料指定標籤的程式。如果我們可以做到，我們就可以擴展原本以程式碼來實作的場景，機器學習就是做這件事的技術，但是我們需要一種框架才能開始工作，這就是為什麼要用 TensorFlow。下一節要介紹它是什麼，以及如何安裝它，在本章稍後，你將開始編寫你的第一個程式，用它來學習兩個值之間的模式，就像上述的場景那樣。它是個簡單的「Hello World」場景，但是它的基本設計模式與非常複雜的場景時所使用的一樣。

人工智慧領域既龐大且複雜，涵蓋讓電腦像人類一樣思考和行動的所有事物。人類會透過範例來學習新行為，因此，機器學習可以視為人工智慧開發的入口，透過它，機器可以學會像人類一樣看東西（一種稱為**電腦視覺**的領域）、讀取文本（text）（自然語言處理），以及其他能力。本書將使用 TensorFlow 框架來討論機器學習的基本概念。

什麼是 TensorFlow？

TensorFlow 是一個開源平台，可讓你建立機器學習模型和使用它。它實作了許多機器學習常用的演算法和模式，讓你不必學習底層的數學和邏輯即可直接專注於你的場景。它希望讓所有人使用，包括業餘愛好者、專業開發者，以及將人工智慧的界限往外擴展的研究員。更重要的是，它也可以讓你將模型部署到 web、雲端、行動設備，及嵌入式系統。本書將探討以上所有的場景。

圖 1-11 是 TensorFlow 的高階架構。

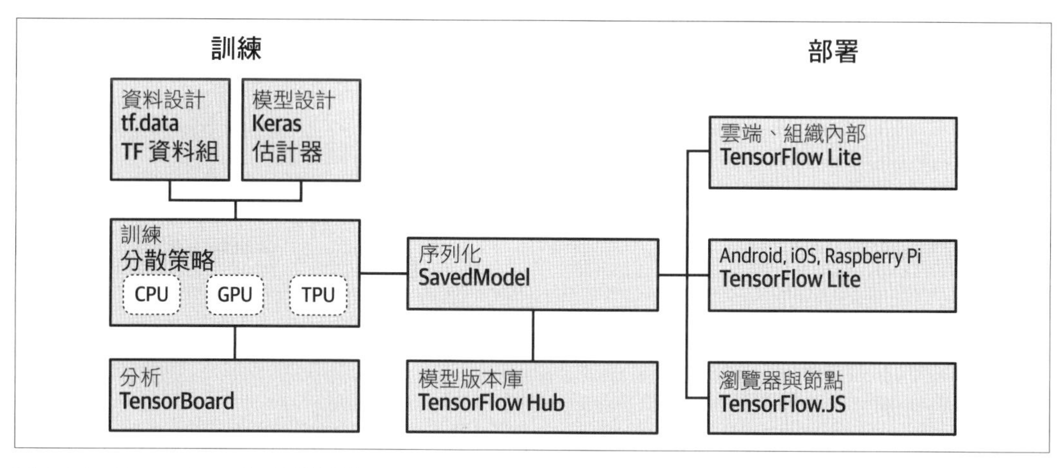

圖 1-11　TensorFlow 的高階架構

建立機器學習模型的程序稱為**訓練**，在這個程序中，電腦使用一組演算法來了解輸入，以及如何區分它們。因此，舉例來說，如果你想要讓電腦辨識貓與狗，你可以使用牠們的許多照片來建立一個模型，電腦會用那個模型來學習貓為什麼是貓，狗為什麼是狗。訓練好模型之後，用它來辨識未來的輸入或對輸入進行分類稱為**推理**（*inference*）。

為了訓練模型，你必須提供一些東西，第一種是一組用來設計模型的 API。在 TensorFlow 中，你可以採取三種主要的做法：你可以自己編寫所有的程式，自己想出如何讓電腦進行學習的邏輯，並且用程式來實作它（不建議）；你也可以使用內建的**估計器**（*estimator*），它們是現成的神經網路，而且你可以自訂它們；或者，你可以使用 Keras，Keras 是一種高階的 API，可讓你將常見的機器學習範式（paradigms）封裝在程式碼裡面。本書的重點是使用 Keras API 來建立模型。

訓練模型的方法有很多種，在多數情況下，你應該只有一顆晶片，可能是中央處理單元（CPU）、圖形處理單元（GPU），或是一種稱為**張量處理單元**（TPU）的新晶片。比較高級的工作環境與研究環境可能要在多顆晶片上執行平行訓練，採取**分散策略**，將訓練分給多顆晶片，TensorFlow 也支援這種技術。

資料是任何模型的命脈，如前所述，如果你想要製作一個可以辨識貓與狗的模型，你就要用許多貓與狗的樣本來訓練它。但是該如何管理這些樣本？你將會漸漸看到，做這件事需要編寫的程式碼通常比建立模型本身更多。TensorFlow 有一些簡化這個過程的 API，稱為 TensorFlow Data Services。它們有許多預先處理過的資料組可供學習，你可以用一行程式碼來使用它們，它們也有一些工具可以處理原始資料，讓它更容易使用。

除了建立模型之外，你也要在它們可以供人使用時，把它們送到人們的手裡。為此，TensorFlow 有一些伺服 API，你可以透過 HTTP 連結提供推理結果給雲端或 web 用戶。如果你打算在行動或嵌入式系統上運行模型，你可以使用 TensorFlow Lite，它提供一組工具，可以在 Android、iOS，以及 Raspberry Pi 之類的 Linux 嵌入式系統上進行模型推理。TensorFlow Lite 的分支 TensorFlow Lite Micro（TFLM）也可以透過一種稱為 TinyML 的新概念在微控制器上提供推理。最後，如果你想要讓瀏覽器或 Node.js 的用戶使用模型，TensorFlow.js 可讓你用這種方式來訓練和執行模型。

接下來，我們將告訴你如何安裝 TensorFlow，讓你可以開始用它來建立和使用 ML 模型。

使用 TensorFlow

這一節將介紹三種安裝和使用 TensorFlow 的方法。我們會先討論如何使用命令列來將它安裝到你的開發工具箱裡面，接下來討論如何使用流行的 PyCharm IDE（整合開發環境）來安裝 TensorFlow，最後介紹 Google Colab，以及如何在你的瀏覽器使用雲端後端來讀取 TensorFlow 程式碼。

在 Python 裡安裝 TensorFlow

TensorFlow 可讓你用多種語言來建立模型，包括 Python、Swift、Java…等，本書把重心放在 Python 上，由於 Python 廣泛支援數學模型，所以它是事實上的機器學習語言，如果你還沒有安裝它，我強烈建議你造訪 Python（*https://www.python.org*）來安裝並執行它，並且造訪 learnpython.org（*https://www.learnpython.org*）來學習 Python 語法。

使用 Python 時，安裝框架的方法有很多種，TensorFlow 團隊預設支援的是 pip。

因此，在 Python 環境安裝 TensorFlow 很簡單，只要使用：

```
pip install tensorflow
```

注意，從第 2.1 版開始，它預設安裝 GPU 版的 TensorFlow，在這個版本之前，它使用 CPU 版本。因此，在安裝前，請確保你有支援它的 GPU，及其所有必要的驅動程式，詳情見 TensorFlow（*https://oreil.ly/5upaL*）。

如果你沒有所需的 GPU 或驅動程式，你仍然可以在任何 Linux、PC 或 Mac 上，用這個命令來安裝 CPU 版的 TensorFlow：

```
pip install tensorflow-cpu
```

你可以在啟動並運行之後，用下列程式來測試你的 TensorFlow 版本：

```
import tensorflow as tf
print(tf.__version__)
```

你應該可以看到類似圖 1-12 所示的輸出。它會印出目前正在執行的 TensorFlow 版本，圖中安裝的是 2.0.0 版。

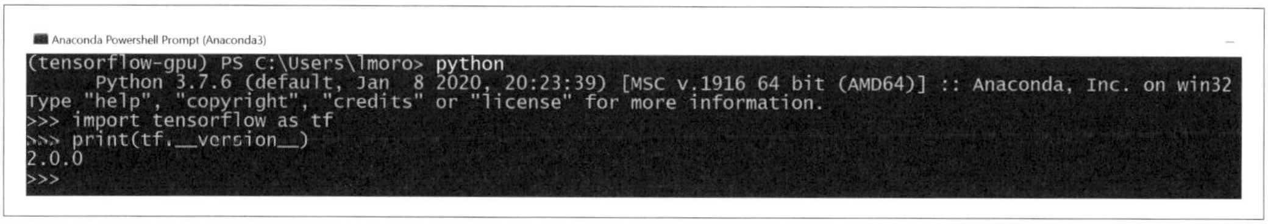

```
Anaconda Powershell Prompt (Anaconda3)
(tensorflow-gpu) PS C:\Users\lmoro> python
      Python 3.7.6 (default, Jan  8 2020, 20:23:39) [MSC v.1916 64 bit (AMD64)] :: Anaconda, Inc. on win32
Type "help", "copyright", "credits" or "license" for more information.
>>> import tensorflow as tf
>>> print(tf.__version__)
2.0.0
>>>
```

圖 1-12　在 Python 中執行 TensorFlow

在 PyCharm 中使用 TensorFlow

我特別喜歡用免費社群版的 PyCharm（*https://www.jetbrains.com/pycharm*）來以 TensorFlow 建構模型。PyCharm 好用的地方很多，我最喜歡的一種是它可讓我輕鬆地管理虛擬環境，這代表我可以在多個 Python 環境中使用專案專屬的工具版本，例如 TensorFlow，舉例來說，如果你想要在一項專案中使用 TensorFlow 2.0，在另一項專案中使用 TensorFlow 2.1，你可以用虛擬環境來分隔它們，如此一來，當你在這些專案之間切換時，不需要安裝 / 移除依賴項目。此外，使用 PyCharm 可以為 Python 程式進行步進除錯，這是必備的功能，尤其當你是新手時。

例如，在圖 1-13 中，有一個稱為 *example1* 的新專案，並且指定以 Conda 建立一個新環境。當我建立專案時，我會得到一個乾淨且全新的虛擬 Python 環境，可在裡面安裝任何想要的 TensorFlow 版本。

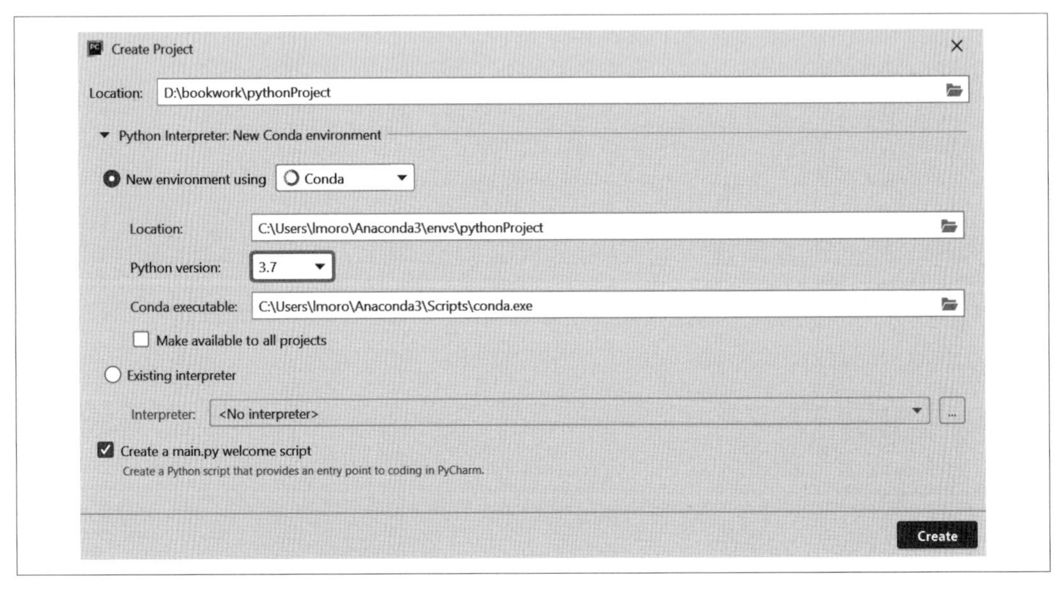

圖 1-13 用 PyCharm 建立新的虛擬環境

建立專案之後，你可以打開 File → Settings 對話框，在左邊的選單選擇「Project: < 你的專案名稱 >」，你會看到改變 Project Interpreter 與 Project Structure 的設定選項，選擇 Project Interpreter 會顯示你正在使用的 interpreter，以及一些已被安裝在這個虛擬環境裡面的程式包（圖 1-14）。

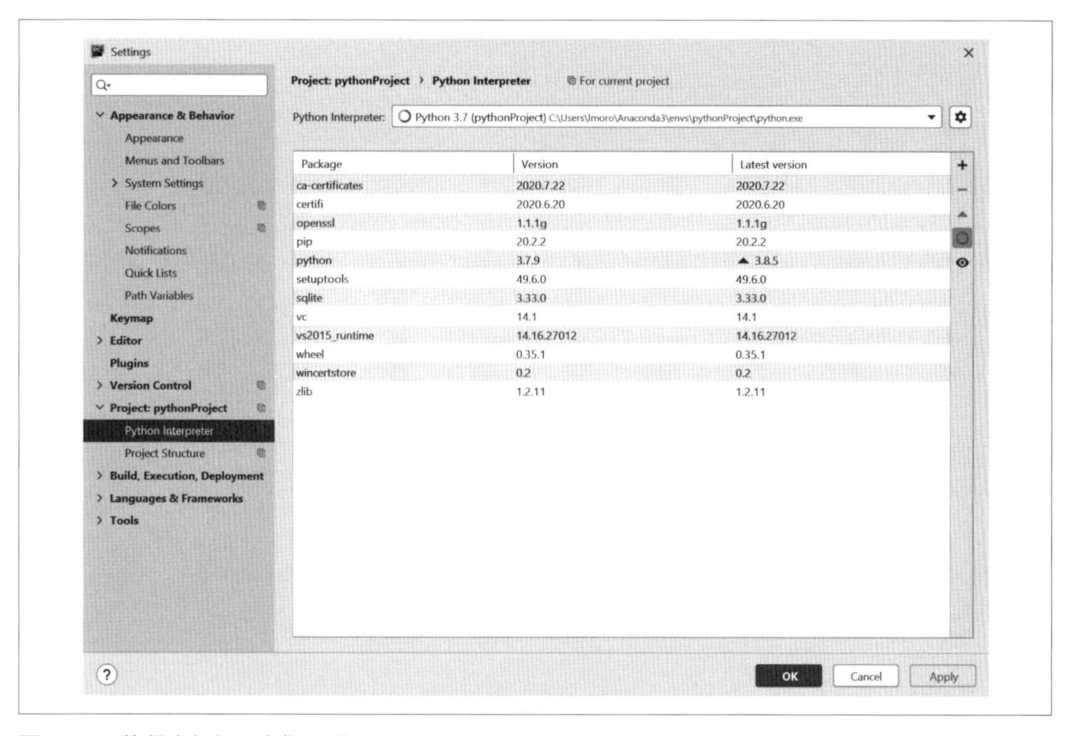

圖 1-14　將程式包加入虛擬環境

按下右邊的 + 按鈕會出現一個對話框，顯示目前可用的程式包。在搜尋框裡輸入「tensorflow」會顯示名稱有「tensorflow」的所有程式包（圖 1-15）。

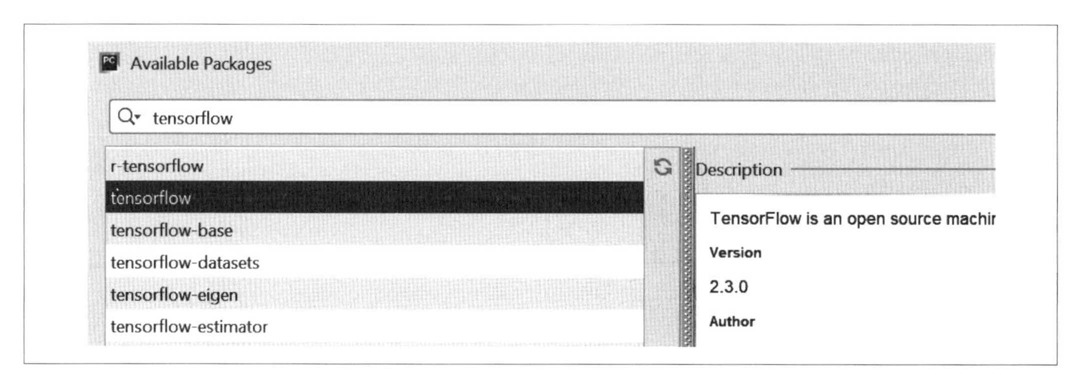

圖 1-15　用 PyCharm 安裝 TensorFlow

選擇 TensorFlow 或你想要安裝的任何其他程式包之後，按下 Install Package 按鈕，PyCharm 將完成其餘的工作。

安裝 TensorFlow 之後，你就可以在 Python 裡面編寫 TensorFlow 程式碼和對它進行 debug 了。

在 Google Colab 裡使用 TensorFlow

另一個選項是使用 Google Colab（*https://colab.research.google.com*），這應該是最容易上手的，它是代管的 Python 環境，你可以透過瀏覽器來使用它。Colab 真正的優點在於它提供 GPU 和 TPU 後端，所以你可以免費使用最先進的硬體來訓練模型。

當你造訪 Colab 網站時，你會看到打開 Colabs 或啟動新 notebook 的選項，如圖 1-16 所示。

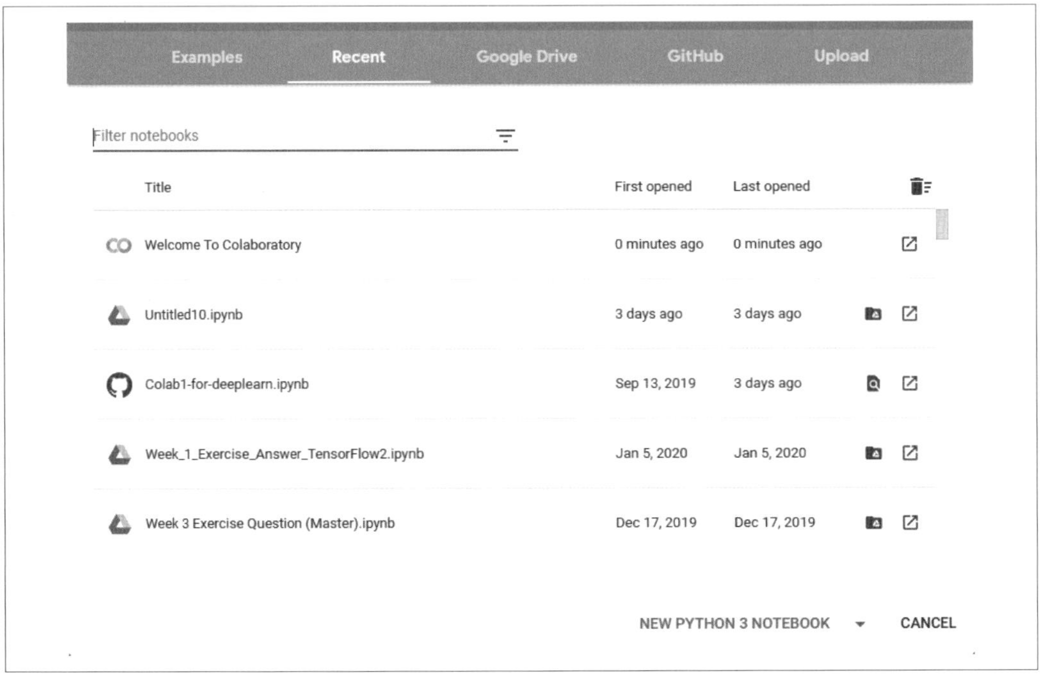

圖 1-16　使用 Google Colab 來工作

按下 New Python 3 Notebook 連結可開啟一個編輯器，你可以在那裡加入程式碼或文字的窗格（圖 1-17），你可以按下窗格左邊的 Play 按鈕（箭頭形狀）來執行程式碼。

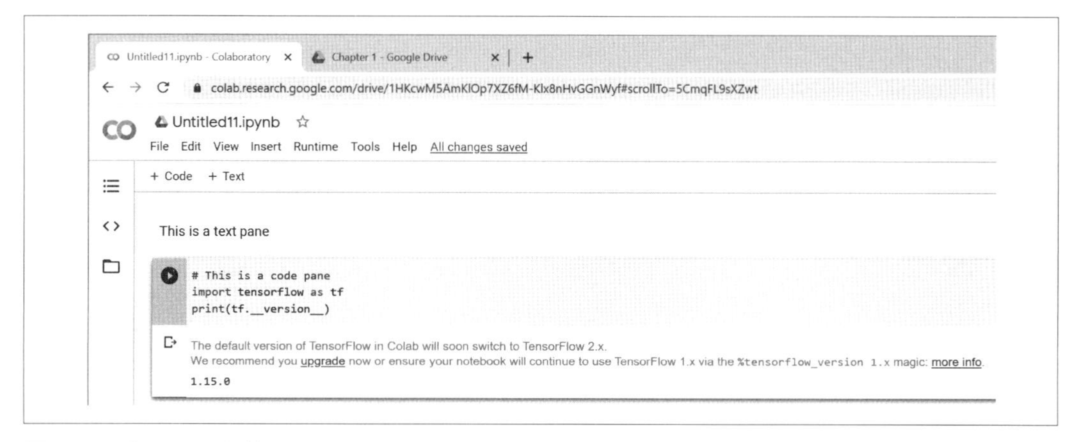

圖 1-17　在 Colab 裡執行 TensorFlow 程式碼

像圖中那樣檢查 TensorFlow 版本是必要的，以確保你正在執行正確的版本。Colab 內建的 TensorFlow 通常會落後一到兩個版本，若是如此，你可以用 `pip install` 來更新它如下：

```
!pip install tensorflow==2.1.0
```

當你執行這個命令之後，Colab 環境就會使用你指定的 TensorFlow 版本。

開始進行機器學習

正如我們在本章稍早看到的，機器學習的範式就是取得資料，標注那些資料，並且找出幫資料和標籤配對的規則，若要用程式來展示這個範式，下面的例子應該是最簡單的場景。考慮兩組數字：

```
X = -1, 0, 1, 2, 3, 4
Y = -3, -1, 1, 3, 5, 7
```

X 與 Y 的值有某個關係（例如，當 X 是 −1 時，Y 是 −3，當 X 是 3 時，Y 是 5，以此類推），看得出這個關係嗎？

看了幾秒之後，或許你可以看到它的模式是 Y = 2X − 1，你是怎麼知道的？每個人會用不同的方式來找出它，但我通常聽到人們發現：X 在序列裡每次都加 1，Y 每次都加 2，所以 Y = 2X +/– 某個數字，接下來，他們發現當 X = 0 時，Y = −1，所以答案應該是 Y = 2X − 1。他們繼續觀察其他的數字，發現這個假設是「成立」的，所以答案是 Y = 2X − 1。

這個過程很像機器學習程序，我們來看一些透過 TensorFlow 來讓神經網路來幫你解決這個問題的程式碼。

下面是完整的程式，它使用 TensorFlow Keras API。不用擔心看不懂，我會逐行講解它們：

```
import tensorflow as tf
import numpy as np
from tensorflow.keras import Sequential
from tensorflow.keras.layers import Dense

model = Sequential([Dense(units=1, input_shape=[1])])
model.compile(optimizer='sgd', loss='mean_squared_error')

xs = np.array([-1.0, 0.0, 1.0, 2.0, 3.0, 4.0], dtype=float)
ys = np.array([-3.0, -1.0, 1.0, 3.0, 5.0, 7.0], dtype=float)

model.fit(xs, ys, epochs=500)

print(model.predict([10.0]))
```

我們從第一行開始看起。你應該聽過神經網路，而且應該看過以互相連接的幾層神經元來解釋它們的圖，類似圖 1-18。

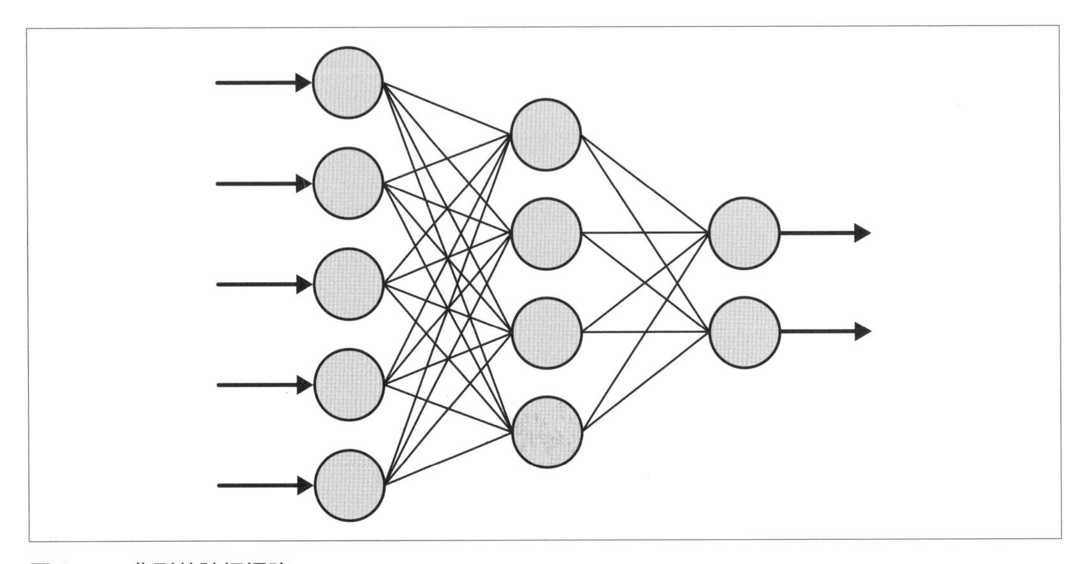

圖 1-18　典型的神經網路

當你看到這種神經網路時，可以將每一個「圓圈」視為一個**神經元**，每一排圓圈就是一個**階層**。所以，圖 1-18 有三層：第一層有五個神經元，第二層有四個，第三層有兩個。

回顧程式，從第一行可以看到，我們定義了最簡單的神經網路，它只有一層，而且裡面只有一個神經元：

```
model = Sequential([Dense(units=1, input_shape=[1])])
```

在使用 TensorFlow 時，你可以用 `Sequential` 來定義階層，在 `Sequential` 裡面，你可以設定每一層的樣子，在 `Sequential` 裡面只有一行，所以我們只有一層。

然後，你可以用 `keras.layers` API 來定義那一層的長相。神經層有許多不同的類型，我們在這裡使用 `Dense` 層。「Dense」代表一組完全（或稠密地（densely））互連的神經元，就像圖 1-18 那樣，每一個神經元都與下一層的每一個神經元連接，它是最常見的神經層類型。我們的 `Dense` 層使用 `units=1`，所以在整個神經網路裡，我們只有一個稠密層，裡面有一個神經元。最後，當我們在神經網路裡指定**第一層**時（在這個例子中，它是我們唯一的一層），我們必須告訴它輸入資料的外形（shape）是什麼，這個例子的輸入資料是 X，它只是一個值，所以我們指定這個外形。

從下一行開始很有趣，我們看一下：

```
model.compile(optimizer='sgd', loss='mean_squared_error')
```

如果你用機器學習做過任何事情，你應該知道它涉及許多數學，如果你有好幾年沒有碰微積分了，它看起來應該是入門的障礙，這一行就是開始使用數學的地方，它是機器學習的核心。

在這個場景中，電腦對於 X 與 Y 之間的關係**一點概念都沒有**，所以它會用猜的，假設它猜 Y = 10X + 10，接下來，它必須評估這次的猜測是好是壞，這就是**損失函數**的功能。

它已經知道當 X 是 –1、0、1、2、3 與 4 時的答案了，所以損失函數可以比較這些答案，來了解猜出來的關係對不對。如果它猜 Y = 10X + 10，那麼當 X 是 –1 時，Y 就是 0，正確的答案是 –3，所以有一點落差。但是當 X 是 4 時，猜出來的答案是 50，而正確的答案是 7，這就相去甚遠了。

掌握這個知識之後，電腦會猜另一次，這就是 *optimizer*（**優化函數**）的功能。此時就是大量使用微積分的時候。你可以為不同的場景選擇適合的優化函數，在這個例子裡，我們選擇 `sgd`，它是 *stochastic gradient descent*（**隨機梯度下降**）的縮寫，sgd 是一種複雜的數學函數，當你將一個值（也就是之前的猜測），以及計算誤差（error，或損失，loss）的結果傳給它時，它可以產生另一個值。它的工作就是隨著時間過去將損失最小化，藉此讓猜出來的公式越來越接近正確的那一個。

接下來，我們將數字改成可讓神經層接收的資料格式，Python 有一個稱為 Numpy 的程式庫，TensorFlow 可以使用它，在這裡，我們將數字放入一個 NumPy 陣列，來方便它處理它們：

```
xs = np.array([-1.0, 0.0, 1.0, 2.0, 3.0, 4.0], dtype=float)
ys = np.array([-3.0, -1.0, 1.0, 3.0, 5.0, 7.0], dtype=float)
```

接下來，執行 model.fit 就可以開始進行學習程序了：

```
model.fit(xs, ys, epochs=500)
```

你可以把它想成「將 X 擬合至 Y，並嘗試 500 次」。在第一次嘗試時，電腦會猜測一個關係（也就是 Y = 10X + 10 之類的東西），並估計那次猜測的好壞，然後將結果傳給優化函式，優化函式會產生另一次猜測，這個程序會不斷重複，它的邏輯在於讓損失（或誤差）隨著時間而下降，因此「猜測」的結果會越來越好。

圖 1-19 是在 Colab notebook 執行它的畫面。注意 loss 值是如何隨著時間改變的。

```
Epoch 1/500
6/6 [==============================] - 9s 2s/sample - loss: 3.2868
Epoch 2/500
6/6 [==============================] - 0s 652us/sample - loss: 2.7447
Epoch 3/500
6/6 [==============================] - 0s 323us/sample - loss: 2.3150
Epoch 4/500
6/6 [==============================] - 0s 411us/sample - loss: 1.9737
Epoch 5/500
6/6 [==============================] - 0s 306us/sample - loss: 1.7021
Epoch 6/500
6/6 [==============================] - 0s 496us/sample - loss: 1.4853
Epoch 7/500
6/6 [==============================] - 0s 470us/sample - loss: 1.3117
Epoch 8/500
6/6 [==============================] - 0s 405us/sample - loss: 1.1723
Epoch 9/500
6/6 [==============================] - 0s 616us/sample - loss: 1.0596
Epoch 10/500
6/6 [==============================] - 0s 669us/sample - loss: 0.9682
```

圖 1-19　訓練神經網路

我們看到，經過前 10 個 epoch 之後，loss 從 3.2868 變成 0.9682，也就是說，只需要經過 10 次嘗試，網路的表現就比第一次猜測好三倍了，我們看看第 500 個 epoch 會怎樣（圖 1-20）。

```
Epoch 495/500
6/6 [==============================] - 0s 374us/sample - loss: 2.9063e-05
Epoch 496/500
6/6 [==============================] - 0s 540us/sample - loss: 2.8466e-05
Epoch 497/500
6/6 [==============================] - 0s 382us/sample - loss: 2.7882e-05
Epoch 498/500
6/6 [==============================] - 0s 397us/sample - loss: 2.7309e-05
Epoch 499/500
6/6 [==============================] - 0s 367us/sample - loss: 2.6748e-05
Epoch 500/500
6/6 [==============================] - 0s 363us/sample - loss: 2.6199e-05
```

圖 1-20　訓練神經網路——最後五個 epoch

我們可以看到 loss 是 2.61×10^{-5}，損失變得非常小，因此模型幾乎已經找出兩個數字間的關係是 $Y = 2X - 1$ 了，電腦已經學會它們之間的模式了。

最後一行程式使用訓練好的模型來進行預測：

```
print(model.predict([10.0]))
```

在處理 ML 模型時，大家經常使用**預測**（*prediction*）這種說法，但是千萬不要把它想成預測未來！之所以使用這個詞是因為我們處理的是某種程度的不確定性，回想一下之前談過的活動偵測場景，當用戶用某個速度移動時，代表他**應該**是在走路。類似地，當模型學會兩件事情之間的模式時，它告訴我們答案**可能**是什麼，換句話說，它是在**預測**答案。（稍後你也會學到**推理**（*inference*），它是模型從許多答案裡選出一個，並且推測它選擇了正確的那一個。）

當我們要求模型預測「當 X 是 10 時，Y 是多少」時，你認為答案是什麼？你可以馬上想到 19，但不對，它會選出一個**非常接近** 19 的值，這有許多原因，首先，我們的損失不是 0，它仍然是個很小的值，所以我們可以預期，它預測的任何答案都會有極小的誤差，其次，這個神經網路只是用少量的資料來訓練的，這個例子只有 6 對 (X,Y) 值。

這個模型只有一個神經元，那個神經元會學習一個**權重**（*weight*）與一個**偏差**（*bias*），產生 Y = WX + B，這看起來正是我們想要的 Y = 2X − 1 關係，我們希望它學到 W = 2 且 B = −1，由於這個模型只用 6 個資料項目來訓練，我們不能預期答案就是那兩個值，而是非常接近它們的值。

請自行執行程式，看看你會得到什麼。我執行它時得到 18.977888，但你的答案可能稍微不同，因為在神經網路初始化時，有一個隨機元素——你最初的猜測會與我的稍微不同，別人的也會與我們的不同。

觀察網路學到什麼

我們在這個場景裡，用線性關係來匹配 X 與 Y，顯然它是個非常簡單的場景，之前的小節說過，神經元會學到權重與偏差參數，所以一個神經元非常適合學習這種關係，也就是當 Y = 2X − 1 時，權重是 2，偏差是 −1。在 TensorFlow 裡，我們可以觀察學來的權重與偏差，只要稍微修改程式即可：

```
import tensorflow as tf
import numpy as np
from tensorflow.keras import Sequential
from tensorflow.keras.layers import Dense

l0 = Dense(units=1, input_shape=[1])
model = Sequential([l0])
model.compile(optimizer='sgd', loss='mean_squared_error')

xs = np.array([-1.0, 0.0, 1.0, 2.0, 3.0, 4.0], dtype=float)
ys = np.array([-3.0, -1.0, 1.0, 3.0, 5.0, 7.0], dtype=float)

model.fit(xs, ys, epochs=500)

print(model.predict([10.0]))
print("Here is what I learned: {}".format(l0.get_weights()))
```

這兩個程式之間的不同在於，我建立了一個稱為 `l0` 的變數來保存 `Dense` 層，然後，在網路完成學習之後，我印出神經層學到的值（或權重）。

我的輸出是：

```
Here is what I learned: [array([[1.9967953]], dtype=float32),
array([-0.9900647], dtype=float32)]
```

因此，模型學到 X 與 Y 之間的關係是 Y = 1.9967953X − 0.9900647。

這非常接近我們期望的結果（Y = 2X − 1），我們甚至可以說這是比較合理的結果，因為我們假設其他的值也有這種關係。

小結

這就是你的第一個機器學習「Hello World」，你可能認為只用模型來找出兩個值之間的線性關係實在是大材小用，沒錯，但是最酷的事情在於，我們在這裡編寫程式的模式與處理更複雜的場景時的模式是一樣的，第 2 章會開始展示複雜的場景。我們將在第 2 章探索電腦視覺技術——電腦將會學習「看出」圖片裡的模式，並且指出它們裡面有什麼東西。

第二章

電腦視覺簡介

上一章介紹了機器學習如何運作的基本概念，你已經知道如何寫出神經網路程式來為資料指定標籤，以及如何推導出可用來區分項目的規則了，接下來，我們要將這些概念用在電腦視覺中，用一個模型來學習辨識圖片的內容，讓它可以「看見」圖片裡面有什麼。這一章將使用一個流行服飾用品資料組，並且建立一個可以區分它們的模型，從而「看見」不同種類的服飾之間的差異。

辨識服飾用品

在第一個例子裡，我們要討論如何辨識圖片中的服飾用品，例如圖 2-1 的用品。

圖 2-1　服飾用品案例

圖中有各種不同的服飾用品，你可以認出它們，因為你知道什麼是襯衫、外套或連身裙，但是你要怎麼向沒看過這些服飾的人描述它們？怎麼描述鞋子？這張圖裡有兩種鞋子，如何向別人描述它？這是第 1 章討論過的規則式設計束手無策的另一個領域，有時你根本無法用規則來描述事物。

當然，電腦視覺也不例外，先回想一下你是怎麼學會辨識這些物品的——你是藉著看過許多案例，以及知道怎麼使用它們來學習的。我們可以讓電腦做同一件事嗎？答案是肯定的，但是有一些限制，第一個例子將說明如何教導電腦辨識服飾用品，使用著名的資料組——Fashion MNIST。

資料：Fashion MNIST

Modified National Institute of Standards and Technology（MNIST）資料庫是用來學習演算法和檢定演算法性能的基本資料組之一，它是 Yann LeCun、Corinna Cortes 與 Christopher Burges 創作的，包含 70,000 張手寫的數字 0 至 9 的 28 × 28 灰階圖片。

Fashion MNIST（*https://oreil.ly/31Nzu*）的目的是為了成為 MNIST 的替代品，它有相同的紀錄數量、相同的圖片維度，以及相同的類別數量，所以在 Fashion MNIST 裡面的不是數字 0 到 9，而是 10 種不同的服飾的圖片，圖 2-2 是這個資料組的內容例子，在圖中，每一種服飾類型都有三行。

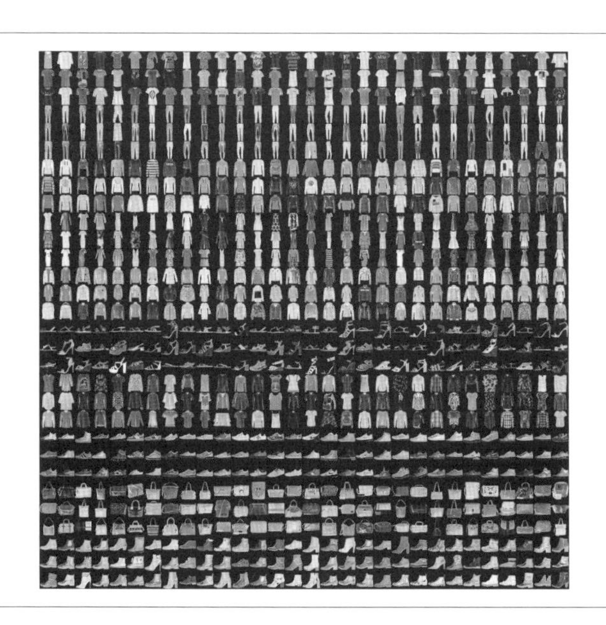

圖 2-2　探索 Fashion MNIST 資料組

它有各式各樣的服飾，包括襯衫、褲子、連身裙和各種鞋子，你應該有注意到，它是單色的，每張圖片都是由一定數量的像素組成的，像素的值介於 0 和 255 之間，所以這個資料組比較容易管理。

圖 2-3 是資料組裡面的一張圖片的特寫。

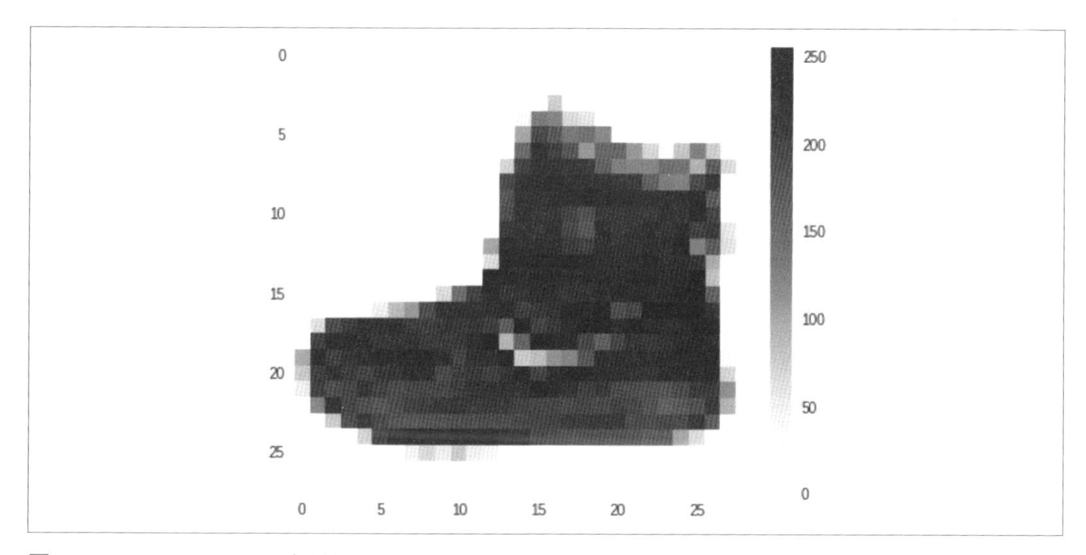

圖 2-3　Fashion MNIST 資料組的一張圖片的特寫

它與任何圖片一樣，是以像素組成的矩形網格。前面說過，它的網格尺寸是 28 × 28，每一個像素都是一個介於 0 至 255 之間的值。現在我們來看一下如何透過之前的函式來使用這些像素值。

處理視覺的神經元

你已經在第 1 章看了一個非常簡單的場景，當時我們給電腦一組 X 與 Y 值，讓它學習它們之間的關係是 Y = 2X − 1，這項工作是用一個只有一層與一個神經元的極簡單的神經網路來完成的。

將它畫出來時，它就像圖 2-4 那樣。

我們的每一張圖片都是 784 個（28 × 28）介於 0 和 255 之間的值，可以視為 X，資料組裡面有 10 種不同類型的圖片，可視為 Y，現在我們想要學習當 Y 是 X 的函數時，那個函數是什麼。

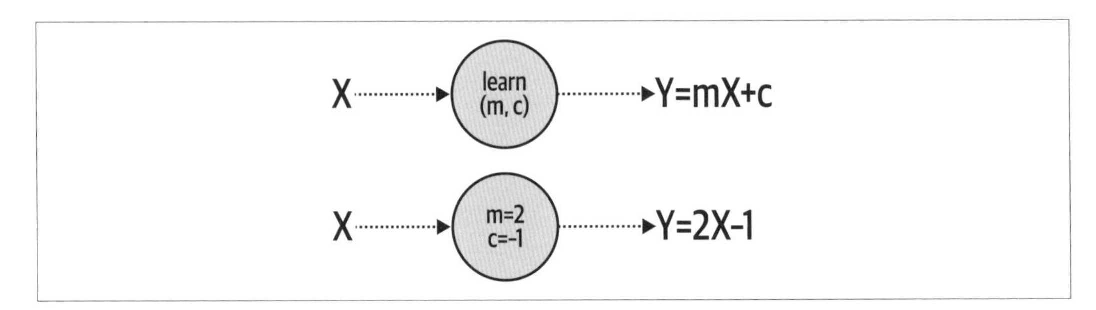

圖 2-4　用單一神經元學習線性關係

由於每張圖片有 784 倍的值，而且 Y 介於 0 和 9 之間，我們當然不能像之前那樣做 Y = mX + c。

但是我們**可以**讓一些神經元合作，讓每個神經元都學習**參數**，當我們得到一個用全部的參數一起運作的組合函數時，我們就可以看看能否為圖片指定正確的答案（圖 2-5）。

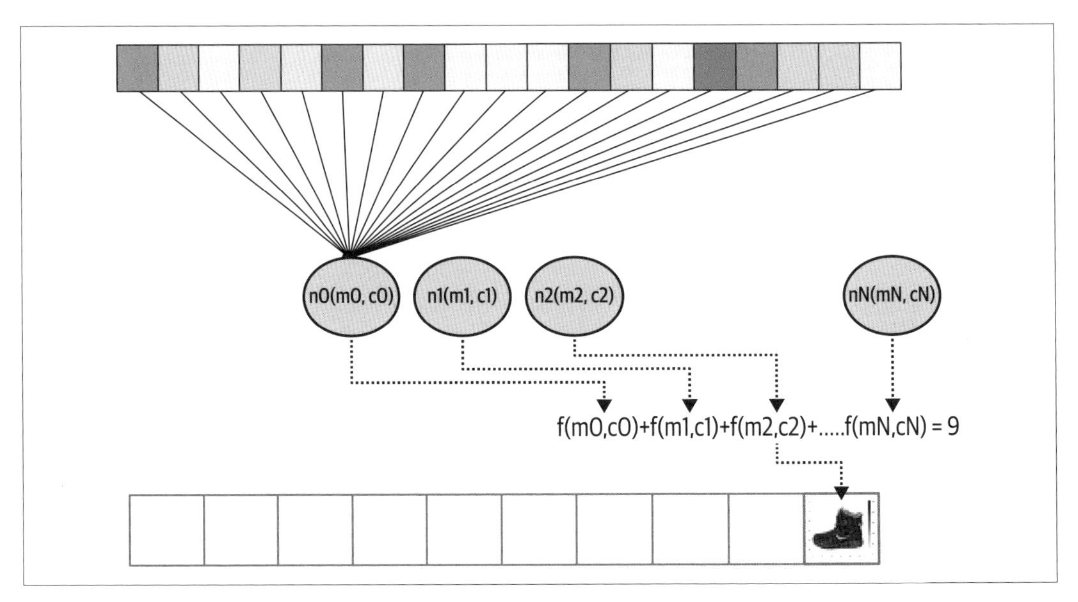

圖 2-5　擴展我們的模式來處理更複雜的範例

這張圖最上面的方塊是圖片裡面的像素，也就是 X 值，在訓練神經網路時，我們會將 X 傳給一層神經元，雖然在圖 2-5 中，它們只被傳給第一個神經元，但是那些值也會被傳給每一個神經元。我們將每一個神經元的權重與偏差（m 與 c）都設為隨機初始值。

然後，我們將各個神經元的輸出全部加起來，得到一個值，我們會幫輸出層的**每一個**神經元做這件事，所以，神經元 0 有像素的總和是標籤 0 的機率，神經元 1 是標籤 1 的機率，以此類推。

我們希望那個值能夠隨著時間符合期望的輸出，在此圖中，期望的輸出是數字 9，也就是圖 2-3 中的踝靴的標籤，換句話說，該神經元的值是所有輸出神經元裡面最大的。

由於標籤有 10 個，隨機初始化應該有 10% 的機率產生正確的答案，接下來，損失函數與優化函數可以一個 epoch 接著一個 epoch 調整每個神經元的內部參數來改善那一個 10%，因此，電腦將隨著時間過去而學會「看出」為何鞋子是鞋子，連身裙是連身裙。

設計神經網路

接著我們來討論如何用程式來完成這件事。首先，我們要設計圖 2-5 的神經網路：

```
model = keras.Sequential([
    keras.layers.Flatten(input_shape=(28, 28)),
    keras.layers.Dense(128, activation=tf.nn.relu),
    keras.layers.Dense(10, activation=tf.nn.softmax)
])
```

你應該記得，我們在第 1 章用 `Sequential` 模型來指定階層數量，當時它只有一層，但是這個例子有很多層。

第一層 `Flatten` 不是神經層，而是輸入層，我們的輸入是 28 × 28 圖片，但我們想要將它們視為一系列的數值，就像圖 2-5 最上面的灰色方塊那樣。`Flatten` 接收那個「方形」值（一個 2D 陣列），並將它轉換成一行（一個 1D 陣列）。

下一層 `Dense` 是個神經元階層，我們指定 128 個神經元，它是圖 2-5 裡的中間那一層，有人將這種神經層稱為**隱藏層**（*hidden layer*），因為它介於輸入和輸出之間，不會被呼叫方看到，所以他們用「隱藏」這個詞來描述它。我們將 128 個神經元的內部參數設為隨機的初始值，此時經常有人問我「為什麼要用 128 個？」這完全是隨便選擇的數字，沒有人硬性規定該使用多少神經元。當你設計神經層時，你要選擇適當的數量，來讓模型真的可以學習，越多神經元代表它跑得越慢，因為它必須學習更多參數。越多神經元也可能導致網路很擅長辨識訓練資料，但沒那麼擅長辨識沒看過的資料（這種情況稱為**過擬**（*overfitting*），本章稍後會討論）。但是，使用較少神經元可能意味著模型沒有足夠的參數可以用來學習。

選擇正確的數量需要花時間來做一些實驗，這個程序通常稱為**超參數調整**（*hyperparameter tuning*）。在機器學習裡，相對於神經元被訓練出來的（學到的）內部值（稱為參數），超參數是用來控制訓練過程的值。

你應該有發現，那一層也指定了一個**觸發函數**（*activation function*）。觸發函數會對著階層裡的每一個神經元執行，TensorFlow 提供許多觸發函數，但是在中間的階層最常用的是 `relu`，也就是 *rectified linear unit* 的縮寫，它其實只是一個會在輸入值大於零時回傳該值的簡單函數。在這個例子裡，我們不希望將負值傳給下一層，進而影響加法函數，所以直接用 `relu` 來觸發該層，省得寫一堆 `if-then` 程式碼。

最後是另一個 `Dense` 層，它是輸出層，有 10 個神經元，因為有 10 個類別。這些神經元最後都存有輸入像素屬於該神經元所代表的類別的機率，所以我們要找出哪一個神經元的值最大，雖然我們可以遍歷它們來找出那個值，但 `softmax` 觸發函數可以幫我們做這件事。

所以訓練神經網路的目標是傳入一個 28 × 28 像素的陣列後，可讓中間層的神經元學習權重與偏差（m 與 c 值），讓它們的組合可以為這些像素指定 10 個輸出值之一。

完整的程式

了解神經網路的架構之後，下面是用 Fashion MNIST 資料來訓練神經網路的完整程式：

```
import tensorflow as tf
data = tf.keras.datasets.fashion_mnist

(training_images, training_labels), (test_images, test_labels) = data.load_data()

training_images  = training_images / 255.0
test_images = test_images / 255.0

model = tf.keras.models.Sequential([
            tf.keras.layers.Flatten(input_shape=(28, 28)),
            tf.keras.layers.Dense(128, activation=tf.nn.relu),
            tf.keras.layers.Dense(10, activation=tf.nn.softmax)
        ])

model.compile(optimizer='adam',
              loss='sparse_categorical_crossentropy',
              metrics=['accuracy'])

model.fit(training_images, training_labels, epochs=5)
```

我們來看每一行程式，首先是讀取資料的簡寫：

```
data = tf.keras.datasets.fashion_mnist
```

Keras 有一些內建的資料組，你可以用類似這一行程式的做法來使用它們，在這個例子裡，你不需要自己下載 70,000 張圖片再將它們拆成訓練和測試組，只要用一行程式就可以完成這些事情了。TensorFlow Datasets（*https://oreil.ly/gM-Cq*）這個 API 改善了這些做法，但是在前面幾章，為了減少需要學習的新概念，我們先使用 `tf.keras.datasets`。

我們可以這樣呼叫它的 `load_data` 方法來取得訓練和測試組：

```
(training_images, training_labels),
(test_images, test_labels) = data.load_data()
```

Fashion MNIST 有 60,000 張訓練圖片與 10,000 張測試圖片，因此，`data.load_data` 會回傳一個包含 60,000 個 28 × 28 像素的陣列的陣列，稱為 `training_images`，以及一個包含 60,000 個值（0–9）的陣列，稱為 `training_labels`。同樣地，`test_images` 陣列包含 10,000 個 28 × 28 像素的陣列，`test_labels` 陣列包含 10,000 個介於 0 和 9 之間的值。

我們的工作是讓訓練圖片擬合訓練標籤，類似在第 1 章將 Y 擬合至 X 那樣。

我們保留測試圖像與測試標籤，在訓練時不讓網路看到它們。我們將用它們來測驗網路處理未曾見過的資料時的表現。

下一行程式看起來有點奇特：

```
training_images = training_images / 255.0
test_images = test_images / 255.0
```

Python 可讓你用這種方式對著整個陣列執行一項操作。圖片的所有像素都是灰階的，它們的值介於 0 和 255 之間，因此除以 255 可將像素都改成介於 0 和 1 之間的數字，這個程序稱為將圖片**標準化**（*normalizing*）。

本書不討論為何標準化的資料比較適合用來訓練神經網路的數學概念，你只要記住，當你在 TensorFlow 裡訓練神經網路時，標準化可以提高性能。網路通常無法從沒有標準化的資料裡面學習，而且會出現大量錯誤。第 1 章的 Y = 2X – 1 範例不需要將資料標準化，因為它非常簡單，但是為了好玩，你可以試著用不同的 X 與 Y 值來訓練它，並且讓 X 值大很多，你很快就會看到它的失敗！

接下來我們定義組成模型的神經網路：

```
model = tf.keras.models.Sequential([
            tf.keras.layers.Flatten(input_shape=(28, 28)),
            tf.keras.layers.Dense(128, activation=tf.nn.relu),
            tf.keras.layers.Dense(10, activation=tf.nn.softmax)
        ])
```

我們在編譯模型時指定損失函數與優化函數，與之前一樣：

```
model.compile(optimizer='adam',
              loss='sparse_categorical_crossentropy',
              metrics=['accuracy'])
```

這個範例的損失函數稱為 *sparse categorical cross entropy*（**稀疏分類交叉熵**），它也是 TensorFlow 內建的損失函數。再次強調，選擇損失函數本身是一門藝術，隨著時間過去，你將學會哪些函數適合在哪個場景中使用。這個模型與我們在第 1 章建立的有一個主要的差異在於，我們在這裡是要選出一個**類別**，而不是預測一個數字。服飾用品屬於服飾的 1 到 10 類，因此使用**分類**損失函數是合理的做法。稀疏分類交叉熵是很好的選擇。

同樣的道理也適用於優化函數的選擇。adam 優化函數是第一章的隨機梯度下降（sgd）優化函數的演進版，它更快速且更有效。當我們處理 60,000 張訓練圖片時，任何性能的改善都很有用，所以在此選擇它。

這裡有一行新程式指定我們想要獲得的指標（metrics）。在此，我們想要取得網路在訓練時的準確度。第一章的簡單範例只回報損失，當時也解釋了網路會藉著觀察損失的減少情況來進行學習。在這個例子裡，藉著觀察準確度來了解網路的學習狀況比較有用，模型會回傳它為輸入像素正確地指定輸出標籤的頻率是多少。

接下來，將訓練圖片擬合訓練標籤 5 個 epoch 來訓練網路：

```
model.fit(training_images, training_labels, epochs=5)
```

最後，我們做一項新工作，使用一行程式來評估模型。我們曾經保留 10,000 張圖片和標籤，準備用來測試，現在可以將它們傳給訓練好的模型，讓模型預測它看到的每張圖片是什麼，拿結果與實際的標籤相比，並加總結果：

```
model.evaluate(test_images, test_labels)
```

訓練神經網路

執行程式之後，你會看到網路在每個 epoch 的訓練情況，執行訓練之後，你會在最後面看到這樣的訊息：

```
58016/60000 [=====>.] - ETA: 0s - loss: 0.2941 - accuracy: 0.8907
59552/60000 [=====>.] - ETA: 0s - loss: 0.2943 - accuracy: 0.8906
60000/60000 [] - 2s 34us/sample - loss: 0.2940 - accuracy: 0.8906
```

留意，它現在回報的是準確度（accuracy），所以在這個例子裡，使用訓練資料時，模型只需要 5 個 epoch 就得到大約 89% 的準確度。

處理測試資料的情況呢？用 `model.evaluate` 處理測試資料的結果長得像這樣：

```
10000/1 [====] - 0s 30us/sample - loss:0.2521 - accuracy:0.8736
```

在這個例子裡，模型的準確度是 87.36%，有鑑於我們只訓練它 5 epoch，這個結果算不錯。

你應該想問，為什麼它處理測試資料的準確度比處理訓練資料的更低？這種情況很常見，仔細思考一下，這也是合理的結果：神經網路只知道怎麼幫它曾經在學習期間看過的輸入指定輸出。我們希望在提供足夠的資料之後，它能夠從它看過的案例類推結果，「學習」鞋子和連身裙的長相。但是必然有一些它沒看過且差異極大的案例會造成它的困惑。

例如，如果你從小到大只看過運動鞋，對你來說，它就是鞋子的樣子，當你第一次看到高跟鞋時，你可能會有些困惑，根據經驗，你認為它應該是鞋子，但無法確定，這是類似的概念。

探索模型輸出

訓練好模型，並且用測試組來了解它的準確度之後，我們來稍微研究一下它：

```
classifications = model.predict(test_images)
print(classifications[0])
print(test_labels[0])
```

將測試圖片傳入 `model.predict` 之後，我們會得到一組類別，接著，我們將第一個類別印出來，並且拿它與測試標籤做比較，看看能不能發現什麼事情：

```
[1.9177722e-05 1.9856788e-07 6.3756357e-07 7.1702580e-08 5.5287035e-07
 1.2249852e-02 6.0708484e-05 7.3229447e-02 8.3050705e-05 9.1435629e-01]
9
```

你可以看到，classification 提供一個陣列，裡面是 10 個輸出神經元的值，標籤（label）是服飾用品的實際標籤，在這個例子中，它是 9。你可以看到陣列裡面的一些值非常小，最後一個值（陣列索引 9）是迄今為止最大的值，那些值是圖片符合該索引所代表的標籤的機率，所以，神經網路回報位於索引 0 的服飾用品的標籤有 91.4% 的機率是 9，我們知道它的標籤正是 9，所以模型猜對了。

多試幾個不同的值，看看你能不能發現模型犯錯的案例。

訓練更久——發現過擬

在這個例子裡，我們只訓練五個 epoch，也就是我們只經歷了五次完整的訓練循環，包括將神經元隨機初始化、比對它們的標籤、用損失函數來測量性能，然後用優化函數來更新。我們得到的結果很好：模型處理訓練組有 89% 的準確度，處理測試組有 87% 的準確度。那麼，訓練更久會怎樣？

試著修改它來訓練 50 個 epoch，而不是 5 個之後，我得到這些測試組準確度數據：

```
58112/60000 [==>.] - ETA: 0s - loss: 0.0983 - accuracy: 0.9627
59520/60000 [==>.] - ETA: 0s - loss: 0.0987 - accuracy: 0.9627
60000/60000 [====] - 2s 35us/sample - loss: 0.0986 - accuracy: 0.9627
```

這個結果真令人開心，因為我們得到好很多的結果：96.27% 的準確度。處理測試組則是 88.6%：

```
[====] - 0s 30us/sample - loss: 0.3870 - accuracy: 0.8860
```

模型處理訓練組的效果有很大的改善，但是處理測試組的改善比較小，這可能會讓你認為訓練網路更久會產生好很多的結果，但情況不一定如此。雖然這個網路處理訓練資料的表現好很多，但它不一定是更好的模型，事實上，從準確度數據的分歧可以看出，它已經變得過度擅長處理訓練資料，這個程序通常稱為**過度擬合**（*overfitting*，**過擬**）。當你製作神經網路時，必須注意這件事情，本書接下來會介紹一些避免它的技術。

停止訓練

到目前為止，我們都把訓練 epoch 數量寫死，雖然這種做法也無不可，但你可能想要訓練到你期望的準確度，而不是不斷嘗試不同的 epoch 數量並不斷重複訓練，直到得到想要的值為止。舉例來說，如果我們想要訓練到訓練組準確度達到 95%，卻不知道需要多少 epoch，此時該怎麼辦？

最簡單的方法是在訓練時使用 *callback*，我們將程式改成使用 callback：

```
import tensorflow as tf

class myCallback(tf.keras.callbacks.Callback):
  def on_epoch_end(self, epoch, logs={}):
    if(logs.get('accuracy')>0.95):
      print("\nReached 95% accuracy so cancelling training!")
      self.model.stop_training = True

callbacks = myCallback()
mnist = tf.keras.datasets.fashion_mnist

(training_images, training_labels),
(test_images, test_labels) = mnist.load_data()

training_images=training_images/255.0
test_images=test_images/255.0

model = tf.keras.models.Sequential([
        tf.keras.layers.Flatten(),
        tf.keras.layers.Dense(128, activation=tf.nn.relu),
        tf.keras.layers.Dense(10, activation=tf.nn.softmax)
])

model.compile(optimizer='adam',
              loss='sparse_categorical_crossentropy',
              metrics=['accuracy'])

 model.fit(training_images, training_labels, epochs=50,
          callbacks=[callbacks])
```

我們來看一下改了哪些地方。首先，我們寫了一個新類別，稱為 `myCallback`，它接收一個 `tf.keras.callbacks.Callback` 參數。在裡面，我們定義 `on_epoch_end` 函式，它將提供這個 epoch 的詳細紀錄（log）。在這些 log 裡面有準確度，所以我們只要看看它有沒有超過 .95（95%）就好了；如果有，我們就可以用 `self.model.stop_training = True` 來停止訓練。

指定這項工作之後，我們建立一個 myCallback 的實例—— callbacks 物件。

從 model.fit 陳述式可以看到我們改成訓練 50 epoch，然後加入 callbacks 參數，對它傳入 callbacks 物件。

每一個訓練 epoch 結束時都會呼叫這個 callback，所以你會在每一個 epoch 結束時進行檢查，經過大約 34 epoch 之後，訓練就會結束，因為訓練已經達到 95% 準確度了（因為隨機初始化的關係，你的數字可能會稍微不同，但它會非常接近 34）：

```
56896/60000 [====>..] - ETA: 0s - loss: 0.1309 - accuracy: 0.9500
58144/60000 [====>.] - ETA: 0s - loss: 0.1308 - accuracy: 0.9502
59424/60000 [====>.] - ETA: 0s - loss: 0.1308 - accuracy: 0.9502
Reached 95% accuracy so cancelling training!
```

小結

第 1 章介紹機器學習是如何使用神經網路來進行複雜的模式匹配，來將特徵擬合至標籤的。這一章從一個神經元進入下一個層次，學習如何建立你的第一個（非常基本的）電腦視覺神經網路。由於資料的原因，這個例子有某些限制，例如所有圖片都是 28 × 28 灰階，而且服飾用品都在圖片中間。雖然這是很好的起點，但也是在嚴格控制之下的場景，為了做出更好的視覺，我們應該讓電腦學習圖片的特徵，而不是原始像素。

我們可以用**摺積**（*convolution*）程序來學習特徵，下一章要教你如何定義摺積神經網路來了解圖像的內容。

第三章

從基礎晉級：偵測圖像中的特徵

第 2 章帶你踏入電腦視覺的領域，藉著建立一個簡單的神經網路，來為 Fashion MNIST 資料組的輸入像素指定 10 個服飾類型（或類別）標籤，雖然你做出一個擅長偵測服飾類型的網路了，但它有一個明顯的缺點——它是用小型的單色圖片來訓練的，每張圖片裡面都只有一個服飾用品，而且那個用品被放在圖片中間。

為了提升模型的能力，你必須設法偵測圖像中的**特徵**，舉例來說，如果我們不是只觀察圖像裡的原始像素，而是用一種方法從圖像濾出它的元素呢？藉著比對這些元素，而不是原始像素，我們可以更有效率地偵測圖像的內容。考慮我們在上一章用過的 Fashion MNIST 資料組——在偵測鞋子時，神經網路可能被圖像下方的許多黑色像素觸發，所以將它視為鞋底，但是當鞋子不是在中央，也沒有占據整張圖片時，這個邏輯就不成立了。

有一種偵測特徵的方法來自你或許很熟悉的攝影和圖像處理方法，如果你用過 Photoshop 或 GIMP 之類的工具來銳化圖像，它們都用一種數學過濾器來處理圖像的像素，這些過濾器的另一個名稱就是**摺積**，在神經網路裡面使用它們就變成**摺積神經網路**（CNN）。

本章將教你如何使用摺積來偵測圖像中的特徵，然後根據特徵來對圖像進行更深入的分類。我們將研究如何擴增圖像來取得更多特徵，以及如何進行遷移學習，來取得其他模型學到的既有特徵，然後簡單地說明如何使用 dropout 來優化模型。

摺積

摺積其實只是用一個權重過濾器來將一個像素和它的鄰點相乘，為該像素算出一個新的值。例如，考慮 Fashion MNIST 的踝靴圖片，圖 3-1 是它的像素值。

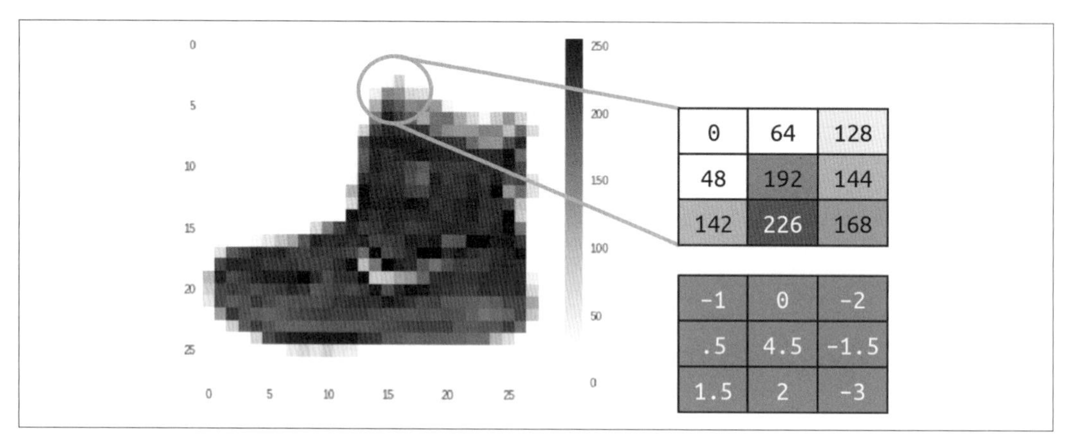

圖 3-1　用摺積來處理踝靴

我們選擇的區域的中央像素值是 192（Fashion MNIST 使用單字圖片，像素值從 0 到 255），在它左上角的像素的值是 0，在它正上方的像素的值是 64，以此類推。

如果我們在同樣的 3 × 3 網格裡面定義一個過濾器，它是原始值的下面那一個矩陣，我們就可以用它來計算一個新值，換掉那個像素，具體做法是將每一個像素值乘以它在過濾器網格裡對映的同一個位置的值，然後將結果全部加起來，得到的總數就是當前像素的新值。我們依序為圖像的所有像素做同一件事。

因此，我們在這個例子選出來的區域的中央像素值是 192，但是套用過濾器之後得到的新值是：

```
new_val = (-1 * 0) + (0 * 64) + (-2 * 128) +
     (.5 * 48) + (4.5 * 192) + (-1.5 * 144) +
     (1.5 * 142) + (2 * 226) + (-3 * 168)
```

這等於 577，它就是該像素的新值，對著圖片裡的每一個像素重複執行這個程序會產生一張過濾後的圖片。

我們來看一下對著比較複雜的圖像套用過濾器有什麼影響，我們使用一張 SciPy 為了方便測試而內建的 ascent 圖像（*https://oreil.ly/wgDN2*），它是一張 512 × 512 灰階圖像，裡面有兩個人正在爬樓梯。

一個左邊是負值，右邊是正值，中間是零值的過濾器會將圖像中大部分的非垂直線資訊移除，如圖 3-2 所示。

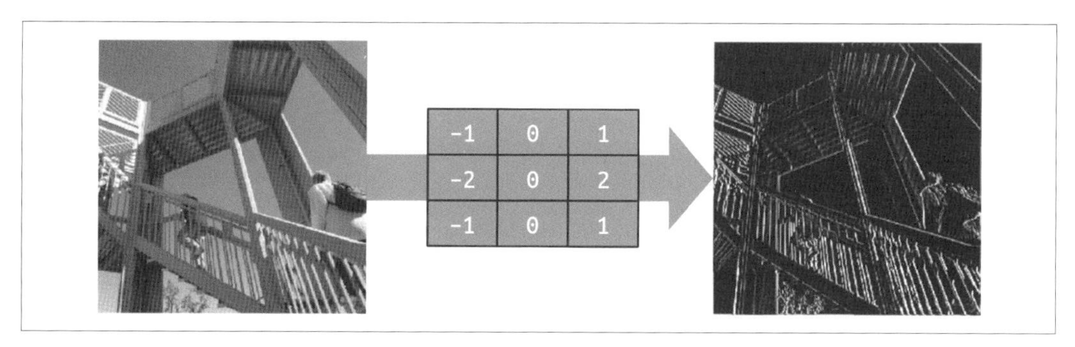

圖 3-2　使用過濾器來取得垂直線

類似地，稍微改變過濾器就可以突顯水平線，如圖 3-3 所示。

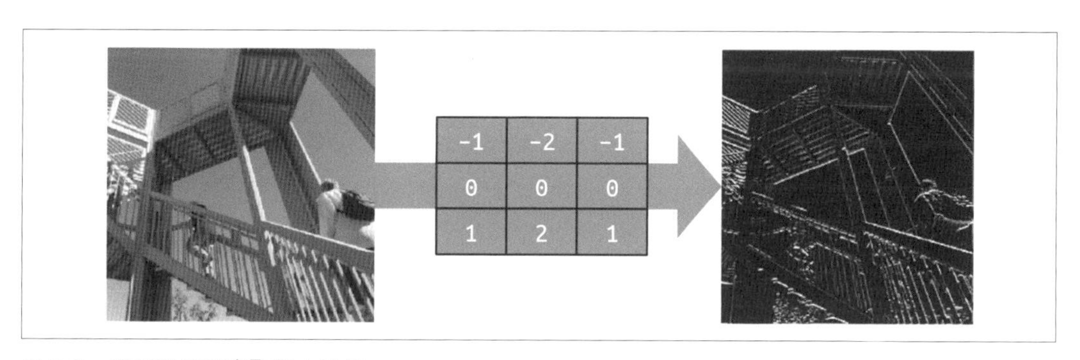

圖 3-3　使用過濾器來取得水平線

從這些範例可以看出圖像的資訊量減少了，所以我們可以透過學習一組過濾器來將圖像精簡成特徵，並且像之前一樣，用特徵來比對標籤。我們之前學習一些在神經元裡面用來為輸入比對輸出的參數，我們同樣可以用一段時間來學習為輸入比對輸出的最佳過濾器。

我們可以結合**池化**（*pooling*）來降低圖像裡的資訊量，同時保留其特徵，接著來討論池化。

池化

池化就是移除圖像裡面的像素，同時保持圖像內容的意義，用圖片來解釋比較容易理解。圖 3-4 是**最大**（*max*）池化的概念。

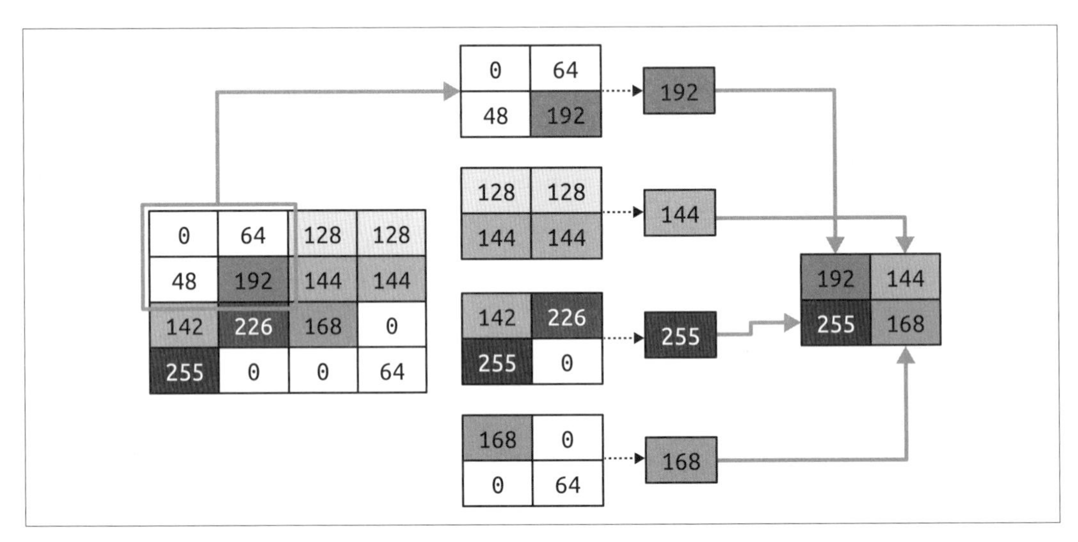

圖 3-4　最大池化示範

在這個例子裡，左邊的方塊是單色圖像裡面的像素。我們將它們分成 2 × 2 陣列群組，所以在這個例子裡，16 個像素被分成四組 2 × 2 陣列，它們就是**池**（*pool*）。

然後我們從每一組選出**最大值**，再將它們組成一張新圖像，因此，左邊的像素會減少 75%（從 16 變成 4），用每一個池的最大值來組成新圖像。

圖 3-5 是圖 3-2 的 ascent 圖的版本，使用最大池化之後，垂直線被加強了。

注意濾出來的特徵不僅被保留下來，也被進一步增強了，此外，圖像的尺寸從 512 × 512 變成 256 × 256，變成原始尺寸的四分之一。

池化還有其他的方法，例如**最小池化**，即取池中的最小值，以及**平均池化**，即取整體的平均值。

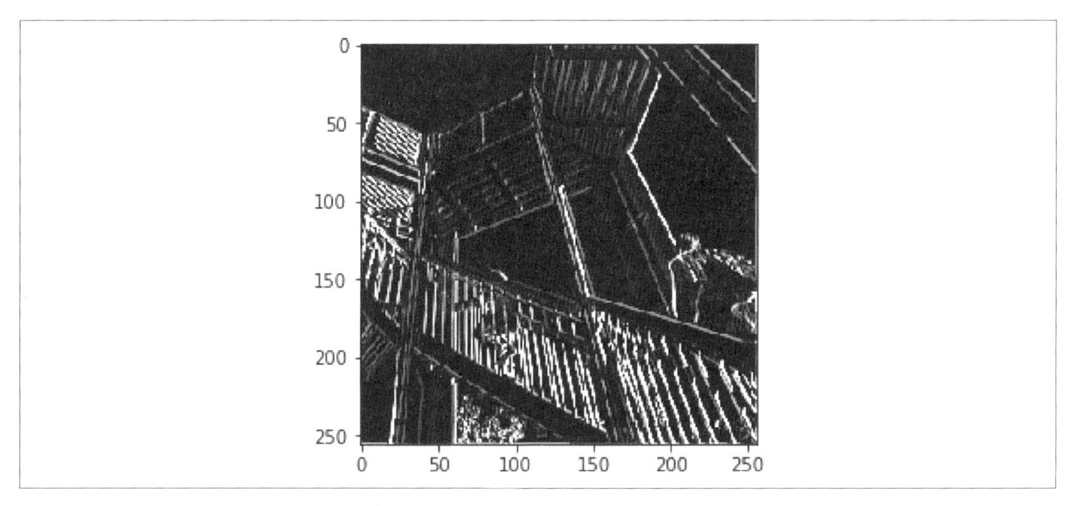

圖 3-5　用垂直過濾器和最大池化處理過的 ascent 圖

實作摺積神經網路

我們曾經在第 2 章建造可辨識時尚圖片的神經網路，為了方便閱讀，我再次列出完整的程式：

```
import tensorflow as tf
data = tf.keras.datasets.fashion_mnist

(training_images, training_labels), (test_images, test_labels) = data.load_data()

training_images = training_images / 255.0
test_images = test_images / 255.0

model = tf.keras.models.Sequential([
      tf.keras.layers.Flatten(input_shape=(28, 28)),
      tf.keras.layers.Dense(128, activation=tf.nn.relu),
      tf.keras.layers.Dense(10, activation=tf.nn.softmax)
    ])

model.compile(optimizer='adam',
       loss='sparse_categorical_crossentropy',
       metrics=['accuracy'])

model.fit(training_images, training_labels, epochs=5)
```

只要在模型定義裡使用摺積層就可以將它變成摺積神經網路，我們也會加入池化層。

我們將使用 `tf.keras.layers.Conv2D` 來實作摺積層，用參數來傳遞階層內的摺積數量、摺積大小，以及觸發函數…等。

例如，這是當成神經網路的輸入層來使用的摺積層：

```
tf.keras.layers.Conv2D(64, (3, 3), activation='relu',
            input_shape=(28, 28, 1)),
```

在這個例子裡，我們希望該層學習 64 個摺積，它會隨機初始化它們，並且隨著時間的推移，學到能夠為輸入值找出最正確的標籤的過濾器值。`(3, 3)` 是過濾器的大小，前面展示過 3 × 3 過濾器，那就是我們在這裡指定的東西，這是最常見的過濾器尺寸，你可以視情況更改它，但是它的軸通常是奇數的，例如 5 × 5 或 7 × 7，這與過濾器移除圖像邊界的像素的方式有關，稍後會談到。

`activation` 與 `input_shape` 參數與之前一樣，因為這個例子使用 Fashion MNIST，它的外形仍然是 28 × 28。不過，請注意，因為 Conv2D 層在設計上是為了處理彩色圖像的，所以我們將第三維設為 1，因此輸入外形是 28 × 28 × 1。彩色圖像的第三個參數通常是 3，因為它們儲存 R、G 和 B 值。

這是在神經網路中使用池化層的方法，你通常會在摺積層後面立刻使用它：

```
tf.keras.layers.MaxPooling2D(2, 2),
```

在圖 3-4 的範例中，我們將圖像拆成 2 × 2 的池，並選出每個池的最大值，這項操作可以參數化，用參數來定義池的大小，它們就是你在這裡看到的參數——`(2, 2)` 代表池是 2 × 2。

下面是以 CNN 來處理 Fashion MNIST 的完整程式：

```
import tensorflow as tf
data = tf.keras.datasets.fashion_mnist

(training_images, training_labels), (test_images, test_labels) = data.load_data()

training_images = training_images.reshape(60000, 28, 28, 1)
training_images = training_images / 255.0
test_images = test_images.reshape(10000, 28, 28, 1)
test_images = test_images / 255.0

model = tf.keras.models.Sequential([
      tf.keras.layers.Conv2D(64, (3, 3), activation='relu',
```

```
                   input_shape=(28, 28, 1)),
        tf.keras.layers.MaxPooling2D(2, 2),
        tf.keras.layers.Conv2D(64, (3, 3), activation='relu'),
        tf.keras.layers.MaxPooling2D(2,2),
        tf.keras.layers.Flatten(),
        tf.keras.layers.Dense(128, activation=tf.nn.relu),
        tf.keras.layers.Dense(10, activation=tf.nn.softmax)
      ])

model.compile(optimizer='adam',
       loss='sparse_categorical_crossentropy',
       metrics=['accuracy'])

model.fit(training_images, training_labels, epochs=50)

model.evaluate(test_images, test_labels)

classifications = model.predict(test_images)
print(classifications[0])
print(test_labels[0])
```

這裡有幾件需要注意的事情。還記得之前我說過，圖像的輸入外形必須和 Conv2D 層期望收到的一致，而我們將它改成 28 × 28 × 1 圖像嗎？資料也必須相應地改變外形，28 × 28 是圖像裡面的像素數量，1 是顏色通道的數量，你會經常看到，它在灰階圖像中是 1，在彩色圖像中是 3，彩色圖像有三個通道（紅、綠、藍），通道的數字代表該顏色的強度。

所以，在將圖像標準化之前，我們也更改每個陣列的外形，讓它們有那個額外的維度。下面的程式將訓練資料組從 60,000 張 28 × 28 圖像（因此是個 60,000 × 28 × 28 陣列）改成 60,000 張 28 × 28 × 1 圖像：

```
training_images = training_images.reshape(60000, 28, 28, 1)
```

接著對測試資料組做同一件事。

另外，在原始的深度神經網路（DNN）裡，我們先讓輸入通過一個 Flatten 層，再進入第一個 Dense 層，這裡沒有那一層了，變成直接指定輸入外形。注意，在執行摺積和池化之後，在進入 Dense 層之前，資料會被壓平。

用同樣的資料訓練第 2 章的網路同樣的 50 個 epoch 之後，我們可以看到準確度提升了，之前的範例用 50 個 epoch 取得 89% 的測試組準確度，這一個只用大約一半的 epoch，24 或 25 個 epoch 就達到 99%。所以我們可以看到，在神經網路中加入摺積會提升它分類圖像的能力。接下來，我們來看一下圖像經歷網路的過程，以進一步了解它的工作原理。

探索摺積網路

你可以用 `model.summary` 命令來查看模型，對著 Fashion MNIST 摺積網路執行它會出現：

```
Model: "sequential"
_________________________________________________________________
Layer (type)                 Output Shape              Param #
=================================================================
conv2d (Conv2D)              (None, 26, 26, 64)        640
_________________________________________________________________
max_pooling2d (MaxPooling2D) (None, 13, 13, 64)        0
_________________________________________________________________
conv2d_1 (Conv2D)            (None, 11, 11, 64)        36928
_________________________________________________________________
max_pooling2d_1 (MaxPooling2 (None, 5, 5, 64)          0
_________________________________________________________________
flatten (Flatten)            (None, 1600)              0
_________________________________________________________________
dense (Dense)                (None, 128)               204928
_________________________________________________________________
dense_1 (Dense)              (None, 10)                1290
=================================================================
Total params: 243,786
Trainable params: 243,786
Non-trainable params: 0
```

我們先來看 Output Shape 欄，以了解這裡發生了什麼事。第一層取得 28 × 28 圖像，並且對它們使用 64 個過濾器，但是因為過濾器是 3 × 3，所以在圖像周圍的 1 個像素的邊界會遺失，將整體的資訊減為 26 × 26 像素。考慮圖 3-6，如果每個格子都是圖像中的一個像素，可以套用過濾器的第一個像素位於第二列、第二行，在圖的右邊和下面也是這種情況。

因此，用一個 3 × 3 過濾器來處理一張外形為 A × B 像素的圖像會產生 (A−2) × (B−2) 的外形，用 5 × 5 過濾器會將它變成 (A−4) × (B−4)，以此類推。因為我們使用 28 × 28 圖像與 3 × 3 過濾器，所以輸出 26 × 26。

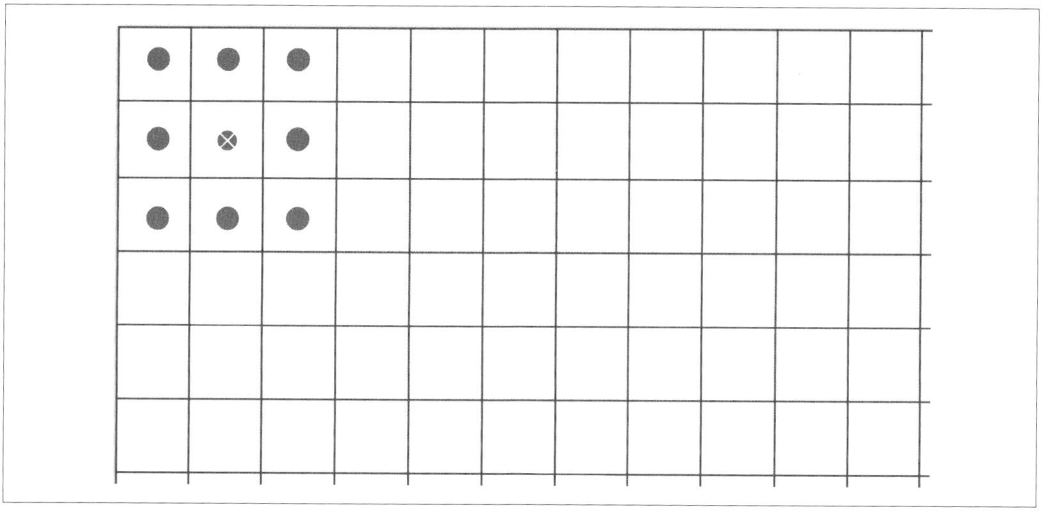

圖 3-6　使用過濾器會失去像素

接下來的池化層是 2 × 2，所以圖像每一軸的尺寸會減半，變成 13 × 13，下一個摺積層會進一步將它縮成 11 × 11，下一個池化層經過捨入之後，會產生 5 × 5 圖像。

所以，當圖像經過兩個摺積層之後，會產生許多 5 × 5 圖像，有多少個？我們可以在 Param #（parameters，參數）欄裡面看到數量。

每一個摺積都是個 3 × 3 過濾器，再加上一個偏差。你還記得之前使用 dense（稠密）層時，每一層都是 Y = mX + c，其中 m 是參數（也就是權重），c 是偏差嗎？這個範例很像，不過因為過濾器是 3 × 3，所以有 9 個參數需要學習。因為我們定義了 64 個摺積，我們總共有 640 個參數（每一個摺積有 9 個參數加上一個偏差，總共有 10 個，而摺積有 64 個）。

`MaxPooling` 不會學習任何東西，它們只會縮小圖像，所以沒有學到的參數，因此報告說它是 0。

下一個摺積層有 64 個過濾器，但是它們每一個都會乘以之前的 64 個過濾器，各有 9 個參數。新的 64 個過濾器都有一個偏差，所以參數的數量是 (64 × (64 × 9)) + 64，因此網路需要學習 36,928 個參數。

如果你無法理解，可以試著將第一層的摺積數量改成另一個數字，例如 10 個，第二層的參數數量會變成 5,824，即 (64 × (10 × 9)) + 64)。

當我們經過第二個摺積時，圖像是 5 × 5，有 64 張，將它們相乘之後得到 1,600 個值，我們將這些值傳給 128 個神經元的 dense 層。每個神經元都有一個權重與一個偏差，它們有 128 個，所以網路要學習的參數數量是 ((5 × 5 × 64) × 128) + 128，總共 204,928 個參數。

最後那個有 10 個神經元的 dense 層接收前面的 128 個輸出，所以學到的參數數量是 (128 × 10) + 10，即 1,290 個。

全部的參數數量加起來是 243,786 個。

訓練這個網路就是學習最佳的 243,786 個參數，讓網路可以為輸入圖像指定它們的標籤。訓練過程比較慢，因為有更多參數，但是我們可以從結果看到，它也產生更準確的模型！

當然，使用這個資料組仍然受限於 28 × 28、單色、置中的圖像，接下來，我們要研究如何使用摺積來探索更複雜的資料組，下一個資料組裡面有馬和人的彩色圖片，我們將試著確認圖中是馬還是人，在這個例子中，圖像的主題不像 Fashion MNIST 那樣一定被放在中央，所以我們必須依靠摺積來識別各種特徵。

建構 CNN 來區分馬與人

這一節將研究比 Fashion MNIST 分類更複雜的場景，我們將延伸摺積和摺積神經網路的知識，試著為圖像特徵可能在不同位置的內容進行分類，為此，我製作了 Horses or Humans 資料組。

Horses or Humans 資料組

本節使用的資料組（*https://oreil.ly/E5kbc*）有超過 1,000 張 300 × 300 像素的圖像，裡面大約有一半是馬，一半是人，分別擺出不同的姿勢，圖 3-7 是其中的一些範例。

如你所見，圖片的主題有不同的方向和姿勢，且構圖各有不同。例如，圖中的兩匹馬的頭朝著不同的方向，而且其中一張是拉遠的，顯示完整的身體，另一張是拉近的，只顯示頭部和部分的身體。同樣的，兩個人分別有不同的光線、膚色和姿勢，男士雙手叉腰，女士雙手展開。這些圖像也有樹木和海灘之類的背景，因此分類器必須找出圖像的哪些部分是重要的特徵，以及哪些讓馬之所以是馬、讓人之所以是人，不能被背景影響。

圖 3-7 馬與人

雖然之前的預測 Y = 2X – 1 或分類小張單色服飾圖片的範例或許可以用傳統的程式來處理，但這個範例顯然困難多了，現在你正跨越界線，進入必須使用機器學習來解決問題的領域。

告訴你一個有趣的花絮——這些圖像都是電腦產生的。理論上，在馬的 CGI（computer-generated imagery，電腦產生圖像）裡面發現的特徵也適用於實際的圖像，本章稍後會告訴你它的效果有多棒。

Keras ImageDataGenerator

你到目前為止所使用的 Fashion MNIST 資料組本身附帶標籤，每一個圖像檔都有一個存放標籤細節的檔案。許多圖像資料組都沒有這種東西，Horses or Humans 也不例外，它不使用標籤，而是將圖像放在儲存各種類別的子目錄裡面。TensorFlow 的 Keras 有一種稱為 `ImageDataGenerator` 的工具，可以利用這個資料結構來為圖像自動指定標籤。

在使用 `ImageDataGenerator` 之前，你只要確保你的目錄結構有一組子目錄，而且每一個子目錄都是一個標籤，例如，Horses or Humans 資料組是用一組 ZIP 檔來提供的，其中一個檔案存有訓練資料（有 1,000+ 張圖像），另一個存有驗證資料（256 張圖像），當你下載並將它們解壓縮到本地的訓練和驗證專用目錄時，務必確保它們位於圖 3-8 的檔案結構裡面。

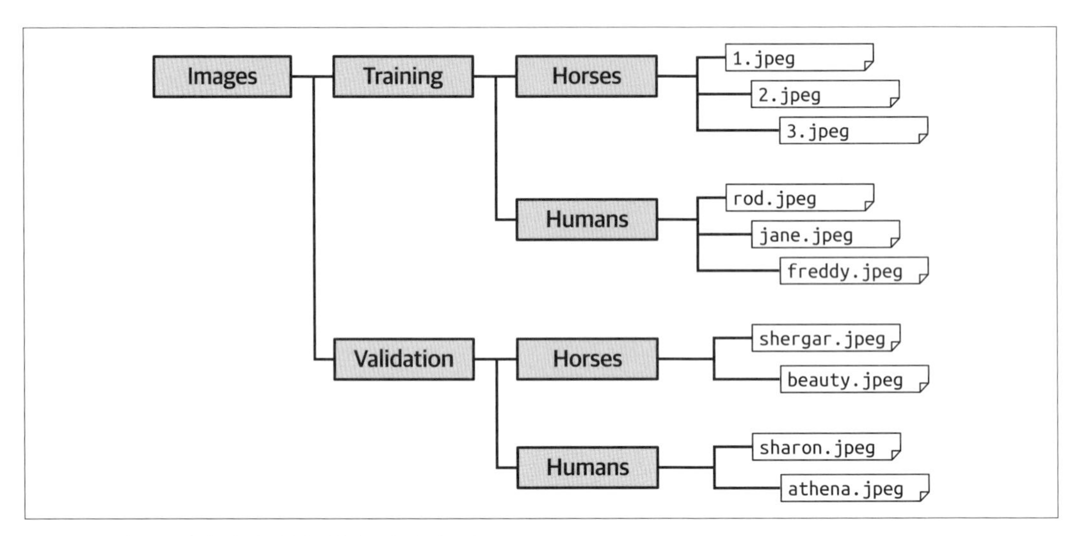

圖 3-8　確保圖像都在這些名稱的子目錄裡面

下面的程式可以取得訓練資料，並將它解壓縮到名稱正確的子目錄，像圖中那樣：

```
import urllib.request
import zipfile

url = "https://storage.googleapis.com/laurencemoroney-blog.appspot.com/
                                             horse-or-human.zip"
file_name = "horse-or-human.zip"
training_dir = 'horse-or-human/training/'
urllib.request.urlretrieve(url, file_name)

zip_ref = zipfile.ZipFile(file_name, 'r')
zip_ref.extractall(training_dir)
zip_ref.close()
```

它會下載訓練資料的 ZIP，並將它解壓縮到 *horse-or-human/training* 目錄（我們很快就會下載驗證資料），這個目錄將會容納各種圖像類別的子目錄。

使用 ImageDataGenerator 很簡單：

```
from tensorflow.keras.preprocessing.image import ImageDataGenerator

# 將所有圖像調整為 1./255
train_datagen = ImageDataGenerator(rescale=1/255)

train_generator = train_datagen.flow_from_directory(
  training_dir,
  target_size=(300, 300),
  class_mode='binary'
)
```

我們先建立一個 ImageDataGenerator 的實例，稱之為 train_datagen，接著要求它流過（flow from）*training_dir* 目錄來為訓練程序產生圖像。我們也設定一些資料超參數，例如目標大小（target size），這個例子的圖像是 300 × 300、將類別模式（class mode）設為 binary。如果圖像只有兩個類型，模式通常是 binary（就像這個例子這樣），如果類型不止兩種，則是 categorical。

處理 Horses or Humans 的 CNN 架構

在設計架構來分類圖像時，我們必須注意這個資料組與 Fashion MNIST 有幾項主要差異。首先，這個例子的圖像大很多，它們有 300 × 300 像素，所以需要更多層。第二，這些圖像都是全彩的，不是灰階的，所以每張圖像都有三個通道，而不是一個。第三，這個例子只有兩種圖像類型，所以我們要製作一個二元分類器，只需要一個輸出神經元，輸出 0 代表其中一個類別，輸出 1 代表另一個類別。請在研究這個架構時注意這些事情：

```
model = tf.keras.models.Sequential([
  tf.keras.layers.Conv2D(16, (3,3), activation='relu' ,
             input_shape=(300, 300, 3)),
  tf.keras.layers.MaxPooling2D(2, 2),
  tf.keras.layers.Conv2D(32, (3,3), activation='relu'),
  tf.keras.layers.MaxPooling2D(2,2),
  tf.keras.layers.Conv2D(64, (3,3), activation='relu'),
  tf.keras.layers.MaxPooling2D(2,2),
  tf.keras.layers.Conv2D(64, (3,3), activation='relu'),
  tf.keras.layers.MaxPooling2D(2,2),
  tf.keras.layers.Conv2D(64, (3,3), activation='relu'),
  tf.keras.layers.MaxPooling2D(2,2),
  tf.keras.layers.Flatten(),
  tf.keras.layers.Dense(512, activation='relu'),
  tf.keras.layers.Dense(1, activation='sigmoid')
])
```

這裡有幾項需要注意的事情，首先，在第一層，我們定義 16 個過濾器，每一個都是 3 × 3，但是圖像的輸入外形是 (300, 300, 3)，原因是輸入圖像是 300 × 300，而且是彩色的，所以有三個通道，而不是之前的單色 Fashion MNIST 資料組的一個通道。

在另一端，留意輸出層只有一個神經元，因為我們正在使用二元分類器，用 sigmoid 函數來觸發它的話，只要用一個神經元就可以進行二元分類了。sigmoid 函數的功能是讓一組值趨近 0，讓另一組趨近 1，對二元分類來說是完美的特性。

接下來，注意我們將更多摺積層疊起來了，這樣做是因為圖像非常大，而且我們希望隨著時間產生許多比較小的圖像，每一張都突顯一些特徵。執行 `model.summary` 會出現：

```
=================================================================
conv2d (Conv2D)              (None, 298, 298, 16)  448
_________________________________________________________________
max_pooling2d (MaxPooling2D) (None, 149, 149, 16)  0
_________________________________________________________________
conv2d_1 (Conv2D)            (None, 147, 147, 32)  4640
_________________________________________________________________
max_pooling2d_1 (MaxPooling2 (None, 73, 73, 32)    0
_________________________________________________________________
conv2d_2 (Conv2D)            (None, 71, 71, 64)    18496
_________________________________________________________________
max_pooling2d_2 (MaxPooling2 (None, 35, 35, 64)    0
_________________________________________________________________
conv2d_3 (Conv2D)            (None, 33, 33, 64)    36928
_________________________________________________________________
max_pooling2d_3 (MaxPooling2 (None, 16, 16, 64)    0
_________________________________________________________________
conv2d_4 (Conv2D)            (None, 14, 14, 64)    36928
_________________________________________________________________
max_pooling2d_4 (MaxPooling2 (None, 7, 7, 64)      0
_________________________________________________________________
flatten (Flatten)            (None, 3136)          0
_________________________________________________________________
dense (Dense)                (None, 512)           1606144
_________________________________________________________________
dense_1 (Dense)              (None, 1)             513
=================================================================
Total params: 1,704,097
Trainable params: 1,704,097
Non-trainable params: 0
_________________________________________________________________
```

注意，資料經過所有摺積和池化層之後變成 7 × 7。理論上，它們是相對簡單的觸發特徵圖（activated feature maps），裡面只有 49 個像素，我們將這些特徵圖傳給 dense 神經網路，來為它們指定適當的標籤。

當然，這會造成之前的網路有多很多的參數，所以訓練起來比較慢。在這種架構中，需要學習的參數有 170 萬個。

為了訓練網路，我們必須用損失函數和優化函數來編譯它。在這個例子中，損失函數可以使用二元交叉熵，因為它只有兩個類別，而且顧名思義，它是為這種場景設計的損失函數。我們可以嘗試一種新的優化函數——*root mean square propagation*（`RMSprop`），它接收一個學習率（`lr`）參數，可用來調整學習狀況。程式如下：

```
model.compile(loss='binary_crossentropy',
       optimizer=RMSprop(lr=0.001),
       metrics=['accuracy'])
```

我們使用 `fit_generator` 來訓練，並將之前建立的 `training_generator` 傳給它：

```
history = model.fit_generator(
  train_generator,
  epochs=15
)
```

這個範例可以在 Colab 裡面運行，但如果你想要在你自己的電腦上運行它，務必使用 `pip install pillow` 來安裝 `Pillow` 程式庫。

注意，在使用 TensorFlow Keras 時，你可以使用 `model.fit` 來讓訓練資料擬合訓練標籤。在使用 generator 時，比較舊的版本必須改用 `model.fit_generator`，較新的 TensorFlow 版本可以使用任何一種。

這個架構只要經過 15 個 epoch 就產生令人印象深刻的 95%+ 訓練組準確度。當然，這只是用訓練資料得到的結果，不代表網路在處理未曾見過的資料時的效果。

接下來，我們要用 generator 來加入驗證組，並測量它的性能，更實際地展示模型的實際表現可能如何。

加入 Horses or Humans 驗證組

進行驗證需要使用一個與訓練組分開的驗證組，有時你必須自己拆開你抓到的資料組，但是 Horses or Humans 提供一個已經分開的驗證組來讓你下載。

你可能想知道為何我們說它是「驗證組」，而不是「測試組」，還有「它們是不是同樣的東西」。對簡單的模型來說，像前幾章那樣將資料組拆成兩個部分通常就可以了，用一個部分來訓練，用另一個部分來測試，但是對於這個複雜的模型來說，我們要建立獨立的驗證和測試組。兩者有什麼區別？訓練資料是用來教導網路「資料如何擬合標籤」的資料，驗證資料是用來了解網路遇到訓練時沒有看過的資料時的表現，也就是說，那些資料未曾被用來擬合標籤，而是用來確認擬合的效果如何。測試資料的用途是在訓練之後檢查網路處理它沒有看過的資料時的表現。有些資料組會被分成三組，有些必須由你將測試組分成用來驗證和測試的部分，在這個例子中，我們下載額外的測試用圖像。

你可以用類似下載訓練圖像的程式來下載驗證組，並將它解壓縮到不同的目錄裡：

```
validation_url = "https://storage.googleapis.com/laurencemoroney-blog.appspot.com
                                                /validation-horse-or-human.zip"

validation_file_name = "validation-horse-or-human.zip"
validation_dir = 'horse-or-human/validation/'
urllib.request.urlretrieve(validation_url, validation_file_name)

zip_ref = zipfile.ZipFile(validation_file_name, 'r')
zip_ref.extractall(validation_dir)
zip_ref.close()
```

取得驗證資料之後，你可以設置另一個 `ImageDataGenerator` 來管理這些圖像：

```
validation_datagen = ImageDataGenerator(rescale=1/255)

validation_generator = train_datagen.flow_from_directory(
  validation_dir,
  target_size=(300, 300),
  class_mode='binary'
)
```

你只要修改 `model.fit_generator` 方法，指定你想要使用驗證資料在各個 epoch 測試模型，即可讓 TensorFlow 為你執行驗證，具體做法是將剛才建立的 validation generator 傳給 `validation_data` 參數：

```
history = model.fit_generator(
  train_generator,
  epochs=15,
  validation_data=validation_generator
)
```

訓練 15 個 epoch 之後，你應該可以看到模型處理訓練組的準確度是 99%+，但是處理驗證組只有大約 88%，上一章說過，這意味著模型過擬了。

不過，鑑於它是用少量的圖像來訓練的，而且圖像有很高的多樣性，這個表現已經很不錯了。我們開始遇到缺乏資料造成的障礙了，但是有一些技術可以用來改善模型的性能，本章稍後將探討它們，在此之前，我們先來看一下如何使用這個模型。

測試 Horse or Human 圖像

能夠做出模型絕對是好事，但你一定也想要試用它。當我開始 AI 旅程時，我遇到一個很大的挫折：雖然我可以找到許多程式教我如何建構模型，以及一些圖表解釋那些模型如何工作，但幾乎沒有程式可以幫助我先試試看模型、再試著建構它。我不希望這種事情在這本書裡面發生！

使用 Colab 來測試模型應該是最簡單的方法，我已經把 Horses or Humans notebook 放在 GitHub 上面了，你可以在 Colab 裡面打開它（*http://bit.ly/horsehuman*）。

當你訓練模型之後，你會看到一個稱為「Running the Model」的部分，在執行它之前，在網路上找一些馬或人的圖像，並將它們下載到你的電腦裡。Pixabay.com 是尋找免費圖片的好地方。先收集測試圖像再執行 Colab 比較好，因為節點（node）可能會在你搜尋時過期。

圖 3-9 是我從 Pixabay 下載，打算用來測試模型的一些馬和人的照片。

圖 3-9　測試圖像

如圖 3-10 所示，將它們上傳之後，模型可以正確地將第一張圖像分類為人，將第三張圖像分類為馬，但是中間那張照片，雖然明顯是人，卻被錯誤地分類為馬！

```
import numpy as np
from google.colab import files
from keras.preprocessing import image

uploaded = files.upload()

for fn in uploaded.keys():

  # predicting images
  path = '/content/' + fn
  img = image.load_img(path, target_size=(300, 300))
  x = image.img_to_array(img)
  x = np.expand_dims(x, axis=0)

  image_tensor = np.vstack([x])
  classes = model.predict(image_tensor)
  print(classes)
  print(classes[0])
  if classes[0]>0.5:
    print(fn + " is a human")
  else:
    print(fn + " is a horse")
```

```
Choose Files | 3 files
• model-993907_640.jpg(image/jpeg) - 36254 bytes, last modified: 2/15/2020 - 100% done
• beautiful-1274056_640.jpg(image/jpeg) - 80225 bytes, last modified: 2/15/2020 - 100% done
• horse-1330690_640.jpg(image/jpeg) - 33396 bytes, last modified: 2/15/2020 - 100% done
Saving model-993907_640.jpg to model-993907_640 (3).jpg
Saving beautiful-1274056_640.jpg to beautiful-1274056_640 (1).jpg
Saving horse-1330690_640.jpg to horse-1330690_640 (2).jpg
[[1.]]
[1.]
model-993907_640.jpg is a human
[[0.]]
[0.]
beautiful-1274056_640.jpg is a horse
[[0.]]
[0.]
horse-1330690_640.jpg is a horse
```

圖 3-10　執行模型

你也可以同時上傳多張圖像，並且讓模型對它們全部進行預測，你可能會發現它傾向過擬馬，如果人不是全身的，它會偏向馬，這個例子就是如此。第一個人是全身的，而且很像資料組裡面的許多姿勢，所以模型能夠正確地分類它。第二個人雖然面對相機，但是只有上半身入鏡，因為沒有訓練資料長那樣，所以模型無法正確地識別她。

接著，我們來研究一下程式，看看它是怎麼做事的，或許最重要的部分是這一段：

```
img = image.load_img(path, target_size=(300, 300))
x = image.img_to_array(img)
x = np.expand_dims(x, axis=0)
```

在這裡，我們從 Colab 寫入圖像的路徑載入圖像，注意，我們指定目標大小（target size）是 300 × 300。你可以上傳任何外形（shape）的圖像，但為了將它們傳入模型，你**必須**將它們變成 300 × 300，因為那就是模型學習辨識的尺寸。所以，第一行程式會載入圖像，並將它的尺寸調整為 300 × 300。

下一行程式將圖像轉換成 2D 陣列，但是，模型期望收到 3D 陣列，因為我們在模型架構中使用 `input_shape` 來指定它。幸好 Numpy 的 `expand_dims` 方法可以輕鬆地幫陣列加入一個新維度。

將圖像變成 3D 陣列之後，我們要確保它是直向堆疊的（stacked vertically），如此一來，它的外形就和訓練資料相同：

```
image_tensor = np.vstack([x])
```

把圖像變成正確的格式後，進行分類就很容易了：

```
classes = model.predict(image_tensor)
```

模型會回傳一個包含類別的陣列。因為這個案例只有一個類別，它實際上是一個容納一個陣列的陣列，你可以從圖 3-10 看到這種情況，在裡面，第一位模特兒（人）的輸出是 `[[1.]]`。

所以現在你只要檢查陣列的第一個元素的值就可以了，如果它大於 0.5，就代表它看到一個人：

```
if classes[0]>0.5:
  print(fn + " is a human")
 else:
  print(fn + " is a horse")
```

這裡有幾個重點，首先，雖然這個網路是用電腦合成的圖像來訓練的，但它也可以準確地識別真實照片中的馬或人，這是一件好事，因為這讓我們有機會使用相對便宜的 CGI 來訓練模型，不必使用幾千張照片來訓練。

但是這個資料組也展現一個我們必須面對的基本問題——訓練組不一定能夠代表模型在實際的情況下遇到的**每一個**場景，而且模型一定會對訓練組有一定程度的過度專門化

（overspecialization）。我們有一個簡單例子清楚地展示這一點——在圖 3-9 中間的那個人被錯誤分類了，訓練組沒有擺出那個姿勢的人，因此模型無法「學會」人類可能會那樣，所以，它很有可能把人看成馬，在這個例子裡，它就是這樣。

有什麼解決方案？最直接的解決方案就是加入更多訓練資料，包含擺出那個姿勢的人，以及其他原本沒有的姿勢，但是我們不一定能採取這種做法。幸好 TensorFlow 有一個技術可讓你用虛擬的方式擴展資料組——**圖像擴增**，我們接著來介紹它。

圖像擴增

在上一節，我們建構了一個人馬分類模型，它是用相對較小的資料組來訓練的，因此，我們很快就遇到分類未曾見過的圖像的問題，例如將女性錯誤分類為馬，原因是訓練組沒有任何人的圖像擺出那個姿勢。

處理這種問題的其中一種方法是使用圖像擴增，這項技術背後的想法在於，當 TensorFlow 載入你的資料時，它可以用一些轉換技術來修改原本的資料，進而創造出額外的新資料。例如圖 3-11，雖然資料組裡沒有看起來像右邊那張女人照片的圖像，但左邊的圖像有點類似它。

圖 3-11　資料組相似度

所以，舉例來說，在訓練時，你可以在左邊的圖像上拉近鏡頭，如圖 3-12 所示，這樣子可以提升模型將右邊的圖像正確地分類為人的機率。

圖 3-12　在訓練組資料中拉進鏡頭

透過類似的方法，你可以用其他的轉換來擴展訓練組，包括：

- 旋轉
- 橫向移動
- 直向移動
- 剪裁
- 將鏡頭拉近或拉遠
- 翻轉

我們一直使用 ImageDataGenerator 來載入圖像，你已經看過它所做的轉換了，也就是這樣子將圖像標準化：

```
train_datagen = ImageDataGenerator(rescale=1/255)
```

ImageDataGenerator 也可以做其他的轉換，例如：

```
train_datagen = ImageDataGenerator(
  rescale=1./255,
  rotation_range=40,
  width_shift_range=0.2,
  height_shift_range=0.2,
  shear_range=0.2,
  zoom_range=0.2,
  horizontal_flip=True,
  fill_mode='nearest'
)
```

除了改變圖像尺寸來將它標準化之外，我們也做了這些事情：

- 將每張圖像隨機向左或向右旋轉最多 40 度
- 將圖像直向或橫向移動最多 20%
- 裁剪圖像最多 20%
- 將鏡頭拉近或拉遠最多 20%
- 隨機直向或橫向翻轉圖像
- 在移動或裁剪之後，用最接近的像素來填補缺漏的像素

用這些參數來重新訓練時，你會發現訓練的時間更長了，因為我們加入這些圖像處理程序，此外，模型的準確度可能不像之前那麼高，因為之前它過擬一組大致相似的資料。

我用這些擴增技術來訓練 15 個 epoch 之後，準確度從 99% 降為 85%，驗證組準確度稍微高一些，是 89%（這代表模型有點**欠擬**，所以我們可以稍微調整參數）。

那麼之前被錯誤分類的圖 3-9 之中的圖像呢？這一次，它被正確分類了，因為採用圖像擴增技術，現在訓練組已經有足夠的覆蓋率，可讓模型了解那一張圖也是一個人（見圖 3-13）。雖然它只是一個資料點，或許不能代表處理實際資料的結果，但我們已朝著正確方向邁出一小步。

```
Using TensorFlow backend.
Choose Files beautiful-12...056_640.jpg
• beautiful-1274056_640.jpg(image/jpeg) - 80225 bytes, last modified: 2/15/2020 - 100% done
Saving beautiful-1274056_640.jpg to beautiful-1274056_640.jpg
[[1.]]
[1.]
beautiful-1274056_640.jpg is a human
```

圖 3-13 拉近鏡頭的女士現在被正確分類了

你可以看到，即使是使用 Horses or Humans 這種相對較小的資料組，我們也可以建立相當不錯的分類模型，使用較大的資料組可以更上一層樓。另一種改善模型的技術是使用已經在別的地方學到的特徵。許多研究人員擁有大量的資源（數以百萬計的圖像），以及已經用上千個類別來訓練的龐大模型，並且把那些模型分享出來，你可以用一種稱為**遷移學習**的概念來使用那些模型學到的特徵，並且用它們來處理你的資料。我們接著來看這種技術！

遷移學習

本章說過，用摺積來提取特徵是辨識圖像內容的強大技術，摺積產生的特徵圖可以傳給神經網路的 dense 層，來為它們指定標籤，並提供更準確的方法來指出圖像的內容。我們使用這種技術，以及一個簡單、訓練速度很快的神經網路，還有一些圖像擴增技術，用一個非常小的資料組訓練出一個可以用 80–90% 的準確度來區分馬與人的模型。

但是我們還可以使用遷移學習來進一步改善這個模型，在遷移學習背後的概念很簡單：與其用我們自己的資料組從零開始訓練一組過濾器，何不使用已經用大很多的資料組訓練出來的過濾器，何況那些過濾器具備多很多的特徵，它們都是我們「沒有能力」從頭開始建構的？我們可以將它們放入網路，然後用自己的資料和預先訓練好的過濾器來訓練模型。例如，Horses or Humans 只有兩個類別，我們可以使用一個既有的、訓練來分辨一千個類別的模型，但是到了某個時間點，我們必須丟掉一些既有的網路，並加入一些神經層，以製作一個分辨兩個類別的分類器。

圖 3-14 是類似我們的分類任務的 CNN 架構，它在一連串的摺積層後面有一個稠密層，在稠密層後面有一個輸出層。

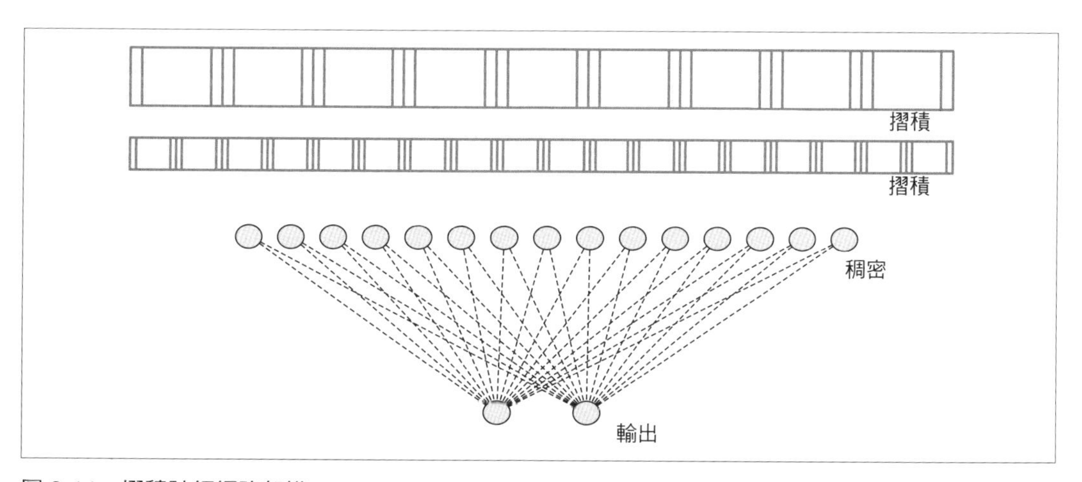

圖 3-14　摺積神經網路架構

我們已經知道，我們可以使用這種架構來建構一個相當不錯的分類器，但是如果使用遷移學習，從其他的模型裡面取出訓練好的神經層，並且凍結或鎖住它們，避免訓練它們，然後將它們放在模型的上面，就像圖 3-15 那樣的話，會有什麼效果？

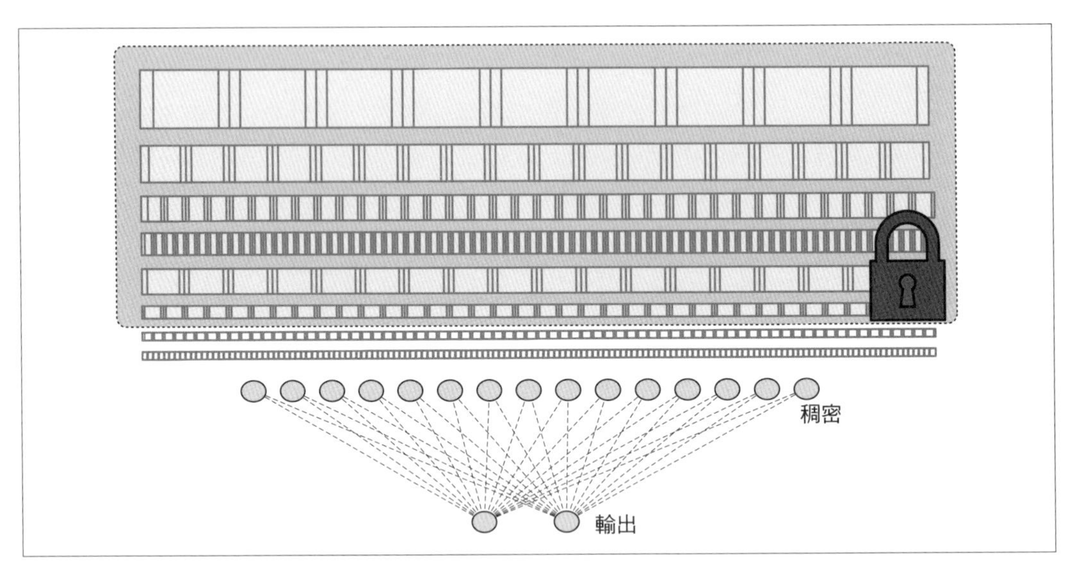

圖 3-15 用遷移學習從另一個架構取出神經層

仔細想一下，當那些神經層都被訓練過時，它們只是一組代表過濾器的值、權重與偏差的數字，以及一個已知的架構（每一層的過濾器數量、過濾器的大小…等），所以重複使用它們是非常直觀的想法。

我們來看一下它在程式中如何呈現。你可以從各式各樣的來源取得預訓模型，我們使用 Google 的 Inception 模型第 3 版，它是用 ImageNet 資料庫裡面超過一百萬張圖像來訓練的，它有幾十層，可以將圖像分類成 1,000 個種類。我們可以取得已儲存的模型，裡面有訓練好的權重，使用它時，我們只要下載權重，建立一個 Inception V3 架構的實例，然後將權重載入該架構即可：

```
from tensorflow.keras.applications.inception_v3 import InceptionV3

weights_url = "https://storage.googleapis.com/mledu-
datasets/inception_v3_weights_tf_dim_ordering_tf_kernels_notop.h5"

weights_file = "inception_v3.h5"
urllib.request.urlretrieve(weights_url, weights_file)

pre_trained_model = InceptionV3(input_shape=(150, 150, 3),
                include_top=False,
                weights=None)

pre_trained_model.load_weights(weights_file)
```

現在我們有一個完整的 Inception 預訓模型了，你可以這樣檢查它的架構：

```
pre_trained_model.summary()
```

小心——它很龐大！不過，你還是可以看一下它的各層及其名稱，我們喜歡使用 mixed7 這一層，因為它的輸出很精簡，是 7 × 7 圖像，但你也可以自由地嘗試其他的階層。

接下來，我們凍結整個網路，然後設定一個變數，讓它指向 mixed7 的輸出，因為我們想把整個網路裁剪到那裡。我們可以用這段程式來做這件事：

```
for layer in pre_trained_model.layers:
  layer.trainable = False

last_layer = pre_trained_model.get_layer('mixed7')
print('last layer output shape: ', last_layer.output_shape)
last_output = last_layer.output
```

注意，我們印出最後一層的輸出外形，你將看到，我們此時得到 7 × 7 圖像，這代表當圖像被傳到 mixed7 時，過濾器輸出的圖像的尺寸是 7 × 7，所以它們非常容易管理。同樣的，你不一定要選擇那一個階層，你也可以實驗其他的階層。

我們來看一下如何在下面添加 dense 層：

```
# 將輸出層壓平成 1 維
x = layers.Flatten()(last_output)
# 加入一個全連接層，裡面有 1,024 個隱藏單元與 ReLU 觸發
x = layers.Dense(1024, activation='relu')(x)
# 加入分類用的最終 sigmoid 層
x = layers.Dense(1, activation='sigmoid')(x)
```

因為我們要將結果傳給稠密層，所以用最後一層的輸出來建立一個 flatten 階層，接著加入一個有 1,024 個神經元的稠密層，以及一個有 1 個神經元的稠密層，用來輸出結果。

接著定義模型，指出它使用預訓模型的輸入，以及剛才定義的 x，然後用一般的方法編譯它：

```
model = Model(pre_trained_model.input, x)

model.compile(optimizer=RMSprop(lr=0.0001),
       loss='binary_crossentropy',
       metrics=['acc'])
```

用這個架構訓練模型超過 40 個 epoch 可產生 99%+ 的準確度，驗證組準確度可達 96%+（見圖 3-16）。

```
52/52 [==============================] - 11s 216ms/step - loss: 0.0149 - acc: 0.9961 - val_loss: 0.3858 - val_acc: 0.9609
Epoch 38/40
52/52 [==============================] - 11s 211ms/step - loss: 0.0088 - acc: 0.9981 - val_loss: 0.2245 - val_acc: 0.9727
Epoch 39/40
52/52 [==============================] - 11s 210ms/step - loss: 0.0088 - acc: 0.9971 - val_loss: 0.2072 - val_acc: 0.9727
Epoch 40/40
52/52 [==============================] - 11s 219ms/step - loss: 0.0118 - acc: 0.9971 - val_loss: 0.6150 - val_acc: 0.9609
```

圖 3-16　用遷移學習來訓練 horse-or-human 分類器

它的結果比之前的模型好太多了，但你可以繼續調整和改善它。你也可以看看當模型處理大很多的資料組時的表現如何，例如著名的 Kaggle 的 Dogs vs. Cats（*https://www.kaggle.com/c/dogs-vs-cats*），這是一個極其多樣化的資料組，裡面有 25,000 張貓與狗的圖像，而且通常會模糊主題，例如，牠們被人抱著。

你可以在 Colab 使用與之前一樣的演算法和模型架構來訓練 Dogs vs. Cats 分類器，使用 GPU 時，每個 epoch 大約 3 分鐘，執行 20 個 epoch 相當於進行 1 小時的訓練。

我用非常複雜的圖片，例如圖 3-17 的這些來測試這個分類器時，它全部都答對了，我選擇一張耳朵像貓的狗照片，以及一張只有狗的背影的照片，而且那兩張貓的照片都不是典型的。

圖 3-17　非典型的狗與貓被正確分類了

將右下角那張貓的照片傳給模型之後，產生圖 3-18 的結果，照片中的貓閉上眼睛，耳朵往下垂，伸出舌頭清理爪子。你可以看到它產生一個非常低的值（4.98×10^{-24}），顯示網路幾乎百分之百確定牠是貓！

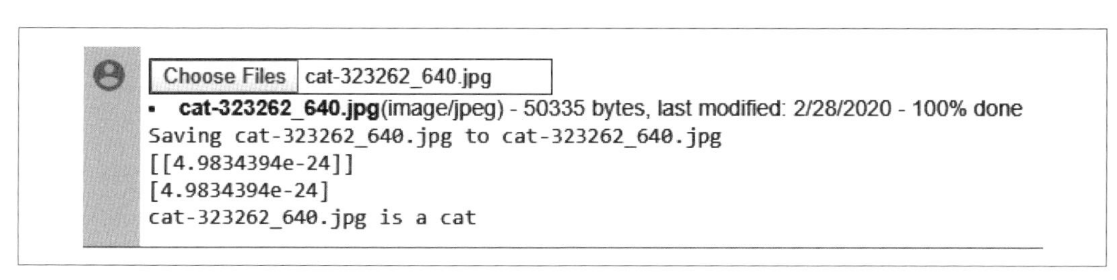

圖 3-18　判斷清理爪子的貓的類別

你可以在本書的 GitHub repository（*https://github.com/lmoroney/tfbook*）裡面找到 Horses or Humans 與 Dogs vs. Cats 分類器的完整程式。

多類別分類

截至目前為止的範例都在建構**二元**分類器，也就是從兩個選項中選出一個選項（馬或人、貓或狗）。當你建構多類別分類器時，模型幾乎一樣，但是有一些重要的差異，它的輸出層不是一個 sigmoid 觸發的神經元，也不是二元觸發（binary-activated）的兩個神經元，而是有 *n* 個神經元，*n* 就是你想要分類的類別數量。你也要將損失函數改成可以處理多類別的函數，例如，本章迄今為止建立的二元分類器使用的損失函數都是二元交叉熵，但如果你想要將模型擴展成多類別，你就要使用分類交叉熵（categorical cross entropy）。如果你使用 `ImageDataGenerator` 來自動提供圖像標籤，它處理多類別的方式與處理二元的一樣，`ImageDataGenerator` 會用子目錄的編號來進行標注。

例如，考慮 Rock Paper Scissors[譯註]這個遊戲，如果你想要訓練一個資料組來辨識各種手勢，你就要處理三個類別。幸運的是，有一個簡單的資料組可以用來做這件事（*https://oreil.ly/VHhmS*）。

它有兩個檔案可供下載：一個訓練組，裡面有各式各樣的手，包含各種大小、形狀、顏色和細節，例如塗指甲油的手；以及一個測試組，裡面有同樣多樣化的手，而且它們都沒有出現在訓練組裡面。

[譯註] 意譯為剪刀、石頭、布，英文與中文的名稱順序不同。

圖 3-19 是其中的一些樣本。

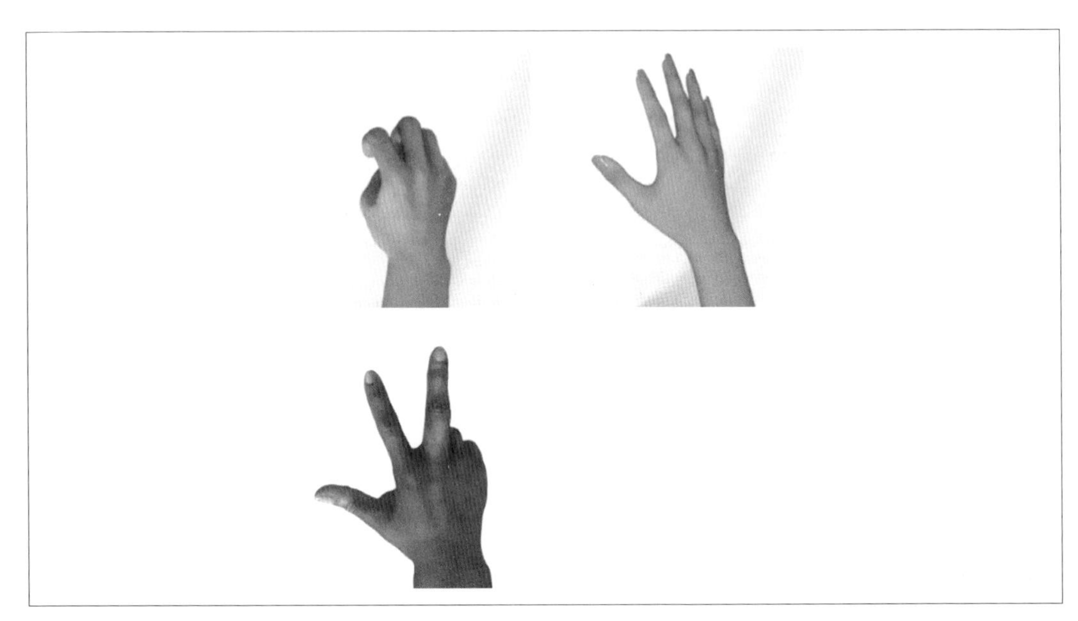

圖 3-19　Rock/Paper/Scissors 手勢樣本

使用這個資料組很簡單，下載並將它解壓縮，在 ZIP 檔裡面已經有排序好的子目錄了，然後用它來初始化一個 `ImageDataGenerator`：

```
!wget --no-check-certificate \
 https://storage.googleapis.com/laurencemoroney-blog.appspot.com/rps.zip \
 -O /tmp/rps.zip
local_zip = '/tmp/rps.zip'
zip_ref = zipfile.ZipFile(local_zip, 'r')
zip_ref.extractall('/tmp/')
zip_ref.close()
TRAINING_DIR = "/tmp/rps/"
training_datagen = ImageDataGenerator(
  rescale = 1./255,
  rotation_range=40,
  width_shift_range=0.2,
  height_shift_range=0.2,
  shear_range=0.2,
  zoom_range=0.2,
  horizontal_flip=True,
  fill_mode='nearest'
)
```

請注意，在設定 data generator 時，你必須將類別模式（class mode）設為 categorical，好讓 ImageDataGenerator 使用超過兩個子目錄：

```
train_generator = training_datagen.flow_from_directory(
  TRAINING_DIR,
  target_size=(150,150),
  class_mode='categorical'
)
```

在定義模型時，你要注意輸入和輸出層，確保輸入符合資料的外形（在這個例子是 150 × 150），而且輸出符合類別的數量（現在有三個）：

```
model = tf.keras.models.Sequential([
  # 注意，輸入外形是所需的圖像尺寸：
  # 150x150 而且有 3 bytes 顏色
  # 這是第一個摺積
  tf.keras.layers.Conv2D(64, (3,3), activation='relu',
              input_shape=(150, 150, 3)),
  tf.keras.layers.MaxPooling2D(2, 2),
  # 第二個摺積
  tf.keras.layers.Conv2D(64, (3,3), activation='relu'),
  tf.keras.layers.MaxPooling2D(2,2),
  # 第三個摺積
  tf.keras.layers.Conv2D(128, (3,3), activation='relu'),
  tf.keras.layers.MaxPooling2D(2,2),
  # 第四個摺積
  tf.keras.layers.Conv2D(128, (3,3), activation='relu'),
  tf.keras.layers.MaxPooling2D(2,2),
  # 壓平結果來傳入 DNN
  tf.keras.layers.Flatten(),
  # 512 個神經元的隱藏層
  tf.keras.layers.Dense(512, activation='relu'),
  tf.keras.layers.Dense(3, activation='softmax')
])
```

最後，在編譯模型時，你要確保它使用分類損失函數，例如分類交叉熵。二元交叉熵無法處理超過兩個類別：

```
model.compile(loss = 'categorical_crossentropy', optimizer='rmsprop',
       metrics=['accuracy'])
```

訓練的方法與之前一樣：

```
history = model.fit(train_generator, epochs=25,
          validation_data = validation_generator, verbose = 1)
```

檢驗預測結果的程式也需要稍微修改，現在有三個輸出神經元，屬於預測類別的神經元會輸出接近 1 的值，其他類別的神經元會輸出接近 0 的值。注意，我們使用的觸發函數是 softmax，它可以確保全部的預測加起來是 1，例如，當模型看到一個不確定的東西時，它可能輸出 .4、.4、.2，但是當它看到一個很確定的東西，可能輸出 .98、.01、.01。

另外也要注意，在使用 ImageDataGenerator 時，類別是按照字母順序載入的，所以，雖然你可能以為輸出神經元的順序與遊戲的名稱一樣，但它們的順序其實是 Paper、Rock、Scissors。

在 Colab notebook 裡面嘗試預測的程式碼如下，它與之前的非常類似：

```
import numpy as np
from google.colab import files
from keras.preprocessing import image

uploaded = files.upload()

for fn in uploaded.keys():

  # 預測圖像
  path = fn
  img = image.load_img(path, target_size=(150, 150))
  x = image.img_to_array(img)
  x = np.expand_dims(x, axis=0)

  images = np.vstack([x])
  classes = model.predict(images, batch_size=10)
  print(fn)
  print(classes)
```

注意，它並未解析輸出，只是印出類別，圖 3-20 是它的使用情況。

你可以從檔名看出圖像是什麼，*Paper1.png* 的結果是 [1, 0, 0]，代表第一個神經元觸發，其他的沒有，同樣地，*Rock1.png* 的結果是 [0, 1, 0]，第二個神經元觸發，而 *Scissors2.png* 是 [0, 0, 1]。切記，神經元是依照標籤的字母順序排序的！

你可以在 *https://oreil.ly/dEUpx* 下載一些測試模型的圖像，當然，你也可以嘗試你自己的圖像。注意，訓練圖像都使用純白色背景，所以如果你的照片的背景有許多細節，可能會造成一些混淆。

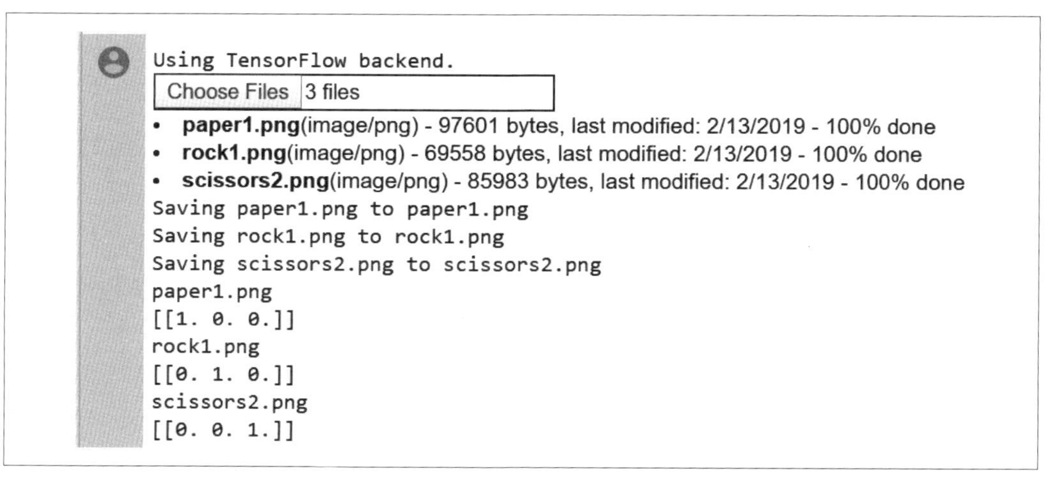

圖 3-20 測試 Rock/Paper/Scissors 分類器

Dropout 正則化

本章稍早曾經談到過擬，也就是網路變得對於特定類型的輸入資料過度專門化，並且不擅長處理其他類型。*dropout* **正則化**是處理這種問題的技術。

當一個神經網路訓練好了之後，每一個神經元都會影響隨後的神經元，隨著時間過去，尤其是在較大的網路中，有一些神經元會變得過度專門化，並且傳給下游，可能導致整個網路變得過於專門化，以及過擬。而且，彼此相近的神經元可能有相似的權重和偏差，如果不加以監控，就會導致整個模型對這些神經元觸發的特徵過度專門化。

例如，考慮圖 3-21 的神經網路，裡面的各層分別有 2、6、6、2 個神經元，在中間層裡面的神經元最終可能有非常相似的權重和偏差。

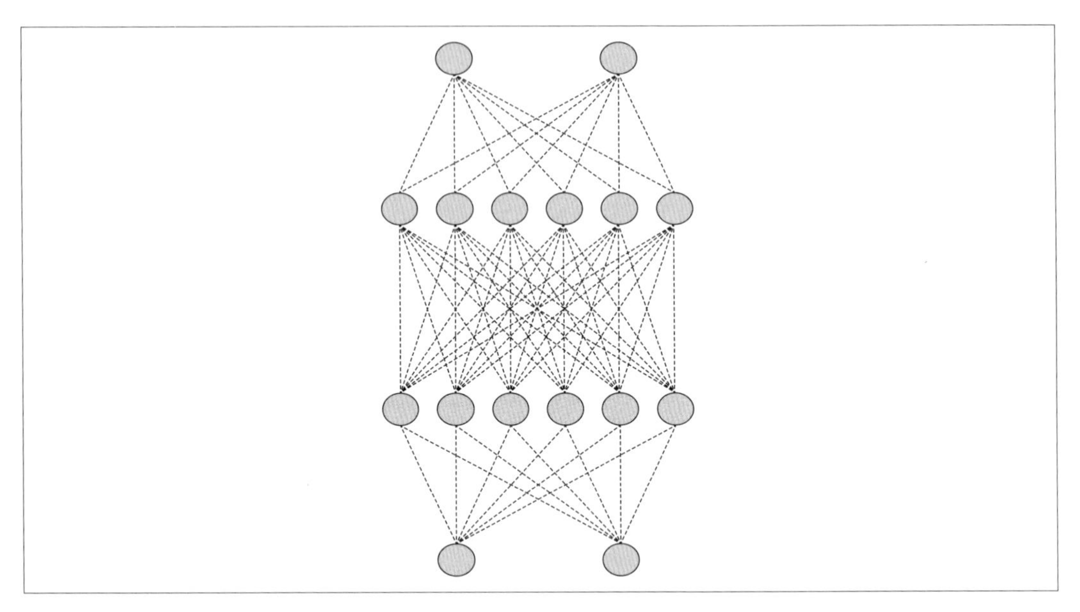

圖 3-21　簡單的神經網路

如果在訓練時移除隨機數量的神經元並忽視它們，它們對下一層神經元造成的影響就會被暫時阻擋（圖 3-22）。

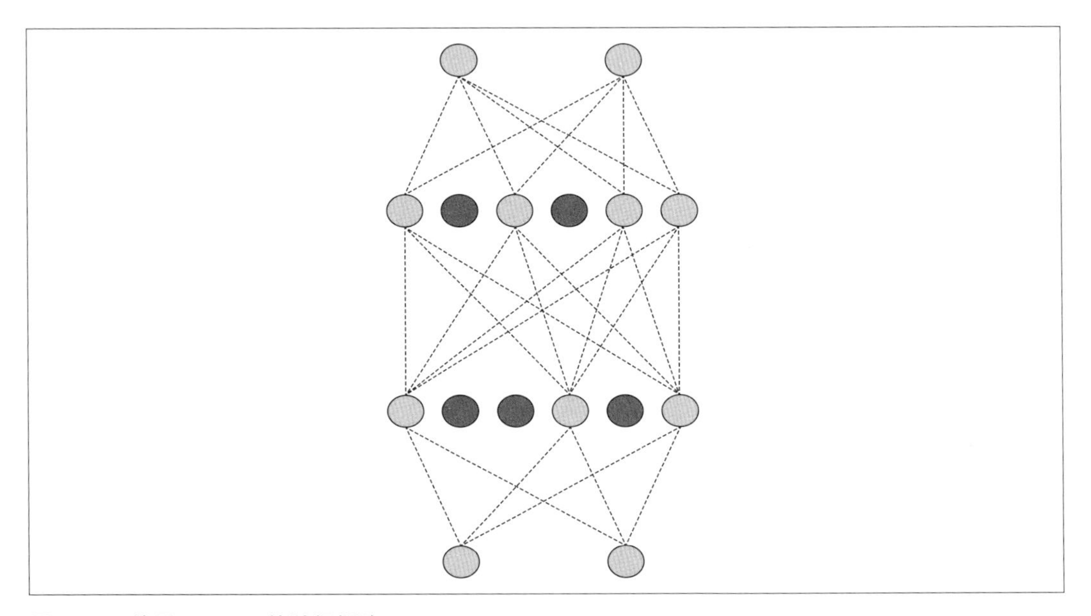

圖 3-22　使用 dropout 的神經網路

這可以降低神經元變得過度專業化的機率，但網路仍然可以學到一些數量的參數，而且類推能力應該會更好——也就是說，它應該更能夠處理不同的輸入。

dropout 的概念是 Nitish Srivastava 等人在他們的 2014 年論文「Dropout: A Simple Way to Prevent Neural Networks from Overfitting」（*https://oreil.ly/673CJ*）裡面提出來的。

你只要使用這種簡單的 Keras 層就可以在 TensorFlow 裡面實作 dropout 了：

```
tf.keras.layers.Dropout(0.2),
```

它會在指定的神經層隨機卸除（drop out）你所指定的百分比的神經元（在此是 20%）。注意，你可能要做一些實驗才能為你的網路找出正確的百分比。

我們用一個簡單的案子來展示它，考慮第 2 章的 Fashion MNIST 分類器，我修改了網路的定義，讓它有更多層：

```
model = tf.keras.models.Sequential([
      tf.keras.layers.Flatten(input_shape=(28,28)),
      tf.keras.layers.Dense(256, activation=tf.nn.relu),
      tf.keras.layers.Dense(128, activation=tf.nn.relu),
      tf.keras.layers.Dense(64, activation=tf.nn.relu),
      tf.keras.layers.Dense(10, activation=tf.nn.softmax)
    ])
```

訓練它 20 個 epoch 會產生大約 94% 的訓練組準確度，大約 88.5% 的驗證組準確度，這是過擬的跡象。

我們在每一個稠密（dense）層後面加入 dropout：

```
model = tf.keras.models.Sequential([
      tf.keras.layers.Flatten(input_shape=(28,28)),
      tf.keras.layers.Dense(256, activation=tf.nn.relu),
      tf.keras.layers.Dropout(0.2),
      tf.keras.layers.Dense(128, activation=tf.nn.relu),
      tf.keras.layers.Dropout(0.2),
      tf.keras.layers.Dense(64, activation=tf.nn.relu),
      tf.keras.layers.Dropout(0.2),
      tf.keras.layers.Dense(10, activation=tf.nn.softmax)
    ])
```

用同樣的 epoch 和同樣的資料來訓練這個網路之後，它的訓練組準確度降為大約 89.5%，驗證組準確度大致維持原樣，88.3%，這兩個值非常相近，因此加入 dropout 不但可以證明之前有過擬，也可以確保網路沒有對訓練資料過度專業化，消除我們的疑慮。

切記，神經網路很擅長處理訓練組不見得是好事，它可能是過擬的象徵，加入 dropout 可以協助排除這個問題，讓你可以在其他領域優化網路，而不會有虛假的安全感。

小結

本章介紹如何使用摺積神經網路以進階的方式來實作電腦視覺。你已經知道如何使用摺積、用過濾器從圖像中提取特徵了，並且設計出第一個神經網路，用它來處理比 MNIST 和 Fashion MNIST 資料組更複雜的視覺場景，你也知道一些改善網路準確度和避免過擬的技術，例如圖像擴增和 dropout。

在研究其他場景之前，第 4 章會介紹 TensorFlow Datasets，這種技術可讓你更輕鬆地取得訓練和測試網路所需的資料。我們在這一章下載了 ZIP 檔案並提取圖像，但不是每個資料組都可以這樣做，使用 TensorFlow Datasets 時，你就可以用標準 API 來取得許多資料組了。

第四章

使用 TensorFlow Datasets 來取得公開的資料組

在前幾章，我們用各式各樣的資料來訓練模型，包括和 Keras 同捆的 MNIST 資料組，以及 Horses or Humans 和 Dogs vs. Cats 圖像資料組，它們都是用 ZIP 檔來提供的，你必須先下載和預先處理它們。你應該知道，訓練模型所需的資料有許多不同的取得方式。

但是，使用許多公開的資料組都必須先學習許多領域的專業技術，才能開始思考模型架構。TensorFlow Datasets（TFDS）的目標就是以容易取得的方式公開資料組，為你完成取得資料的所有預先處理步驟，並且把它放入 TensorFlow 友善的 API。

當我們在第 1 章和第 2 章使用 Keras 來處理 Fashion MNIST 時，你已經稍微看過這個概念了，復習一下，你只要用這些程式就可以取得資料了：

```
data = tf.keras.datasets.fashion_mnist

(training_images, training_labels), (test_images, test_labels) =
data.load_data()
```

TFDS 以這個概念為基礎，但是它不僅大幅增加可用的資料組數量，也增加資料組的類型，你可以使用的資料組會隨著時間而不斷增加（*https://oreil.ly/ zL7zq*），種類包括：

音訊

語音和音樂資料

圖像

從簡單的學習資料組，例如 Horses or Humans，到進階的研究資料組，例如糖尿病視網膜病變的檢測

物體偵測

COCO、Open Images…等

結構化的資料

鐵達尼號生還者、Amazon 評論…等

摘要生成

CNN 和 *Daily Mail* 的新聞，科學論文、wikiHow…等

文本

IMDb 評論、自然語言問題…等

翻譯

各種翻譯訓練資料組

視訊

Moving MNIST、Starcraft…等

TensorFlow Datasets 是與 TensorFlow 分開安裝的，務必先安裝它，再嘗試範例！如果你使用 Google Colab，它已經安裝好了！

本章將介紹 TFDS，以及它如何大幅簡化訓練程序。我們將探索底層的 TFRecord 結構，以及它如何提供通用性，無論底層的資料類型是哪一種。你也會學到如何使用 TFDS 來實現 Extract-Transform-Load（ETL）模式，使用它時，你可以高效率地使用大量的資料來訓練模型。

開始使用 TFDS

我們用一些簡單的範例來說明如何使用 TFDS，以及解釋它如何為資料提供標準介面，無論資料的類型為何。

你可以使用 pip 命令來安裝它：

```
pip install tensorflow-datasets
```

安裝之後，你可以使用 tfds.load 並傳入想要使用的資料組來讀取它，例如，這樣可以使用 Fashion MNIST：

```
import tensorflow as tf
import tensorflow_datasets as tfds
mnist_data = tfds.load("fashion_mnist")
for item in mnist_data:
  print(item)
```

務必檢查 tfds.load 命令回傳的資料型態，列印 item 會顯示資料所提供的分割，在這個例子裡，它是個字典，裡面有兩個字串，test 與 train，它們都是可用的分割。

如果你想要將這些分割載入一個包含實際資料的資料組，你可以在 tfds.load 命令裡面指定分割，例如：

```
mnist_train = tfds.load(name="fashion_mnist", split="train")
assert isinstance(mnist_train, tf.data.Dataset)
print(type(mnist_train))
```

這個例子的輸出是 DatasetAdapter，你可以迭代它來檢查資料，這個 adapter 很棒的地方在於你只要呼叫 take(1) 就可以取得第一筆紀錄了，我們來看看資料長怎樣：

```
for item in mnist_train.take(1):
  print(type(item))
  print(item.keys())
```

第一個 print 顯示每一筆紀錄裡面的項目的型態是字典，印出 item 的 key 可以看到在這個圖像集合裡面的型態有 image 和 label，所以，我們可以這樣子觀察資料組裡面的一個值：

```
for item in mnist_train.take(1):
  print(type(item))
  print(item.keys())
  print(item['image'])
  print(item['label'])
```

你會看到那張圖像是 28 × 28 的值陣列（tf.Tensor），裡面的值是代表像素強度的 0–255。label 的輸出是 tf.Tensor(2, shape=(), dtype=int64)，代表這張圖像是資料組的第 2 類。

你也可以在載入資料時使用 with_info 參數來取得關於資料組的資料：

```
mnist_test, info = tfds.load(name="fashion_mnist", with_info="true")
print(info)
```

印出 info 可以看到資料組的內容細節，例如，對於 Fashion MNIST，你會看到這個輸出：

```
tfds.core.DatasetInfo(
    name='fashion_mnist',
    version=3.0.0,
    description='Fashion-MNIST is a dataset of Zalando's article images
      consisting of a training set of 60,000 examples and a test set of 10,000
      examples. Each example is a 28x28 grayscale image, associated with a
      label from 10 classes.',
    homepage='https://github.com/zalandoresearch/fashion-mnist',
    features=FeaturesDict({
        'image': Image(shape=(28, 28, 1), dtype=tf.uint8),
        'label': ClassLabel(shape=(), dtype=tf.int64, num_classes=10),
    }),
    total_num_examples=70000,
    splits={
        'test': 10000,
        'train': 60000,
    },
    supervised_keys=('image', 'label'),
    citation="""@article{DBLP:journals/corr/abs-1708-07747,
      author    = {Han Xiao and
                   Kashif Rasul and
                   Roland Vollgraf},
      title     = {Fashion-MNIST: a Novel Image Dataset for Benchmarking
                   Machine Learning
                   Algorithms},
      journal   = {CoRR},
      volume    = {abs/1708.07747},
      year      = {2017},
      url       = {http://arxiv.org/abs/1708.07747},
      archivePrefix = {arXiv},
      eprint    = {1708.07747},
      timestamp = {Mon, 13 Aug 2018 16:47:27 +0200},
      biburl    = {https://dblp.org/rec/bib/journals/corr/abs-1708-07747},
      bibsource = {dblp computer science bibliography, https://dblp.org}
    }""",
    redistribution_info=,
)
```

在裡面，你可以看到資料組內的分割（如前所述）與特徵等細節，以及引文、說明和資料組版本等額外資訊。

使用 TFDS 與 Keras 模型

你已經在第 2 章學會如何使用 TensorFlow 和 Keras 來建立簡單的電腦視覺模型了，當時我們用簡單的程式來使用 Keras 內建的資料組（包括 Fashion MNIST）：

```
mnist = tf.keras.datasets.fashion_mnist

(training_images, training_labels),
(test_images, test_labels) = mnist.load_data()
```

使用 TFDS 時的程式類似這種做法，但有一些不同，Keras 資料組提供 `ndarray` 型態，它原本就可以在 `model.fit` 裡面使用，但是在使用 TFDS 時，必須做一些轉換：

```
(training_images, training_labels),
(test_images, test_labels) =
tfds.as_numpy(tfds.load('fashion_mnist',
                        split = ['train', 'test'],
                        batch_size=-1,
                        as_supervised=True))
```

我們使用 `tfds.load` 並傳入我們想要使用的資料組 `fashion_mnist`。我們知道它有訓練和測試分割，所以用陣列來傳入這些分割之後，我們會得到一個資料組 adapter 陣列，裡面有圖像與標籤。在呼叫 `tfds.load` 時使用 `tfds.as_numpy` 會取得 Numpy 陣列。指定 `batch_size=-1` 可以得到所有資料，指定 `as_supervised=True` 可以得到 (input, label) tuple。

執行上述程式之後，取回的資料的格式幾乎與 Keras 資料組裡面的一樣，只有一個不同——TFDS 的外形是 (28, 28, 1)，但是 Keras 資料組是 (28, 28)。

這代表我們要稍微修改程式，來指定輸入資料的外形是 (28, 28, 1)，而不是 (28, 28)：

```
import tensorflow as tf
import tensorflow_datasets as tfds

(training_images, training_labels), (test_images, test_labels) =
tfds.as_numpy(tfds.load('fashion_mnist', split = ['train', 'test'],
batch_size=-1, as_supervised=True))

training_images = training_images / 255.0
test_images = test_images / 255.0

model = tf.keras.models.Sequential([
    tf.keras.layers.Flatten(input_shape=(28,28,1)),
    tf.keras.layers.Dense(128, activation=tf.nn.relu),
```

```
    tf.keras.layers.Dropout(0.2),
    tf.keras.layers.Dense(10, activation=tf.nn.softmax)
])

model.compile(optimizer='adam',
              loss='sparse_categorical_crossentropy',
              metrics=['accuracy'])

model.fit(training_images, training_labels, epochs=5)
```

舉一個比較複雜的範例，我們來看一下第 3 章用過的 Horses or Humans 資料組，它也可以用 TFDS 取得，下面是用它來訓練模型的完整程式：

```
import tensorflow as tf
import tensorflow_datasets as tfds

data = tfds.load('horses_or_humans', split='train', as_supervised=True)

train_batches = data.shuffle(100).batch(10)

model = tf.keras.models.Sequential([
    tf.keras.layers.Conv2D(16, (3,3), activation='relu',
                           input_shape=(300, 300, 3)),
    tf.keras.layers.MaxPooling2D(2, 2),
    tf.keras.layers.Conv2D(32, (3,3), activation='relu'),
    tf.keras.layers.MaxPooling2D(2,2),
    tf.keras.layers.Conv2D(64, (3,3), activation='relu'),
    tf.keras.layers.MaxPooling2D(2,2),
    tf.keras.layers.Conv2D(64, (3,3), activation='relu'),
    tf.keras.layers.MaxPooling2D(2,2),
    tf.keras.layers.Conv2D(64, (3,3), activation='relu'),
    tf.keras.layers.MaxPooling2D(2,2),
    tf.keras.layers.Flatten(),
    tf.keras.layers.Dense(512, activation='relu'),
    tf.keras.layers.Dense(1, activation='sigmoid')
])

model.compile(optimizer='Adam', loss='binary_crossentropy',
metrics=['accuracy'])

history = model.fit(train_batches, epochs=10)
```

你可以看到，它相當直觀，你只要呼叫 `tfds.load`，傳入你想要使用的分割（這裡是 `train`），並且在模型裡面使用它即可。我們將資料分批並洗亂，來讓訓練更有效率。

Horses or Humans 資料組被拆成訓練和測試組，所以如果你想要在訓練時驗證模型，你可以這樣子從 TFDS 載入驗證組：

```
val_data = tfds.load('horses_or_humans', split='test', as_supervised=True)
```

你必須將它分批，就像在處理訓練組時的做法，例如：

```
validation_batches = val_data.batch(32)
```

然後，在訓練時，你要將驗證資料設為這些批次，你也要明確地設定每個 epoch 的驗證步驟數量，否則 TensorFlow 會丟出錯誤訊息。如果你不確定該如何設定，只要將它設為 `1` 就可以了，例如：

```
history = model.fit(train_batches, epochs=10,
validation_data=validation_batches, validation_steps=1)
```

載入特定版本

TFDS 的資料組都使用 *MAJOR.MINOR.PATCH* 編號系統，這個系統可以保證以下的事項：當 *PATCH* 更新時，取得的資料是一模一樣的，只不過底層的組織可能會改變，但是開發者不會看到任何改變。當 *MINOR* 更新時，資料仍然是不變的，不過每一筆紀錄可能有額外的特徵（非破壞性更改），此外，在任何特定的切片（slice，見第 75 頁的「使用自訂分割」）中，資料仍然是相同的，所以紀錄不會重新排序。當 *MAJOR* 更新時，代表紀錄的格式和位置可能有變，所以特定的切片可能會回傳不同的值。

如果有不同的版本可以使用，你會在檢查資料組時看到它們，例如 `cnn_dailymail` 資料組就是如此（*https://oreil.ly/673CJ*）。如果你不想使用預設的資料組（在筆者行文至此時，它是 3.0.0），而是想要使用更早的，例如 1.0.0，你可以這樣載入它：

```
data, info = tfds.load("cnn_dailymail:1.0.0", with_info=True)
```

注意，如果你使用 Colab，一定要檢查它所使用的 TFDS 版本，在筆者行文至此時，Colab 預設使用 TFDS 2.0，但是 TFDS 2.1 之後的版本修改了一些關於載入資料組（包括 `cnn_dailymail`）的 bug，所以務必使用那些版本，至少將它們安裝到 Colab 裡面，不要使用內建的預設版本。

使用對映函數來進行擴增

第 3 章曾經介紹在使用 ImageDataGenerator 來為模型提供訓練資料時可以利用的擴增工具，你可能想知道使用 TFDS 時該如何使用那些工具，畢竟現在不像之前那樣一一讀取子目錄裡面的圖像了。最佳的做法是對著資料 adapter 使用對映函式（其實包含任何其他形式的轉換），我們來看一下怎麼做。

稍早，在使用 Horses or Humans 資料時，我們直接從 TFDS 載入資料，並且為它建立批次：

```
data = tfds.load('horses_or_humans', split='train', as_supervised=True)

train_batches = data.shuffle(100).batch(10)
```

為了進行轉換，並且將它們對映到資料組，你可以建立一個**對映函式**，它只是標準的 Python 程式，例如，假如你建立了一個稱為 augmentimages 的函式，並且用它來做一些圖像擴增：

```
def augmentimages(image, label):
  image = tf.cast(image, tf.float32)
  image = (image/255)
  image = tf.image.random_flip_left_right(image)
  return image, label
```

你可以將它對映（map）到資料（data）來建立一個稱為 train 的新資料組：

```
train = data.map(augmentimages)
```

接下來，用 train 來建立批次，而不是使用 data：

```
train_batches = train.shuffle(100).batch(32)
```

在 augmentimages 函式裡面，我們使用 tf.image.random_flip_left_right(image) 來對圖像進行隨機左翻或右翻。tf.image 程式庫有許多擴增函式可用，詳情請參考文件（*https://oreil.ly/H5LZh*）。

使用 TensorFlow Addons

TensorFlow Addons（*https://oreil.ly/iwDv9*）程式庫裡面還有更多函式可用，在 ImageDataGenerator 擴增裡面有一些函式只能在那裡找到（例如 rotate），所以你應該看看它有什麼。

使用 TensorFlow Addons 很簡單，只要這樣安裝程式庫就可以了：

```
pip install tensorflow-addons
```

完成之後，你可以將 addons 加入對映函式，下面這個範例在之前的對映函式裡面使用 rotate addon：

```
import tensorflow_addons as tfa

def augmentimages(image, label):
  image = tf.cast(image, tf.float32)
  image = (image/255)
  image = tf.image.random_flip_left_right(image)
  image = tfa.image.rotate(image, 40, interpolation='NEAREST')
  return image, label
```

使用自訂分割

到目前為止，我們用來建構模型的資料都已經被拆成訓練和測試組了，例如，在使用 Fashion MNIST 時，我們分別有 60,000 與 10,000 筆紀錄可用，但是如果你不想要使用這些分割呢？如果你想要視自己的需求自行分割資料呢？這就是 TFDS 非常強大的層面之一，它具備完整的 API 可讓你妥善地、仔細地控制分割資料的方法。

你已經在載入資料時看過它了：

```
data = tfds.load('cats_vs_dogs', split='train', as_supervised=True)
```

注意，`split` 參數是個字串，這個例子設定 `train` 分割，它剛好是整個資料組。你也可以使用 Python 的切片（slice）語法（*https://oreil.ly/Enqzq*），總之，這個語法用方括號裡面的東西來定義你想要的切片：`[<start>: <stop>: <step>]`，這是個非常靈活且精密的語法。

例如，如果你想要將 `train` 的前 10,000 筆紀錄當成訓練資料，你可以省略 `<start>`，直接呼叫 `train[:10000]`（有一種幫助記憶的方法是將前面的冒號讀成「the first（前）」，所以這個寫法可以讀成「train the first 10,000 records（訓練前 10,000 筆紀錄）」）：

```
data = tfds.load('cats_vs_dogs', split='train[:10000]', as_supervised=True)
```

你也可以使用 `%` 來指定分割，例如，如果你想要用前 20% 的紀錄來訓練，你可以使用 `:20%`：

```
data = tfds.load('cats_vs_dogs', split='train[:20%]', as_supervised=True)
```

你甚至可以做一些瘋狂的分割組合，如果你希望結合前 1,000 筆和最後 1,000 筆紀錄來當成訓練資料，你可以這樣做（其中的 **-1000:** 代表「最後 1,000 筆紀錄」，**:1000** 代表「前 1,000 筆紀錄」）：

```
data = tfds.load('cats_vs_dogs', split='train[-1000:]+train[:1000]',
                 as_supervised=True)
```

Dogs vs. Cats 資料組沒有固定的訓練、測試和驗證分割，但是在使用 TFDS 時，建立自己的分割很簡單，假如你想要按照 80%、10%、10% 來分割，你可以這樣建立三組：

```
train_data = tfds.load('cats_vs_dogs', split='train[:80%]',
                       as_supervised=True)


validation_data = tfds.load('cats_vs_dogs', split='train[80%:90%]',
                            as_supervised=True)


test_data = tfds.load('cats_vs_dogs', split='train[-10%:]',
                      as_supervised=True)
```

取得它們之後，你就可以用有名稱的分割來做該做的事了。

需要注意的是，因為它們回傳的資料組無法查詢長度，所以你很難檢查它們是否正確地分割原始的資料組。為了了解一個分割裡面有多少筆紀錄，你必須遍歷整個集合，並且一一計數，以下是對著剛才建立的訓練組做這件事的程式：

```
train_length = [i for i,_ in enumerate(train_data)][-1] + 1
print(train_length)
```

這個程序可能很緩慢，所以最好只在除錯時使用！

了解 TFRecord

當你使用 TFDS 時，你的資料會被下載並且快取（cached）到磁碟，如此一來，你就不需要在每次使用它時都下載它了。TFDS 使用 TFRecord 格式來快取，當你仔細觀察它下載資料的過程，你會看到這種做法，例如，圖 4-1 展示 cnn_dailymail 資料組是如何被下載、洗亂，以及寫成 TFRecord 檔案的。

```
/tensorflow_datasets/cnn_dailymail/plain_text/1.0.0.incompleteFFCKFG/cnn_dailymail-train.tfrecord
99% 282918/287113 [00:06<00:00, 48503.77 examples/s]

10153 examples [00:07, 1475.51 examples/s]
```

圖 4-1　將 cnn_dailymail 資料組下載成 TFRecord 檔案

TensorFlow 優先使用這種格式來儲存和提取大量的資料，它是非常簡單的檔案結構，為了獲得更好的性能，它是循序讀取的。在磁碟上，這個檔案非常簡單，每一筆紀錄都包含一個代表紀錄長度的整數、它的循環冗餘校驗（CRC）、資料的 byte array，以及 byte array 的 CRC，如果資料組很大，紀錄會先被串起來，然後分成幾個檔案。

例如，圖 4-2 是 `cnn_dailymail` 的訓練組在下載之後被分為 16 個檔案的情況。

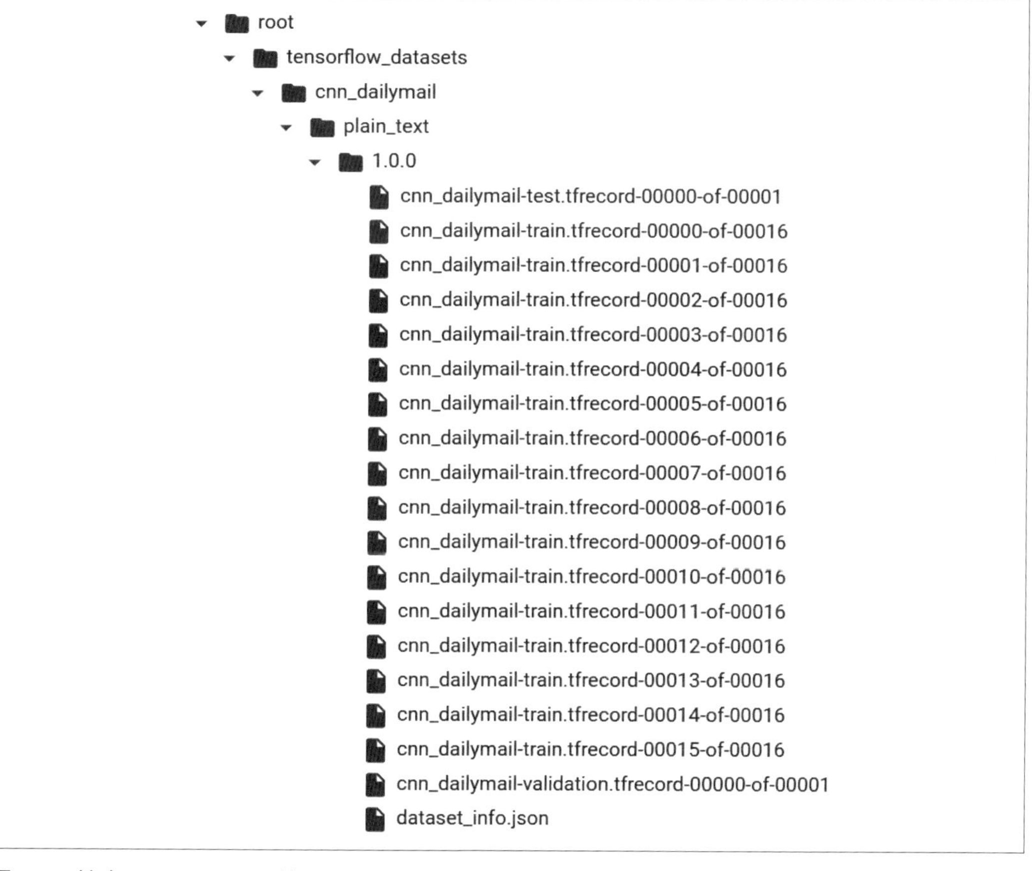

圖 4-2　檢查 cnn_dailymail 的 TFRecords

我們來看一個比較簡單的範例，下載 MNIST 資料組，並印出它的資訊：

```
data, info = tfds.load("mnist", with_info=True)
print(info)
```

在資訊裡，你可以看到它的特徵被存成這樣：

```
features=FeaturesDict({
    'image': Image(shape=(28, 28, 1), dtype=tf.uint8),
    'label': ClassLabel(shape=(), dtype=tf.int64, num_classes=10),
}),
```

類似 CNN/DailyMail 範例，這個檔案會被下載到 */root/tensorflow_ datasets/mnist/<version>/files*。

你可以這樣將原始紀錄載入成 `TFRecordDataset`：

```
filename="/root/tensorflow_datasets/mnist/3.0.0/
                                    mnist-test.tfrecord-00000-of-00001"
raw_dataset = tf.data.TFRecordDataset(filename)
for raw_record in raw_dataset.take(1):

print(repr(raw_record))
```

注意，你的檔名位置可能會因為你的作業系統而不同。

這樣可以印出紀錄的原始內容：


```
<tf.Tensor: shape=(), dtype=string,
numpy=b"\n\x85\x03\n\xf2\x02\n\x05image\x12\xe8\x02\n\xe5\x02\n\xe2\x02\x89PNG\r
\n\x1a\n\x00\x00\x00\rIHDR\x00\x00\x00\x1c\x00\x00\x00\x1c\x08\x00\x00\x00\x00Wf
\x80H\x00\x00\x01)IDAT(\x91\xc5\xd2\xbdK\xc3P\x14\x05\xf0S(v\x13)\x04,.\x82\xc5A
q\xac\xedb\x1d\xdc\n.\x12\x87n\x0e\x82\x93\x7f@Q\xb2\x08\xba\tbQ0.\xe2\xe2\xd4\x
b1\xa2h\x9c\x82\xba\x8a(\nq\xf0\x83Fh\x95\n6\x88\xe7R\x87\x88\xf9\xa8Y\xf5\x0e\x
8f\xc7\xfd\xdd\x0b\x87\xc7\x03\xfe\xbeb\x9d\xadT\x927Q\xe3\xe9\x07:\xab\xbf\xf4\
xf3\xcf\xf6\x8a\xd9\x14\xd29\xea\xb0\x1eKH\xde\xab\xea%\xaba\x1b=\xa4P/\xf5\x02\
xd7\\\x07\x00\xc4=,L\xc0,>\x01@2\xf6\x12\xde\x9c\xde[t/\xb3\x0e\x87\xa2\xe2\
xc2\xe0A<\xca\xb26\xd5(\x1b\xa9\xd3\xe8\x0e\xf5\x86\x17\xceE\xdarV\xae\xb7_\xf3
I\xf7(\x06m\xaaE\xbb\xb6\xac\r*\x9b$e<\xb8\xd7\xa2\x0e\x00\xd0l\x92\xb2\xd5\x15\
xcc\xae'\x00\xf4m\x08O'+\xc2y\x9f\x8d\xc9\x15\x80\xfe\x99[q\x962@CN|i\xf7\xa9!=\
\xab\x19\x00\xc8\xd6\xb8\xeb\xa1\xf0\xd8l\xca\xfb]\xee\xfb]*\x9fV\xe1\x07\xb7\xc
9\x8b55\xe7M\xef\xb0\x04\xc0\xfd&\x89\x01<\xbe\xf9\x03*\x8a\xf5\x81\x7f\xaa/2y\x
87ks\xec\x1e\xc1\x00\x00\x00\x00IEND\xaeB`\x82\n\x0e\n\x05label\x12\x05\x1a\x03\
n\x01\x02">
```


這個長字串裡面有紀錄的細節，以及校驗和（checksum）…等。但如果你已經知道特徵了，你可以建立特徵的敘述（description），並且用它來解析資料，程式如下：

```
# 建立特徵的敘述
feature_description = {
    'image': tf.io.FixedLenFeature([], dtype=tf.string),
    'label': tf.io.FixedLenFeature([], dtype=tf.int64),
}

def _parse_function(example_proto):
  # 使用上面的字典來解析輸入 `tf.Example` proto
  return tf.io.parse_single_example(example_proto, feature_description)

parsed_dataset = raw_dataset.map(_parse_function)
for parsed_record in parsed_dataset.take(1):
  print((parsed_record))
```

這段程式的輸出比較友善！首先，你可以看到圖像是個 Tensor，它裡面是 PNG，PNG 是壓縮圖像格式，以 `IHDR` 定義一個標頭，並且將圖像資料放在 `IDAT` 和 `IEND` 之間，仔細找一下，你可以在一連串的 byte 裡面看到它們。它也有標籤，存為 `int`，值是 `2`：

```
{'image': <tf.Tensor: shape=(), dtype=string,
numpy=b"\x89PNG\r\n\x1a\n\x00\x00\x00\rIHDR\x00\x00\x00\x1c\x00\x00\x00\x1c\x08\
x00\x00\x00\x00Wf\x80H\x00\x00\x01)IDAT(\x91\xc5\xd2\xbdK\xc3P\x14\x05\xf0S(v\x1
3)\x04,.\x82\xc5Aq\xac\xedb\x1d\xdc\n.\x12\x87n\x0e\x82\x93\x7f@Q\xb2\x08\xba\tb
Q0.\xe2\xe2\xd4\xb1\xa2h\x9c\x82\xba\x8a(\nq\xf0\x83Fh\x95\n6\x88\xe7R\x87\x88\x
f9\xa8Y\xf5\x0e\x8f\xc7\xfd\xdd\x0b\x87\xc7\x03\xfe\xbeb\x9d\xadT\x927Q\xe3\xe9\
x07:\xab\xbf\xf4\xf3\xcf\xf6\x8a\xd9\x14\xd29\xea\xb0\x1eKH\xde\xab\xea%\xaba\x1
b=\xa4P/\xf5\x02\xd7\\\x07\x00\xc4=,L\xc0,>\x01@2\xf6\x12\xde\x9c\xde[t/\xb3\x0e
\x87\xa2\xe2\xc2\xe0A<\xca\xb26\xd5(\x1b\xa9\xd3\xe8\x0e\xf5\x86\x17\xceE\xdarV\
xae\xb7_\xf3AR\r!I\xf7(\x06m\xaaE\xbb\xb6\xac\r*\x9b$e<\xb8\xd7\xa2\x0e\x00\xd0l
\x92\xb2\xd5\x15\xcc\xae'\x00\xf4m\x08O'+\xc2y\x9f\x8d\xc9\x15\x80\xfe\x99[q\x96
2@CN|i\xf7\xa9!=\xd7
\xab\x19\x00\xc8\xd6\xb8\xeb\xa1\xf0\xd8l\xca\xfb]\xee\xfb]*\x9fV\xe1\x07\xb7\xc
9\x8b55\xe7M\xef\xb0\x04\xc0\xfd&\x89\x01<\xbe\xf9\x03*\x8a\xf5\x81\x7f\xaa/2y\x
87ks\xec\x1e\xc1\x00\x00\x00\x00IEND\xaeB`\x82">, 'label': <tf.Tensor: shape=(),
dtype=int64, numpy=2>}
```

此時你可以讀取原始的 TFRecord，並且使用 Pillow 之類的 PNG 解碼程式庫來將它解碼成 PNG。

在 TensorFlow 裡面管理資料的 ETL 程序

ETL 是 TensorFlow 用來進行訓練的核心模式，無論訓練的規模如何。在本書中，我們之前都使用小規模、單電腦的模型架構，但是同樣的技術也可以用來以大型的資料組、跨越多台電腦進行大規模訓練。

ETL 程序的 *Extract*（**提取**）階段就是從儲存原始資料的地方載入它，並且幫它做好轉換的準備，*Transform*（**轉換**）階段就是處理或改善資料，讓它更適合用來訓練，例如分批、圖像擴增、對映至特徵欄，以及其他這類對資料執行的邏輯，都可視為這個階段。*Load*（**載入**）階段就是將資料載入神經網路，以進行訓練。

考慮 Horses or Humans 分類器的完整程式，如下所示，我們加入一些註解，來說明哪裡是 Extract、Transform 與 Load 階段：

```
import tensorflow as tf
import tensorflow_datasets as tfds
import tensorflow_addons as tfa

# 開始定義模型 #
model = tf.keras.models.Sequential([
    tf.keras.layers.Conv2D(16, (3,3), activation='relu',
                           input_shape=(300, 300, 3)),
    tf.keras.layers.MaxPooling2D(2, 2),
    tf.keras.layers.Conv2D(32, (3,3), activation='relu'),
    tf.keras.layers.MaxPooling2D(2,2),
    tf.keras.layers.Conv2D(64, (3,3), activation='relu'),
    tf.keras.layers.MaxPooling2D(2,2),
    tf.keras.layers.Conv2D(64, (3,3), activation='relu'),
    tf.keras.layers.MaxPooling2D(2,2),
    tf.keras.layers.Conv2D(64, (3,3), activation='relu'),
    tf.keras.layers.MaxPooling2D(2,2),
    tf.keras.layers.Flatten(),
    tf.keras.layers.Dense(512, activation='relu'),
    tf.keras.layers.Dense(1, activation='sigmoid')
])
model.compile(optimizer='Adam', loss='binary_crossentropy',
              metrics=['accuracy'])
# 定義模型結束 #

# 提取階段開始 #
data = tfds.load('horses_or_humans', split='train', as_supervised=True)
val_data = tfds.load('horses_or_humans', split='test', as_supervised=True)
# 提取階段結束

# 轉換階段開始 #
def augmentimages(image, label):
  image = tf.cast(image, tf.float32)
  image = (image/255)
  image = tf.image.random_flip_left_right(image)
  image = tfa.image.rotate(image, 40, interpolation='NEAREST')
  return image, label
```

```
train = data.map(augmentimages)
train_batches = train.shuffle(100).batch(32)
validation_batches = val_data.batch(32)
# 轉換階段結束

# 載入階段開始 #
history = model.fit(train_batches, epochs=10,
                    validation_data=validation_batches, validation_steps=1)
# 載入階段結束 #
```

使用這個程序可以讓你的資料管道比較不會被資料和底層架構的改變影響。當你使用 TFDS 來提取資料時，無論資料是小到可以放入記憶體，還是大到無法放入一台電腦，你所使用的底層結構都是相同的，用來進行轉換的 `tf.data` API 也是一致的，所以無論底層的資料來源是什麼，你都可以使用相似的 API。當然，當資料被轉換之後，載入資料的程序也會保持一致，無論你是用一顆 CPU、用一顆 GPU、用 GPU 叢集，甚至 TPU pod 來訓練。

但是，載入資料的方式可能會大幅影響訓練速度，我們接著來討論這件事。

優化載入階段

我們來仔細討論訓練模型的 Extract-Transform-Load 程序。資料的提取和轉換可以在任何處理器上進行，包括 CPU，事實上，在這些階段裡面運行程式碼來下載資料、解壓縮、遍歷和處理每一個紀錄不是 GPU 和 TPU 的責任，那些程式都要在 CPU 上執行。但是在訓練時，GPU 和 TPU 提供許多好處，所以可以的話，你應該在這個階段使用它們。因此，當你可以使用 GPU 或 TPU 時，最好將工作分配給 CPU 和 GPU/TPU，在 CPU 上執行 Extract 與 Transform，在 GPU/TPU 上執行 Load。

假如你要處理一個大型的資料組，因為它太大了，所以你不得不分批準備資料（也就是進行提取和轉換），最後變成圖 4-3 的情況。雖然第一批已經準備好了，但 GPU/TPU 是閒置的，那一批就緒時可以送給 GPU/TPU 來訓練，但現在 CPU 在訓練完成之前是閒置的，訓練完成之後，它才可以開始準備第二批。我們有很多閒置時間，所以有優化的空間。

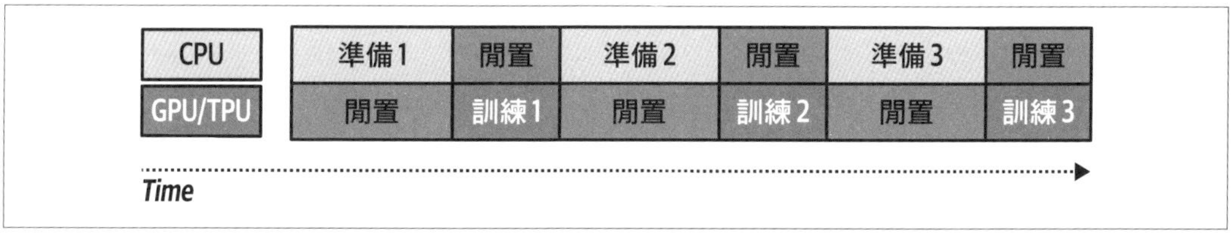

CPU	準備 1	閒置	準備 2	閒置	準備 3	閒置
GPU/TPU	閒置	訓練 1	閒置	訓練 2	閒置	訓練 3

Time

圖 4-3　在 CPU / GPU 上訓練

合乎邏輯的解決方案是平行工作，同時進行準備與訓練，這個程序稱為 *pipelining*，如圖 4-4 所示。

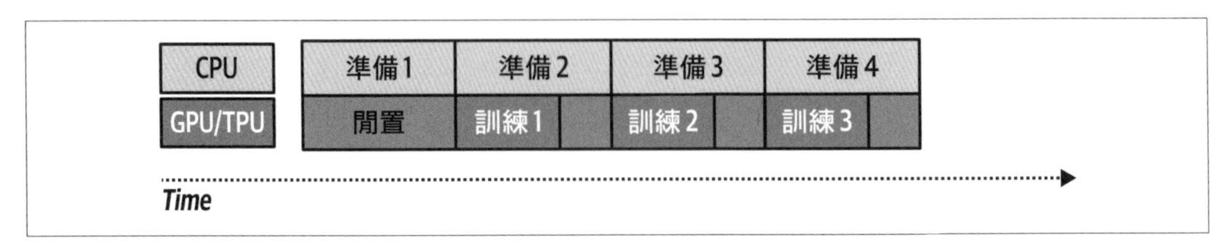

圖 4-4　pipelining

在這個例子裡，當 CPU 準備第一批時，GPU/TPU 沒有事情可做，所以它同樣是閒置的。當第一批完成時，GPU/TPU 可以開始訓練，與此同時，CPU 會準備第二批，當然，訓練第 $n - 1$ 批與準備第 n 批所需的時間不一定相同，如果訓練比較快，GPU/TPU 就有一段閒置時間，如果訓練比較慢，CPU 就有一段閒置時間。此時選擇正確的批次大小可以幫助你進行優化——因為 GPU/TPU 的時間比較寶貴，你應該要盡量降低它的閒置時間。

你應該有發現，我們從使用簡單的資料組，例如 Keras 的 Fashion MNIST，變成使用必須先分批才能訓練的 TFDS 版本，原因在於，我們有 pipelining 模式可以使用了，所以無論資料組有多大，我們都可以使用一致的 ETL 模式來處理它。

將 ETL 平行化，來改善訓練效能

TensorFlow 提供所有的 API 來讓你將 Extract 和 Transform 程序平行化，我們使用 Dogs vs. Cats 和底層的 TFRecord 結構來了解它們長怎樣。

先使用 `tfds.load` 來取得資料組：

```
train_data = tfds.load('cats_vs_dogs', split='train', with_info=True)
```

如果你想要使用底層的 TFRecords，你必須讀取你下載的原始檔案，因為資料組很大，所以它被分成幾個檔案（在 4.0.0 版是 8 個）。

你可以建立這些檔案的串列，並且使用 `tf.Data.Dataset.list_files` 來載入它們：

```
file_pattern =
    f'/root/tensorflow_datasets/cats_vs_dogs/4.0.0/cats_vs_dogs-train.tfrecord*'
files = tf.data.Dataset.list_files(file_pattern)
```

取得檔案之後，用 files.interleave 來將它們載入資料組：

```
train_dataset = files.interleave(
                    tf.data.TFRecordDataset,
                    cycle_length=4,
                    num_parallel_calls=tf.data.experimental.AUTOTUNE
                )
```

這裡有一些新概念，我們花一些時間來了解它們。

cycle_length 參數是你想要平行處理的輸入元素的數量，所以，稍後你會看到一個對映函式，在紀錄從磁碟載入時對它們進行解碼。因為 cycle_length 設為 4，所以這個程序每一次會處理 4 筆紀錄。如果你沒有指定這個值，它將是可用的 CPU 核心的數量。

num_parallel_calls 參數是你要平行執行的呼叫數量，設定 tf.data.experimental.AUTOTUNE 可讓程式更容易移植，因為它會根據可用的 CPU 來動態設定值。同時使用 cycle_length 的話，我們就可以設定最大程度的平行化。所以，舉例來說，如果 num_parallel_calls 被 autotune 設成 6，而且 cycle_length 被設成 4，我們會得到 6 個不同的執行緒，每一個執行緒每次都會載入 4 筆紀錄。

將 Extract 程序平行化之後，我們來討論如何將資料的轉換平行化，首先，建立對映函式來載入原始的 TFRecord，並且將它轉換成可用的內容，例如，將 JPEG 圖像解碼成圖像緩存區（image buffer）：

```
def read_tfrecord(serialized_example):
  feature_description={
      "image": tf.io.FixedLenFeature((), tf.string, ""),
      "label": tf.io.FixedLenFeature((), tf.int64, -1),
  }
  example = tf.io.parse_single_example(
       serialized_example, feature_description
  )
  image = tf.io.decode_jpeg(example['image'], channels=3)
  image = tf.cast(image, tf.float32)
  image = image / 255
  image = tf.image.resize(image, (300,300))
  return image, example['label']
```

這是一個典型的對映函式，我們沒有做任何特殊的事情來讓它平行工作。我們是在呼叫對映函式時做這件事的，方法如下：

```
cores = multiprocessing.cpu_count()
print(cores)
train_dataset = train_dataset.map(read_tfrecord, num_parallel_calls=cores)
train_dataset = train_dataset.cache()
```

首先，如果你不想要使用 autotune，你可以使用 multiprocessing 程式庫來取得 CPU 的數量，然後，當你呼叫對映函式時，只要將平行呼叫的數量設成它即可，做法就是這麼簡單。

cache 方法會將資料組快取到記憶體裡面，如果你有許多 RAM 可用，這是非常實用的加速技巧。在 Colab 用它來處理 Dogs vs. Cats 應該會讓 VM 崩潰，因為資料組無法放入 RAM，若是如此，可行的話，Colab 會提供新的、有更多 RAM 的電腦。

載入和訓練程序也可以平行化。除了洗亂和分批資料之外，你也可以根據可用的 CPU 核心數量來執行預先提取（prefetch），程式如下：

```
train_dataset = train_dataset.shuffle(1024).batch(32)
train_dataset = train_dataset.prefetch(tf.data.experimental.AUTOTUNE)
```

將訓練組都平行化之後，你就可以像之前那樣訓練模型了：

```
model.fit(train_dataset, epochs=10, verbose=1)
```

我在 Google Colab 上面嘗試它時，發現將 ETL 程序平行化的額外程式可將每個 epoch 的訓練時間減少大約 40 秒，不使用它時則是 75 秒，這個簡單的修改幾乎讓訓練時間減少一半。

小結

本章介紹了 TensorFlow Datasets，這種程式庫可讓你取得廣泛的資料組，從小型的訓練資料組，到完整規模的研究用資料組，它使用通用的 API 和通用的格式，來減少為了取得資料而需要編寫的程式。本章也介紹如何使用 ETL 程序，它是 TFDS 的設計的核心，我們特別研究如何將資料的提取、轉換和載入平行化，以改善訓練效能。在下一章，你將學以致用，用它來解決自然語言處理問題。

第五章

自然語言處理簡介

自然語言處理（NLP）是用來理解人類語言的人工智慧技術，它用各種設計技術來建立模型，以了解語言、對內容進行分類，甚至產生 / 建立人類語言的新元素，接下來幾章將討論這些技術。許多服務都使用 NLP 來建立 app，例如聊天機器人，但本書不打算討論它們——我們只講解 NLP 的基本知識，以及如何建立語言模型，讓你可以訓練神經網路來了解和分類文本（text）。為了提升一點樂趣，我也會教你使用機器學習模型的預測元素來寫一些詩歌！

在本章的開頭，我們要來看一下如何將語言分解成數字，以及如何在神經網路裡面使用這些數字。

將語言編碼成數字

將語言編碼成數字的方法有很多種，最常見的做法是用字母來編碼，當我們想在程式中儲存字串時，自然會採用這種方法。但是，在記憶體裡面，我們並不是儲存字母 *a*，而是它的編碼——可能是 ASCII 或 Unicode 或其他的值。例如 *listen* 這個單字，它可以用 ASCII 編碼成數字 76、73、83、84、69 與 78，這種做法很好，因為我們可以使用數字來代表單字，但是考慮單字 *silent*，它是 *listen* 的 antigram，雖然它們用一組相同的數字來表示單字，但是卻採用不同的順序，這會讓我們難以做出可以了解文本的模型。

antigram 就是某字是另一個字的迴文（*anagram*），但是有相反的意思。例如，*united* 與 *untied* 是 antigrams，*restful* 與 *fluster*、*Santa* 與 *Satan*、*forty-five* 與 *over fifty* 也是。我的職稱曾經是 Developer Evangelist，但是後來變成 Developer Advocate，這是好事，因為 *Evangelist* 是 *Evil's Agent* 的 antigram！

比較好的替代方案是用數字來編碼整個單字，而不是用它們裡面的字母，用之前的例子來說，我們可以用數字 *x* 來代表 *silent*，用數字 *y* 來代表 *listen*，它們不會互相重疊。

使用這項技術時，考慮「I love my dog」這個句子，我們可以用數字 [1, 2, 3, 4] 來編碼它，如果你接下來想要編碼「I love my cat」，它應該是 [1, 2, 3, 5]，所以現在我們可以知道這兩個句子有相似的意思，因為它們的數字是相似的——[1, 2, 3, 4] 看起來很像 [1, 2, 3, 5]。

這個程序稱為**基元化**（*tokenization*），接下來將探索如何用程式來做這件事。

開始進行基元化

TensorFlow Keras 有一個稱為 `preprocessing` 的程式庫，它提供一些相當實用的工具，可以幫機器學習準備資料，其中一項工具 `Tokenizer` 可以接收單字並將它轉換成基元（token），我們用一個簡單的範例來看它的動作：

```
import tensorflow as tf
from tensorflow import keras
from tensorflow.keras.preprocessing.text import Tokenizer

sentences = [
    'Today is a sunny day',
    'Today is a rainy day'
]

tokenizer = Tokenizer(num_words = 100)
tokenizer.fit_on_texts(sentences)
word_index = tokenizer.word_index
print(word_index)
```

在這個例子裡，我們建立 `Tokenizer` 物件，並指定它能夠基元化的單字數量，這個數量就是可以從單字語料庫（corpus）產生的最多基元數量。我們的語料庫非常小，裡面只有六個不同的單字，遠遠低於所指定的 100 個。

做好 tokenizer 之後，呼叫 `fit_on_texts` 會建立基元化單字索引，印出它會顯示語料庫裡面的單字的鍵 / 值，例如：

```
{'today':1, 'is':2, 'a':3, 'day':4, 'sunny':5, 'rainy':6}
```

tokenizer 非常靈活。例如，如果我們擴展語料庫，加入另一個句子，句子裡面有「today」這個單字，但是在它後面有個問號，從下面的結果可以看出它可以聰明地將「today?」過濾成只有「today」：

```
sentences = [
    'Today is a sunny day',
    'Today is a rainy day',
    'Is it sunny today?'
]
```

```
{'today': 1, 'is': 2, 'a': 3, 'sunny': 4, 'day': 5, 'rainy': 6, 'it': 7}
```

這個行為是用 tokenizer 的 `filters` 參數來控制的，它預設移除除了撇號（apostrophe）字元之外的所有標點符號，所以，舉例來說，使用上述的編碼時，「Today is a sunny day」會變成 [1, 2, 3, 4, 5] 序列，而「Is it sunny today?」會變成 [2, 7, 4, 1]，將句子裡的單字基元化之後，下一步是將句子轉換成一系列的數字，以單字為鍵來取得數字值。

將句子轉換成序列

將單字基元化變成數字之後，下一步是將句子編碼成數字序列。tokenizer 有一個處理這件事的方法，稱為 `text_to_sequences`，你只要將句子串列傳給它，它就會回傳序列串列，舉例來說，如果你將上述的程式修改成：

```
sentences = [
    'Today is a sunny day',
    'Today is a rainy day',
    'Is it sunny today?'
]

tokenizer = Tokenizer(num_words = 100)
tokenizer.fit_on_texts(sentences)
word_index = tokenizer.word_index

sequences = tokenizer.texts_to_sequences(sentences)

print(sequences)
```

你會得到代表三個句子的序列。由於單字的索引是：

```
{'today': 1, 'is': 2, 'a': 3, 'sunny': 4, 'day': 5, 'rainy': 6, 'it': 7}
```

所以輸出是：

```
[[1, 2, 3, 4, 5], [1, 2, 3, 6, 5], [2, 7, 4, 1]]
```

將數字換成單字可以看到這些句子是正確的。

接下來，想一下用一組資料來訓練神經網路時會發生什麼事。典型的模式是，我們有一組用來訓練的資料，雖然它無法涵蓋所有的需求，但我們希望它能盡量涵蓋。在 NLP 的案例中，訓練資料裡面可能有成千上萬個單字，在許多不同的上下文中使用，但是我們不可能有所有可能出現的上下文，而且裡面有每一種可能出現的單字。那麼，當你讓神經網路看一些新的、之前沒有看過的文本，裡面有它沒有看過的單字時，它會怎樣？你猜對了——它會一頭霧水，因為它沒有那些單字的上下文，因此，它提供的任何預測都會受到負面影響。

使用 OOV 基元

out-of-vocabulary（非詞彙表，OOV）基元是處理這種情況的工具之一，它可以協助神經網路了解之前沒有看過的文本資料，例如，使用之前那個小型的語料庫，假設我們想要處理這種句子：

```
test_data = [
    'Today is a snowy day',
    'Will it be rainy tomorrow?'
]
```

既有的文本語料庫沒有這筆輸入（你可以將它想成訓練資料），想一下一個訓練好的網路可能會如何看待這個文本。如果你用你已經用過的單字和既有的 tokenizer 來將它基元化，就像這樣：

```
test_sequences = tokenizer.texts_to_sequences(test_data)
print(word_index)
print(test_sequences)
```

結果會是：

```
{'today': 1, 'is': 2, 'a': 3, 'sunny': 4, 'day': 5, 'rainy': 6, 'it': 7}
[[1, 2, 3, 5], [7, 6]]
```

那麼，用單字來取代基元得到的新句子將是「today is a day」與「it rainy」。

我們幾乎失去所有上下文和意義，此時 OOV 基元或許有幫助，我們可以在 tokenizer 裡面指定它，做法是加入 oov_token 參數，如下所示，你可以將它設為你喜歡的任何字串，但請確保它沒有在你的語料庫裡面：

```
tokenizer = Tokenizer(num_words = 100, oov_token="<OOV>")
tokenizer.fit_on_texts(sentences)
word_index = tokenizer.word_index

sequences = tokenizer.texts_to_sequences(sentences)
```

```
test_sequences = tokenizer.texts_to_sequences(test_data)
print(word_index)
print(test_sequences)
```

你可以看到輸出稍微改善了：

```
{'<OOV>': 1, 'today': 2, 'is': 3, 'a': 4, 'sunny': 5, 'day': 6, 'rainy': 7,
 'it': 8}

[[2, 3, 4, 1, 6], [1, 8, 1, 7, 1]]
```

基元串列裡面有一個新項目，「<OOV>」，而且測試句子維持它們的長度，對它們做逆向編碼會產生「today is a <OOV> day」，以及「<OOV> it <OOV> rainy <OOV>」。

前者與原始的意義接近許多，至於後者，雖然它大部分的單字都不在語料庫裡，仍然缺乏許多上下文，但它仍然朝著正確的方向前進。

填補

在訓練神經網路時，我們通常要讓所有的資料有相同的外形（shape）。前幾章說過，使用圖像來訓練時，我們要將圖像格式化，讓它們有相同的寬與高，在處理文本時，我們會面臨同一個問題——將單字基元化，並將句子轉換成序列之後，它們可能有不同的長度。我們可以使用**填補**來讓它們有相同的尺寸和外形。

為了說明填補，我們在語料庫中加入另一個長很多的句子：

```
sentences = [
    'Today is a sunny day',
    'Today is a rainy day',
    'Is it sunny today?',
    'I really enjoyed walking in the snow today'
]
```

將它們序列化之後，你會看到數字串列有不同的長度：

```
[
  [2, 3, 4, 5, 6],
  [2, 3, 4, 7, 6],
  [3, 8, 5, 2],
  [9, 10, 11, 12, 13, 14, 15, 2]
]
```

（當你印出句子時，它們都會在同一行，但是為了清楚展示，我將它們拆成不同行。）

我們可以使用 pad_sequences API 來將它們變成同樣的長度，你要先匯入它：

```
from tensorflow.keras.preprocessing.sequence import pad_sequences
```

使用這個 API 很簡單，若要將你的（未填補的）序列轉換成已填補的集合，只要這樣呼叫 pad_sequences 即可：

```
padded = pad_sequences(sequences)

print(padded)
```

你會得到格式化的序列集合，它們也會分成不同行，就像這樣：

```
[[ 0  0  0  2  3  4  5  6]
 [ 0  0  0  2  3  4  7  6]
 [ 0  0  0  0  3  8  5  2]
 [ 9 10 11 12 13 14 15  2]]
```

這些序列是用 0 來填補的，它不是我們的單字串列的基元。如果你曾經好奇為何基元串列是從 1 算起的，但程式員通常都是從 0 算起的，現在你知道原因了！

現在你有外形一致的資料可以用來訓練了，但是在訓練之前，我們要再探索一下這個 API，因為它提供了許多可以改善資料的選項。

首先，你應該已經發現，在遇到比較短的句子時，為了讓它們的外形與比較長的一樣，它會將零填補在開頭處，這種做法稱為 *prepadding*（**前填補**），它是預設的行為，你可以用 padding 參數來改變它，例如，如果你希望在句子的結尾填補 0，你可以使用：

```
padded = pad_sequences(sequences, padding='post')
```

它的輸出是：

```
[[ 2  3  4  5  6  0  0  0]
 [ 2  3  4  7  6  0  0  0]
 [ 3  8  5  2  0  0  0  0]
 [ 9 10 11 12 13 14 15  2]]
```

你可以看到，在填補好的序列中，單字都在前面，字元 0 都在後面了。

或許你也發現另一個預設行為了：句子的長度全部都被改成與**最長**的一樣，這是合理的預設行為，因為這意味著你不會失去任何資料，但代價是你會有許多填補值。如果你不想要這種行為，或許是因為你有一個超級長的句子，導致被填補的句子有太多填補字元了，該怎麼辦？修正這種行為的方法是在呼叫 pad_sequences 時使用 maxlen 參數來指定最大長度，像這樣：

```
padded = pad_sequences(sequences, padding='post', maxlen=6)
```

它的輸出是：

```
[[ 2  3  4  5  6  0]
 [ 2  3  4  7  6  0]
 [ 3  8  5  2  0  0]
 [11 12 13 14 15  2]]
```

現在被填補的序列都有相同的長度，而且沒有太多填補，但是你會失去最長的句子的幾個字，而且它們是在開頭被截斷的，如果你不想要失去開頭的字，而是想要在句子**結尾**截斷呢？你可以用 truncating 參數來改寫預設的行為：

```
padded = pad_sequences(sequences, padding='post', maxlen=6, truncating='post')
```

執行它之後，最長的句子會在結尾截斷，而不是開頭：

```
[[ 2  3  4  5  6  0]
 [ 2  3  4  7  6  0]
 [ 3  8  5  2  0  0]
 [ 9 10 11 12 13 14]]
```

TensorFlow 支援使用「參差（ragged）」（外形不同的）張量來訓練，很適合 NLP 的需求。它們的用法超出本書介紹的範圍，但是當你完成接下來幾章的 NLP 介紹之後，你可以閱讀文件（*https://oreil.ly/I1IJW*）來進一步了解它。

移除停用字和清理文本

在下一節，你將會看到一些實際的資料組，有時你**不希望**某些文字出現在資料組裡面，或許你想要濾除所謂的**停用字**，因為它們太常見了，無法帶來任何意義，例如「the」、「and」與「but」，有時你也會在文本中遇到許多 HTML 標籤，如果可以移除它們就好了，你可能想濾除的東西還有粗話、標點符號，或名字。稍後我們要使用一個 tweet 資料組，其內容經常有某些人的用戶 ID，這是我們想要移除的對象。

雖然每一項工作都會因你的文本語料庫而異，但是你可以做三件主要的事情，用程式來清理文本。

第一種是移除 HTML 標籤，幸運的是，有個稱為 BeautifulSoup 的程式庫可以輕鬆地完成這項工作，例如，如果你的句子裡面有
 之類的 HTML 標籤，你可以用這段程式來移除它們：

```
from bs4 import BeautifulSoup
soup = BeautifulSoup(sentence)
sentence = soup.get_text()
```

刪除停用字最常見的方法是建立一個停用字串列，並且預先處理句子，移除停用字實例，舉個簡單的例子：

```
stopwords = ["a", "about", "above", ... "yours", "yourself", "yourselves"]
```

你可以在本章的線上範例找到完整的停用字串列（*https://oreil.ly/ObsjT*）。

然後，當你遍歷句子時，你可以用這種程式來移除句子裡的停用字：

```
words = sentence.split()
filtered_sentence = ""
for word in words:
    if word not in stopwords:
        filtered_sentence = filtered_sentence + word + " "
sentences.append(filtered_sentence)
```

或許你也想要去除標點符號，因為它可能會欺騙停用字移除程式。上面的程式會尋找前後都有空格的單字，所以在句點或逗號後面立刻出現的停用字可能不會被發現。

修改這個問題很簡單，只要使用 Python string 程式庫提供的 translation 函式即可，這個程式庫有一個常數—— string.punctuation，裡面有常見標點符號的串列，所以你可以這樣子將它們從單字中移出：

```
import string
table = str.maketrans('', '', string.punctuation)
words = sentence.split()
filtered_sentence = ""
for word in words:
    word = word.translate(table)
    if word not in stopwords:
        filtered_sentence = filtered_sentence + word + " "
sentences.append(filtered_sentence)
```

這段程式會先將句子裡的每一個字的標點符號移除再濾除停用字，所以，如果拆開一個句子之後產生單字「it;」，它會被轉換成「it」，然後被視為停用字移除。但是請注意，在做這件事時，你可能要更新停用字串列，這些串列經常有縮寫字，例如「you'll」， translator 會將「you'll」改成「youll」，如果你想要將它濾除，你就要修改停用字串列，加入它。

執行這三個步驟會產生乾淨許多的文本集合，但是當然，每一個資料組都有你必須處理的特性。

使用實際的資料源

現在你已經知道取得句子、用單字索引來編碼它們、以及將結果序列化的基本方法了，我們可以更上一層樓，拿一些著名的公開資料組，並使用 Python 提供的工具，來將它們變成可以輕鬆序列化的格式。我們先從 TensorFlow Datasets 的一個已經為你做了許多工作的資料組看起：IMDb 資料組，接下來，我們要實際做很多事情，包括處理一個 JSON 資料組，以及處理一些存有情緒資料的 CSV（逗號分隔值）資料組！

從 TensorFlow Datasets 取得文本

我們曾經在第 4 章用過 TFDS，所以如果你看不懂本節的任何概念，可以翻到那裡快速復習。TFDS 的目標是讓你盡可能輕鬆地用標準的方法取得資料，它可讓你取得一些文本資料組，我們將使用 imdb_reviews，這個資料組有 50,000 個帶標籤的影評，影評來自 Internet Movie Database（IMDb），每個影評都被確認屬於正面或負面情緒。

這段程式會從 IMDb 資料組載入訓練分割，並且遍歷它，將包含影評的文本欄位加入一個稱為 imdb_sentences 的串列。影評是一個包含文本和影評情緒標籤的 tuple，將 tfds.load 呼叫式放在 tfds.as_numpy 裡面可以確保資料被當成字串載入，而不是張量：

```
imdb_sentences = []
train_data = tfds.as_numpy(tfds.load('imdb_reviews', split="train"))
for item in train_data:
    imdb_sentences.append(str(item['text']))
```

取得句子之後，我們建立一個 tokenizer，並且像之前那樣，將句子 fit 至它們，並建立一組序列：

```
tokenizer = tf.keras.preprocessing.text.Tokenizer(num_words=5000)
tokenizer.fit_on_texts(imdb_sentences)
sequences = tokenizer.texts_to_sequences(imdb_sentences)
```

我們印出單字索引來檢查它：

```
print(tokenizer.word_index)
```

因為索引太多了，所以這裡只顯示前 20 個單字，注意，tokenizer 是按照單字出現在資料組裡面的頻率排序它們的，所以最常見的單字有「the」、「and」與「a」：

```
{'the': 1, 'and': 2, 'a': 3, 'of': 4, 'to': 5, 'is': 6, 'br': 7, 'in': 8,
 'it': 9, 'i': 10, 'this': 11, 'that': 12, 'was': 13, 'as': 14, 'for': 15,
 'with': 16, 'movie': 17, 'but': 18, 'film': 19, "'s": 20, ...}
```

上一節說過，它們都是停用字，留下它們可能會影響訓練組準確度，因為它們是最常見的單字，沒有鑑別性。

另外，「br」也在這個串列裡面，因為它來自這個語料庫經常使用的
 HTML 標籤。

我們使用 BeautifulSoup 來移除 HTML 標籤、加入字串 translation 來移除標點符號，以及移除串列中的停用字：

```
from bs4 import BeautifulSoup
import string

stopwords = ["a", ... , "yourselves"]

table = str.maketrans('', '', string.punctuation)

imdb_sentences = []
train_data = tfds.as_numpy(tfds.load('imdb_reviews', split="train"))
for item in train_data:
    sentence = str(item['text'].decode('UTF-8').lower())
    soup = BeautifulSoup(sentence)
    sentence = soup.get_text()
    words = sentence.split()
    filtered_sentence = ""
    for word in words:
        word = word.translate(table)
        if word not in stopwords:
            filtered_sentence = filtered_sentence + word + " "
    imdb_sentences.append(filtered_sentence)

tokenizer = tf.keras.preprocessing.text.Tokenizer(num_words=25000)
tokenizer.fit_on_texts(imdb_sentences)
sequences = tokenizer.texts_to_sequences(imdb_sentences)
print(tokenizer.word_index)
```

注意，我們先將句子轉換成小寫再處理它，因為所有的停用字都被存為小寫，現在印出單字索引會出現：

```
{'movie': 1, 'film': 2, 'not': 3, 'one': 4, 'like': 5, 'just': 6, 'good': 7,
 'even': 8, 'no': 9, 'time': 10, 'really': 11, 'story': 12, 'see': 13,
 'can': 14, 'much': 15, ...}
```

你可以看到它比之前乾淨多了，但是我們還有改善的空間，而且當我們觀察全部的索引時會發現一件事：在最後的地方有一些不常見的單字是沒有任何意義的，評論者通常會將單字結合起來，例如使用破折號（「annoying-conclusion」）或斜線（「him/her」），移除標點符號會錯誤地將這些複合字變成單字，我們可以用程式在這些字元前後加上空格來避免這種情況，所以我在建立句子之後立刻加入這些程式：

```
sentence = sentence.replace(",", " , ")
sentence = sentence.replace(".", " . ")
sentence = sentence.replace("-", " - ")
sentence = sentence.replace("/", " / ")
```

它會將「him/her」之類的複合字變成「him / her」，然後將「/」移除，將它們基元化，變成兩個單字，這可在稍後產生更好的訓練結果。

有了語料庫的 tokenizer 之後，我們就可以編碼句子了。例如，我們之前看到的簡單句子會變成：

```
sentences = [
    'Today is a sunny day',
    'Today is a rainy day',
    'Is it sunny today?'
]
sequences = tokenizer.texts_to_sequences(sentences)
print(sequences)

[[516, 5229, 147], [516, 6489, 147], [5229, 516]]
```

將它們解碼之後，你會看到停用字被移除了，而且你會得到這種句子：「today sunny day」、「today rainy day」與「sunny today」。

如果你想要在程式中做這件事，你可以用反向的鍵與值來製作一個新字典（也就是，對於單字索引中的鍵 / 值，將值變成鍵，將鍵變成值）並且查詢它。程式如下：

```
reverse_word_index = dict(
    [(value, key) for (key, value) in tokenizer.word_index.items()])

decoded_review = ' '.join([reverse_word_index.get(i, '?') for i in sequences[0]])

print(decoded_review)
```

這會產生下列的結果：

```
today sunny day
```

使用 IMDb subwords 資料組

TFDS 也有一些使用 subword（子字）且預先處理好的 IMDb 資料組，使用它們時，你不需要按照單字拆解句子，它們已經幫你將句子拆成 subword 了。使用 subword 是介於將語料庫拆成個別的字母（基元相對較少，而且低語義）與個別的單字（有許多基元，而且有高語義）之間的平衡點，這種做法通常可以非常高效地訓練語言分類器，這些資料組也包含一些編碼器和解碼器，用來拆解和編碼語料庫。

為了使用它們，你可以呼叫 `tfds.load` 並傳入 `imdb_reviews/subwords8k` 或 `imdb_reviews/subwords32k` 如下：

```
(train_data, test_data), info = tfds.load(
    'imdb_reviews/subwords8k',
    split = (tfds.Split.TRAIN, tfds.Split.TEST),
    as_supervised=True,
    with_info=True
)
```

你可以透過 `info` 物件來使用編碼器，這可以協助你觀察 `vocab_size`：

```
encoder = info.features['text'].encoder
print ('Vocabulary size: {}'.format(encoder.vocab_size))
```

它會輸出 `8185`，因為在這個實例裡面的詞彙表是由 8,185 個基元構成的，如果你想要觀察 subword 串列，可以用 `encoder.subwords` 屬性取得它：

```
print(encoder.subwords)

['the_', ', ', '. ', 'a_', 'and_', 'of_', 'to_', 's_', 'is_', 'br', 'in_', 'I_',
 'that_',...]
```

你應該可以發現，停用字、標點符號和文法都在語料庫裡面，另外也有像 `<br>` 這種 HTML 標籤，它用底線來代表空格，所以第一個基元是單字「the」。

如果你想要編碼字串，你可以這樣使用編碼器：

```
sample_string = 'Today is a sunny day'

encoded_string = encoder.encode(sample_string)
print ('Encoded string is {}'.format(encoded_string))
```

它的輸出是一個基元串列：

```
Encoded string is [6427, 4869, 9, 4, 2365, 1361, 606]
```

所以，你的五個單字被編碼成七個基元。你可以使用 encoder 的 subwords 屬性來查看基元，它會回傳一個陣列，這是從零算起的，所以雖然「Today」裡面的「Tod」被編碼為 6427，但它是陣列的第 6,426 個項目：

```
print(encoder.subwords[6426])
Tod
```

你可以使用 encoder 的 decode 方法來進行解碼：

```
encoded_string = encoder.encode(sample_string)

original_string = encoder.decode(encoded_string)
test_string = encoder.decode([6427, 4869, 9, 4, 2365, 1361, 606])
```

最後一行會產生一樣的結果，因為 encoded_string 雖然叫這個名字，但它是一個基元串列，就像下一行寫死的串列那樣。

從 CSV 檔取得文本

雖然 TFDS 有許多很棒的資料組，但它不是萬能的，你通常要自己載入資料。CSV 檔是 NLP 資料最常使用的格式之一，在接下來幾章裡，我們將使用一個儲存 Twitter 資料的 CSV，它是我用開源的 Sentiment Analysis in Text 資料組來修改的（*https://oreil.ly/QMMwV*），我們將使用兩種不同的資料組，其中一個裡面的情緒被簡化成「positive（正面）」和「negative（負面）」，用來進行二元分類，另一個使用所有的情緒標籤，它們的結構一模一樣，所以我只在這裡展示二元版本。

Python csv 程式庫可讓你輕鬆地處理 CSV 檔案。在這個例子裡，每一行的資料都有兩個值，第一個值是代表正面情緒或負面情緒的數字（0 或 1），第二個值是包含文本的字串。

下面的程式會讀取 CSV，並且進行和上一節的預先處理類似的動作。它會在複合字裡面的標點符號的前面和後面加上空格，使用 BeautifulSoup 來移除 HTML 內容，然後移除所有標點字元：

```
import csv
sentences=[]
labels=[]
with open('/tmp/binary-emotion.csv', encoding='UTF-8') as csvfile:
    reader = csv.reader(csvfile, delimiter=",")
```

```
    for row in reader:
        labels.append(int(row[0]))
        sentence = row[1].lower()
        sentence = sentence.replace(",", " , ")
        sentence = sentence.replace(".", " . ")
        sentence = sentence.replace("-", " - ")
        sentence = sentence.replace("/", " / ")
        soup = BeautifulSoup(sentence)
        sentence = soup.get_text()
        words = sentence.split()
        filtered_sentence = ""
        for word in words:
            word = word.translate(table)
            if word not in stopwords:
                filtered_sentence = filtered_sentence + word + " "
        sentences.append(filtered_sentence)
```

這會產生一個包含 35,327 個句子的串列。

建立訓練與測試子集合

讀取文本語料庫，將它變成句子串列之後，你要將它拆成訓練和測試子集合，用來訓練模型。例如，如果你想要用 28,000 個句子來訓練，用其他的來測試，你可以用這段程式：

```
training_size = 28000

training_sentences = sentences[0:training_size]
testing_sentences = sentences[training_size:]
training_labels = labels[0:training_size]
testing_labels = labels[training_size:]
```

做出訓練組之後，你必須用它來建立單字索引。這段程式使用 tokenizer 來建立一個多達 20,000 個單字的詞彙表。我們將句子最大長度設為 10 個單字，將比它長的句子的尾部移除，並且在比較短的句子後面填補「<OOV>」：

```
vocab_size = 20000
max_length = 10
trunc_type='post'
padding_type='post'
oov_tok = "<OOV>"

tokenizer = Tokenizer(num_words=vocab_size, oov_token=oov_tok)
tokenizer.fit_on_texts(training_sentences)
```

```
word_index = tokenizer.word_index

training_sequences = tokenizer.texts_to_sequences(training_sentences)

training_padded = pad_sequences(training_sequences, maxlen=max_length,
                                padding=padding_type,
                                truncating=trunc_type)
```

你可以觀察 training_sequences 與 training_padded 來檢查結果。例如，我們在下面印出訓練序列的第一個項目，你可以看到它是如何被填補成最大長度 10 的：

```
print(training_sequences[0])
print(training_padded[0])

[18, 3257, 47, 4770, 613, 508, 951, 423]
[  18 3257   47 4770  613  508  951  423    0    0]
```

你也可以印出單字索引來觀察它：

```
{'<OOV>': 1, 'just': 2, 'not': 3, 'now': 4, 'day': 5, 'get': 6, 'no': 7,
 'good': 8, 'like': 9, 'go': 10, 'dont': 11, ...}
```

你應該想要將裡面的許多單字改成停用字，例如「like」與「dont」。檢查單字索引絕對是有幫助的。

從 JSON 檔案取得文本

JavaScript Object Notation（JSON）是另一種很常見的文本檔案格式，它是一種開放標準檔案格式，通常用來進行資料交換，尤其是在 web app 中，它是人類看得懂的，在設計上使用成對的名稱 / 值，因此，它特別適合用來儲存帶標籤的文本。在 Kaggle 資料組搜尋 JSON 可找到 2,500 個結果，舉例來說，像 Stanford Question Answering Dataset（SQuAD）這種流行的資料組就是用 JSON 來儲存的。

JSON 的語法非常簡單，它將物件以成對的「名稱 / 值」放在大括號裡面，中間以逗號分隔。例如，代表我的名字的 JSON 物件是：

```
{"firstName" : "Laurence",
 "lastName" : "Moroney"}
```

JSON 也支援陣列，它有點像 Python 串列，以方括號語法來表示。例如：

```
[
 {"firstName" : "Laurence",
 "lastName" : "Moroney"},
```

```
 {"firstName" : "Sharon",
 "lastName" : "Agathon"}
]
```

物件通常也會包含陣列，所以這是完全合法的 JSON：

```
[
 {"firstName" : "Laurence",
 "lastName" : "Moroney",
 "emails": ["lmoroney@gmail.com", "lmoroney@galactica.net"]
 },
 {"firstName" : "Sharon",
 "lastName" : "Agathon",
 "emails": ["sharon@galactica.net", "boomer@cylon.org"]
 }
]
```

比較小型的資料組 News Headlines Dataset for Sarcasm Detection by Rishabh Misra（*https://oreil.ly/wZ3oD*）是用 JSON 來儲存的，用起來很有趣，可以從 Kaggle（*https://oreil.ly/_AScB*）下載。這個資料組從兩個來源收集新聞標題：從 *Onion* 收集趣味性和諷刺性的標題，從 *HuffPost* 收集正常的標題。

Sarcasm 資料組的檔案結構非常簡單：

```
{"is_sarcastic": 1 or 0,
 "headline": String containing headline,
 "article_link": String Containing link}
```

這個資料組包含大約 26,000 個項目，每一行有一個。為了方便在 Python 中讀取它，我製作了另一個版本，將它們放在一個陣列裡面，這樣就可以將它讀成一個串列，本章的原始碼使用它。

讀取 JSON 檔

Python 的 json 程式庫可讓你輕鬆地讀取 JSON 檔案，由於 JSON 是成對的名稱 / 值，你可以用名稱來檢索內容，因此，舉例來說，在 Sarcasm 資料組裡，你可以為 JSON 檔建立一個檔案 handle，用 json 程式庫打開它，用 iterable 遍歷，逐行讀取各欄，使用欄位名稱取得資料項目。

程式如下：

```
import json
with open("/tmp/sarcasm.json", 'r') as f:
    datastore = json.load(f)
```

```
    for item in datastore:
        sentence = item['headline'].lower()
        label= item['is_sarcastic']
        link = item['article_link']
```

這可以輕鬆地建立句子和標籤的串列，就像你已經在這一章做過的那樣，然後將句子基元化。你也可以在讀取句子的同時進行預先處理，移除停用字、HTML 標籤、標點符號…等。下面是建立句子、標籤與 URL 串列的完整程式，在過程中也會清除不想要的單字和字元：

```
with open("/tmp/sarcasm.json", 'r') as f:
    datastore = json.load(f)

sentences = []
labels = []
urls = []
for item in datastore:
    sentence = item['headline'].lower()
    sentence = sentence.replace(",", " , ")
    sentence = sentence.replace(".", " . ")
    sentence = sentence.replace("-", " - ")
    sentence = sentence.replace("/", " / ")
    soup = BeautifulSoup(sentence)
    sentence = soup.get_text()
    words = sentence.split()
    filtered_sentence = ""
    for word in words:
        word = word.translate(table)
        if word not in stopwords:
            filtered_sentence = filtered_sentence + word + " "
    sentences.append(filtered_sentence)
    labels.append(item['is_sarcastic'])
    urls.append(item['article_link'])
```

與之前一樣，它們可以分成訓練和測試組。如果你想要使用資料組的 26,000 個項目中的 23,000 個來訓練，可以這樣做：

```
training_size = 23000

training_sentences = sentences[0:training_size]
testing_sentences = sentences[training_size:]
training_labels = labels[0:training_size]
testing_labels = labels[training_size:]
```

要將資料基元化，並且幫它做好訓練的準備，你可以採取和之前一樣的做法。在這裡，我們同樣將 vocab 的大小設為 20,000 個單字，將最大序列長度設為 10，並且在結尾進行移除和填補，將「<OOV>」當成 OOV 基元來使用：

```
vocab_size = 20000
max_length = 10
trunc_type='post'
padding_type='post'
oov_tok = "<OOV>"

tokenizer = Tokenizer(num_words=vocab_size, oov_token=oov_tok)
tokenizer.fit_on_texts(training_sentences)

word_index = tokenizer.word_index

training_sequences = tokenizer.texts_to_sequences(training_sentences)
padded = pad_sequences(training_sequences, padding='post')
print(word_index)
```

程式將會輸出所有索引，按照單字頻率排序：

```
{'<OOV>': 1, 'new': 2, 'trump': 3, 'man': 4, 'not': 5, 'just': 6, 'will': 7,
 'one': 8, 'year': 9, 'report': 10, 'area': 11, 'donald': 12, ... }
```

希望你可以從這些相似的程式碼看出當你為分類或生成任務的神經網路準備文本時可以依循的模式。下一章會教你如何使用 embedding 來建立文本分類器，在第 7 章，你會更進一步，探索遞迴神經網路，然後，在第 8 章，你將了解如何進一步改善序列資料，來建立可以產生新文本的神經網路！

小結

在之前的章節中，我們曾經使用圖像來建構分類器，在定義上，圖像是高度結構化的，我們知道它們的維度、格式，但是文本難處理多了，它通常是無結構的，可能包含不想要的內容，例如格式化指令，而且不一定有想要的內容，通常必須進行過濾，來移除無意義或不相關的內容。在這一章，你已經知道如何取得文本，以及使用單字基元化來將它轉換成數字了，也知道如何讀取和過濾各種格式的文本。學會這些技術之後，現在你已經可以進入下一個階段，學習如何從單字中推斷出*意義*了——這是了解自然語言的第一步。

第六章

使用 embedding 來以程式表達情緒

第 5 章介紹如何提取單字，以及將它們編碼成基元，然後介紹如何將充滿單字的句子編碼成充滿基元的序列，視情況填補或截斷它們，產生外形一致的資料組，以便用來訓練神經網路。當時完全沒有談到如何建立認識單字**意義**的模型，雖然沒有任何數值編碼可以封裝意義，但是我們可以使用相對可行的編碼，在這一章，你將學習它們，尤其是 *embedding* 的概念，也就是建立高維空間的向量來代表文字，我們可以根據語料庫單字的使用方式，隨著時間的過去而學習那些向量的方向，接下來，當你收到一個句子時，你可以查看單字向量的方向，將它們加起來，變成一個整體方向，用單字來建立句子的情感。

在這一章，我們將研究它是如何運作的，我們將使用第 5 章的 Sarcasm 資料組來建構 embedding，以協助模型偵測句子中的諷刺文字，你也會看到一些很酷的視覺化工具，它們可以協助你了解語料庫裡面的單字是怎麼被對映到向量的，如此一來，你就可以知道哪些單字決定了整體的分類。

用單字建構意義

在介紹更高維的 embedding 向量之前，我們先用一些簡單的例子來說明如何從數字中推導出意義。考慮這件事：使用第 5 章的 Sarcasm 資料組時，如果用正數來編碼諷刺標題裡面的所有單字，用負數來編碼真實標題的單字時，會發生什麼麼事？

簡單的例子：正數與負數

例如，我們使用這個來自資料組的諷刺標題：

```
christian bale given neutered male statuette named oscar
```

假設在詞彙表裡面的所有單字在一開始都是 0，我們可以幫出現在這個句子裡面的每一個單字加 1，最後得到：

```
{ "christian" : 1, "bale" : 1, "given" : 1, "neutered": 1, "male" : 1,
  "statuette": 1, "named" : 1, "oscar": 1}
```

注意，這不是在上一章所做的，將單字**基元化**。你可以將各個單字（例如「christian」）換成用語料庫來編碼的基元，但為了方便閱讀，我暫時沿用這些單字。

接下來，我們處理普通的標題，不是諷刺性的，例如：

```
gareth bale scores wonder goal against germany
```

因為它有不同的情緒，所以我們改成將各個單字的值減 1，所以值會變成：

```
{ "christian" : 1, "bale" : 0, "given" : 1, "neutered": 1, "male" : 1,
  "statuette": 1, "named" : 1, "oscar": 1, "gareth" : -1, "scores": -1,
  "wonder" : -1, "goal" : -1, "against" : -1, "germany" : -1}
```

注意，諷刺性的「bale」（來自「christian bale」）已經被非諷刺性的「bale」（來自「gareth bale」）抵銷了，所以它的分數變成 0，重覆這個程序幾千次之後，我們會得到一長串語料庫的單字，以及根據它們的使用方式產生的分數。

現在假設我們要建立這個句子的情緒：

```
neutered male named against germany, wins statuette!
```

我們可以使用既有的值，查詢每個單字的分數，並且將它們全部加起來，得到分數 2，代表這是諷刺性的句子（因為它是正數）。

「bale」在 Sarcasm 資料組裡面被使用五次，有兩次在一般的標題中使用，有三次在諷刺性標題中使用，所以在這種模型裡面，「bale」在整個資料組裡會得到 –1 分。

談深一點：向量

希望上一個範例可以讓你了解如何透過單字之間的「方向」來為單字建立某種形式的**相對意義**。在我們的例子裡，雖然電腦不了解每一個單字的意義，但可以將諷刺性標題的單字移往某個方向（藉著加 1），將一般標題裡面的單字移往另一個方向（藉著減 1），這可以讓我們基本了解單字的意義，但是也會失去一些細節。

如果我們增加方向的維度，試著描述更多資訊呢？例如，假如我們用「傲慢與偏見」裡面的角色來考慮性別和階級的維度，我們把性別當成 x 軸，把階級當成 y 軸，向量的長度代表每一個角色的財富（圖 6-1）。

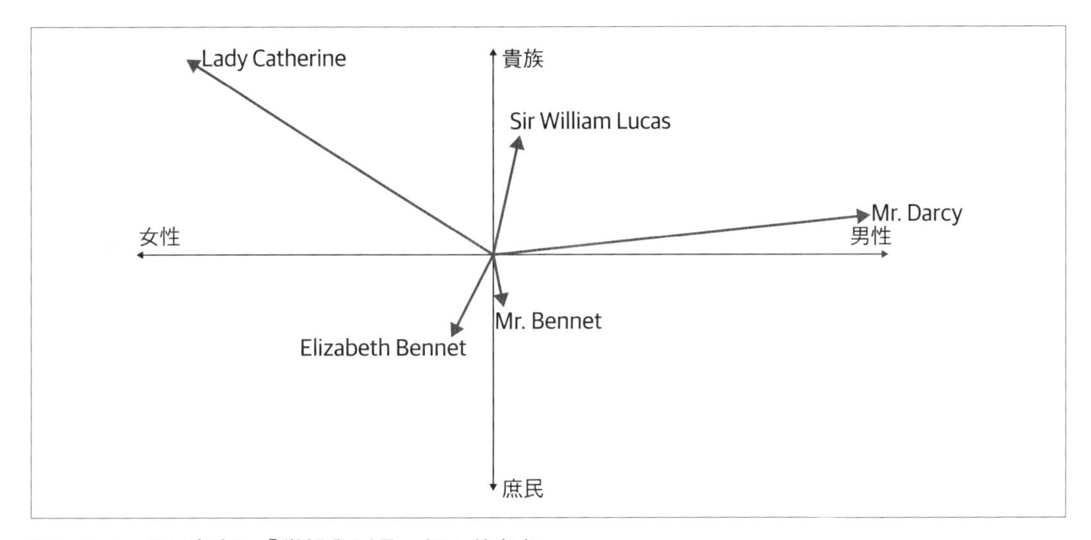

圖 6-1　用向量來表示「傲慢與偏見」裡面的角色

從這張圖，你可以知道關於每一個角色的資訊，他們有三位是男性，Mr. Darcy 很有錢，但他的階級並不明確（他被稱為「Mister」，沒那麼有錢，但顯然更高貴的 Sir William Lucas 被稱為爵士）。另一位「Mister」，Mr. Bennet，顯然不高貴，而且經濟拮据，他的女兒 Elizabeth Bennet 與他類似，但是是女性。Lady Catherine——這個範例的另一個女角，很高貴，而且非常有錢。Mr. Darcy 與 Elizabeth 之間的愛情關係引起緊張，**偏見**從高貴的一方指向地位較低的一方。

從這個例子可以看到，藉著考慮多個維度，我們可以開始從單字（在這裡，就是角色的名字）中看見實際的意義，再次強調，我們討論的不是具體的定義，而是根據軸與單字向量之間的關係產生的**相對意義**。

embedding 的概念由此而生，它只是單字的向量表示法，這個表示法是透過訓練神經網路學到的，我們接著來討論它。

在 TensorFlow 裡面的 embedding

正如你從 Dense 和 Conv2D 中看到的，tf.keras 用階層來實作 embedding，它會建立一個查詢表，將一個整數對映到一個 embedding 表，表的內容是向量的係數，向量代表整數對應的單字。所以，在上一節的「傲慢與偏見」例子中，*x* 與 *y* 座標可以提供特定角色的 embedding。當然，真正的 NLP 系統使用的維度遠超過兩個，因此，在向量空間裡面，向量的方向編碼了一個單字的「意義」，而且向量相似的單字（也就是大致指向同一個方向的向量）可視為彼此相關。

embedding 層會被設為隨機的初始值，也就是說，向量的座標在一開始是完全隨機的，它會在訓練期間使用反向傳播來學習。當訓練完成時，embedding 會大致編碼單字之間的相似性，所以我們可以根據單字的向量，來確認大致相似的單字。

這種做法相當抽象，所以了解如何使用 embedding 的最佳手段就是捲起袖子親自嘗試。我們先使用第 5 章的 Sarcasm 資料組做一個諷刺偵刺器。

使用 embedding 建構諷刺偵測器

在第 5 章，我們曾經載入 News Headlines Dataset for Sarcasm Detection（簡稱為 Sarcasm）這個 JSON 資料組，並且做了一些預先處理，我們最後得到訓練資料、測試資料、標籤的串列，我們可以用這段程式將它們轉換成 NumPy 格式，以便用 TensorFlow 來訓練：

```
import numpy as np
training_padded = np.array(training_padded)
training_labels = np.array(training_labels)
testing_padded = np.array(testing_padded)
testing_labels = np.array(testing_labels)
```

我們指定最大詞彙表大小以及 OOV 基元來建立一個 tokenizer：

```
tokenizer = Tokenizer(num_words=vocab_size, oov_token=oov_tok)
```

將 embedding 層初始化時必須指定 vocab 大小以及 embedding 維數：

```
tf.keras.layers.Embedding(vocab_size, embedding_dim),
```

這會幫每一個單字初始化一個陣列，陣列裡面有 embedding_dim 個點，所以，舉例來說，如果 embedding_dim 是 16，那麼詞彙表的每一個字都會得到一個 16 維的向量。

這些維度會隨著網路透過比對訓練資料和標籤來進行學習時，藉由反向傳播來學習。

接下來是很重要的步驟：將 embedding 層的輸出傳入一個稠密層，最簡單的方法類似我們在使用摺積神經網路時的做法——使用池化。這個例子計算 embedding 維度的平均值來產生一個固定長度的輸出向量。

舉個例子，考慮這個模型架構：

```
model = tf.keras.Sequential([
    tf.keras.layers.Embedding(10000, 16),
    tf.keras.layers.GlobalAveragePooling1D(),
    tf.keras.layers.Dense(24, activation='relu'),
    tf.keras.layers.Dense(1, activation='sigmoid')
])
model.compile(loss='binary_crossentropy',
              optimizer='adam',metrics=['accuracy'])
```

它定義一個 embedding 層，並且將詞彙表大小（10000）以及 embedding 維數 16 傳給它。我們用 model.summary 來看一下這個網路可訓練的參數數量：

```
Model: "sequential_2"
_________________________________________________________________
Layer (type)                 Output Shape              Param #
=================================================================
embedding_2 (Embedding)      (None, None, 16)          160000
_________________________________________________________________
global_average_pooling1d_2 ( (None, 16)                0
_________________________________________________________________
dense_4 (Dense)              (None, 24)                408
_________________________________________________________________
dense_5 (Dense)              (None, 1)                 25
=================================================================
Total params: 160,433
Trainable params: 160,433
Non-trainable params: 0
_________________________________________________________________
```

因為 embedding 有包含 10,000 個單字的詞彙表，每一個單字都是 16 維的向量，所以可訓練的參數總共有 160,000 個。

平均池化層有 0 個可訓練的參數，因為它的功能只是計算前面的 embedding 層的參數平均值來產生一個有 16 個值的向量。

然後，這個向量會被傳給 24 個神經元的稠密層，稠密神經元會使用權重和偏差進行計算，所以它需要訓練 $(24 \times 16) + 16 = 408$ 個參數。

然後將這一層的輸出傳給最後的單神經元階層，那裡有 $(1 \times 24) + 1 = 25$ 個參數需要學習。

訓練這個模型會在 30 個 epoch 之後得到相當不錯的 99+% 準確度，但驗證組準確度只有大約 81%（圖 6-2）。

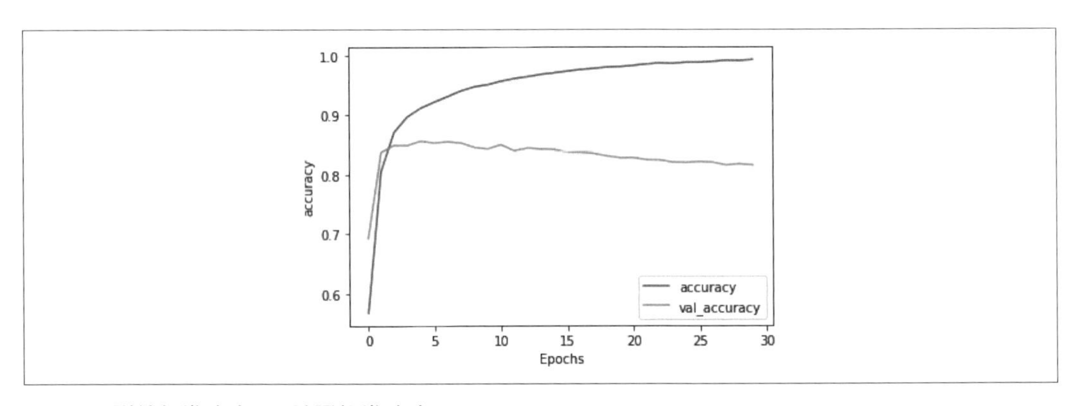

圖 6-2　訓練組準確度 vs. 驗證組準確度

由於驗證資料可能有許多訓練資料沒有的單字，所以這看起來是個合理的曲線。但是，如果你看一下 30 個 epoch 之後的訓練 vs. 驗證損失曲線，你就會發現問題。雖然我們可以想像訓練組準確度會比驗證組準確度高，且驗證組準確度隨著時間過去而稍微下降（在圖 6-2），但是在圖 6-3 中，它的損失卻快速增加，這是明顯的過擬象徵。

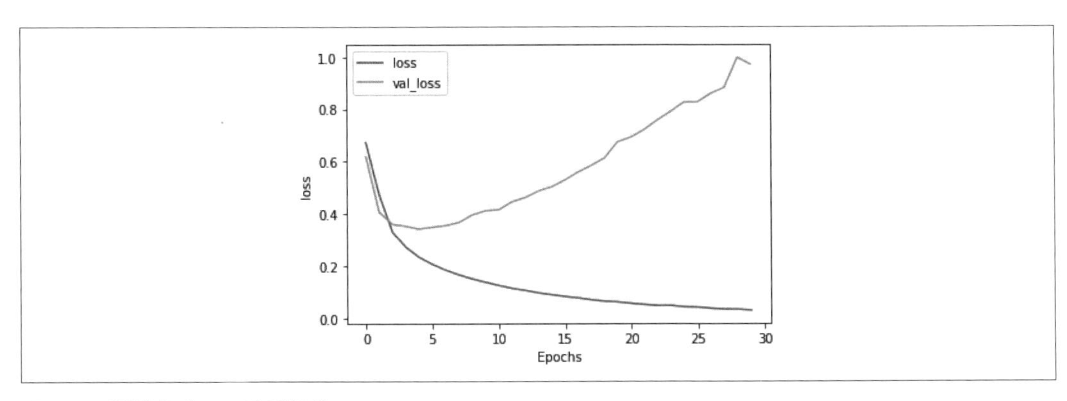

圖 6-3　訓練損失 vs. 驗證損失

因為語言有不可預測的性質，這種過擬在 NLP 模型中很常見，在下一節，我們要來看如何使用一些技術來降低這個效應。

在語言模型中降低過擬

當網路對於訓練資料過度專業化時就會發生過擬，其中一個原因是，它變得非常擅長匹配訓練組「有雜訊」的資料的模式，但那些資料在別的地方不存在，由於雜訊在驗證組不存在，網路越擅長匹配它，驗證組的損失就越差，這可能會導致圖 6-3 那種不斷提高的損失。在這一節，我們要介紹將模型一般化（generalize）以降低過擬的方法。

調整學習率

或許導致過擬最大的因素是優化函數的學習率太高了，也就是網路學得**太快**了，在這個例子裡，編譯模型的程式是：

```
model.compile(loss='binary_crossentropy',
              optimizer='adam', metrics=['accuracy'])
```

我們將 optimizer 宣告為 `adam`，它會用預設的參數呼叫 Adam optimizer，但是這個 optimizer 支援多個參數，包括學習率，我們可以將程式改成：

```
adam = tf.keras.optimizers.Adam(learning_rate=0.0001,
                                beta_1=0.9, beta_2=0.999, amsgrad=False)

model.compile(loss='binary_crossentropy',
              optimizer=adam, metrics=['accuracy'])
```

我們將學習率的預設值（通常是 0.001）降低 90%，變成 0.0001，並且讓 `beta_1` 與 `beta_2` 維持預設值，`amsgrad` 也一樣。`beta_1` 與 `beta_2` 必須介於 0 和 1 之間，通常都會接近 1。Amsgrad 是可以取代 Adam optimizer 的函數，它來自 Sashank Reddi、Satyen Kale 與 Sanjiv Kumar 的論文「On the Convergence of Adam and Beyond」（*https://arxiv.org/abs/1904.09237*）。

這種低很多的學習率對網路有深遠的影響。圖 6-4 是網路經過 100 epoch 的準確度，前 10 個 epoch 左右是比較低的學習率，網路在那裡似乎沒有在學習，但接下來它開始「突飛猛進」地快速學習。

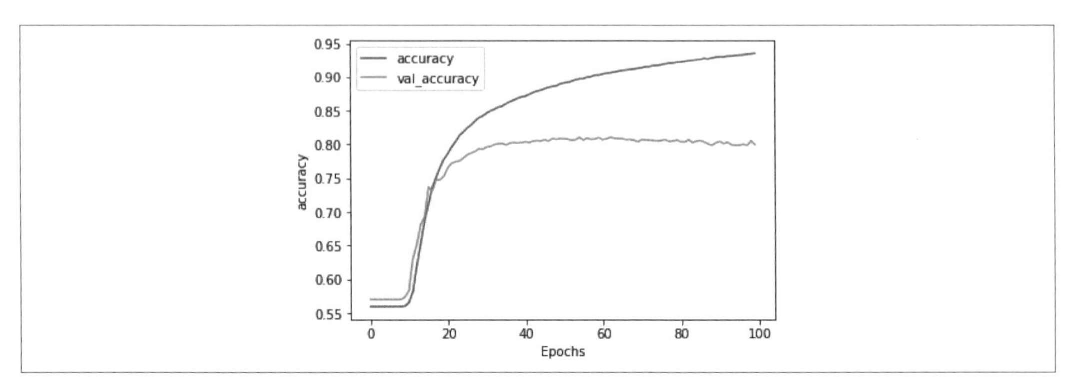

圖 6-4　使用較低學習率的準確度

透過觀察損失（見圖 6-5），我們可以看到即使準確度在前幾個 epoch 沒有上升，但損失是下降的，所以我們可以確信，如果我們一個 epoch 接著一個 epoch 觀察網路，它最終會開始學習。

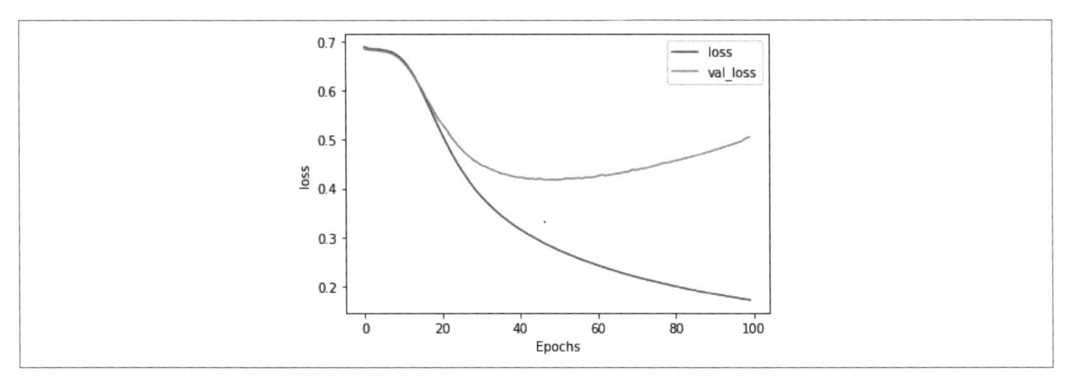

圖 6-5　使用低學習率的損失

雖然損失開始出現圖 6-3 的過擬曲線，但是它比較晚發生，而且速率低很多。在第 30 epoch 時，損失大約是 0.45，但是在圖 6-3 使用較高學習率時，它的值超過兩倍。雖然網路花更長的時間才能得到好的準確度，但是它的損失更小，所以我們可以更信任結果。使用這些超參數時，驗證組損失在大約第 60 epoch 開始增加，在那時，訓練組有 90% 準確度，驗證組大約是 81%，代表我們有相當高效的網路。

當然，直接調整 optimizer 然後宣稱獲勝很簡單，但我們還可以用其他的方法來改善模型，接下來幾節將介紹它們。我們先改回預設的 Adam optimizer，以免調整學習率的效果掩蓋其他技術提供的好處。

探索詞彙表大小

Sarcasm 資料組處理的是單字，所以如果你研究一下資料組裡面的單字，尤其是它們的頻率，你可能會找到修正過擬問題的線索。

我們可以用 tokenizer 的 word_counts 屬性來做這件事。當你印出它時，你會看到這個 OrderedDict 裡面有單字與單字數量組成的 tuple：

```
wc=tokenizer.word_counts
print(wc)

OrderedDict([('former', 75), ('versace', 1), ('store', 35), ('clerk', 8),
     ('sues', 12), ('secret', 68), ('black', 203), ('code', 16),...
```

單字的順序是由它們在資料組出現的順序決定的。看一下訓練組的第一個標題，你會看到它是關於 Versace 前店員的諷刺性標題，它已經移除停用字了，否則你會看到大量的「a」與「the」之類的字。

因為它是個 OrderedDict，我們可以按照單字量將它降序排序：

```
from collections import OrderedDict
newlist = (OrderedDict(sorted(wc.items(), key=lambda t: t[1], reverse=True)))
print(newlist)

OrderedDict([('new', 1143), ('trump', 966), ('man', 940), ('not', 555), ('just',
430), ('will', 427), ('one', 406), ('year', 386),
```

如果你想要畫出它，你可以迭代串列的每一個項目，將 x 設成你所在的位置的序數（1 是第一個項目，2 是第二個項目…等），將 y 值設成 newlist[item]，我們用 matplotlib 來畫出它：

```
xs=[]
ys=[]
curr_x = 1
for item in newlist:
  xs.append(curr_x)
  curr_x=curr_x+1
  ys.append(newlist[item])

plt.plot(xs,ys)
plt.show()
```

圖 6-6 是畫出來的結果。

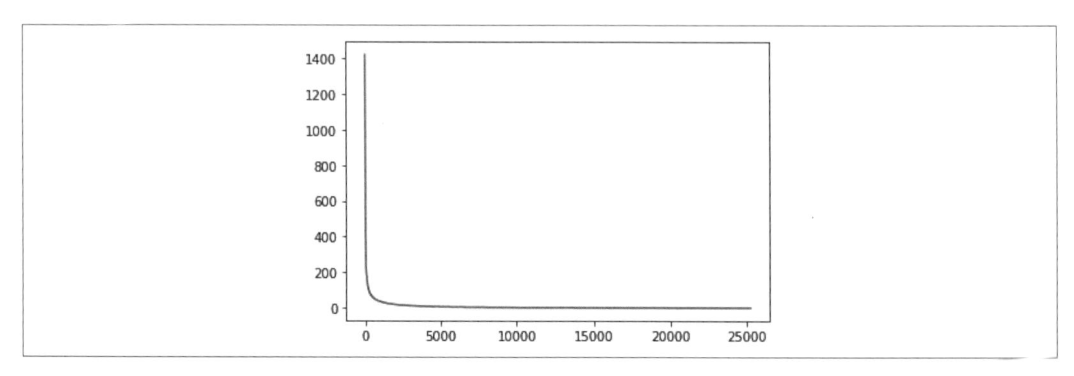

圖 6-6　研究單字的頻率

這個「曲棍球棍」曲線告訴我們有極少量的單字被使用多次，但是大部分的單字被使用極少次。但實際上每一個字都有相同的權重，因為每個字都在 embedding 裡面有一個「項目（entry）」。由於訓練組比驗證組大，所以訓練組的很多單字都不會在驗證組裡面出現。

我們可以在呼叫 `plt.show` 之前改變圖表的軸來拉近鏡頭觀察資料，例如，若要觀察 x 軸 300 到 10,000 的單字量，並且讓 y 軸的尺度是 0 到 100，可以這樣寫：

```
plt.plot(xs,ys)
plt.axis([300,10000,0,100])
plt.show()
```

圖 6-7 是結果。

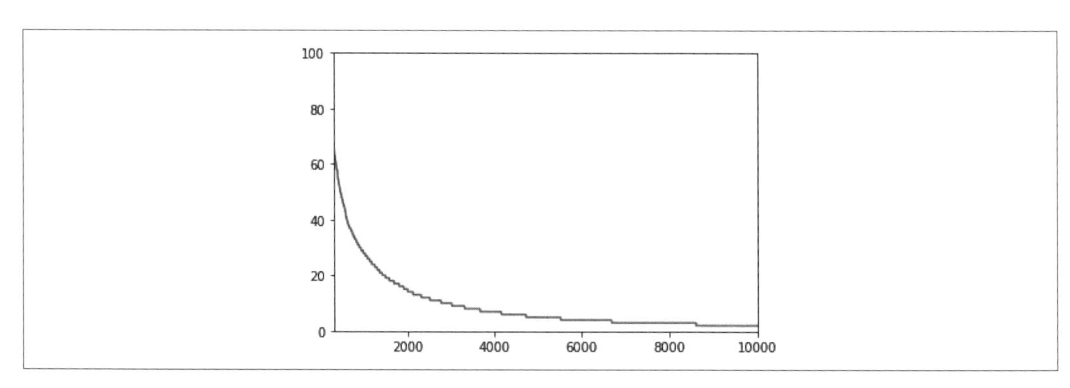

圖 6-7　單字 300–10,000 的頻率

雖然語料庫有超過 20,000 個單字，但程式只用 10,000 個來訓練，但是如果我們觀察在位置 2,000–10,000 的單字，它們佔了語料庫的 80% 以上，我們可以發現它們在整個語料庫裡面都出現不到 20 次。

這可以解釋過擬。現在想一下，如果將詞彙表的大小改成 2,000 並且重新訓練會怎樣，圖 6-8 是準確度指標，現在訓練組準確度大約是 82%，驗證組準確度大約是 76%，它們彼此相近而且沒有發散，這暗示我們已經擺脫大部分的過擬了。

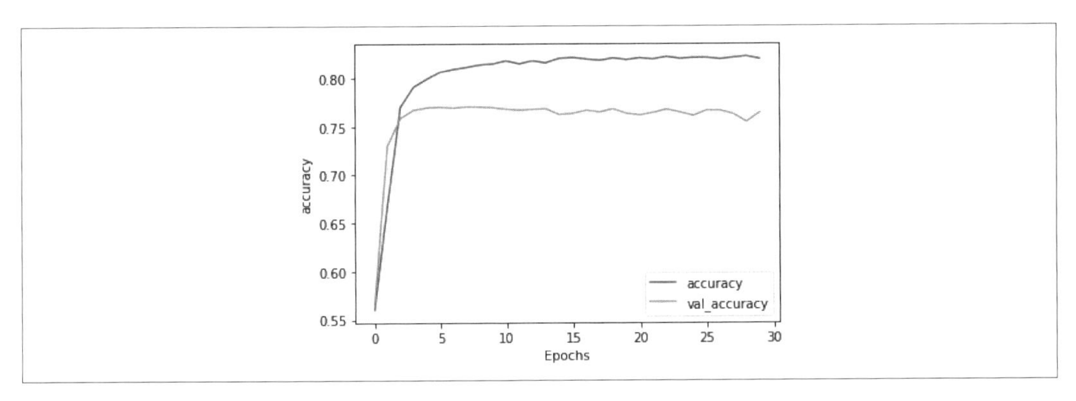

圖 6-8　使用 2,000 個字的詞彙表得到的準確度

圖 6-9 的損失圖進一步強化了這個結論。驗證組的損失是上升的，但是比之前慢很多，所以降低詞彙表的大小來防止訓練組過擬「可能只出現在訓練組裡面的低頻率單字」看起來是有效的。

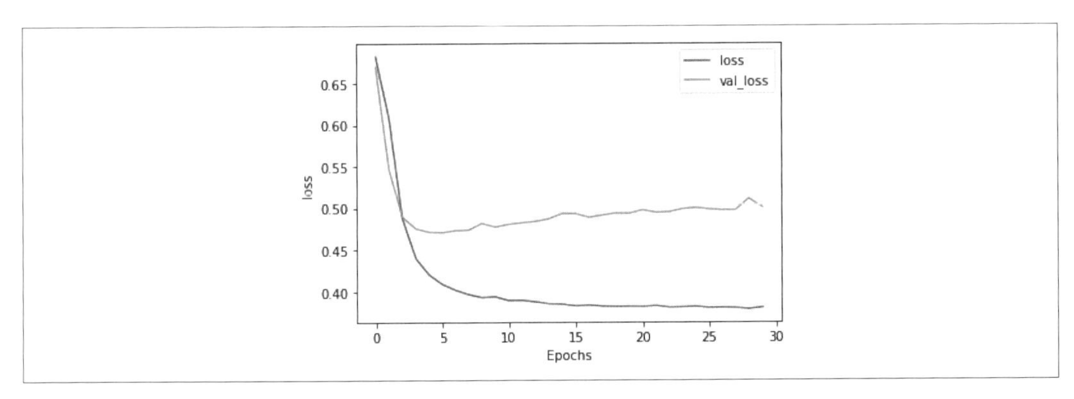

圖 6-9　使用 2,000 個字的詞彙表產生的損失

你也可以嘗試各種詞彙表大小，但請記住，你也可能會因為使用過小的詞彙表而過擬它，你必須找出平衡點。在這個例子裡，選擇出現 20 次以上的單字完全是隨意決定的。

探索 embedding 維數

在這個例子裡，16 這個 embedding 維數是隨意選擇的。在這個例子中，單字被編碼成 16 維空間裡面的向量，它們的方向代表它們的整體意義，但是 16 是好數字嗎？由於詞彙表只有 2,000 個單字，它可能偏高，導致方向高度稀疏。

embedding 的大小最好是詞彙表大小的四次方根，2,000 的四次方根是 6.687，所以我們來研究一下，將 embedding 的維數改成 7，並且訓練模型 100 個 epoch 時會怎樣。

圖 6-9 是準確度結果。訓練組的準確度在大約 83% 時穩定下來，驗證組在大約 77% 時，雖然曲線有些抖動，但它們相當平坦，顯示模型已經收斂，這與圖 6-6 的結果沒有太大的不同，但降低 embedding 的維數可讓模型訓練速度提升超過 30%。

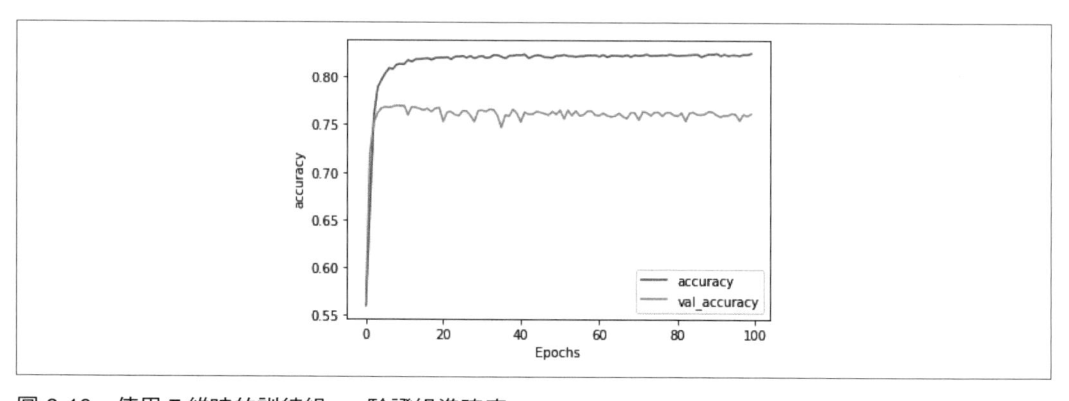

圖 6-10　使用 7 維時的訓練組 vs. 驗證組準確度

圖 6-11 是訓練與驗證損失，雖然在大約 20 epoch 時，損失開始上升，但它很快就變平了，這同樣是個好現象！

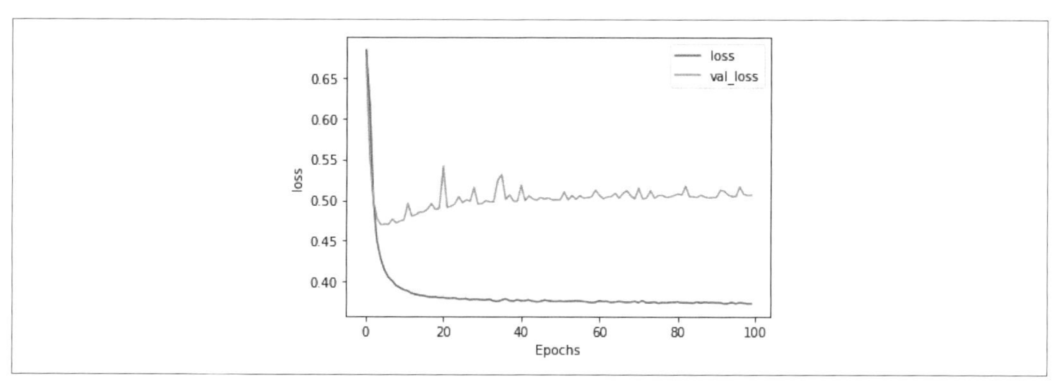

圖 6-11　使用 7 維時的訓練 vs. 驗證損失

降低維數之後，我們進一步微調模型架構。

探索模型架構

經過前面幾節的優化之後，現在的模型架構長這樣：

```
model = tf.keras.Sequential([
    tf.keras.layers.Embedding(2000, 7),
    tf.keras.layers.GlobalAveragePooling1D(),
    tf.keras.layers.Dense(24, activation='relu'),
    tf.keras.layers.Dense(1, activation='sigmoid')
])
model.compile(loss='binary_crossentropy',
              optimizer='adam',metrics=['accuracy'])
```

看到這個架構，你會立刻注意到維度——現在 `GlobalAveragePooling1D` 只輸出 7 維，但它們被傳給有 24 個神經元的稠密層，這是大材小用，我們來研究將它減為只有 8 個神經元，並且訓練 100 個 epoch 會怎樣。

圖 6-12 是訓練 vs. 驗證組準確度，與使用 24 個神經元的圖 6-7 相較之下，它的整體結果非常類似，但是波動變平滑了（曲線沒那麼彈跳），它訓練起來也比較快。

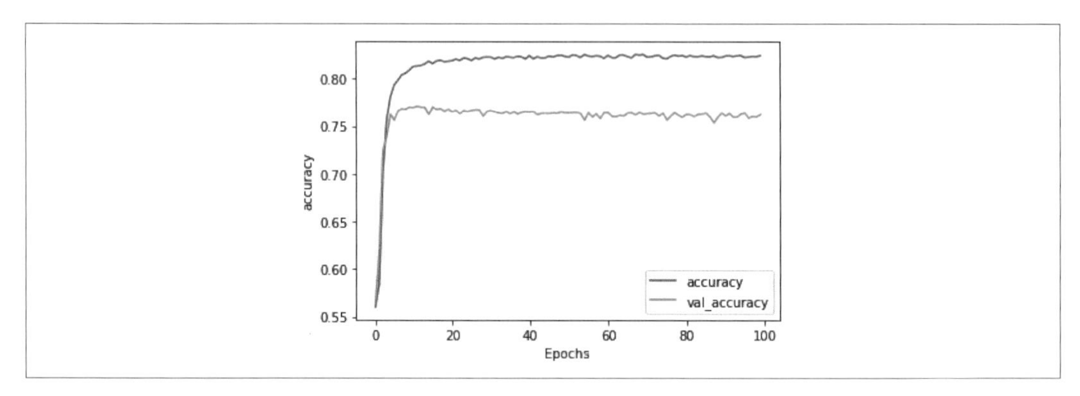

圖 6-12　精簡稠密架構產生的準確度

圖 6-13 的損失曲線也有相似的結果，但是波動減少了。

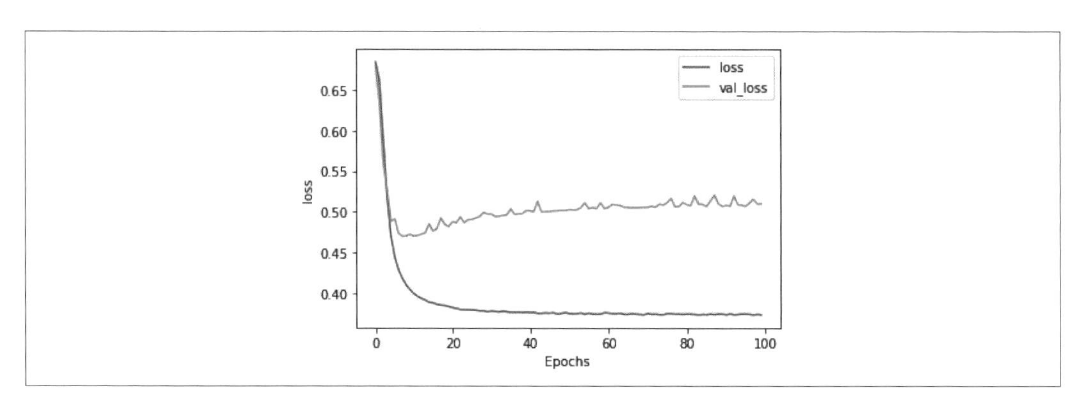

圖 6-13　精簡稠密架構產生的損失

使用 dropout

很多人會在稠密神經網路中加入 dropout 來降低過擬，我們曾經在第 3 章的摺積神經網路裡面討論過這項技術。我們很容易忍不住想要直接使用它來看看它對過擬的影響，但是在這個例子中，我想要等到詞彙表大小、embedding 大小，以及架構複雜度都已經處理好之後再使用它。那些更改造成的影響通常比使用 dropout 更大，而且我們已經看了一些很棒的結果了。

現在我們已經將架構簡化成中間的稠密層只有 8 個神經元，雖然使用 dropout 的效果可能不大，不過我們還是來看看結果如何。這是加入 0.25 的 dropout（相當於 8 個神經元裡面的 2 個）的模型架構程式：

```
model = tf.keras.Sequential([
    tf.keras.layers.Embedding(vocab_size, embedding_dim),
    tf.keras.layers.GlobalAveragePooling1D(),
    tf.keras.layers.Dense(8, activation='relu'),
    tf.keras.layers.Dropout(.25),
    tf.keras.layers.Dense(1, activation='sigmoid')
])
```

圖 6-14 是訓練 100 個 epoch 的準確度。

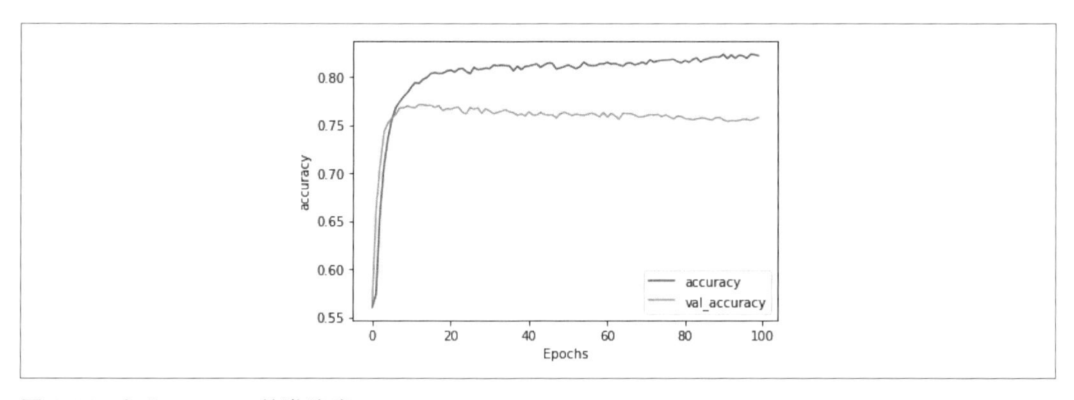

圖 6-14　加入 dropout 的準確度

這一次我們看到訓練組準確度往上超越它之前的閾值，驗證組準確度則緩慢下降，這是再次進入過擬領域的訊號，從圖 6-15 的損失曲線可以確認這一點。

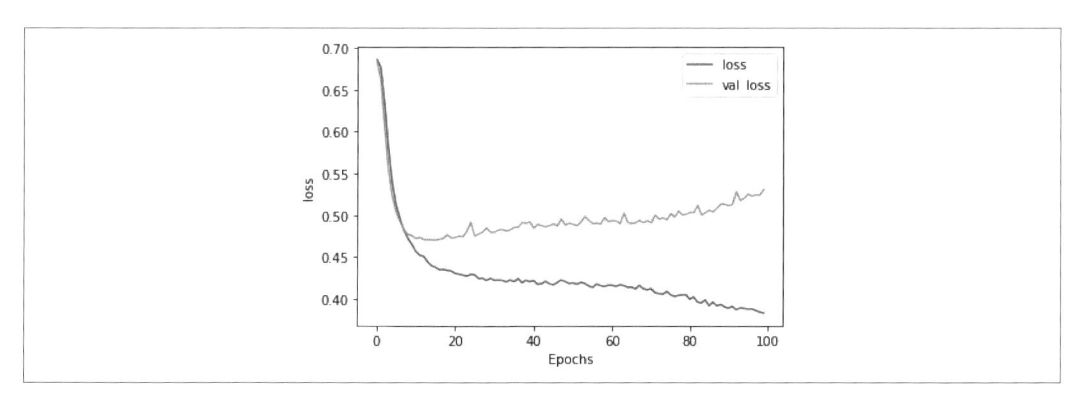

圖 6-15　加入 dropout 的損失

如你所見，模型回到舊模式，驗證損失不斷增加。雖然現在的情況不像之前那麼糟糕，但它朝著錯誤的方向發展。

在這個例子裡，當神經元非常少時，加入 dropout 不是正確的做法，不過，擁有這項工具仍然是好事，務必在使用比這個架構更複雜的架構時使用它。

使用正則化

正則化（*regularization*）是藉著降低權重的極化（polarization）來防止過擬的技術。如果某些神經元的權重太重，正則化會懲罰它們。一般來說，正則化有兩種類型：*L1* 與 *L2*。

L1 正則化通常稱為 *lasso*（least absolute shrinkage and selection operator，最小絕對壓縮挑選運算子）正則化，它可以協助我們在計算一層的結果時，忽略零或接近零的權重。

L2 正則化通常稱為 *ridge*（脊）回歸，因為它會取值的平方來將它們分開，往往會放大非零值和零值或接近零的值之間的差異，產生脊效應。

這兩種做法也可以結合成**彈性**（*elastic*）正則化。

我們正在討論的 NLP 問題最常使用 L2，你可以使用 `kernel_regularizers` 屬性將它加入 `Dense` 層，並且設定一個代表正則化因數的浮點值，它是另一個可以實驗，看看能否改善模型的超參數！

例如：

```
model = tf.keras.Sequential([
    tf.keras.layers.Embedding(vocab_size, embedding_dim),
    tf.keras.layers.GlobalAveragePooling1D(),
    tf.keras.layers.Dense(8, activation='relu',
              kernel_regularizer = tf.keras.regularizers.l2(0.01)),
    tf.keras.layers.Dense(1, activation='sigmoid')
])
```

在這種簡單的模型中使用正則化不會造成太大的影響，但它會讓訓練損失和驗證損失在某種程度上更平滑。在這個場景中使用它有點大材小用，但如同 dropout，了解如何使用正則化來防止模型變得過度專業化是件好事。

其他的優化注意事項

雖然之前修改已經做出一個好很多、過擬程度較低的模型了，但我們還有其他的超參數可以實驗。例如，我們將最大句子長度設為 100，但是這完全是隨意設定的，或許不是最好的選擇。我們可以調查語料庫，看看讓句子多長比較好，這段程式會檢查句子，並且畫出每一個句子的長度，從最短到最長排序它們：

```
xs=[]
ys=[]
current_item=1
for item in sentences:
  xs.append(current_item)
  current_item=current_item+1
  ys.append(len(item))
newys = sorted(ys)

import matplotlib.pyplot as plt
plt.plot(xs,newys)
plt.show()
```

結果如圖 6-16 所示。

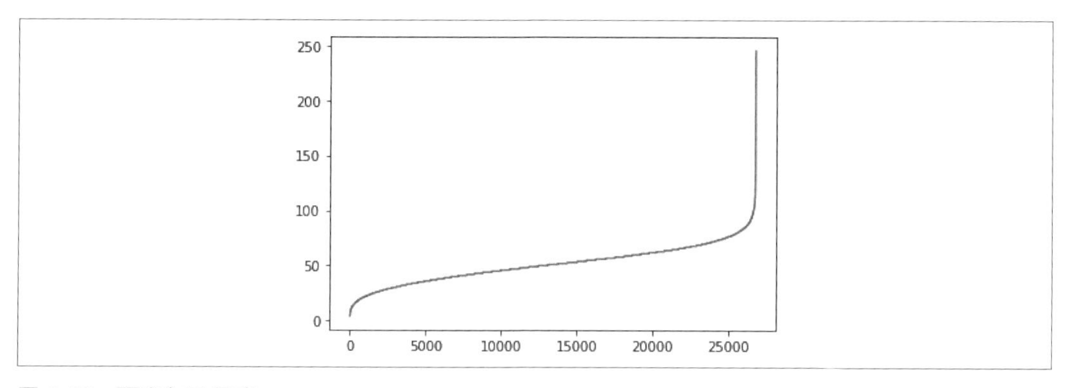

圖 6-16　研究句子長度

在總共有 26,000 多個句子的語料庫中，長度為 100 個字的句子不到 200 個，所以將它當成最大長度會產生許多沒必要的填補，進而影響模型的性能，把最大長度減成 85 仍然可以保留 26,000 個句子（99%+），而且完全不需要任何填補。

使用模型來分類句子

我們已經建立模型、訓練它，並且優化它，來移除許多造成過擬的問題了，下一步是執行模型並檢查它的結果。為此，我們建立一個新句子的陣列：

```
sentences = ["granny starting to fear spiders in the garden might be real",
             "game of thrones season finale showing this sunday night",
             "TensorFlow book will be a best seller"]
```

然後使用之前在建立訓練用的詞彙表時用過的同一個 tokenizer 來編碼它們，我們一定要使用它，因為它擁有訓練網路的單字的基元！

```
sequences = tokenizer.texts_to_sequences(sentences)
print(sequences)
```

使用 `print` 陳述式會印出上面的句子的序列：

```
[[1, 816, 1, 691, 1, 1, 1, 1, 300, 1, 90],
 [111, 1, 1044, 173, 1, 1, 1, 1463, 181],
 [1, 234, 7, 1, 1, 46, 1]]
```

裡面有很多 1 基元（「<OOV>」），因為「in」與「the」等停用字已經從字典裡移除了，而且「granny」與「spiders」等單字沒有出現在字典裡。

將序列傳給模型之前，我們必須將它們變成模型期望的外形，也就是所需的長度。我們可以像在訓練模型時那樣，使用 `pad_sequences` 來做這件事：

```
padded = pad_sequences(sequences, maxlen=max_length,
                       padding=padding_type, truncating=trunc_type)
print(padded)
```

這會將句子輸出為長度 `100` 的序列，所以第一個序列的輸出將是：

```
[   1  816    1  691    1    1    1    1  300    1   90    0    0    0
    0    0    0    0    0    0    0    0    0    0    0    0    0    0
    0    0    0    0    0    0    0    0    0    0    0    0    0    0
    0    0    0    0    0    0    0    0    0    0    0    0    0    0
    0    0    0    0    0    0    0    0    0    0    0    0    0    0
    0    0    0    0    0    0    0    0    0    0    0    0    0    0
    0    0    0    0    0    0    0    0    0    0    0    0    0    0
    0    0]
```

它是很短的句子！

將句子基元化並且進行填補來符合模型期望的輸入維度之後，接下來要將它們傳給模型，並取回預測，這件事很簡單：

```
print(model.predict(padded))
```

它會用串列回傳結果並印出它，高值代表非常諷刺。這是我們的範例句子的結果：

```
[[0.7194135 ]
 [0.02041999]
 [0.13156283]]
```

第一個句子得到高分（「granny starting to fear spiders in the garden might be real」），代表它的諷刺性機率很高，雖然它有很多停用字，並且被填入許多零。另外兩個句子的分數低很多，代表它們的諷刺性機率比較低。

將 embedding 視覺化

我們可以用 Embedding Projector（*http://projector.tensorflow.org*）來 embedding 視覺化，許多既有的資料組都有預先載入它，但是這一節將告訴你如何用這個工具從你剛才訓練的模型取得資料，並且將它視覺化。

首先，你要用一個函式來將單字索引反過來，它目前以單字為鍵，以基元為值，但是我們必須將它們反過來，這樣才能得到單字值，可以在 projector 上畫出。做法是：

```
reverse_word_index = dict([(value, key)
for (key, value) in word_index.items()])
```

你也要提取 embedding 裡面的向量的權重：

```
e = model.layers[0]
weights = e.get_weights()[0]
print(weights.shape)
```

它的輸出是 `(2000,7)`，如果你有按照本章的方法進行優化，現在我們使用有 2,000 個單字的詞彙表，7 維的 embedding。如果你想要調查一個單字與它的向量細節，可以這樣寫：

```
print(reverse_word_index[2])
print(weights[2])
```

它會產生下面的輸出：

```
new
[ 0.8091359   0.54640186 -0.9058702  -0.94764805 -0.8809764  -0.70225513
  0.86525863]
```

所以，現在「new」是用一個包含七個軸係數的向量來表示的。

Embedding Projector 使用兩個 tab-separated values（TSV）檔，一個儲存向量維度，另一個儲存參考資訊。這段程式可以幫你產生它們：

```
import io

out_v = io.open('vecs.tsv', 'w', encoding='utf-8')
```

```
out_m = io.open('meta.tsv', 'w', encoding='utf-8')
for word_num in range(1, vocab_size):
  word = reverse_word_index[word_num]
  embeddings = weights[word_num]
  out_m.write(word + "\n")
  out_v.write('\t'.join([str(x) for x in embeddings]) + "\n")
out_v.close()
out_m.close()
```

如果你使用 Google Colab，你可以用下面的程式下載 TSV 檔，或是從 Files 窗格下載：

```
try:
  from google.colab import files
except ImportError:
  pass
else:
  files.download('vecs.tsv')
  files.download('meta.tsv')
```

取得它們之後，你可以按下 projector 的 Load 按鈕來將 embedding 視覺化，如圖 6-17 所示。

在對話方塊中使用向量與參考資訊 TSV 檔，然後按下 projector 的 Sphereize Data，它會在一個球面上將單字分群，清楚地展示這個分類器的二元性質。這個網路只用諷刺性和非諷刺性的句子來訓練，所以單字傾向聚在兩個標籤之一（圖 6-18）。

圖 6-17　使用 Embeddings Projector

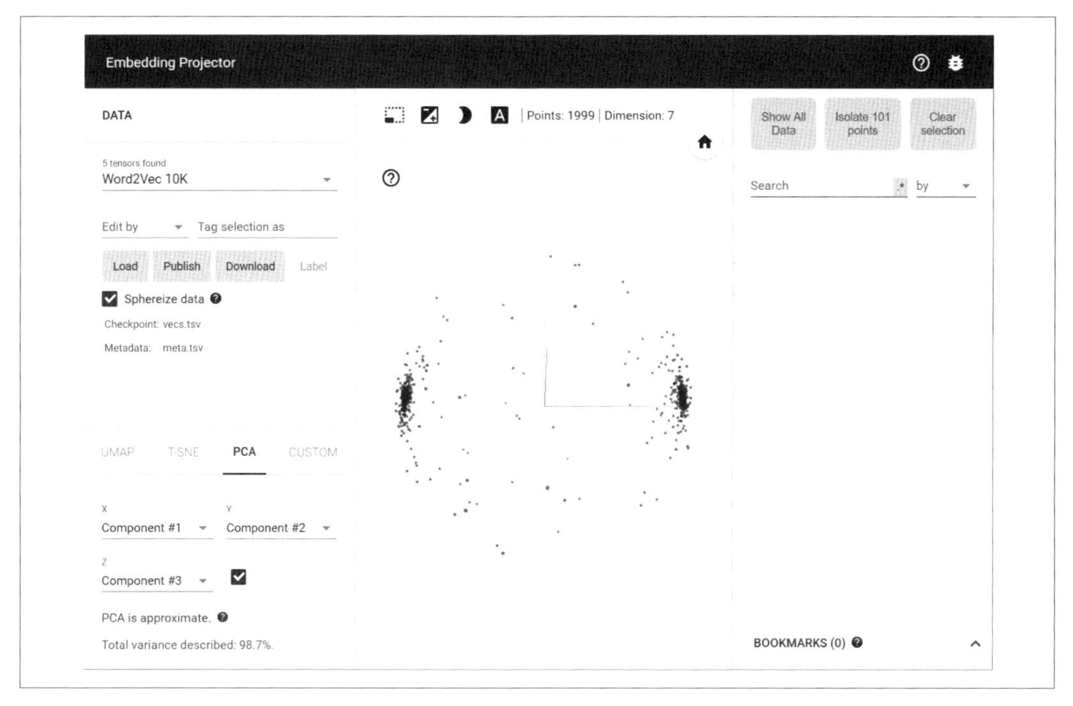

圖 6-18　將諷刺性 embedding 視覺化

光看截圖無法充分了解它傳達的資訊，你應該自己試一下！你可以旋轉中央的球面，並且看一下每一「極」的單字，了解它們對整體分類造成的影響。你也可以選擇單字，右邊的窗格會顯示相關的單字。玩一下並做一下實驗。

使用 TensorFlow Hub 的預訓 embedding

除了訓練你自己的 embedding 之外，你也可以使用已經訓練好的、並且幫你包成 Keras 階段的 embedding。TensorFlow Hub（*https://tfhub.dev*）有許多這種 embedding 供你研究。需要注意的是，它們可能也有基元化邏輯，所以你不需要像之前那樣自行處理基元化、序列化和填補。

Google Colab 有預先安裝 TensorFlow Hub，所以本章的程式碼都可以運作。如果你想要在電腦安裝它，請按照安裝說明（*https://oreil.ly/_mvxY*）來安裝最新的版本。

例如，在使用 Sarcasm 資料時，你可以在取得完整的句子和標籤之後做下面的事情，而不需要做所有的基元化、詞彙表管理、序列化、填補邏輯。首先，將它們拆成訓練和測試組：

```
training_size = 24000
training_sentences = sentences[0:training_size]
testing_sentences = sentences[training_size:]
training_labels = labels[0:training_size]
testing_labels = labels[training_size:]
```

完成之後，你可以從 TensorFlow Hub 下載預訓的階層：

```
import tensorflow_hub as hub

 hub_layer = hub.KerasLayer(
    "https://tfhub.dev/google/tf2-preview/gnews-swivel-20dim/1",
    output_shape=[20], input_shape=[],
     dtype=tf.string, trainable=False
)
```

它會取得 Swivel 資料組的 embedding，這是用 130 GB 的 Google News 訓練出來的。使用這個階層時，它會編碼你的句子、將它們基元化、用 Swivel embedding 來使用它們的單字，並且**將你的句子編碼成一個** *embedding*。最後一部分值得注意，到目前為止，我們使用的技術都只是使用單字編碼，並且用它們來分類內容，使用這種階層會將完整的句子聚合成一個新的編碼。

接著來你可以使用這個階層來建立一個模型架構，而不是使用 embedding。這是使用它的簡單模型：

```
model = tf.keras.Sequential([
    hub_layer,
    tf.keras.layers.Dense(16, activation='relu'),
    tf.keras.layers.Dense(1, activation='sigmoid')
])

adam = tf.keras.optimizers.Adam(learning_rate=0.0001, beta_1=0.9,
                                beta_2=0.999, amsgrad=False)

model.compile(loss='binary_crossentropy',optimizer=adam,
              metrics=['accuracy'])
```

這個模型在訓練時會快速到達最高準確度，但不會像我們之前看到的那樣過擬。從 50 個 epoch 的準確度圖可以看出訓練和驗證非常一致（圖 6-19）。

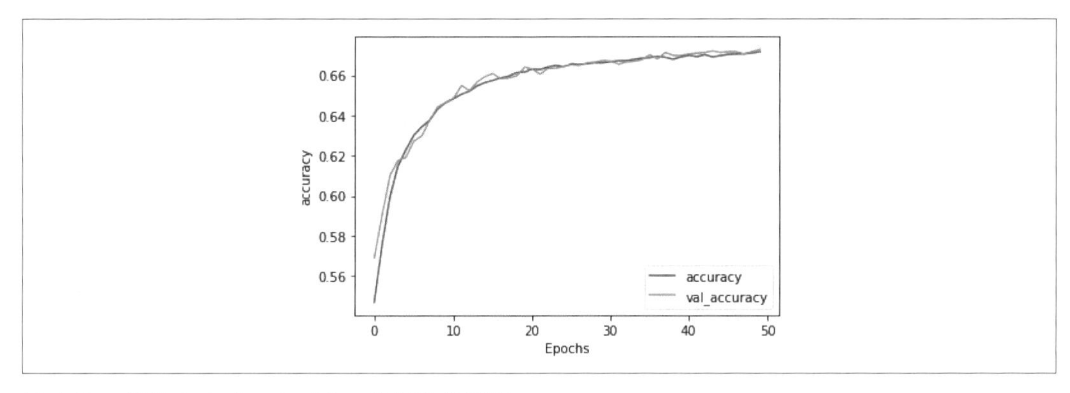

圖 6-19　使用 Swivel embedding 取得的準確度

損失值也是同步的，代表我們擬合得非常好（圖 6-20）。

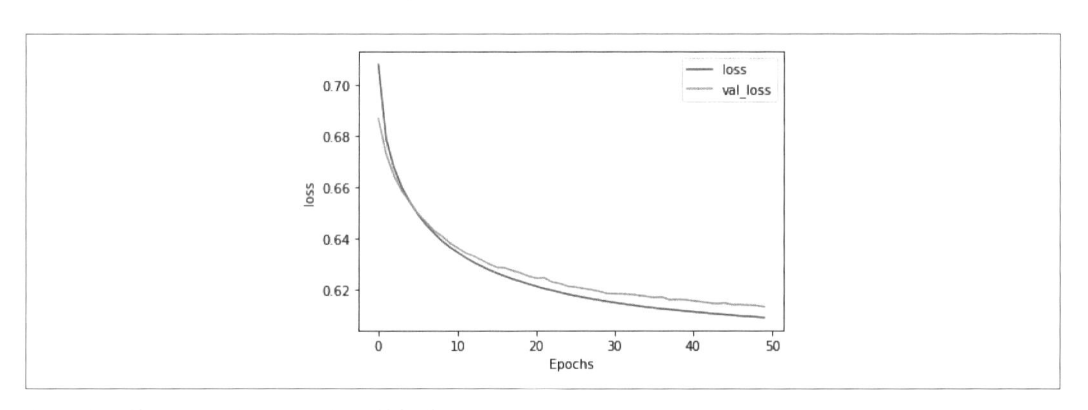

圖 6-20　使用 Swivel embedding 的損失

但是，值得注意的是，整體準確度（大約是 67%）很低，就連丟硬幣都有 50% 的機率是對的！這是將所有單字 embedding 編碼成句子 embedding 造成的——在諷刺性標題的例子中，個別單字似乎會對分類造成巨大的影響（見圖 6-18），因此，儘管使用預訓 embedding 可以導致更快速的訓練和更少的過擬，但你也要了解它們的用途，並且認知它們不一定適合你的情況。

小結

這一章教你建立第一個能夠了解文本情緒的模型，做法是取得第 5 章的基元化文本，並將它對映到向量，然後使用反向傳播，用句子的標籤來學習向量的「方向」，最後，它能夠使用一堆單字的向量來建構句子情緒的概念。我們也討論了優化模型以避免過擬的方法，並且看了單字向量的簡潔視覺化。雖然本章的做法是分類句子的好方法，但它只是將每個句子視為一串單字，沒有處理內在的順序，然而單字的順序對句子的意義非常重要，我們應該看看能否將順序列入考量，進而改善模型。下一章將藉著介紹一種新的階層類型——**遞迴層**，它是遞迴神經網路的基礎，你將會看到另一個預訓 embedding，稱為 GloVe，它可讓你在遷移學習場景中使用單字 embedding。

第七章

用遞迴神經網路來處理自然語言

第 5 章介紹如何將文本基元化和序列化，將句子轉換成可以傳入自然網路的數字張量，第 6 章繼續介紹 embedding，它是可以將意義相似的單字聚在一起，以便計算情緒的方法，從我們建構的諷刺分類器來看，它的效果不錯，但是它還是有一些限制——句子不是只是一堆單字，單字的*順序*通常決定的整體意義，形容詞可能會改變或添加旁邊的名詞的意思，例如，從情緒的觀點來看，「blue」這個字可能沒有意義，「sky」也是如此，但是將它們放在一起得到「blue sky」之後，它就顯然代表正面的情緒，而且有些名詞可能修飾其他的名詞，例如「rain cloud」、「writing desk」、「coffee mug」。

為了考慮這種順序，我們必須採取額外的做法，也就是將*遞迴*放入模型架構裡，這一章將介紹各種做法。我們將探討如何學習有序資訊、如何使用這項資訊來建立更能夠了解文本的模型種類：*遞迴神經網路*（RNN）。

遞迴的基本知識

為了了解遞迴如何工作，我們先來看看本書到目前為止使用的模型的限制。事實上，建立模型有點像圖 7-1，你要提供資料與標籤，並且定義模型架構，讓模型學會「幫資料指定標籤」的規則。你可以將這些規則做成 API，為未來的資料預測標籤。

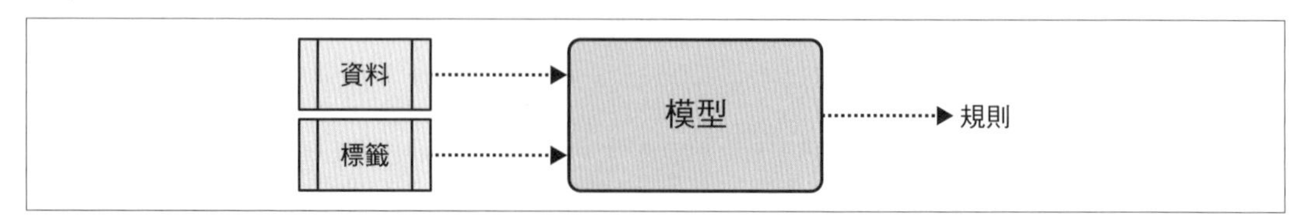

圖 7-1　建立模型的高階視角

但是如你所見，資料是混在一起的，不涉及粒度（granularity），也不在乎資料出現的順序，這意味著「blue」與「sky」在「today I am blue, because the sky is gray」和「today I am happy, and there's a beautiful blue sky」裡面的意思是相同的，我們都知道這些單字用法的差異，但是在使用上述的架構時，它們沒有區別。

如何修正這種情況？我們先來研究遞迴的性質，如此一來，你就可以知道基本的 RNN 如何工作。

考慮著名的 Fibonacci 數字序列，如果你還不知道它，圖 7-2 是其中的幾個數字。

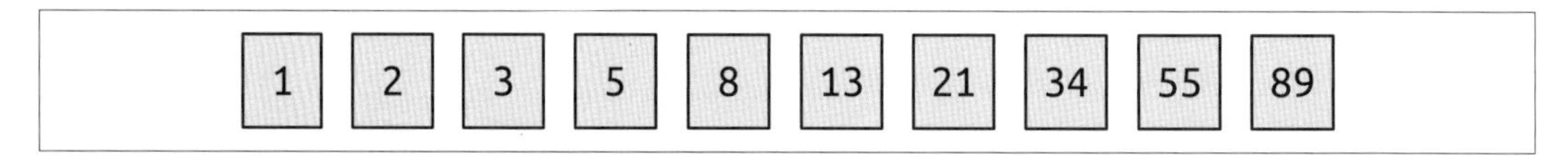

圖 7-2　Fibonacci 序列的前幾個數字

這個序列的概念在於，每一個數字都是它前面的兩個數字的和，所以，如果我們從 1 和 2 開始，下一個字就是 1 + 2，得到 3，在它後面的是 2 + 3，也就是 5，然後是 3 + 5，也就是 8，以此類推。

我們可以把它放在圖 7-3 的計算圖裡面。

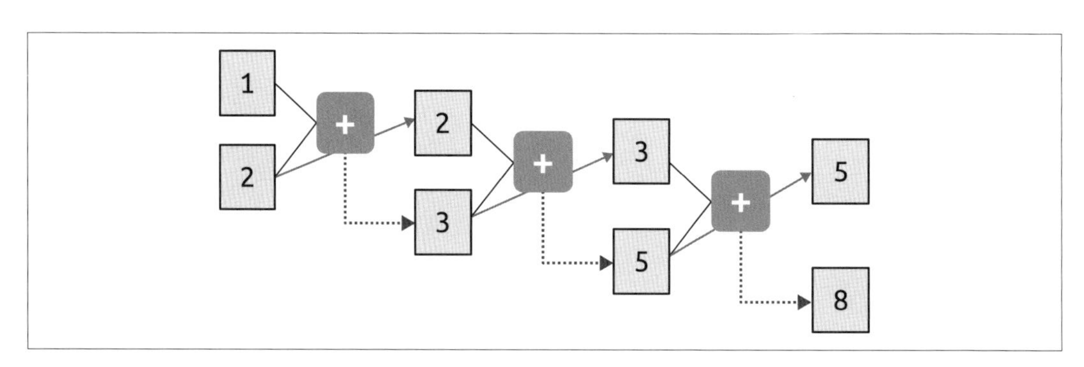

圖 7-3　表示 Fibonacci 序列的計算圖

你可以看到，我們將 1 與 2 傳入函數，輸出 3，下一步使用第二個參數（2），將它和上一步的輸出（3）一起傳給函數，輸出 5，然後將它與上一步的第二個參數（3）一起傳給函數，輸出 8，這個程序無止盡地繼續下去，每一次運算都取決於它前面的運算。位於左上角的 1 在整個程序中「存活」下來了，它是被傳給第二次運算的 3 的元素，也是被傳給第三次運算的 5 的元素，以此類推，因此，1 的某些本質在整個序列裡被保留下來了，儘管它對整體值的影響力減弱了。

這很像遞迴神經元的架構，圖 7-4 是遞迴神經元的典型表示法。

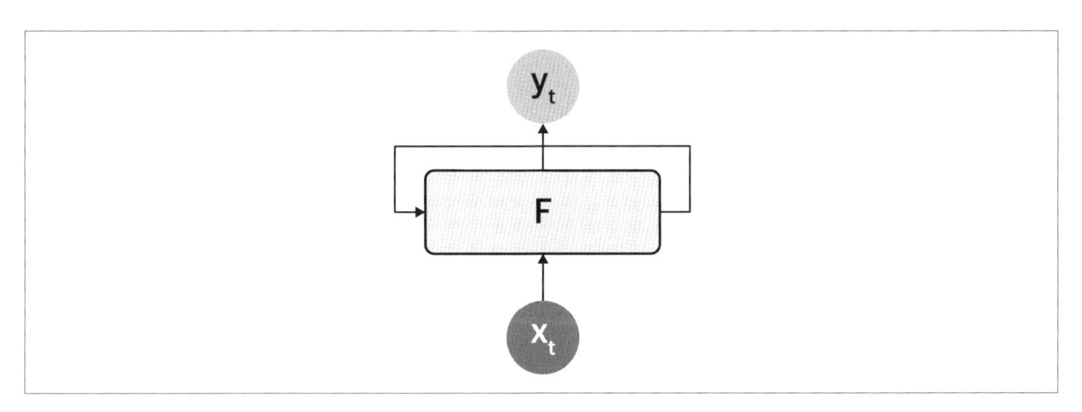

圖 7-4　遞迴神經元

在每一個時步，我們都將值 x 傳給函式 F，x 通常寫成 x_t，F 會在那個時步產生輸出 y，y 通常寫成 y_t。F 也會產生一個傳給下一步的值，在此用指向 F 自己的箭頭來表示。

觀察遞迴神經元隨著時間而運作的方式可以更清楚地看出這種行為，如圖 7-5 所示。

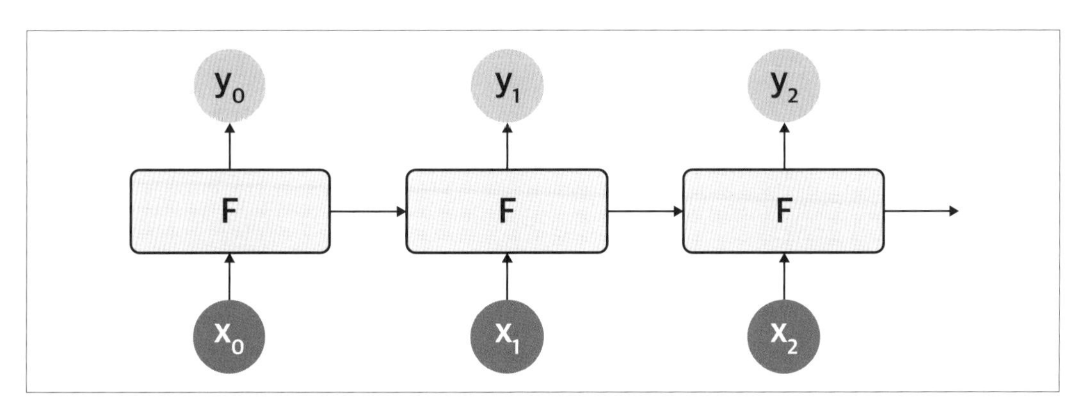

圖 7-5　在時步中的遞迴神經元

我們先處理 x_0，得到 y_0 和一個往下傳的值，下一步接收那個值與 x_1，產生 y_1 與一個往下傳的值，下一步接收那個值與 x_2，產生 y_2 與一個往下傳的值，以此類推，這個動作很像 Fibonacci 序列，我覺得這種表示法可以方便你記住 RNN 如何工作。

擴展遞迴，用它來處理語言

上一節介紹遞迴神經網路的時步運作可以維持序列的上下文（context，或背景），事實上，本書稍後會用 RNN 來建立序列模型。但是使用圖 7-4 與圖 7-5 這種簡單的 RNN 還有一種關於語言的細節可能會被忽略，正如稍早看過的 Fibonacci 序列，被傳遞下去的背景量會隨著時間而減少，第 1 步的神經元的輸出在第 2 步有很大的效果，在第 3 步降低了，在第 4 步更低，以此類推，所以如果我們有個句子「Today has a beautiful blue <something>」，「blue」這個字會對下一個字產生很大的影響，我們可以猜出它應該是「sky」，但是如果背景來自句子更前面的地方呢？例如這個句子「I lived in Ireland, so in high school I had to learn how to speak and write <something>」。

那個 <something> 是 Gaelic，但是真正提供那個背景的單字是「Ireland」，它在句子的很前面的位置，因此，為了認出那個 <something> 是什麼，我們必須設法保留更長遠的背景，我們必須讓 RNN 的短期記憶更長，為了改善這個架構，**長短期記憶**（LSTM）出現了。

我不深入解釋 LSTM 底層架構的細節，圖 7-6 的高階圖表涵蓋了它的重點，如果你要更了解它的內部運作，可閱讀 Christopher Olah 的傑出部落格文章（*https://oreil.ly/6KcFA*）。

LSTM 架構藉著加入一個「細胞狀態（cell state）」來改善基本的 RNN，細胞狀態可以在所有的步進過程中保留背景，而非只是逐步保留，它們都是神經元，用神經元的方式學習，你可以看到，這種做法可以隨著時間的過去而學習重要的背景。

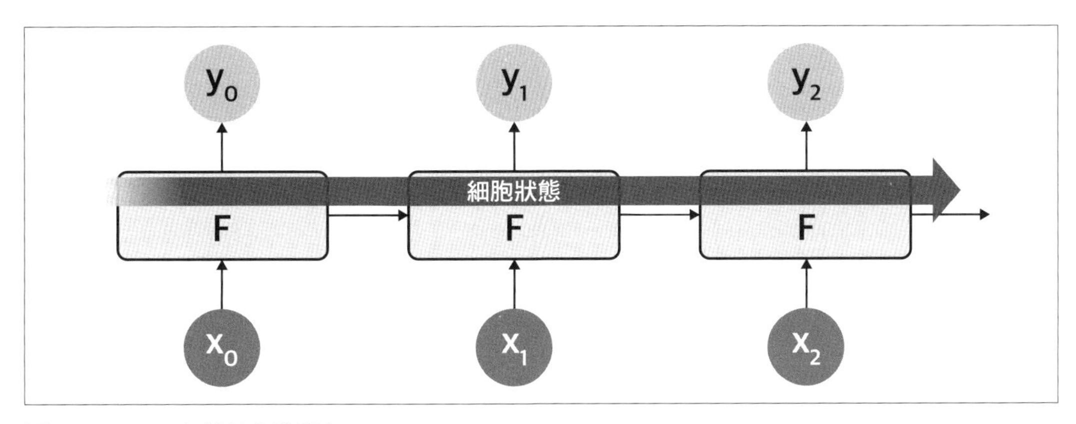

圖 7-6 LSTM 架構的高階視角

LSTM 有一個很重要的地方在於它是雙向的──時步會往前和往後迭代，所以可以從兩個方向學到背景。圖 7-7 以高階的視角描述這個架構。

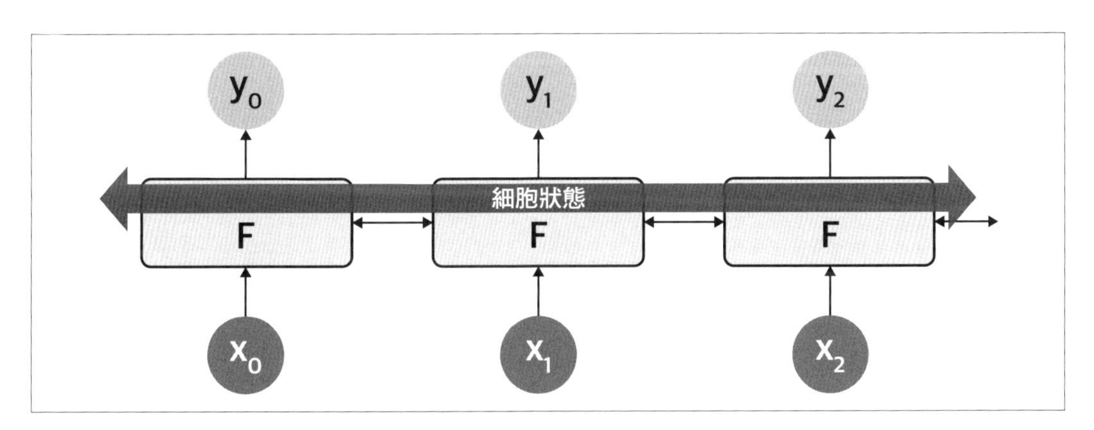

圖 7-7 LSTM 雙向架構的高階視角

如此一來，這個架構可以從 0 到 *number_of_steps* 的方向進行估值，也可以從 *number_of_steps* 到 0 的方向進行估值，在每一步，*y* 結果都是「順向」與「逆向」的總合，如圖 7-8 所示。

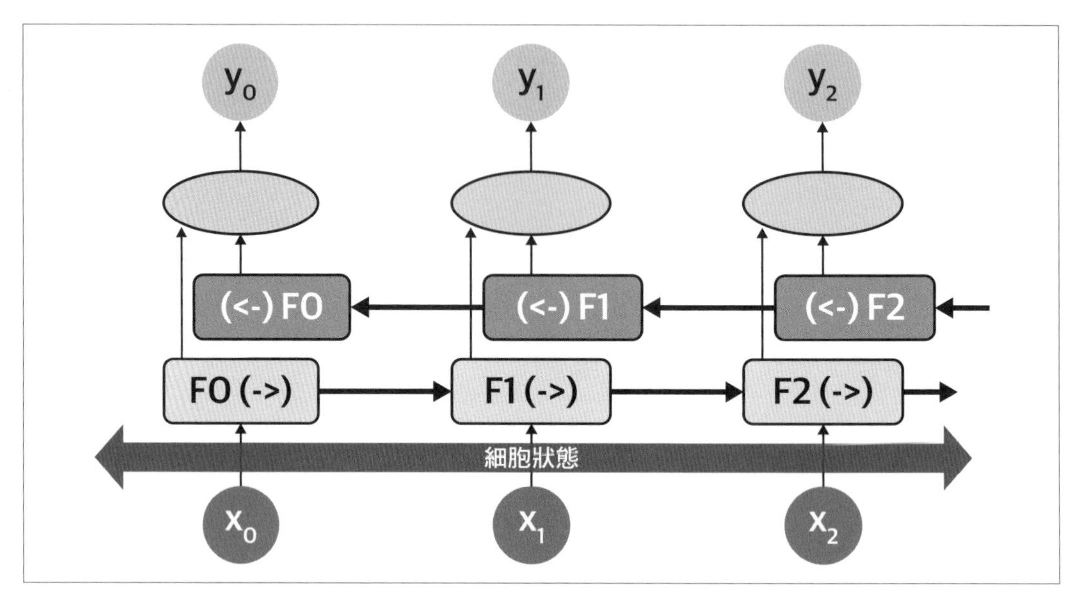

圖 7-8　雙向 LSTM

考慮在每一個時步的神經元是 F0、F1、F2…等，圖中顯示時步的方向，所以在 F1 裡面，順向的計算是 F1(->)，反向的計算是 (<-)F1，它們的值會被整合起來，產生該時步的 y 值。此外，細胞狀態是雙向的，這在管理句子裡的背景時非常實用。再次考慮句子「I lived in Ireland, so in high school I had to learn how to speak and write <something>」，你可以看到 <something> 是如何被背景單字「Ireland」設成「Gaelic」的。但是反過來會怎樣：「I lived in <this country>, so in high school I had to learn how to speak and write Gaelic」？你可以看到，藉著沿著句子**往回走**，我們可以學到 <this country> 應該是什麼。因此，雙向 LSTM 非常適合用來了解文本的情緒（而且你將在第 8 章看到，它們也很擅長產生文本！）。

當然，在 LSTM 裡面有很多事情要做，尤其是雙向的，所以訓練速度很慢，如果可以的話，此時很值得投資 GPU，或者，至少使用 Google Colab 代管服務。

使用 RNN 來建立文本分類器

第 6 章曾經使用 embedding 來建立 Sarcasm 資料組的分類器，當時，我們將單字轉換成向量，再整合它們，然後傳給稠密層來進行分類。在使用 LSTM 這種 RNN 階層時，你可以直接將 embedding 層的輸出傳給遞迴層，不需要做整合。關於遞迴層的維數，根據經驗，它的大小通常與 embedding 的維數一樣，雖然不一定要這樣做，但它是個很好的起點。注意，在第 6 章，我曾經說過 embedding 的維數通常是詞彙表的四次方根，在使用 RNN 時，這條規則通常會被忽略，因為它會讓遞迴層太小。

所以，舉例來說，我們在第 6 章開發出來的諷刺分類模型架構可以使用雙向 LSTM 改成這樣：

```
model = tf.keras.Sequential([
    tf.keras.layers.Embedding(vocab_size, embedding_dim),
    tf.keras.layers.Bidirectional(tf.keras.layers.LSTM(embedding_dim)),
    tf.keras.layers.Dense(24, activation='relu'),
    tf.keras.layers.Dense(1, activation='sigmoid')
])
```

損失函數與分類器可以設成這樣（學習率是 0.00001，或 1e−5）：

```
adam = tf.keras.optimizers.Adam(learning_rate=0.00001,
                                beta_1=0.9, beta_2=0.999, amsgrad=False)

model.compile(loss='binary_crossentropy',
              optimizer=adam, metrics=['accuracy'])
```

印出模型架構摘要會出現下面的內容，注意，詞彙表的大小是 20,000，且 embedding 的維數是 64，所以 embedding 層有 1,280,000 個參數，且雙向層有 128 個神經元（64 出，64 返）：

```
Layer (type)                 Output Shape              Param #
=================================================================
embedding_11 (Embedding)     (None, None, 64)          1280000
_________________________________________________________________
bidirectional_7 (Bidirection (None, 128)               66048
_________________________________________________________________
dense_18 (Dense)             (None, 24)                3096
_________________________________________________________________
dense_19 (Dense)             (None, 1)                 25
=================================================================
Total params: 1,349,169
Trainable params: 1,349,169
Non-trainable params: 0
_________________________________________________________________
```

圖 7-9 是用它訓練超過 30 個 epoch 的結果。

你可以看到，網路的訓練組準確度快速爬升到 90% 以上，但是驗證組準確度在大約 80% 的地方就變平了。這張圖與之前的圖很像，但是從圖 7-10 的損失圖可以看到，雖然驗證組的損失在 15 個 epoch 之後發散了，但是它變平的值也比第 6 章的損失圖低很多，儘管它使用了 20,000 個字，而不是 2,000 個字。

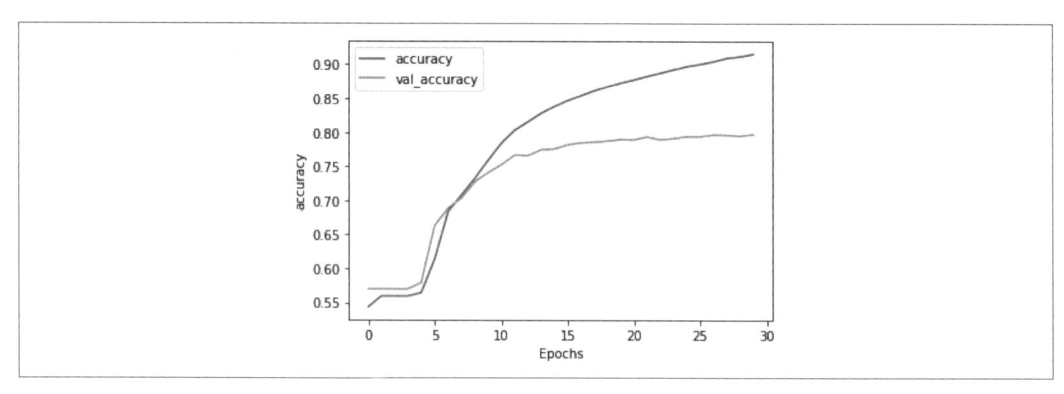

圖 7-9　LSTM 在 30 個 epoch 之間的準確度

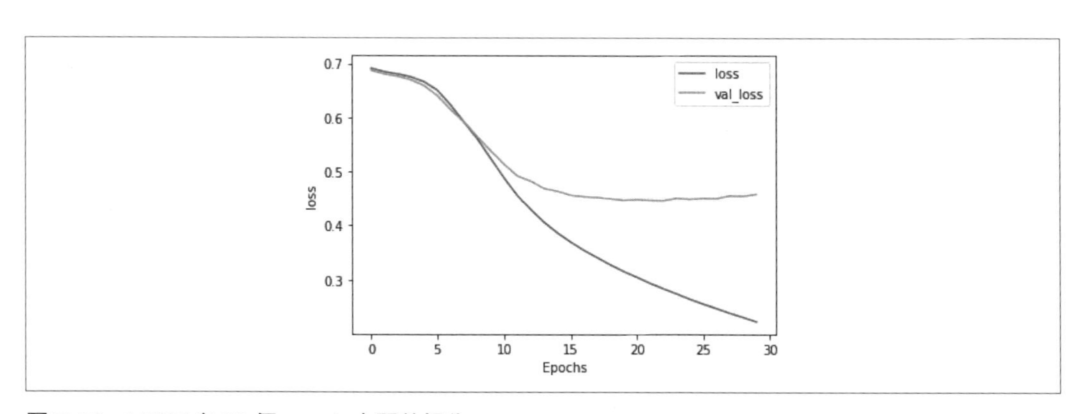

圖 7-10　LSTM 在 30 個 epoch 之間的損失

但是，這裡只使用一層 LSTM，下一節會告訴你如何將 LSTM 疊起來，並且研究它對分類這個資料組的準確度有什麼影響。

堆疊 LSTM

上一節說明如何在 embedding 層後面使用 LSTM 層來分類 Sarcasm 資料組的內容，但是 LSTM 可以彼此堆疊，許多最先進的 NLP 模型都採取這種做法。

用 TensorFlow 來堆疊 LSTM 非常簡單，你可以像加入 Dense 層一樣，將它們當成額外的階層加入，不一樣的地方在於，在最後一層之前的每一層都必須將 return_sequences 屬性設為 True，例如：

```
model = tf.keras.Sequential([
    tf.keras.layers.Embedding(vocab_size, embedding_dim),
    tf.keras.layers.Bidirectional(tf.keras.layers.LSTM(embedding_dim,
        return_sequences=True)),
    tf.keras.layers.Bidirectional(tf.keras.layers.LSTM(embedding_dim)),
    tf.keras.layers.Dense(24, activation='relu'),
    tf.keras.layers.Dense(1, activation='sigmoid')
])
```

最後一層也可以設定 return_sequences=True，此時，它會將值組成的序列傳給分類稠密層來進行分類，而不是傳出一個值，這在解析模型的輸出時很方便，稍後會談到。這個模型的架構是：

```
Layer (type)                 Output Shape              Param #
=================================================================
embedding_12 (Embedding)     (None, None, 64)          1280000
_________________________________________________________________
bidirectional_8 (Bidirection (None, None, 128)         66048
_________________________________________________________________
bidirectional_9 (Bidirection (None, 128)               98816
_________________________________________________________________
dense_20 (Dense)             (None, 24)                3096
_________________________________________________________________
dense_21 (Dense)             (None, 1)                 25
=================================================================
Total params: 1,447,985
Trainable params: 1,447,985
Non-trainable params: 0
_________________________________________________________________
```

加入額外的階層會增加大約 100,000 個需要學習的參數，提升大約 8%，所以，它可能會降低網路速度，但是如果這樣做可以帶來合理的好處，這個代價是相對較低的。

訓練 30 個 epoch 之後，結果長得像圖 7-11。雖然它在處理驗證組的準確度變平了，但從損失（圖 7-12）可以發現不同的事情。

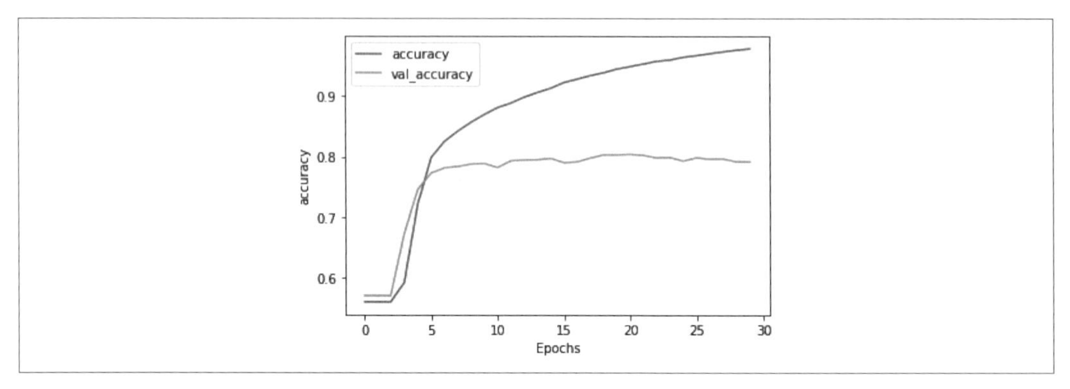

圖 7-11　堆疊的 LSTM 架構的準確度

從圖 7-12 可以看到，雖然訓練和驗證組準確度看起來都不錯，但驗證損失快速上升，這是個明顯的過擬訊號。

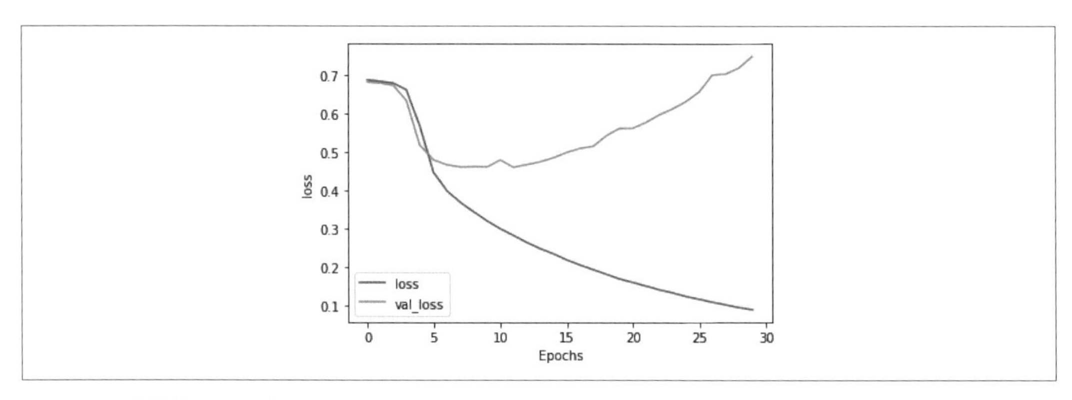

圖 7-12　堆疊的 LSTM 架構的損失

這個過擬（因為訓練組準確度上升到 100%，但是損失平穩地下降，以及驗證組準確度相對穩定，但損失大幅增加）是模型對訓練組太專業化造成的結果。與第 6 章的範例一樣，這個例子說明，如果只看準確度指標，卻不檢查損失，容易產生虛假的安全感。

優化堆疊的 LSTM

第 6 章曾經介紹，降低學習率可以非常有效地降低過擬，我們來研究用這種做法來處理遞迴神經網路有沒有效。

例如，下面的程式將學習率降低 20%，從 0.00001 降為 0.000008：

```
adam = tf.keras.optimizers.Adam(learning_rate=0.000008,
  beta_1=0.9, beta_2=0.999, amsgrad=False)

model.compile(loss='binary_crossentropy',
  optimizer=adam,metrics=['accuracy'])
```

圖 7-13 是它對訓練造成的影響。雖然曲線平順一些（尤其是驗證組的），但是它看起來沒有造成太大的差異。

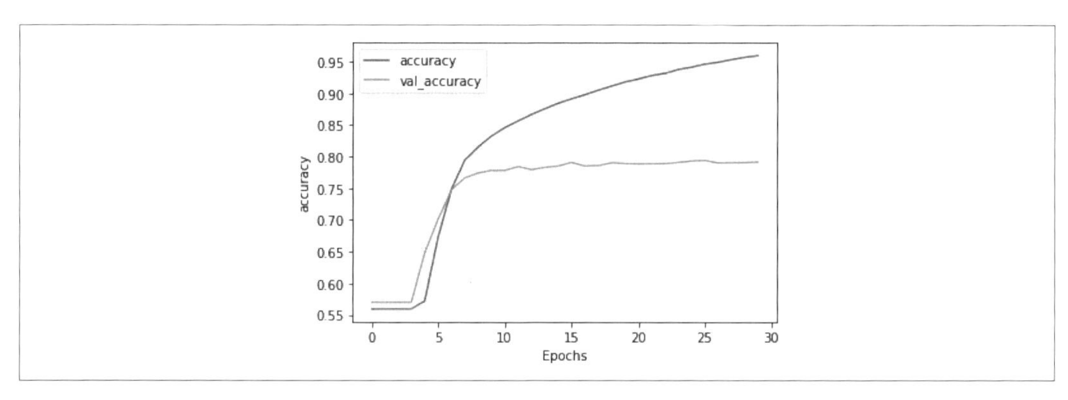

圖 7-13　在使用堆疊的 LSTM 時，降低學習率對準確度的影響

雖然乍看之下，圖 7-14 同樣指出降低學習率幾乎不會影響損失，但是更仔細地觀察可以發現，儘管曲線看起來大致相似，但損失的增加速率顯然較低：在 30 個 epoch 之後，它大約在 0.6，但是在使用較高的學習率時，它接近 0.8。看起來調整學習率超參數絕對值得研究。

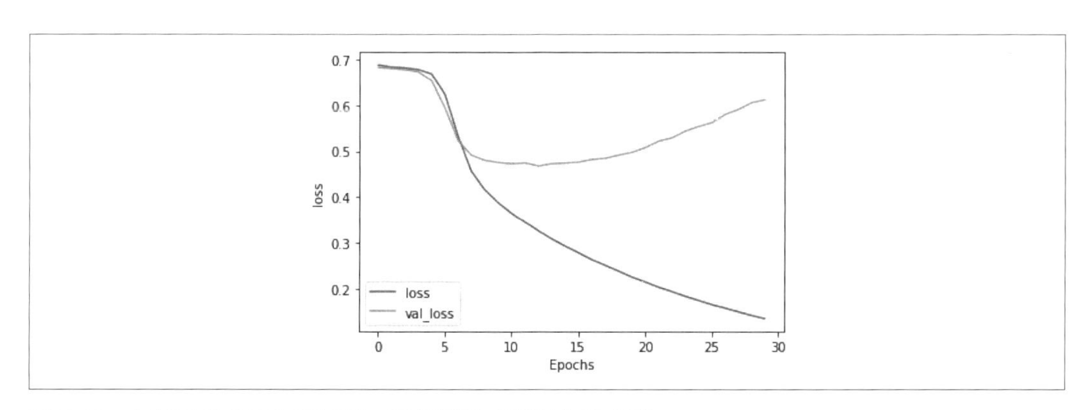

圖 7-14　在使用堆疊的 LSTM 時，降低學習率對損失的影響

使用 dropout

除了改變學習率參數之外，我們也應該考慮在 LSTM 層裡面使用 dropout，它的工作方式與在稠密層中一樣，第 3 章曾經介紹過，它會隨機移除神經元，來防止鄰近（proximity）偏差影響學習。

我們可以在 LSTM 層使用參數來實作 dropout：

```
model = tf.keras.Sequential([
    tf.keras.layers.Embedding(vocab_size, embedding_dim),
    tf.keras.layers.Bidirectional(tf.keras.layers.LSTM(embedding_dim,
        return_sequences=True, dropout=0.2)),
    tf.keras.layers.Bidirectional(tf.keras.layers.LSTM(embedding_dim,
        dropout=0.2)),
    tf.keras.layers.Dense(24, activation='relu'),
    tf.keras.layers.Dense(1, activation='sigmoid')
])
```

注意，使用 dropout 通常會降低訓練速度，根據我的經驗，使用 Colab 時，我從每個 epoch 大約 10 秒變成每個 epoch 大約 180 秒。

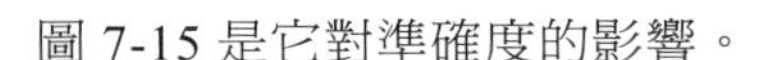
圖 7-15 是它對準確度的影響。

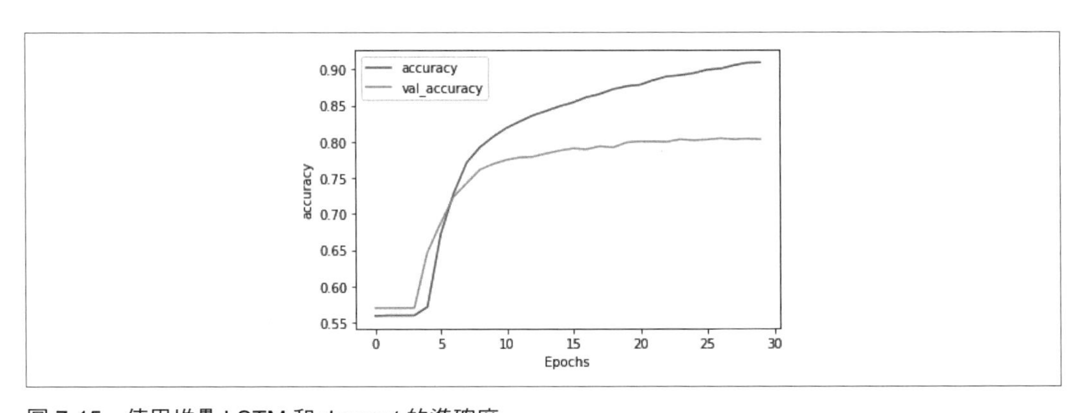

圖 7-15 使用堆疊 LSTM 和 dropout 的準確度

你可以看到，使用 dropout 不會對網路的準確度造成太大影響，這是好事！很多人擔心失去神經元會讓模型的表現更差，但從這裡可以看到事實並非如此。

它對損失也有正面影響，見圖 7-16。

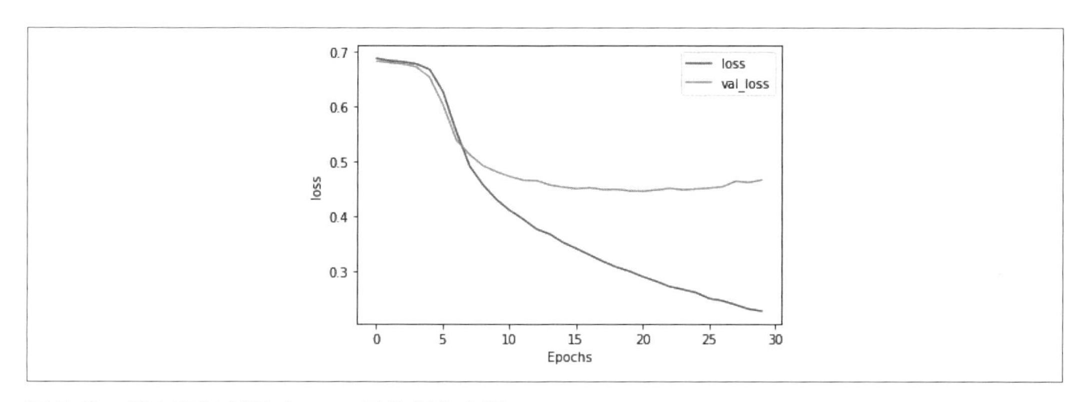

圖 7-16　讓 LSTM 使用 dropout 時的損失曲線

雖然曲線顯然發散了，但它們比之前更接近，而且驗證組在損失大約 0.5 時開始變平了，這個結果顯然比之前的 0.8 更好。正如範例所示，dropout 也是可以改善 LSTM RNN 性能的技術。

這些避免過擬資料的技術，以及第 6 章介紹過的資料預先處理技術都值得研究。但是我們還有一項技術沒有嘗試：用遷移學習來使用預訓的單字 embedding，這樣就可以不必自己學習了，我們接著來討論它。

使用預訓的 embedding 和 RNN

在之前的例子中，我們收集了訓練組的所有單字，然後用它們來訓練 embedding，先整合它們再將它們傳入稠密網路，本章也教你如何使用 RNN 來改善結果。在過程中，你只能使用資料組裡面的單字，而且只能使用資料組的標籤來學習它們的 embedding。

第 4 章曾經介紹遷移學習，如果可以不必自己訓練 embedding，而是使用預訓的 embedding，利用研究員費盡心思地用單字轉換出來的向量呢？Stanford GloVe 的 Jeffrey Pennington、Richard Socher 與 Christopher Manning 開發出來的 GloVe（Global Vectors for Word Representation）模型（*https://oreil.ly/4ENdQ*）就是其中的一個例子。

在這個案例中，研究員分享了他們用各式各樣的資料組訓練好的單字向量：

- 使用 Wikipedia 和 Gigaword 的單字訓練出來的 60 億個基元，400,000 個字的詞彙表集合，其格式是 50、100、200 與 300 維的向量

- 用一般的爬網方式取得的 420 億個基元，190 萬個單字的詞彙表，其格式是 300 維的向量
- 用一般的爬網方式取得的 8400 億個基元，220 萬個單字的詞彙表，其格式是 300 維的向量
- 從 Twitter 的 20 億則推文收集的 270 億個基元，120 萬個單字的詞彙表，其格式是 25、50、100 與 200 維的向量

因為這些向量都訓練好了，所以在你的 TensorFlow 程式裡面重複使用它們很簡單，你不需要重頭開始學習。首先，你必須下載 GloVe 資料，我選擇使用包含 270 億個基元和 120 萬個單字的詞彙表的 Twitter 資料，下載的檔案裡面有 25、50、100 與 200 維。

為了方便你，我把 25 維的版本放在網路上，你可以這樣將它下載到 Colab notebook：

```
!wget --no-check-certificate \
    https://storage.googleapis.com/laurencemoroney-blog.appspot.com
           /glove.twitter.27B.25d.zip \
    -O /tmp/glove.zip
```

它是一個 ZIP 檔，所以你可以將它解壓縮，取得 *glove.twitter.27b.25d.txt* 檔案：

```
# 解壓縮 GloVe embeddings
import os
import zipfile

local_zip = '/tmp/glove.zip'
zip_ref = zipfile.ZipFile(local_zip, 'r')
zip_ref.extractall('/tmp/glove')
zip_ref.close()
```

在這個檔案裡面的每一個項目都有一個單字，在它後面有學來的維度係數。使用它最簡單的方法是建立一個字典，把單字當成鍵，把 embedding 當成值，你可以這樣製作這個字典：

```
glove_embeddings = dict()
f = open('/tmp/glove/glove.twitter.27B.25d.txt')
for line in f:
    values = line.split()
    word = values[0]
    coefs = np.asarray(values[1:], dtype='float32')
    glove_embeddings[word] = coefs
f.close()
```

此時，你只要以任何單字為鍵，就可以查詢它的係數了，因此，舉例來說，若要查詢「frog」的 embedding，你可以使用：

```
glove_embeddings['frog']
```

有了這個資源之後，你可以像之前那樣，使用 tokenizer 來取得語料庫的單字索引——但是現在你可以建立一個新的矩陣，我稱之為 *embedding* **矩陣**。它將 GloVe 集合 embedding（取自 `glove_embeddings`）當成它的值，因此，如果你檢查資料組的單字索引裡面的單字，像這樣：

```
{'<OOV>': 1, 'new': 2, … 'not': 5, 'just': 6, 'will': 7
```

那麼，embedding 矩陣的第一列應該是「<OOV>」的 GloVe 係數，下一列是「new」的係數，以此類推。

你可以用這段程式建立那個矩陣：

```
embedding_matrix = np.zeros((vocab_size, embedding_dim))
for word, index in tokenizer.word_index.items():
    if index > vocab_size - 1:
        break
    else:
        embedding_vector = glove_embeddings.get(word)
        if embedding_vector is not None:
            embedding_matrix[index] = embedding_vector
```

這會建立一個矩陣，它的維度是詞彙表的大小，以及 embedding 的維數。然後，對於 tokenizer 的單字索引裡面的每一個項目，我們在 `glove_embeddings` 裡面查詢 GloVe 係數，將那些值加入矩陣。

接下來，設定 `weights` 參數來讓 embedding 層使用預訓的 embedding，並設定 `trainable=False` 來指定不想要訓練該層：

```
model = tf.keras.Sequential([
    tf.keras.layers.Embedding(vocab_size, embedding_dim,
                              weights=[embedding_matrix], trainable=False),
    tf.keras.layers.Bidirectional(tf.keras.layers.LSTM(embedding_dim,
                                  return_sequences=True)),
    tf.keras.layers.Bidirectional(tf.keras.layers.LSTM(embedding_dim)),
    tf.keras.layers.Dense(24, activation='relu'),
    tf.keras.layers.Dense(1, activation='sigmoid')
])
```

現在可以像之前那樣進行訓練了，但是，你也要考慮詞彙表的大小。在上一章，為了避免學習低頻率的單字而造成 embedding 的負擔過重，我們使用比較小的詞彙表，裡面只有經常使用的單字，以避免過擬。在這個例子裡，因為 GloVe 已經幫你訓練好單字 embedding 了，你可以擴展詞彙表——但是該擴展多少？

首先，我們要調查語料庫裡面有多少單字出現在 GloVe 集合裡面，它有 120 萬個單字，但是不一定有你的*所有*單字。

因此，我們用程式來進行比較，以了解詞彙表應該多大。

我們先整理資料，建立 X 與 Y 串列，其中 X 是單字索引，如果單字在 embedding 裡面，Y=1，如果沒有，它就是 0，我們也建立一個累計（cumulative）集合，在每一步計算單字的份額，例如，在索引 0 的單字「OOV」不在 GloVe 裡面，所以它的 cumulative Y 是 0，下一個索引的單字「new」有在 GloVe 裡面，所以它的 cumulative Y 是 0.5（也就是到目前為止有一半的字出現在 GloVe 裡面），用這種方式計算整個資料組：

```
xs=[]
ys=[]
cumulative_x=[]
cumulative_y=[]
total_y=0
for word, index in tokenizer.word_index.items():
  xs.append(index)
  cumulative_x.append(index)
  if glove_embeddings.get(word) is not None:
    total_y = total_y + 1
    ys.append(1)
  else:
    ys.append(0)
  cumulative_y.append(total_y / index)
```

然後用這段程式畫出 X 與 Y 的關係：

```
import matplotlib.pyplot as plt
fig, ax = plt.subplots(figsize=(12,2))
ax.spines['top'].set_visible(False)

plt.margins(x=0, y=None, tight=True)
#plt.axis([13000, 14000, 0, 1])
plt.fill(ys)
```

它會產生一個單字頻率圖，長得像圖 7-17。

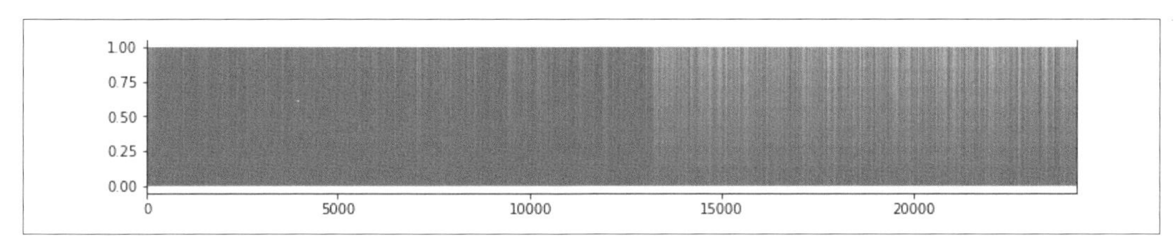

圖 7-17 單字頻率圖

你可以從圖中看到，它的密度在 10,000 與 15,000 之間的某處改變了。用肉眼來看，在大約 13,000 基元左右，**不在** GloVe embedding 裡面的單字的頻率開始超過在它裡面的單字。

畫出 `cumulative_x` 與 `cumulative_y` 的關係可以更清楚展示這一點。程式如下：

```
import matplotlib.pyplot as plt
plt.plot(cumulative_x, cumulative_y)
plt.axis([0, 25000, .915, .985])
```

結果如圖 7-18。

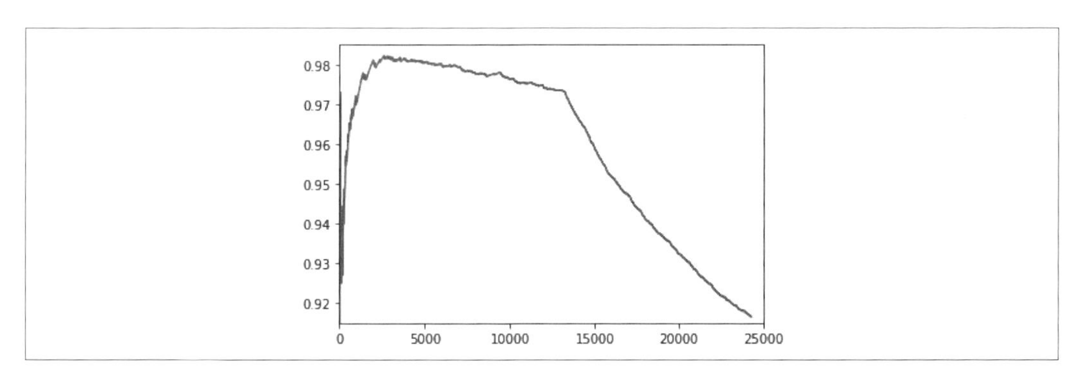

圖 7-18 畫出單字索引對 GloVe 的頻率

現在可以調整 `plt.axis` 裡面的參數來將鏡頭拉近，來尋找「不在 GloVe 裡面的單字」開始超過「在 GloVe 裡面的單字」的轉折點，它就是適合用來設定詞彙表大小的起點。

使用這種方法之後，我選擇的 vocab 大小是 13,200（而不是之前為了避免過擬使用的 2,000），以及這個模型架構，它的 `embedding_dim` 是 `25`，因為我所使用的 GloVe 集合：

```
model = tf.keras.Sequential([
    tf.keras.layers.Embedding(vocab_size, embedding_dim,
weights=[embedding_matrix], trainable=False),
```

```
    tf.keras.layers.Bidirectional(tf.keras.layers.LSTM(embedding_dim,
return_sequences=True)),
    tf.keras.layers.Bidirectional(tf.keras.layers.LSTM(embedding_dim)),
    tf.keras.layers.Dense(24, activation='relu'),
    tf.keras.layers.Dense(1, activation='sigmoid')
])
adam = tf.keras.optimizers.Adam(learning_rate=0.00001, beta_1=0.9, beta_2=0.999,
amsgrad=False)
model.compile(loss='binary_crossentropy',optimizer=adam, metrics=['accuracy'])
```

訓練它 30 個 epoch 會產生一些很棒的結果，圖 7-19 是準確度，驗證組準確度非常接近訓練組準確度，代表沒有過擬了。

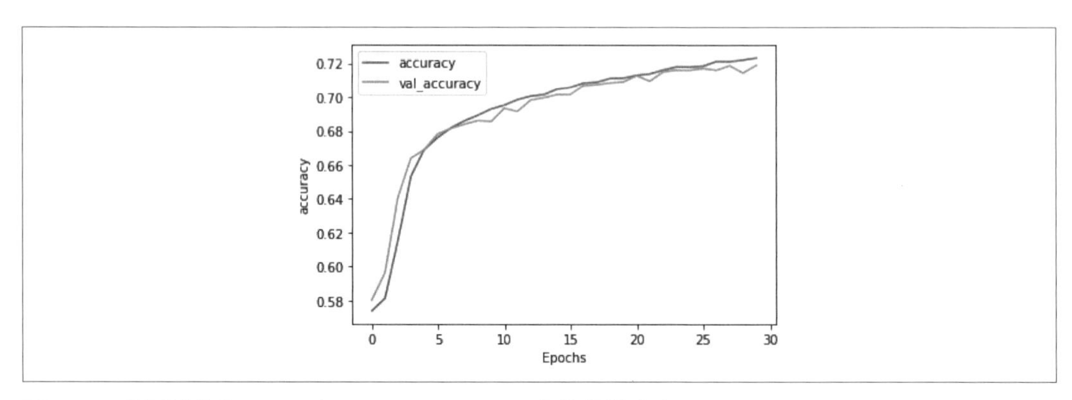

圖 7-19 使用堆疊的 LSTM 和 GloVe embedding 產生的準確度

損失曲線更是強化了這一點，見圖 7-20。驗證損失不再發散了，代表雖然準確度只有 73% 左右，但我們可以相信模型的準確度到達那個程度。

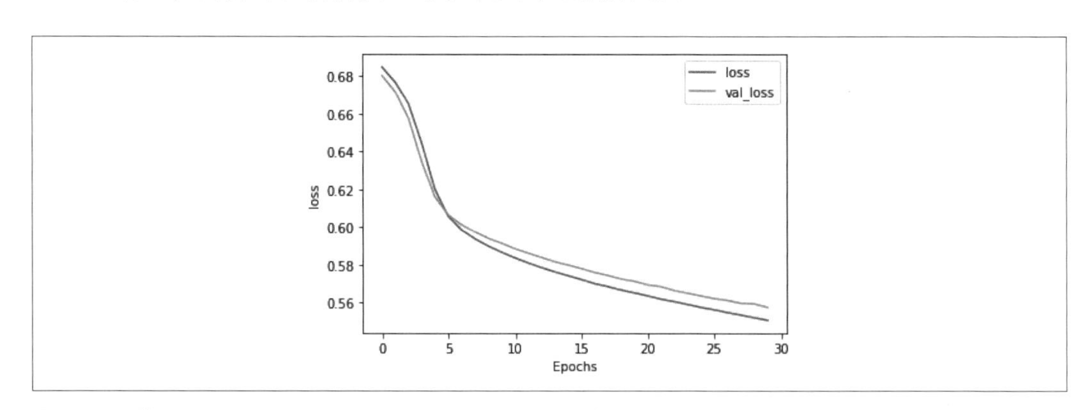

圖 7-20 使用 GloVe embedding 時，堆疊的 LSTM 的損失

訓練模型更久會出現非常類似的結果，代表雖然過擬在大約第 80 epoch 時開始出現，但模型仍然非常穩定。

準確度指標（圖 7-21）指出它是個訓練得很好的模型。

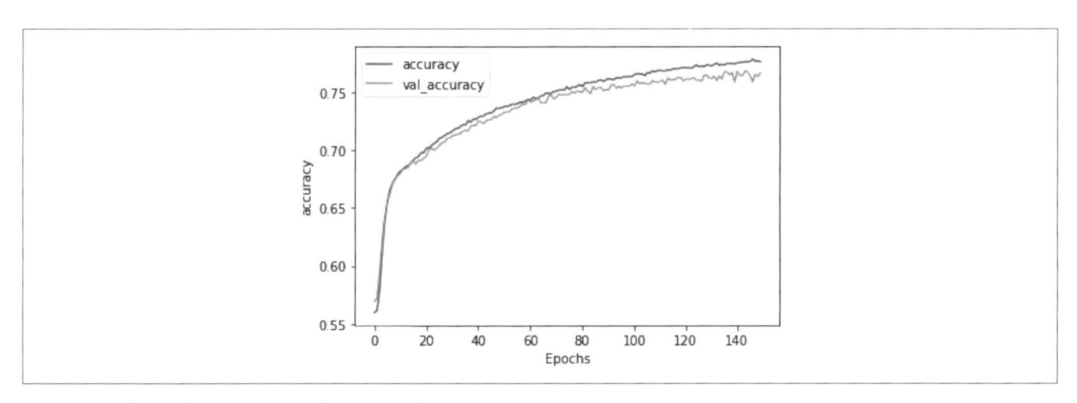

圖 7-21 使用堆疊的 LSTM 和 GloVe 訓練超過 150 個 epoch 的準確度

損失指標（圖 7-22）指出在大約第 80 epoch 時開始發散，但是模型仍然很好地擬合。

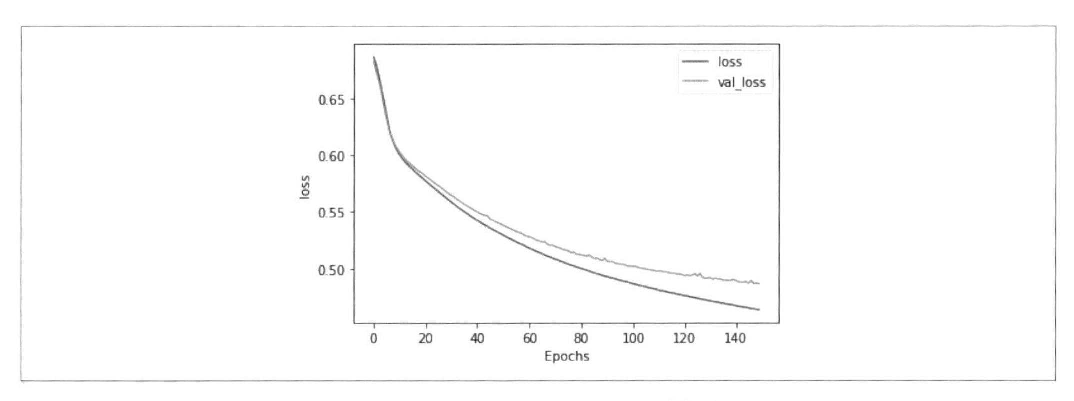

圖 7-22 使用堆疊的 LSTM 和 GloVe 訓練超過 150 個 epoch 的損失

這告訴我們，這個模型適合早期停止（early stopping），只要訓練它 75–80 個 epoch 就可以得到最佳結果。

我用 *The Onion*（Sarcasm 資料組的諷刺性標題的來源）的標題和其他標題來測試它，如下所示：

```
test_sentences = ["It Was, For, Uh, Medical Reasons, Says Doctor To Boris Johnson,
Explaining Why They Had To Give Him Haircut",

"It's a beautiful sunny day",

"I lived in Ireland, so in high school they made me learn to speak and write in
Gaelic",

"Census Foot Soldiers Swarm Neighborhoods, Kick Down Doors To Tally Household
Sizes"]
```

這些標題產生下面的結果——接近 50%（0.5）的值可視為中性的，接近 0 是非諷刺性的，接近 1 是諷刺性的：

```
[[0.8170955 ]
 [0.08711044]
 [0.61809343]
 [0.8015281 ]]
```

第一個與第四個來自 *The Onion* 的句子有超過 80% 的可能性是諷刺性的，關於天氣的言語有強烈非諷刺性（9%），關於「上愛爾蘭的高中」的句子可能有諷刺意味，但沒有太高的信心（62%）。

小結

本章介紹遞迴神經網路，它在設計上使用序列導向邏輯，可以協助了解句子的情緒，不僅基於句子裡面的單字，也基於它們出現的順序。我們教你基本的 RNN 如何工作，以及如何建構 LSTM，來讓背景（上下文）可以長期保留，並且用它們來改善之前完成的情緒分析模型，然後說明 RNN 的過擬問題，以及改善它們的技術，包括使用預訓 embedding 進行遷移學習。第 8 章會帶你使用你學到的東西來研究如何預測單字，你將建立一個可以創造文本的模型，為你寫詩！

第八章

使用 TensorFlow 來創造文本

You know nothing, Jon Snow
the place where he's stationed
be it Cork or in the blue bird's son
sailed out to summer
old sweet long and gladness rings
so i'll wait for the wild colleen dying

這個文本是用一個非常簡單的模型產生的，而且那一個模型是用小型的語料庫訓練出來的，它被我稍微修改，加入換行和標點符號，但除了第一行之外的每一行都是模型產生的，本章將教你如何建構這個模型。它說到 *wild colleen dying* 是一件很酷的事情，如果你看過有 Jon Snow 這個角色的影集，你就知道為什麼了！

前幾章教你如何使用 TensorFlow 來處理文本資料，先將它基元化，變成數字與序列，來讓神經網路可以處理，然後使用 embedding 以向量模擬情緒，最後使用深度和遞迴神經網路來分類文本，之前使用很小且很簡單的 Sarcasm 資料組來說明以上所有的工作如何進行。在這一章，我們要換個檔位，建立一個可以**預測**文本的神經網路，而不是分類既有的文本，當它收到文本語料庫之後，它會試著理解裡面的單字的模式，因此，當它收到一段新的文本（稱為**種子**（*seed*））之後，它會預測接下來的單字應該是什麼，預測出一個單字之後，種子和預測出來的單字會變成新種子，用來預測接下來的單字，因此，當我們用文本語料庫來訓練一個神經網路之後，它可以用類似的風格來嘗試寫出新文本。為了創作上面的詩，我收集了一些傳統的愛爾蘭歌曲的歌詞，用它們來訓練神經網路，並且用它來預測單字。

我們會先討論簡單的範例，使用少量的文本來說明如何建構預測模型，最後使用大量的文本來建立一個完整的模型。在結束時，你可以嘗試它，看看它可以創作哪一種詩歌！

在一開始，我們要用稍微不同的方式處理文本，在前幾章，我們將句子轉換成序列，然後使用它們裡面的基元的 embedding 來進行分類。

但是在創造用來訓練這種預測模型的資料時，我們要多做一件事，將序列轉換成**輸入序列和標籤**，輸入序列是一群單字，標籤是句子的下一個單字，然後訓練模型，讓它為輸入序列指定標籤，因此在未來進行預測時，可以幫輸入序列選一個最接近的標籤。

將序列轉換成輸入序列

在預測文本時，你必須用輸入序列（特徵）和它的標籤來訓練神經網路，為序列指定標籤是預測文本的關鍵。

因此，舉例來說，如果你的語料庫裡面有句子「Today has a beautiful blue sky」，你可以將它拆成特徵：「Today has a beautiful blue」，和標籤：「sky」，然後，在預測文本「Today has a beautiful blue」時，結果是「sky」。如果訓練資料裡面有「Yesterday had a beautiful blue sky」，並且用同一種方式拆開，在預測文本「Tomorrow will have a beautiful blue」時，下一個單字有很高的機率是「sky」。

如果你提供大量的句子，用單字序列和下一個字（標籤）來訓練，你很快就會做出一個預測模型，可用既有的文本主體來預測最有可能的下一個字。

我們從一個非常小型的文本語料庫開始做起——它是 1860 年代的傳統愛爾蘭歌曲的摘錄，裡面有這樣的歌詞：

In the town of Athy one Jeremy Lanigan
Battered away til he hadnt a pound.
His father died and made him a man again
Left him a farm and ten acres of ground.

He gave a grand party for friends and relations
Who didnt forget him when come to the wall,
And if youll but listen Ill make your eyes glisten
Of the rows and the ructions of Lanigan's Ball.

Myself to be sure got free invitation,
For all the nice girls and boys I might ask,
And just in a minute both friends and relations
Were dancing round merry as bees round a cask.

Judy ODaly, that nice little milliner,
She tipped me a wink for to give her a call,
And I soon arrived with Peggy McGilligan
Just in time for Lanigans Ball.

我們可以用所有文本來建立一個字串，使用 \n 來換行，並且將它當成資料，然後輕鬆地載入和基元化這個語料庫如下：

```
tokenizer = Tokenizer()

data="In the town of Athy one Jeremy Lanigan \n Battered away ... ..."
corpus = data.lower().split("\n")

tokenizer.fit_on_texts(corpus)
total_words = len(tokenizer.word_index) + 1
```

這個程序會將單字換成它們的基元值，如圖 8-1 所示。

圖 8-1　將句子基元化

為了訓練預測模型，我們必須進一步將句子拆成多個更小的序列，因此，舉例來說，我們可以讓一個序列包含前兩個基元，另一個包含前三個基元，以此類推（圖 8-2）。

行：	輸入序列：
[4 2 66 8 67 68 69 70]	[4 2]
	[4 2 66]
	[4 2 66 8]
	[4 2 66 8 67]
	[4 2 66 8 67 68]
	[4 2 66 8 67 68 69]
	[4 2 66 8 67 68 69 70]

圖 8-2　將序列轉換成一些輸入序列

為此，我們要遍歷語料庫裡面的每一行，並使用 texts_to_sequences 來將它轉換成基元串列，然後迭代每一個基元來拆開每一個串列，並且製作一個包含「在它之前的所有基元」的串列。

程式如下：

```
input_sequences = []
for line in corpus:
    token_list = tokenizer.texts_to_sequences([line])[0]
    for i in range(1, len(token_list)):
        n_gram_sequence = token_list[:i+1]
        input_sequences.append(n_gram_sequence)

print(input_sequences[:5])
```

做出這些輸入序列之後，將它們填補成固定的外形，我們在前面填補（圖 8-3）。

我們要找出輸入序列中最長的句子，並且把每一個句子填成那個長度，程式如下：

```
max_sequence_len = max([len(x) for x in input_sequences])

input_sequences = np.array(pad_sequences(input_sequences,
                            maxlen=max_sequence_len, padding='pre'))
```

最後，做出一組填補好的輸入序列之後，將它們拆成特徵與標籤。標籤是輸入序列的最後一個基元（圖 8-4）。

在訓練神經網路時，我們要幫各個特徵指定它的標籤，因此，舉例來說，[0 0 0 0 4 2 66 8 67 68 69] 的標籤是 [70]。

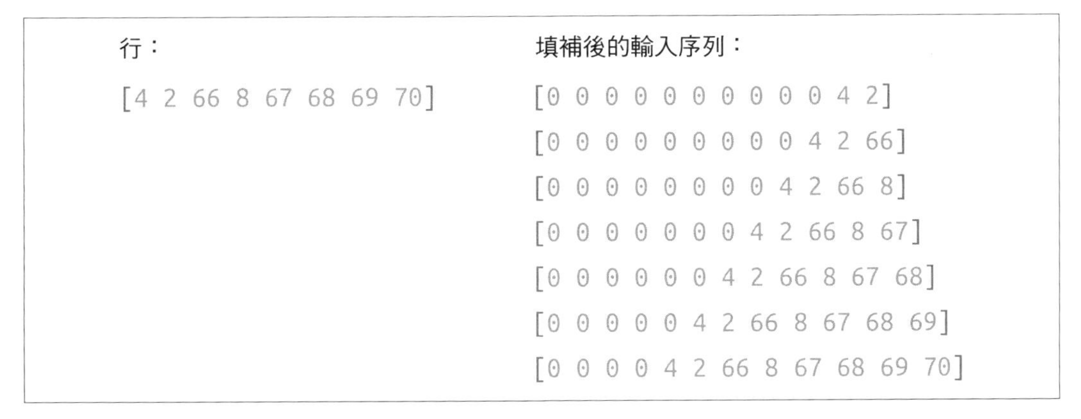

圖 8-3 填補輸入序列

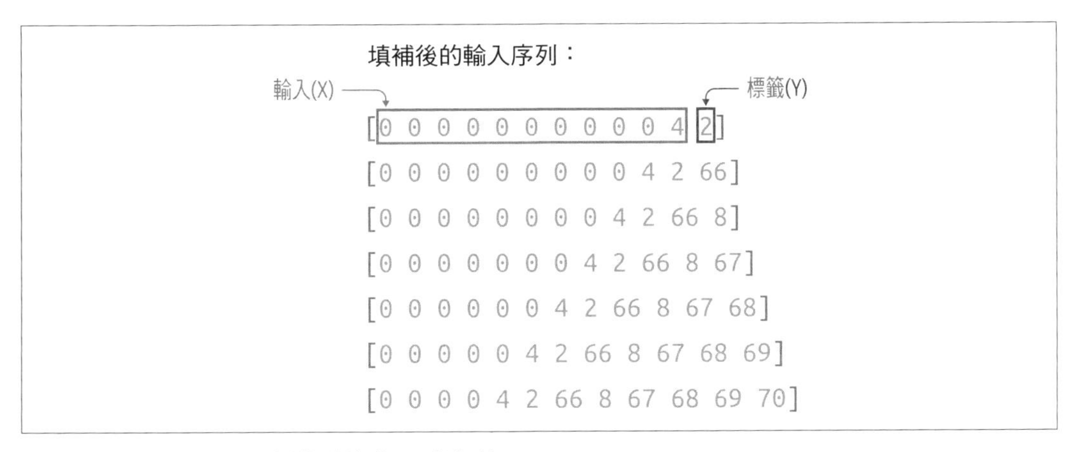

圖 8-4 把填補好的序列轉換成特徵 (x) 與標籤 (y)

這是將標籤從輸入序列分出來的程式：

```
xs, labels = input_sequences[:,:-1],input_sequences[:,-1]
```

接下來要將標籤編碼，現在它們只是基元，例如，圖 8-4 上面的數字 2。但是如果你想要在分類器裡面將基元當成標籤來使用，就要將它對映到一個輸出神經元，所以，如果你要分類 *n* 個單字，每一個單字都是一個類別，你就需要 *n* 個神經元。這就是我們要控制詞彙表的大小的原因，因為單字越多，你要找的類別就越多。還記得當我們在第 2 章與第 3 章分類 Fashion MNIST 資料組的時尚用品時，總共有 10 種服飾項目嗎？它必須在輸出層使用 10 個神經元。這個例子如果要預測多達 10,000 個詞彙表單字該怎麼辦？輸出層需要 10,000 個神經元！

此外，我們要用 one-hot 來編碼標籤，讓它們可以匹配想要的神經網路輸出。考慮圖 8-4，如果神經網路收到的輸入 X 有一系列的 0，然後有一個 4，我們希望預測的結果是 2，但是網路傳遞它的方法是使用一個輸出層，裡面有 *vocabulary_size*（**詞彙表大小**）個神經元，第二個有最高的機率。

我們使用 `tf.keras` 的 `to_categorical` 工具來將標籤編碼成一組可以用來訓練的 Y：

```
ys = tf.keras.utils.to_categorical(labels, num_classes=total_words)
```

見圖 8-5 的展示。

```
Sentence:[0 0 0 0 4 2 66 8 67 68 69 70]

       X:[0 0 0 0 0 4 2 66 8 67 68 69]

   Label:[70]

       Y:[0. 0. 0. 0. 0. 0. 0. 0. 0. 0. 0. 0. 0. 0. 0. 0. 0. 0.
          0. 0. 0. 0. 0. 0. 0. 0. 0. 0. 0. 0. 0. 0. 0. 0. 0. 0.
          0. 0. 0. 0. 0. 0. 0. 0. 0. 0. 0. 0. 0. 0. 0. 0. 0. 0.
          0. 0. 0. 0. 0. 0. 0. 0. 0. 0. 0. 0. 0. 0. 0. 0. 1. 0.
          0. 0. 0. 0. 0. 0. 0. 0. 0. 0. 0. 0. 0. 0. 0. 0. 0. 0.
          0. 0. 0. 0. 0. 0. 0. 0. 0. 0. 0. 0. 0. 0. 0. 0. 0. 0.
          0. 0. 0. 0. 0. 0. 0. 0. 0. 0. 0. 0. 0. 0. 0. 0. 0. 0.
          0. 0. 0. 0. 0. 0. 0. 0. 0. 0. 0. 0. 0. 0. 0. 0. 0. 0.
          0. 0. 0. 0. 0. 0. 0. 0. 0. 0. 0. 0. 0. 0. 0. 0. 0. 0.
          0. 0. 0. 0. 0. 0. 0. 0. 0. 0. 0. 0. 0. 0. 0. 0. 0. 0.
          0. 0. 0. 0. 0. 0. 0. 0. 0. 0. 0. 0. 0. 0. 0. 0. 0. 0.
          0. 0. 0. 0. 0. 0. 0. 0. 0. 0. 0. 0. 0. 0. 0. 0. 0. 0.
          0. 0. 0. 0. 0. 0. 0. 0. 0. 0. 0. 0. 0. 0. 0. 0. 0. 0.
          0. 0. 0. 0. 0. 0. 0. 0. 0. 0. 0. 0. 0. 0. 0. 0. 0. 0.
          0. 0. 0. 0. 0. 0. 0. 0. 0. 0. 0.]
```

圖 8-5　用 one-hot 來編碼標籤

這是非常稀疏的表示法，如果你有大量的訓練資料與大量的潛在單字，它很快就會耗盡記憶體！假如你有 100,000 個訓練句子，且詞彙表有 10,000 個單字，光是保存標籤就需要 1,000,000,000 bytes！但是為了分類和預測單字，我們必須這樣設計網路。

建立模型

我們來建立一個可以用這個輸入資料來訓練的簡單模型，它裡面只有一個 embedding 層，接下來是個 LSTM，然後是一個稠密層。

在製作 embedding 時，每個單字都需要一個向量，所以參數有單字的總數，以及你想要嵌入（embed on）的維數。這個例子的單字不多，8 維應該就夠了。

你可以把 LSTM 做成雙向的，將步數設為序列的長度，它是最大長度減 1（因為我們把最後一個基元拿掉，用來當成標籤）。

最後，輸出層是個稠密層，參數是單字的總數，用 softmax 來觸發。在這一層的每一個神經元是下一個字符合該索引值的字的機率：

```
model = Sequential()
model.add(Embedding(total_words, 8))
model.add(Bidirectional(LSTM(max_sequence_len-1)))
model.add(Dense(total_words, activation='softmax'))
```

我們用分類交叉熵之類的分類損失函數，以及 Adam 之類的優化函數來編譯模型，你也可以指定你想要取得的指標（metrics）：

```
model.compile(loss='categorical_crossentropy',
              optimizer='adam', metrics=['accuracy'])
```

它是一個非常簡單的模型，沒有太多資料，所以你可以訓練很久，例如 1,500 個 epoch：

```
history = model.fit(xs, ys, epochs=1500, verbose=1)
```

在 1,500 個 epoch 之後，你會看到它到達非常高的準確度（圖 8-6）。

由於這個模型有大約 95% 的準確度，我們可以很確定的說，如果字串是它看過的，它有 95% 的機率會正確地預測下一個單字。然而，在產生文本時，它會一直看到沒看過的單字，所以儘管這個準確度是很棒的數字，但你會發現網路很快就會產生沒意義的文字。我們在下一節探討這個問題。

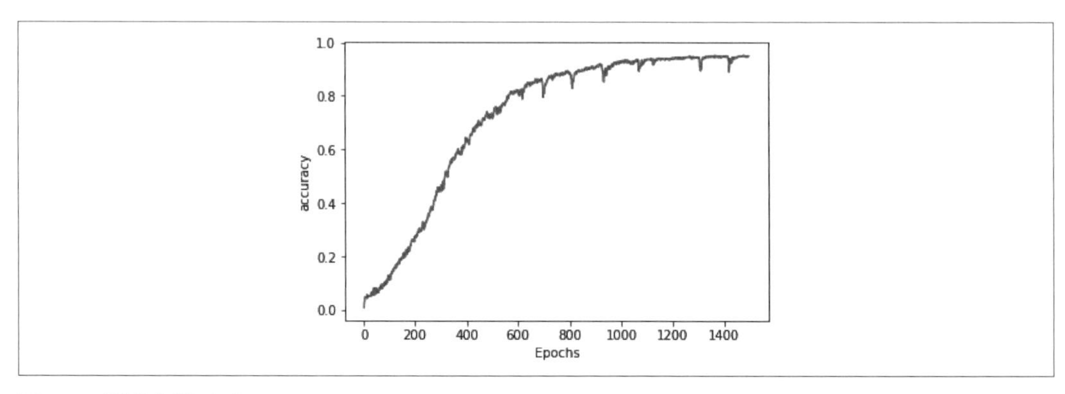

圖 8-6　訓練組準確度

產生文本

現在你已經訓練一個可以預測序列的下一個單字的網路了，下一步是給它一個文本序列，讓它預測下一個單字，我們來看一下怎麼做。

預測下一個單字

我們先建立一個短句，稱為種子文本，網路會根據這個初始的語句預測下一個單字，來產生所有的內容。

我們先用一個網路看過的短句，「in the town of athy」：

```
seed_text = "in the town of athy"
```

接下來要用 texts_to_sequences 將它基元化，它會回傳一個陣列，即使只有一個值也是如此，所以我們得到那個陣列的第一個元素：

```
token_list = tokenizer.texts_to_sequences([seed_text])[0]
```

然後填補那個序列，讓它的外形與用來訓練的資料一樣：

```
token_list = pad_sequences([token_list],
                           maxlen=max_sequence_len-1, padding='pre')
```

現在你可以對著基元串列呼叫 model.predict 來預測這個基元串列的下一個單字，它會回傳語料庫的每一個單字的機率，我們將結果傳給 np.argmax 來取得最有可能的一個：

```
predicted = np.argmax(model.predict(token_list), axis=-1)
print(predicted)
```

它產生值 68，查詢單字索引可以看到這個字是「one」：

```
'town': 66, 'athy': 67, 'one': 68, 'jeremy': 69, 'lanigan': 70,
```

你可以用程式來搜尋單字索引項目，找到預測的單字並將它印出來：

```
for word, index in tokenizer.word_index.items():
    if index == predicted:
        print(word)
        break
```

所以，網路從「in the town of athy」預測下一個字應該是「one」，從訓練資料看來，它是正確的，因為歌詞的開頭是這樣：

In the town of Athy *one Jeremy Lanigan*
Battered away til he hadnt a pound

確定這個模型有效之後，你可以發揮創意，使用不同的種子文本。例如，當我使用種子文本「sweet jeremy saw dublin」時，它預測的下一個字是「then」(選擇這個字是因為那些單字都在語料庫裡，你應該可以看到更多準確的結果，至少在剛開始預測這種案例的單字時。)

組合預測來產生文本

上一節教你如何使用模型來預測種子文本的下一個字，你只要重複進行預測，並且每次都加入新單字，即可讓神經網路產生新文本。

例如，我們之前使用「sweet jeremy saw dublin」短句時，它預測下一個字是「then」，你可以將「then」加到種子文本，產生「sweet jeremy saw dublin then」，並且取得另一個預測，重複這個程序即可產生 AI 建立的文本字串。

下面的程式修改上一節的程式來執行這個迴圈幾次，迴圈次數是以 next_words 參數來設定的：

```
seed_text = "sweet jeremy saw dublin"
next_words=10
```

```
for _ in range(next_words):
    token_list = tokenizer.texts_to_sequences([seed_text])[0]
    token_list = pad_sequences([token_list],
 maxlen=max_sequence_len-1, padding='pre')
    predicted = model.predict_classes(token_list, verbose=0)
    output_word = ""


    for word, index in tokenizer.word_index.items():
        if index == predicted:
            output_word = word
            break
    seed_text += " " + output_word

print(seed_text)
```

它會產生這樣的字串：

```
sweet jeremy saw dublin then got there as me me a call doing me
```

它很快就變成胡言亂語了，為什麼？第一個原因是訓練文本的本體很小，所以它只有極少量的背景（上下文）可以使用。第二個原因是預測序列的下一個單字取決於序列前面的單字，如果之前的單字匹配不良，出現最好的「下一次」匹配的機率會變低，當你將它加到序列並且預測下一個單字時，低匹配機率的可能性更高，因此，預測出來的單字看起來是半隨機的。

所以，舉例來說，雖然「sweet jeremy saw dublin」短句裡面的所有單字都出現在語料庫裡面，但它們從未按照這個順序出現。在第一次預測時，因為單字「then」是最有可能性的候選人，所以它被選中，而且它有相當高的機率（89%）。當它被加入種子，產生「sweet jeremy saw dublin then」之後，產生另一個在訓練資料中沒有看過的短句，所以模型預測單字「got」有最高的可能性——44%，繼續將單字加入句子會降低匹配訓練資料的可能性，因此預測的準確度下降，導致預測出來的單字有更隨機的「感覺」。

這會導致 AI 產生的內容隨著時間的過去而變得越來越荒謬。例如，你可以看一下傑出的科幻短片 *Sunspring*（*https://oreil.ly/hTBtJ*），它完全是用 LSTM 網路寫成的，就像我們在這裡建構的網路，那個 LSTM 是用科幻電影腳本來訓練的，那個模型會收到種子內容，並且產生新的腳本，結果很搞笑，你可以看到，雖然最初的內容還說得通，但是隨著電影繼續演下去，它變得越來越難以理解。

擴展資料組

我們可以輕鬆地用處理固定不變的資料組的做法來處理文字檔，我把一個包含大約 1,700 行文本的文字檔放在網路上，那些文本是從一些歌曲收集來的，我們用它來實驗，只要稍做修改，你就可以用它來取代一行寫死的歌曲。

你可以使用下面的程式，從 Colab 下載資料：

```
!wget --no-check-certificate \
    https://storage.googleapis.com/laurencemoroney-blog.appspot.com/ \
    irish-lyrics-eof.txt-O /tmp/irish-lyrics-eof.txt
```

然後將文本從那個檔案載入語料庫：

```
data = open('/tmp/irish-lyrics-eof.txt').read()
corpus = data.lower().split("\n")
```

其餘的程式不需要修改就可以工作了！

訓練它一千個 epoch 可產生大約 60% 的準確度，曲線會趨於平緩（圖 8-7）。

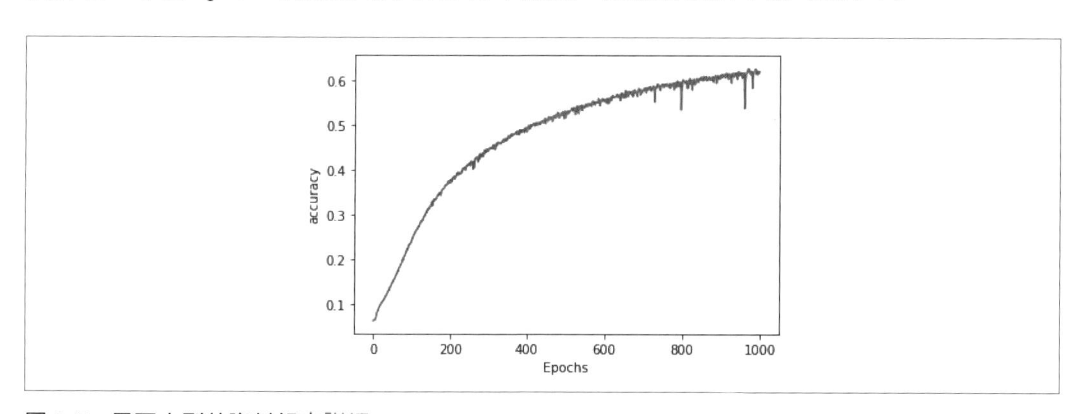

圖 8-7　用更大型的資料組來訓練

再次嘗試短句「in the town of athy」會產生「one」這個預測，但是這一次只有 40% 的可能性。

預測「sweet jeremy saw dublin」產生的下一個字是「drawn」，有 59% 的可能性，預測接下來的 10 個字會產生：

```
sweet jeremy saw dublin drawn and fondly i am dead and the parting graceful
```

它看起來比較好了！但是我們還可以改善它嗎？

改變模型架構

改善模型的其中一種方法是改變它的架構，使用多個堆疊的 LSTM。這種做法很簡單，只要將它們的第一層的 return_sequences 設成 True 就可以了，程式如下：

```
model = Sequential()
model.add(Embedding(total_words, 8))
model.add(Bidirectional(LSTM(max_sequence_len-1, return_sequences='True')))
model.add(Bidirectional(LSTM(max_sequence_len-1)))
model.add(Dense(total_words, activation='softmax'))
model.compile(loss='categorical_crossentropy', optimizer='adam',
                      metrics=['accuracy'])
history = model.fit(xs, ys, epochs=1000, verbose=1)
```

圖 8-8 是訓練它 1,000 個 epoch 的影響。它與之前的曲線沒有明顯的不同。

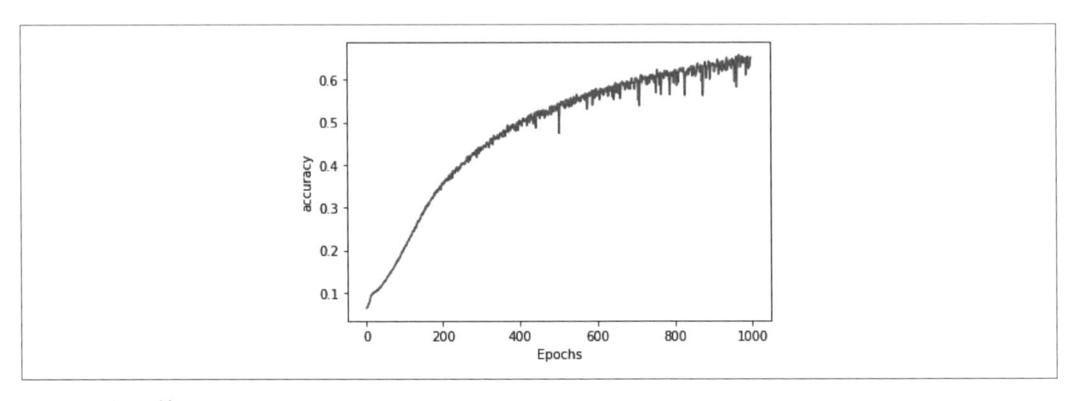

圖 8-8　加入第二層 LSTM

當我用之前的句子來測試它時，「in the town of athy」的下一個單字是「more」，機率是 51%，「sweet jeremy saw dublin」的下一個字是「cailín」（Gaelic（愛爾蘭蓋爾語）的「girl」），機率是 61%，預測更多單字時，輸出同樣很快變成胡言亂語。

例如：

```
sweet jeremy saw dublin cailín loo ra fountain plundering that fulfill
you mccarthy you mccarthy down

you know nothing jon snow johnny cease and she danced that put to smother well
i must the wind flowers
dreams it love to laid ned the mossy and night i weirs
```

如果你看到不一樣的結果，不用擔心，你沒有做錯任何事，純粹是神經元的隨機初始化影響了最終的分數。

改善資料

有一種小技巧可以擴展資料組的大小而不需要添加任何新歌曲，稱為資料**窗口化**（*windowing*）。現在，我們將每一首歌裡面的每一行當成單獨的一行來讀取，然後轉換成輸入序列，就像圖 8-2 所展示的那樣。雖然人類是逐行閱讀歌曲來聆聽押韻和韻律，但是模型不需要這樣，尤其是在使用雙向的 LSTM 時。

因此，我們可以將每一行都視為一首歌、一個連續的文本，而不是取得「In the town of Athy, one Jeremy Lanigan」這一行，處理它，再移到下一行（「Battered away till he hadn't a pound」）再處理它。我們可以在文本裡建立一個有 *n* 個單字的「窗口」，然後將窗口往後移動一個字，來取得下一個輸入序列（圖 8-9）。

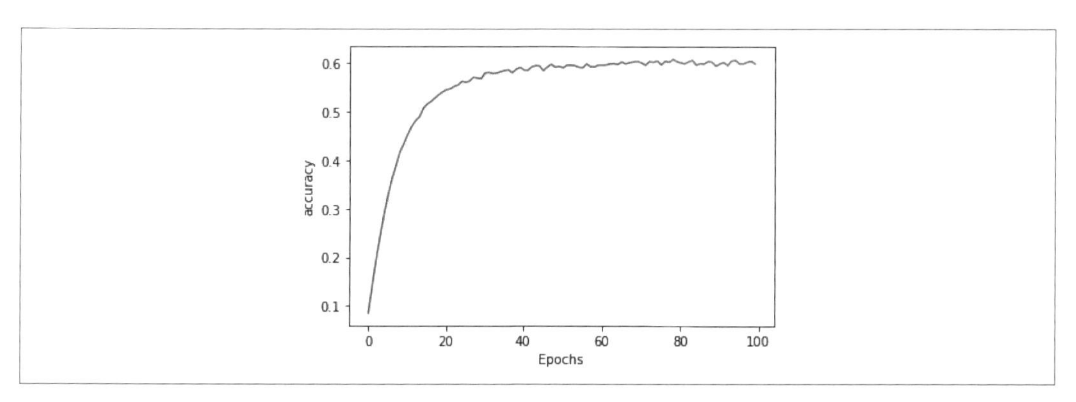

圖 8-9　移動的單字窗口

在這裡，我們可以產生多很多的訓練資料，將窗口滑過整個文本語料庫會產生（$(number\_of\_words - window\_size) \times window\_size$）個可以用來訓練的輸入序列。

程式很簡單，在載入資料時，我們用語料庫裡面的單字動態建立它們，而不需要將每一行歌曲拆成「句子」：

```
window_size=10
sentences=[]
alltext=[]
data = open('/tmp/irish-lyrics-eof.txt').read()
corpus = data.lower()
```

```
words = corpus.split(" ")
range_size = len(words)-max_sequence_len
for i in range(0, range_size):
    thissentence=""
    for word in range(0, window_size-1):
        word = words[i+word]
        thissentence = thissentence + word
        thissentence = thissentence + " "
    sentences.append(thissentence)
```

在這個例子裡，因為我們不再使用句子，而是建立大小和窗口一樣的序列，所以 max_sequence_len 是窗口的大小，我們讀取整個檔案，轉換成小寫，再將它拆成單字陣列，然後遍歷單字，並且用「目前的索引」到「目前的索引加上窗口大小」之間的每一個單字來製作句子，將每一個新創的句子加入句子陣列。

額外的資料讓每一個 epoch 的訓練都緩慢許多，但是結果有很大的改善，而且生成的文本淪落成胡言亂語的速度慢得多。

這是讓我驚艷的範例——尤其是最後一行！

you know nothing, jon snow is gone
and the young and the rose and wide
to where my love i will play
the heart of the kerry
the wall i watched a neat little town

你可以試著調整許多超參數，改變窗口大小可以改變訓練資料的數量——較小的窗口會產生較多資料，但是一個標籤被分配到的單字比較少，所以如果你把它設得太小，你就會得到荒謬的詩歌。你也可以改變 embedding 的維數、LSTM 的數量，或用來訓練的詞彙表的大小。由於百分比準確度不是最好的指標（因為我們會比較主觀地判斷詩歌的「合理」程度），所以沒有硬性的規則可以用來判斷模型是「好」還是「不好」。

例如，當我嘗試窗口大小 6，並將 embedding 的維數加到 16，將 LSTM 的數量從窗口大小（6）變成 32，並且提高 Adam 優化函數的學習率時，我得到很棒且平滑的學習曲線（圖 8-10），而且有些詩開始變得更有意義了。

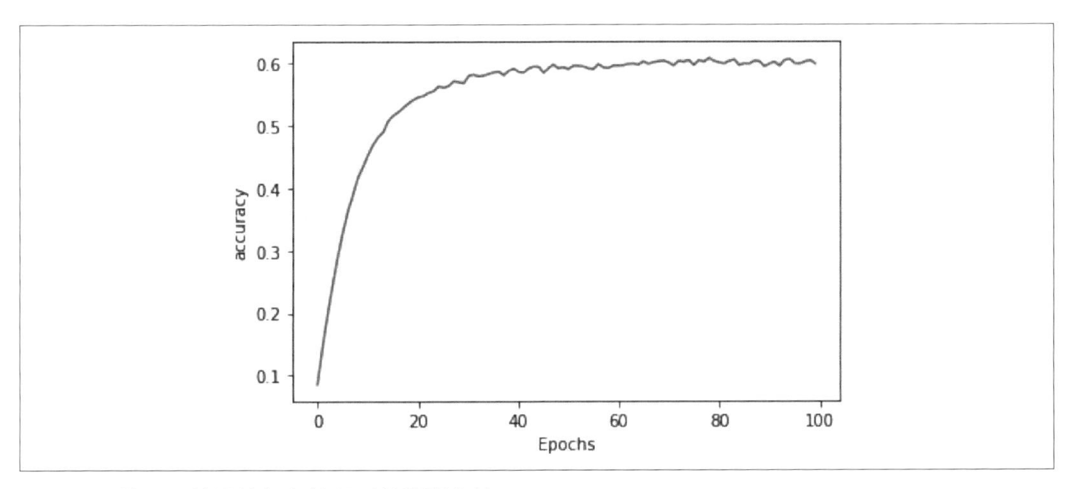

圖 8-10　使用調整過的超參數得到的學習曲線

將「sweet jeremy saw dublin」當成種子（記住，在種子裡面的所有單字都在語料庫裡）來使用時，我得到這首詩：

sweet jeremy saw dublin
whack fol
all the watch came
and if ever you love get up from the stool
longs to go as i was passing my aged father
if you can visit new ross
gallant words i shall make
such powr of her goods
and her gear
and her calico blouse
she began the one night
rain from the morning so early
oer railroad ties and crossings
i made my weary way
through swamps and elevations
my tired feet
was the good heavens

或許很多讀者認為「whack fol」不合理，但是它經常在一些愛爾蘭歌曲裡面出現，有點像「la la la」或「doobie-doobie-doo」，我很滿意的地方在於**比較後面**的句子也能維持某種意義，例如「such power of her good and her gear, and her calico blouse」，但是這可能是因為模型過擬語料庫內的歌曲的句子。例如，從「oer railroad ties…」到「my tired feet」這幾行文字直接取自語料庫裡面的「The Lakes of Pontchartrain」這首歌曲。如果你遇到這種問題，最好的做法是降低學習率，或許也可以減少 LSTM 的數量。但最重要的是持續試驗並且找到樂趣！

用字元來編碼

前幾章都在討論以單字來編碼的 NLP，我認為這種做法更容易上手，但是為了產生文本，或許你也要考慮以字元來編碼，因為在語料庫裡，不同的**字元**的數量往往比不同的**單字**的數量少得多，因此，你可以在輸出層用少很多的神經元，而且你的輸出預測將分布在較少的機率上。例如，整個莎士比亞全集資料組（*https://oreil.ly/XW_ab*）只有 65 個不同的字元。所以，在進行預測時，我們不需要像處理愛爾蘭歌曲資料組那樣在 2,700 個單字裡面查詢下一個字的機率，只要查詢 65 個就可以了，這會讓模型更簡單！

使用字元來編碼的另一個優點是，它也會加入標點字元，例如換行等等也可以預測出來。舉個例子，當我用莎士比亞語料庫來訓練 RNN，並且用它來預測我最喜歡的「權力遊戲」中的一行文字接下來的文本時，我得到：

> YGRITTE:
> You know nothing, Jon Snow.
> Good night, we'll prove those body's servants to
> **The traitor be these mine:**
> **So diswarl his body in hope in this resceins,**
> I cannot judg appeal't.
>
> MENENIUS:
> Why, 'tis pompetsion.
>
> KING RICHARD II:
> I think he make her thought on mine;
> She will not: suffer up thy bonds:
> How doched it, I pray the gott,
> We'll no fame to this your love, and you were ends

她發現他是叛徒，並且想要將他五花大綁（「diswarl his body」）真的很酷，但我不明白「resceins」是什麼意思！如果你看過這部影集，它是劇情的一部分，所以或許莎士比亞在沒有意識的情況下發現了什麼！

當然，我認為，使用莎士比亞文集之類的東西來當成訓練資料時，我們應該把標準放寬一些，因為他使用的語言已經有點脫節了。

這個模型的輸出與愛爾蘭歌曲模型一樣，會快速地淪落成沒意義的文本，但是使用這種模型仍然很有趣。你可以前往 Colab（*https://oreil.ly/cbz9c*）自行嘗試。

小結

本章介紹如何使用訓練好的 LSTM 模型來做基本的文本生成。你已經知道如何將文本拆成訓練特徵和標籤，將單字當成標籤，以及建立一個模型，當它收到種子文本時，可以預測下一個可能的單字。我們反覆改善模型來產生更好的結果，並探索傳統愛爾蘭歌曲資料組。透過一個使用莎士比亞文集的範例，你也稍微知道如何使用字元式文本生成技術來改善它。希望這個關於機器學習模型如何合成文本的介紹對你來說很有趣！

第九章

了解序列和時間序列資料

時間序列無處不在，你一定在天氣預報、股價，以及摩爾定律（圖 9-1）等歷史趨勢中看過它們。摩爾定律預測微晶片的電晶體數量大約每兩年就會增加一倍，過去將近 50 年已證實它可以準確地預測未來的電腦能力和價格。

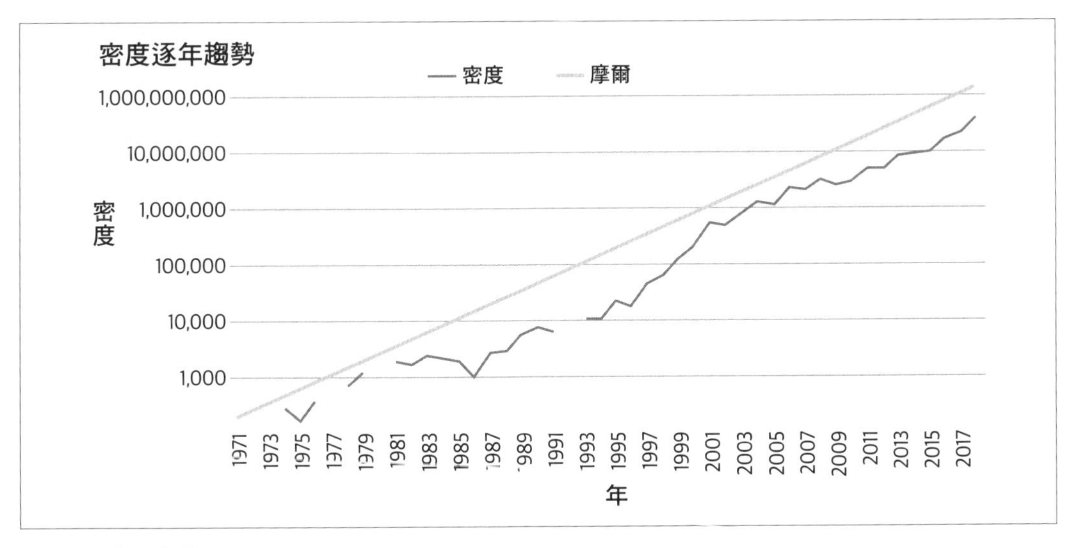

圖 9-1　摩爾定律

時間序列資料是一組在不同的時間分布的值，當我們將它畫出來時，x 軸通常是時間軸。我們通常會在時間軸上面標示多個值，例如在這個例子裡，我們畫出電晶體數量，以及摩爾定律預測的值，它叫做**多變數**時間序列，如果值只有一個，例如隨著時間的降雨量，它就稱為**單變數**時間序列。

摩爾定律的預測很簡單，它用一條固定且簡單的規則來大致預測未來——這條規則已經準確大約 50 年了。

但是像圖 9-2 這種時間序列呢？

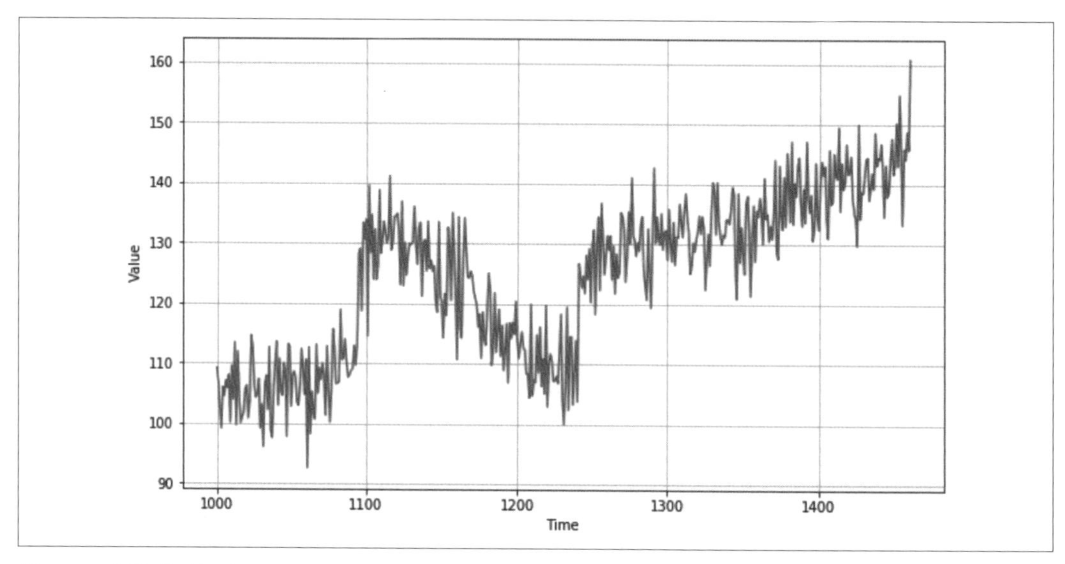

圖 9-2　實際的時間序列

雖然這個時間序列是人造的（本章稍後將告訴你怎麼做），但它具備真正的時間序列（例如股價圖或季節性降雨）的所有屬性，雖然它看起來是隨機的，但時間序列有一些共同的屬性可以協助我們做出預測它們的 ML 模型，這是下一節的主題。

時間序列的共同屬性

雖然時間序列看起來是隨機的，而且充滿雜訊，但它們有一些共同的可預測屬性，本節將介紹其中的一些。

趨勢

時間序列通常往特定的方向移動，從摩爾定律的例子可以看到，y 軸的值會隨著時間而增加，呈現上升趨勢。圖 9-2 的時間序列也有上升趨勢。當然，並非所有時間序列都是如此，有些時間序列可能隨著時間大致持平，但是有季節性變化，有些則呈現下降趨勢。例如，預測每一個電晶體價格的摩爾定律逆版本就是如此。

季節性

許多時間序列會隨著時間出現重複的模式，在固定的時段（稱為**季節**）出現重複的現象。例如天氣溫度。每年通常有四季，夏季的溫度最高，所以如果你畫出幾年來的天氣，你會發現每四季就會出現高峰，季節性的概念由此產生。但是這種現象不是只有天氣有，例如，圖 9-3 這個網路流量圖。

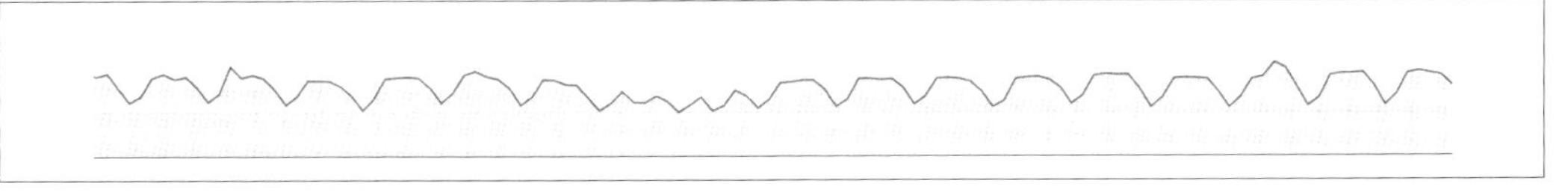

圖 9-3　網站流量

它是逐週畫成的，有規律性的下降，你可以猜到它們是什麼嗎？這個網站專門提供軟體開發者所需的資訊，正如你所預期的，它在週末的流量較少！因此，這個時間序列的季節性是五天高流量，兩天低流量。這張圖畫出好幾個月的資料，聖誕節和新年假期大約在中間，所以你可以看到額外的季節性。如果我畫出幾年的趨勢，你會明顯地看到年終的下降。

季節性在時間序列裡面有很多種樣貌，例如，零售網站的流量可能在週末出現高峰。

自相關

時間序列的另一個可能特徵是在發生某個事件之後出現可預測的行為，在圖 9-4 裡面，你可以看到幾個明顯的峰值，但是在每一次的峰值之後，就會有一個確定性的下降，這種行為稱為**自相關**（*autocorrelation*）。

在這個例子裡，我們可以看到特定的行為組合，它們是重複性的。自相關可能隱藏在時間序列模式中，但是它們具有固有的可預測性，所以很多自相關的時間序列是可預測的。

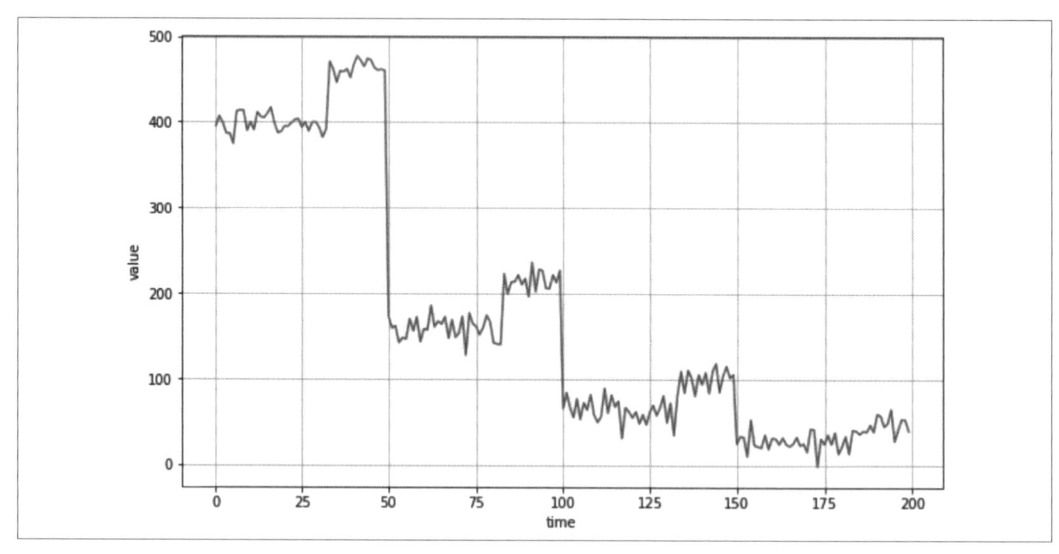

圖 9-4　自相關

雜訊

顧名思義，雜訊是在時間序列裡面看似隨機的擾動，這些擾動會帶來高度的不可預測性，而且可能會掩蓋趨勢、季節性行為和自相關。例如，圖 9-5 裡面有和圖 9-4 一樣的自相關，但是增加一些雜訊，如此一來，我們就很難看出自相關並且預測值了。

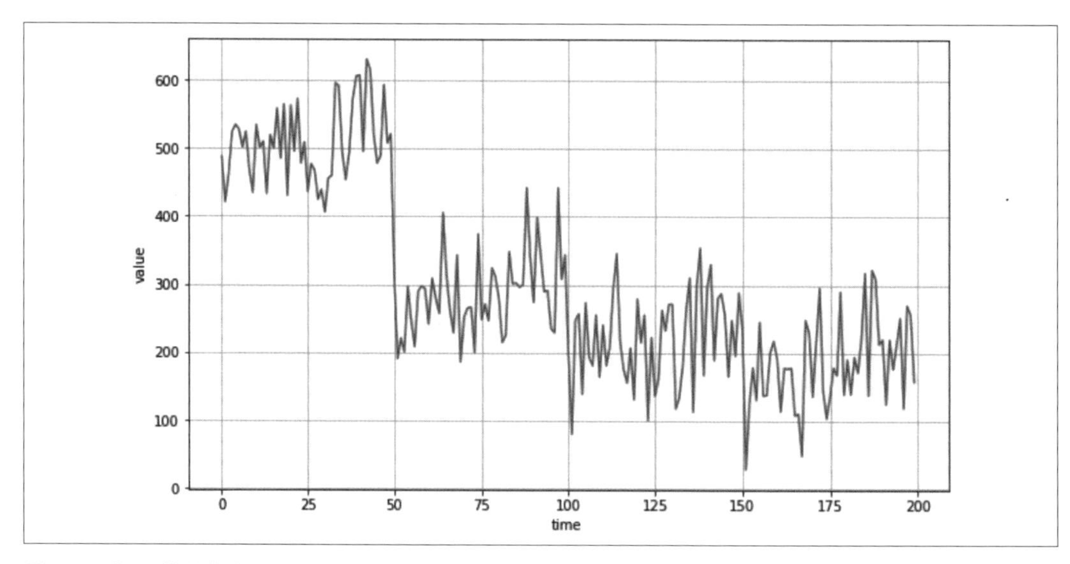

圖 9-5　加入雜訊的自相關序列

知道以上的因素之後，我們來研究如何對包含這些屬性的時間序列進行預測。

預測時間序列的技術

在討論 ML 預測之前（這是接下來幾章的主題），我們來研究一些比較天真的預測方法，它們可以幫助我們建立一個基準，用來衡量 ML 預測的準確度。

用天真的預測來建立基準

預測時間序列最基本的方法是認定在時間 $t + 1$ 的預測值與在時間 t 的值一樣，實質上就是將時間序列移動一個時間段。

我們來建立一個有趨勢、季節性和雜訊的時間序列：

```
def plot_series(time, series, format="-", start=0, end=None):
    plt.plot(time[start:end], series[start:end], format)
    plt.xlabel("Time")
    plt.ylabel("Value")
    plt.grid(True)

def trend(time, slope=0):
    return slope * time

def seasonal_pattern(season_time):
    """ 這只是隨意指定的模式，你可以任意改更它 """
    return np.where(season_time < 0.4,
                    np.cos(season_time * 2 * np.pi),
                    1 / np.exp(3 * season_time))

def seasonality(time, period, amplitude=1, phase=0):
    """ 在每個週期重複同一個模式 """
    season_time = ((time + phase) % period) / period
    return amplitude * seasonal_pattern(season_time)

def noise(time, noise_level=1, seed=None):
    rnd = np.random.RandomState(seed)
    return rnd.randn(len(time)) * noise_level

time = np.arange(4 * 365 + 1, dtype="float32")
baseline = 10
series = trend(time, .05)
baseline = 10
amplitude = 15
slope = 0.09
```

```
noise_level = 6

# 建立序列
series = baseline + trend(time, slope)
                  + seasonality(time, period=365, amplitude=amplitude)
# 加入雜訊
series += noise(time, noise_level, seed=42)
```

圖 9-6 是將它畫出來的情形。

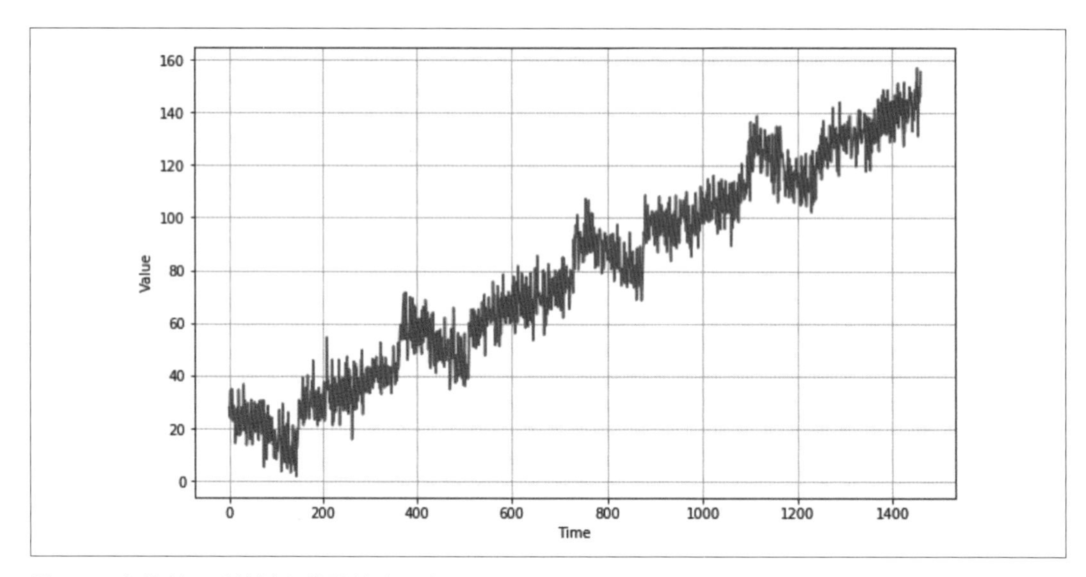

圖 9-6　有趨勢、季節性和雜訊的時間序列

製作資料之後，我們像處理任何資料來源一樣，將它拆成訓練組、驗證組和測試組。當資料裡面有季節性，就像這個例子這樣時，比較好的做法是在拆開序列時，確保拆開的每一個部分都有完整的季節，因此，舉例來說，如果你想要將圖 9-6 的資料拆成訓練和驗證組，最適合拆開的地方應該是在時步 1,000 的地方，分成在時步 1,000 之前的訓練資料，以及在時步 1,000 之後的驗證資料。

我們不必真的在這裡拆解，因為我們只是在做天真的預測，每一個值 t 只是在 $t-1$ 的值，但是為了方便說明，我們把鏡頭拉近，只看時步 1,000 之後的資料。

為了預測一段拆分時段之後的序列，其中拆分的時間是變數 `split_time`，我們可以使用這段程式：

```
naive_forecast = series[split_time - 1:-1]
```

圖 9-7 是驗證組（從時步 1,000 之後，取得的方法是將 `split_time` 設為 `1000`），以及在它上面的天真預測。

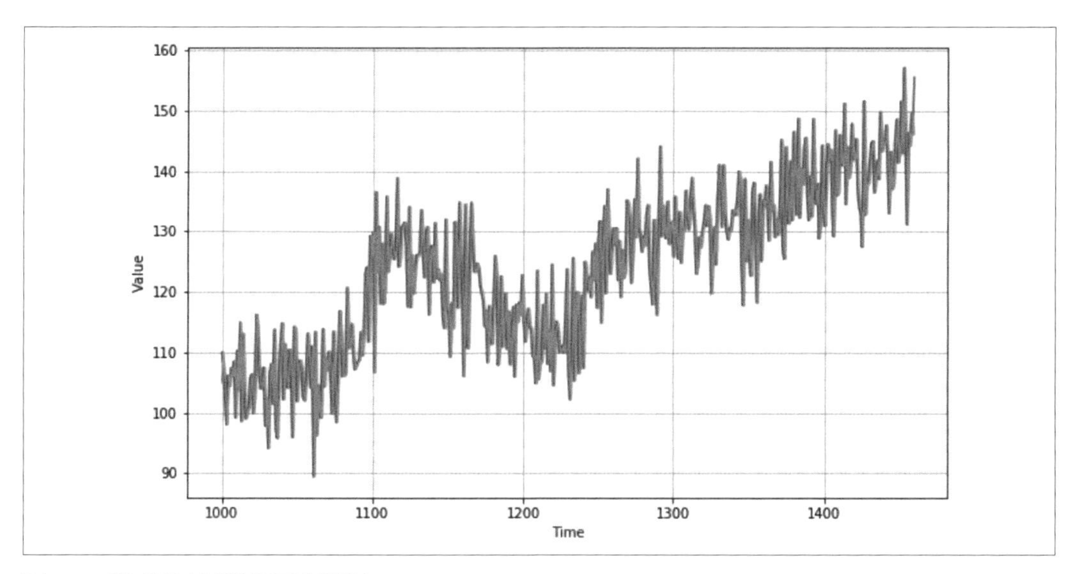

圖 9-7　對時間序列進行天真預測

它看起來還不錯——值之間有關係——而且，按時間畫出這張圖時，預測值看起來與原始值很符合，但是該如何測量準確度？

測量預測準確度

測量預測準確度的方法有好幾種，但我們把焦點放在其中兩種：**均方誤差**（MSE）與**平均絕對誤差**（MAE）。

在使用 MSE 時，你只要計算時間 t 的預測值與實際值之間的差，算出它的平方（為了移除負數），然後計算它們全部的平均值就可以了。

使用 MAE 時，你要計算時間 t 的預測值與實際值之間的差，取絕對值來移除負數（而不是平方），然後計算它們全部的平均值。

你可以像這樣使用 MSE 和 MAE 來計算針對人造時間序列進行的天真預測：

```
print(keras.metrics.mean_squared_error(x_valid, naive_forecast).numpy())
print(keras.metrics.mean_absolute_error(x_valid, naive_forecast).numpy())
```

我算出來的 MSE 是 76.47，MAE 是 6.89。如同任何預測，如果誤差可以降低，預測的準確度就可以增加，我們接著來看怎麼做。

較不天真的做法：使用移動平均來預測

之前的天真預測是將時間 $t - 1$ 的值當成時間 t 的預測值。使用移動平均很像那種做法，但不是直接使用 $t - 1$ 的值，而是取出一組值（假設 30 個），計算它們的平均值，然後將它當成時間 t 的預測值。程式如下：

```
    def moving_average_forecast(series, window_size):
    """ 預測最後幾個值的平均值，
        當 window_size=1 時，這種做法相當於天真預測 """
    forecast = []
    for time in range(len(series) - window_size):
      forecast.append(series[time:time + window_size].mean())
    return np.array(forecast)

moving_avg = moving_average_forecast(series, 30)[split_time - 30:]

plt.figure(figsize=(10, 6))
plot_series(time_valid, x_valid)
plot_series(time_valid, moving_avg)
```

圖 9-8 是資料的移動平均線。

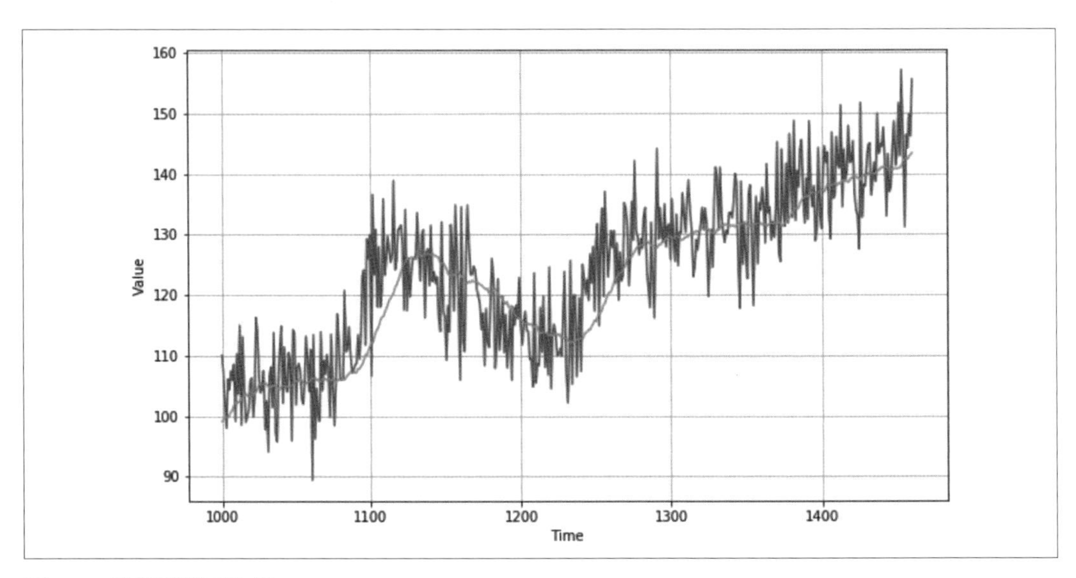

圖 9-8　畫出移動平均線

當我畫出這個時間序列時，我得到的 MSE 和 MAE 分別是 49 和 5.5，所以它確實稍微改善了預測。但是這種做法沒有考慮到趨勢或季節性，或許我們可以做一些分析來進一步改善它。

改善移動平均分析

因為這個時間序列的季節性是 365 天，你可以使用差分（*differencing*）這種技術將趨勢和季節性平滑化，它只是將 t 的值減去 $t - 365$ 的值，可以將圖變平，程式如下：

```
diff_series = (series[365:] - series[:-365])
diff_time = time[365:]
```

現在你可以計算這些值的移動平均，並且將它加回去之前的值：

```
diff_moving_avg =
    moving_average_forecast(diff_series, 50)[split_time - 365 - 50:]

diff_moving_avg_plus_smooth_past =
    moving_average_forecast(series[split_time - 370:-360], 10) +
    diff_moving_avg
```

畫出這張圖（見圖 9-9）之後，你可以看到預測值有所改善：趨勢已經非常接近實際值了，而且雜訊被消除了，季節性似乎起了作用，趨勢也是如此。

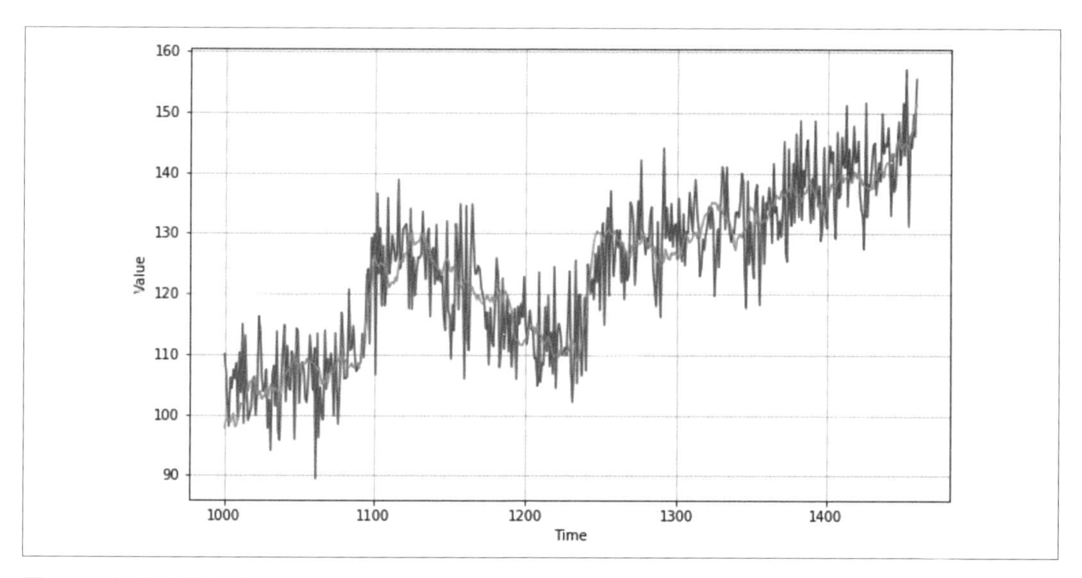

圖 9-9　經過改善的移動平均

計算 MSE 和 MAE 可以證實這種看法，在這個例子，我分別得到 40.9 與 5.13，代表預測有明顯的改善。

小結

本章介紹了時間序列資料以及一些常見的時間序列屬性。我們做出一個合成的時間序列，並且了解如何對它進行天真的預測。我們也使用了這些預測和均方誤差以及平均絕對誤差來建立一個基準。這一章暫時沒有使用 TensorFlow，但是下一章要開始使用 TensorFlow 和 ML 來看看能不能改善預測！

第十章

建立 ML 模型來預測序列

第 9 章介紹了序列資料以及時間序列的屬性，包括季節性、趨勢、自相關，和雜訊。我們建立一個合成序列來進行預測，並且研究如何做基本的統計預測。接下來的幾章要教你如何使用 ML 來進行預測，但是在建立模型之前，你要知道如何建立用來訓練預測模型的時間序列資料，透過建立所謂的**窗口化資料組**（*windowed dataset*）。

為了說明為何你要做這件事，考慮你在第 9 章製作的時間序列，見圖 10-1。

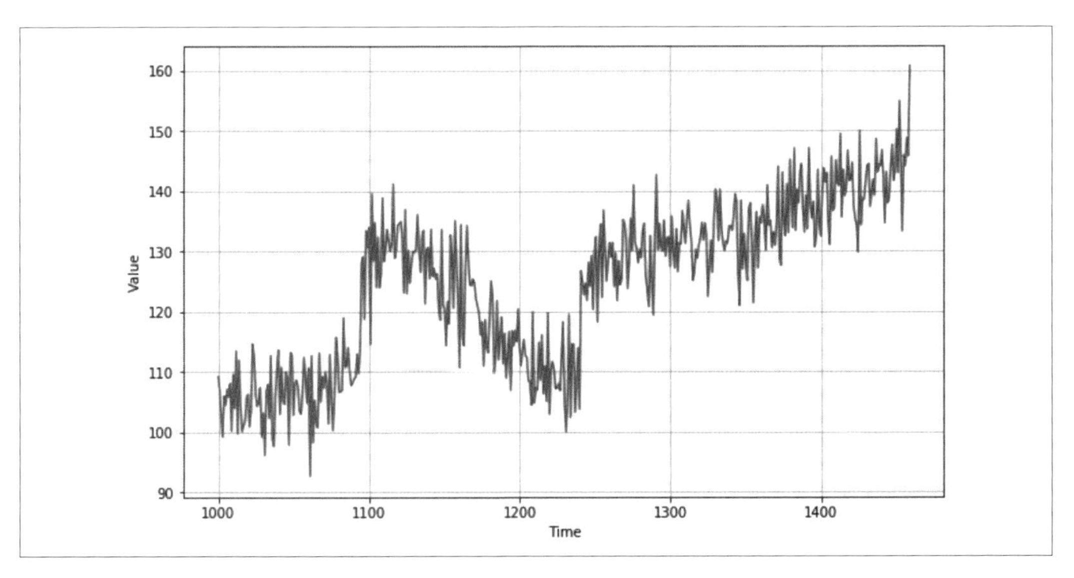

圖 10-1　合成的時間序列

如果你想要預測某個時間 t 的值，你就要用時間 t 之前的值的函數來預測它。例如，假設你要預測時間序列的時步 1,200 的值，用它之前的 30 個值的函數來進行預測，那麼，從時步 1,170 到 1,199 的值將決定時步 1,200 的值，如圖 10-2 所示。

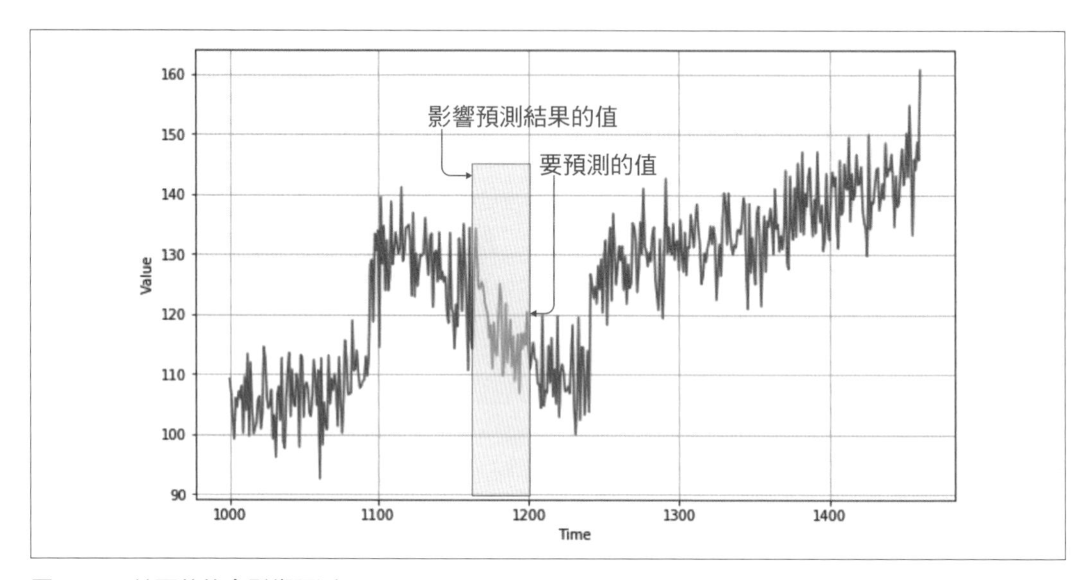

圖 10-2　前面的值會影響預測

現在的東西看起來很熟悉：你可以將 1,170–1,199 的值視為**特徵**，將 1,200 的值視為**標籤**。如果你將資料組中的某些數量的值當成特徵，將接下來的值當成標籤，並且為資料組的每一個值做這件事，你就會得到一組適合用來訓練模型的特徵和標籤。

在使用第 9 章的時間序列資料組來做這件事之前，我們先來建立一個非常簡單的資料組，它有同樣的所有屬性，但資料量少很多。

建立窗口化資料組

`tf.data` 程式庫有許多適合用來處理資料的 API，你可以用它們來建立一個包含數字 0–9 的基本資料組，以模擬時間序列，然後將它轉換成窗口化資料組的開頭。程式如下：

```
dataset = tf.data.Dataset.range(10)
dataset = dataset.window(5, shift=1, drop_remainder=True)
dataset = dataset.flat_map(lambda window: window.batch(5))
for window in dataset:
  print(window.numpy())
```

首先，我們使用一個範圍（range）來建立資料組，讓資料組裡面只有 0 到 $n - 1$ 值，這個例子的 n 是 10。

接下來呼叫 `dataset.window`，並且傳遞參數 5 來將資料組拆成包含五個項目的窗口。設定 `shift=1` 會讓每一個窗口往後移一個位置：第一個窗口包含從 0 開始的五個項目，第二個是從 1 開始的五個項目，以此類推。將 `drop_remainder` 設為 `True` 代表當窗口到了資料組的結尾，造成窗口比所指定的 5 還要小時，就捨棄它。

定義窗口之後就可以開始拆開資料組了，我們使用 `flat_map` 函式，這個例子要求有 5 個窗口的一批。

執行這段程式會產生下列的結果：

```
[0 1 2 3 4]
[1 2 3 4 5]
[2 3 4 5 6]
[3 4 5 6 7]
[4 5 6 7 8]
[5 6 7 8 9]
```

但是之前說過，我們想要用它來製作訓練資料，其中的 n 個值是特徵，它們後面的值是標籤。我們加入另一個 lambda 函式，將各個窗口拆成最後一個值之前的所有值，以及最後一個值，產生 x 與 y 資料組：

```
dataset = tf.data.Dataset.range(10)
dataset = dataset.window(5, shift=1, drop_remainder=True)
dataset = dataset.flat_map(lambda window: window.batch(5))
dataset = dataset.map(lambda window: (window[:-1], window[-1:]))
for x,y in dataset:
  print(x.numpy(), y.numpy())
```

現在的結果就是你想要的了，窗口的前 4 個值是特徵，下一個值是標籤：

```
[0 1 2 3] [4]
[1 2 3 4] [5]
[2 3 4 5] [6]
[3 4 5 6] [7]
[4 5 6 7] [8]
[5 6 7 8] [9]
```

因為這是個資料組，我們也可以用 lambda 函式來將它洗亂和分批。我們將它洗亂，並且用批次大小 2 來將它分批：

```
dataset = tf.data.Dataset.range(10)
dataset = dataset.window(5, shift=1, drop_remainder=True)
dataset = dataset.flat_map(lambda window: window.batch(5))
dataset = dataset.map(lambda window: (window[:-1], window[-1:]))
dataset = dataset.shuffle(buffer_size=10)
dataset = dataset.batch(2).prefetch(1)
for x,y in dataset:
  print("x = ", x.numpy())
  print("y = ", y.numpy())
```

結果顯示第一批有兩組 x（分別從 2 與 3 開始）和它們的標籤，第二批有兩組 x（分別從 1 和 5 開始）和它們的標籤，以此類推：

```
x =  [[2 3 4 5]
 [3 4 5 6]]
y =  [[6]
 [7]]

x =  [[1 2 3 4]
 [5 6 7 8]]
y =  [[5]
 [9]]

x =  [[0 1 2 3]
 [4 5 6 7]]
y =  [[4]
 [8]]
```

使用這項技術可以將任何時間序列資料組轉換成神經網路的訓練資料。在下一節，我們將研究如何用第 9 章的合成資料來建立訓練組，接下來會用這個資料來訓練一個簡單的 DNN，用來預測未來的值。

建立時間序列資料組的窗口版本

複習一下，這是上一章用來建立合成時間序列資料組的程式：

```
def trend(time, slope=0):
    return slope * time

def seasonal_pattern(season_time):
    return np.where(season_time < 0.4,
                    np.cos(season_time * 2 * np.pi),
```

```
                    1 / np.exp(3 * season_time))

def seasonality(time, period, amplitude=1, phase=0):
    season_time = ((time + phase) % period) / period
    return amplitude * seasonal_pattern(season_time)

def noise(time, noise_level=1, seed=None):
    rnd = np.random.RandomState(seed)
    return rnd.randn(len(time)) * noise_level

time = np.arange(4 * 365 + 1, dtype="float32")
series = trend(time, 0.1)
baseline = 10
amplitude = 20
slope = 0.09
noise_level = 5

series = baseline + trend(time, slope)
series += seasonality(time, period=365, amplitude=amplitude)
series += noise(time, noise_level, seed=42)
```

它會建立圖 10-1 那樣的時間序列，你可以隨意調整各種常數的值來修改它。

做出序列之後，你可以用類似上一節的程式來將它轉換成窗口化資料組，我們將它定義成獨立的函式：

```
def windowed_dataset(series, window_size,
                     batch_size, shuffle_buffer):
  dataset = tf.data.Dataset.from_tensor_slices(series)
  dataset = dataset.window(window_size + 1, shift=1,
                           drop_remainder=True)
  dataset = dataset.flat_map(lambda window:
                             window.batch(window_size + 1))
  dataset = dataset.shuffle(shuffle_buffer).map(
                           lambda window:
                             (window[:-1], window[-1]))
  dataset = dataset.batch(batch_size).prefetch(1)
  return dataset
```

注意，它使用 `tf.data.Dataset` 的 `from_tensor_slices` 方法，可將序列轉換成 `Dataset`。你可以閱讀 TensorFlow 文件來進一步了解這個方法（*https://oreil.ly/suj2x*）。

我們用接下來的程式製作可以用來訓練的資料組。我們先將序列拆成訓練和驗證資料組，然後指定一些細節，例如窗口大小、批次大小，以及 shuffle buffer 大小：

```
split_time = 1000
time_train = time[:split_time]
x_train = series[:split_time]
time_valid = time[split_time:]
x_valid = series[split_time:]
window_size = 20
batch_size = 32
shuffle_buffer_size = 1000
dataset = windowed_dataset(x_train, window_size, batch_size,
                           shuffle_buffer_size)
```

切記，現在的資料是 `tf.data.Dataset`，所以我們可以用參數將它傳給 `model.fit`，讓 `tf.keras` 負責接下來的事情。

我們用這段程式檢查資料長怎樣：

```
dataset = windowed_dataset(series, window_size, 1, shuffle_buffer_size)
for feature, label in dataset.take(1):
  print(feature)
  print(label)
```

我們將 `batch_size` 設成 `1`，這只是為了讓結果更容易閱讀。你會得到這種輸出，在批次裡面有一組資料：

```
tf.Tensor(
[[75.38214  66.902626 76.656364 71.96795  71.373764 76.881065 75.62607
  71.67851  79.358665 68.235466 76.79933  76.764114 72.32991  75.58744
  67.780426 78.73544  73.270195 71.66057  79.59881  70.9117  ]],
  shape=(1, 20), dtype=float32)
tf.Tensor([67.47085], shape=(1,), dtype=float32)
```

第一批數字是特徵，我們將窗口大小設成 20，所以它是 1 × 20 張量，第二個數字是標籤（在此是 67.47085），模型會試著為特徵指定標籤。下一節會介紹這項工作如何進行。

建立和訓練 DNN 來擬合序列資料

將資料放入 `tf.data.Dataset` 之後，用 `tf.keras` 來建立神經網路模型就很簡單了。我們先來研究一個簡單的 DNN，它長這樣：

```
dataset = windowed_dataset(series, window_size,
                           batch_size, shuffle_buffer_size)

model = tf.keras.models.Sequential([
    tf.keras.layers.Dense(10, input_shape=[window_size],
                          activation="relu"),
    tf.keras.layers.Dense(10, activation="relu"),
    tf.keras.layers.Dense(1)
])
```

它是個超級簡單的模型，裡面有兩個稠密層，第一層接收輸入外形 `window_size`，接下來的輸出層會產生預測值。

與之前一樣，我們用一個損失函數與一個優化函數來編譯這個模型。我們將損失函數設為 `mse`，也就是均方誤差，這種損失函數通常在回歸問題（這種問題可以歸結為回歸問題！）中使用。至於優化函數，`sgd`（隨機梯度下降）是很好的選擇。本書不詳細介紹這些函數，任何一項優秀的機器學習資源都會教導它們——Andrew Ng 在 Coursera 上的開創性 Deep Learning Specialization（*https://oreil.ly/A8QzN*）是很好的起點。SGD 接收學習率（`lr`）與動力（momentum）參數，它們會影響優化函數的學習方式。資料組各有不同，所以可以控制它們是好事。下一節會教你如何找出最佳值，現在我們先這樣設定它們：

```
model.compile(loss="mse",optimizer=tf.keras.optimizers.SGD(
                                                        lr=1e-6,
                                                        momentum=0.9))
```

接下來，訓練很簡單，只要呼叫 `model.fit`，將資料組傳給它，並且指定訓練的 epoch 數即可：

```
model.fit(dataset,epochs=100,verbose=1)
```

在訓練時，你會看到損失函數回報的數字雖然在一開始很高，但是它會穩定下降。這是前 10 個 epoch 的結果：

```
Epoch 1/100
45/45 [==============================] - 1s 15ms/step - loss: 898.6162
Epoch 2/100
45/45 [==============================] - 0s 8ms/step - loss: 52.9352
```

```
Epoch 3/100
45/45 [==============================] - 0s 8ms/step - loss: 49.9154
Epoch 4/100
45/45 [==============================] - 0s 7ms/step - loss: 49.8471
Epoch 5/100
45/45 [==============================] - 0s 7ms/step - loss: 48.9934
Epoch 6/100
45/45 [==============================] - 0s 7ms/step - loss: 49.7624
Epoch 7/100
45/45 [==============================] - 0s 8ms/step - loss: 48.3613
Epoch 8/100
45/45 [==============================] - 0s 9ms/step - loss: 49.8874
Epoch 9/100
45/45 [==============================] - 0s 8ms/step - loss: 47.1426
Epoch 10/100
45/45 [==============================] - 0s 8ms/step - loss: 47.5133
```

評估 DNN 的結果

訓練 DNN 之後，我們就可以用它來進行預測了。但請記得，我們使用窗口化資料組，所以針對某個點的預測取決於它之前的某個數量的時步的值。

換句話說，當資料在一個稱為 `series` 的串列裡面時，為了預測一個值，你必須將「從時間 *t* 到時間 *t*+`window_size` 的值」傳給模型，模型會產生下一個時步的預測值。

例如，為了預測時步 1,020 的值，我們要用時步 1,000 到 1,019 的值來預測序列的下一個值。你可以用下面的程式來取得這些值（注意，指定它的寫法是 `series[1000:1020]`，不是 `series[1000:1019]`！）

```
print(series[1000:1020])
```

使用 `series[1020]` 可以取得時步 1,020 的值：

```
print(series[1020])
```

為了取得對於那個資料點的預測，我們將序列傳給 `model.predict`。但是，請注意，為了維持輸入外形一致，你要這樣使用 `[np.newaxis]`：

```
print(model.predict(series[1000:1020][np.newaxis]))
```

或者，如果你想讓程式比較通用，可以這樣寫：

```
print(series[start_point:start_point+window_size])
print(series[start_point+window_size])
print(model.predict(
      series[start_point:start_point+window_size][np.newaxis]))
```

注意，以上的程式假設窗口大小是 20 個資料點，這是很小的數字，因此，你的模型可能不太準確，如果你想要嘗試不同的窗口大小，你就要重新格式化資料組，再次呼叫 windowed_dataset 函式，然後重新訓練模型。

將開始點設為 1,000 並預測下一個值產生的輸出是：

```
[109.170746 106.86935  102.61668   99.15634  105.95478  104.503876
 107.08533  105.858284 108.00339  100.15279  109.4894   103.96404
 113.426094  99.67773  111.87749  104.26137  100.08899  101.00105
 101.893265 105.69048 ]

106.258606

[[105.36248]]
```

第一個張量裡面有值串列，接下來我們看到**實際的**下一個值，它是 106.258606，最後是**預測的**下一個值，105.36248。我們取得合理的預測，但如何隨著時間的過去測量準確度？下一節要研究這個問題。

探索整體的預測

上一節告訴你如何用窗口的大小（在這個例子是 20）取得前面的一組值，並將它們傳給模型，來取得特定時間點的預測。為了了解模型的整體結果，我們要為每一個時步做相同的事情。

我們可以用一個簡單的迴圈來做這件事：

```
forecast = []
for time in range(len(series) - window_size):
  forecast.append(
    model.predict(series[time:time + window_size][np.newaxis]))
```

我們先建立一個新的陣列，稱為 forecast，用它來儲存預測出來的值，然後為原始序列的每一個時步呼叫 predict 方法，並且將結果存入 forecast 陣列。你不能幫資料的前 n 個元素做這件事，n 是 window_size，因為在那個時刻還沒有足夠的資料來進行預測，原因是每一次預測都需要前面的 n 個值。

當迴圈結束時，forecast 陣列將會有時步 21 之後的預測值。

之前我們在時步 1,000 將資料拆成訓練和驗證組，因此，接下來我們只能在這個時間點之後進行預測，因為你的預測資料已經後移 20 了（或你的窗口大小），我們可以拆開它，並將它轉換成 NumPy 陣列：

```
forecast = forecast[split_time-window_size:]
results = np.array(forecast)[:, 0, 0]
```

現在它的外形與預測資料一樣，所以我們可以畫出它們彼此的關係：

```
plt.figure(figsize=(10, 6))

plot_series(time_valid, x_valid)
plot_series(time_valid, results)
```

圖 10-3 是畫出來的結果。

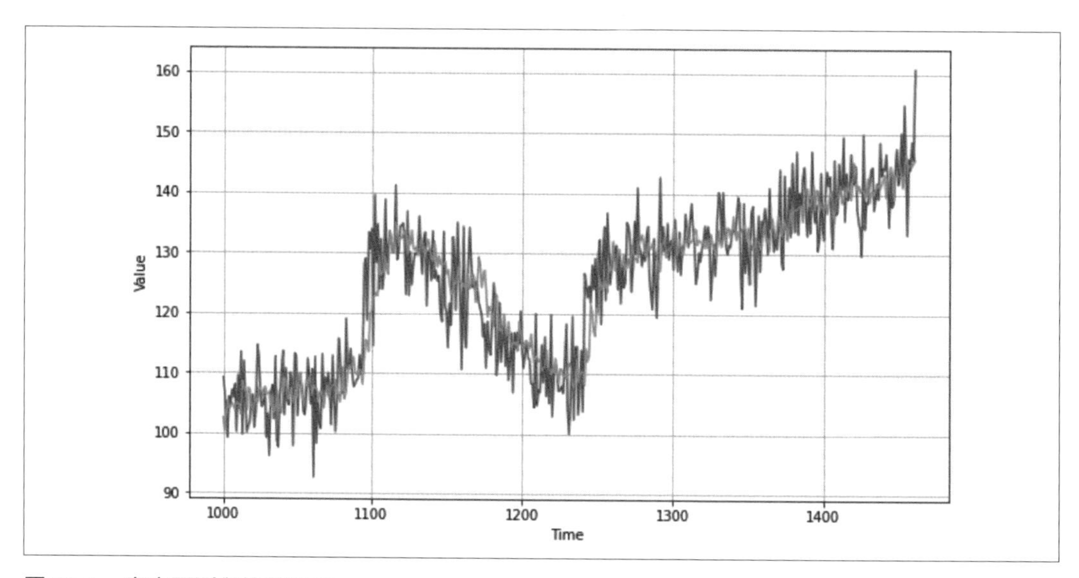

圖 10-3　畫出預測與值的關係

簡單地看一下可以發現預測得還不錯，它大致上追隨原始資料的曲線。當資料快速變動時，預測會花一些時跟上，但整體來說它的表現很棒。

然而，我們很難精確地看出曲線，最好的做法是使用良好的指標，第 9 章教過你一種指標——MAE。有了資料與結果之後，我們用這段程式來測量 MAE：

```
tf.keras.metrics.mean_absolute_error(x_valid, results).numpy()
```

因為資料有隨機性，所以你的結果可能會不一樣，當我嘗試它時，我得到 4.51 的 MAE。

我們可以說，將 MAE 最小化就會讓預測越準確，我們可以用一些技術來做這件事，包括改變窗口的大小。我讓你自己做實驗，但是在下一節，我們將做一些基本的優化函數超參數調整來改善神經網路的學習，並且看看它會對 MAE 造成什麼影響。

調整學習率

在之前的範例中，我們用這個優化函數來編譯模型：

```
model.compile(loss="mse",
              optimizer=tf.keras.optimizers.SGD(lr=1e-6, momentum=0.9))
```

我們使用 1×10^{-6} 這個學習率，但是它是隨意選擇的數字，更改它會怎樣？該如何改變它？尋找最佳的學習率需要進行很多實驗。

`tf.keras` 的 callback 可以協助你隨著時間調整學習率，我們早在第 2 章就介紹過 callback 了，它是在每一個 epoch 結束時呼叫的函式，當時我們用 callback 在準確度到達期望的值之後取消訓練。

你也可以使用 callback 來調整學習率參數，為適當的 epoch 畫出那個參數的值和損失的關係圖，並且從中選擇最佳的學習率來使用。

我們只要建立 `tf.keras.callbacks.LearningRateScheduler`，並且用一個開始值來讓它填寫 `lr` 參數即可，例如：

```
lr_schedule = tf.keras.callbacks.LearningRateScheduler(
    lambda epoch: 1e-8 * 10**(epoch / 20))
```

這個例子先使用學習率 1e−8，然後在每一個 epoch 增加它一些，在完成一百個 epoch 時，學習率會到達大約 1e−3。

我們用學習率 1e–8 來將優化函數初始化，並且在 model.fit 呼叫式裡面指定這個 callback：

```
optimizer = tf.keras.optimizers.SGD(lr=1e-8, momentum=0.9)
model.compile(loss="mse", optimizer=optimizer)
 history = model.fit(dataset, epochs=100,
                     callbacks=[lr_schedule], verbose=0)
```

因為使用 history=model.fit，它會幫你儲存訓練紀錄，包括損失，我們畫出它在每個 epoch 與學習率的關係：

```
lrs = 1e-8 * (10 ** (np.arange(100) / 20))
plt.semilogx(lrs, history.history["loss"])
plt.axis([1e-8, 1e-3, 0, 300])
```

它用和 lambda 函式一樣的公式來設定 lrs 值，並且畫出損失在 1e–8 與 1e–3 之間的情況。圖 10-4 是結果。

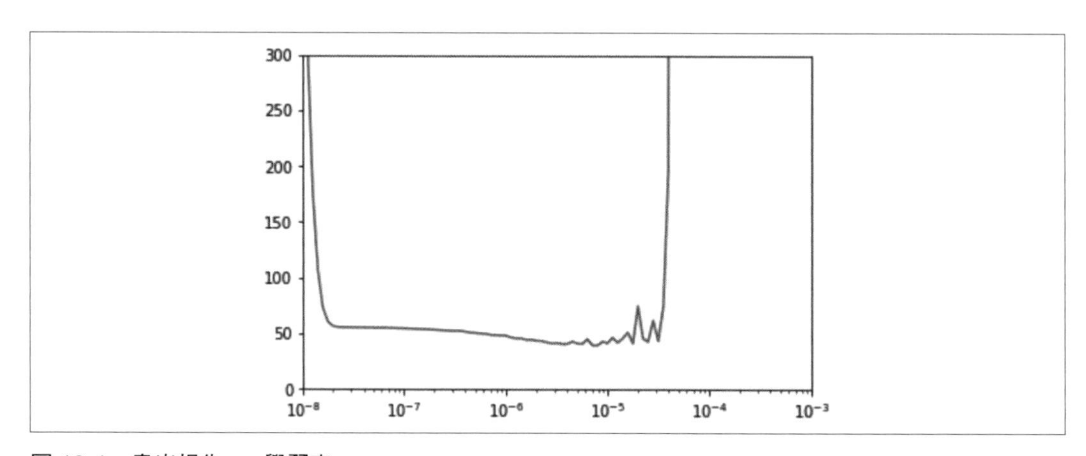

圖 10-4　畫出損失 vs. 學習率

因此，雖然之前將學習率設成 1e–6，但使用 1e–5 的損失看起來更小，所以我們回去模型，把 1e–5 設為新的學習率來重新定義它。

在訓練模型之後，你應該會發現損失減少一些。當我使用學習率 1e–6 時，我的最終損失是 36.5，當學習率是 1e–5 時，它降為 32.9。但是，當我為所有資料執行預測時，結果如圖 10-5 所示，你可以看到它有點偏差。

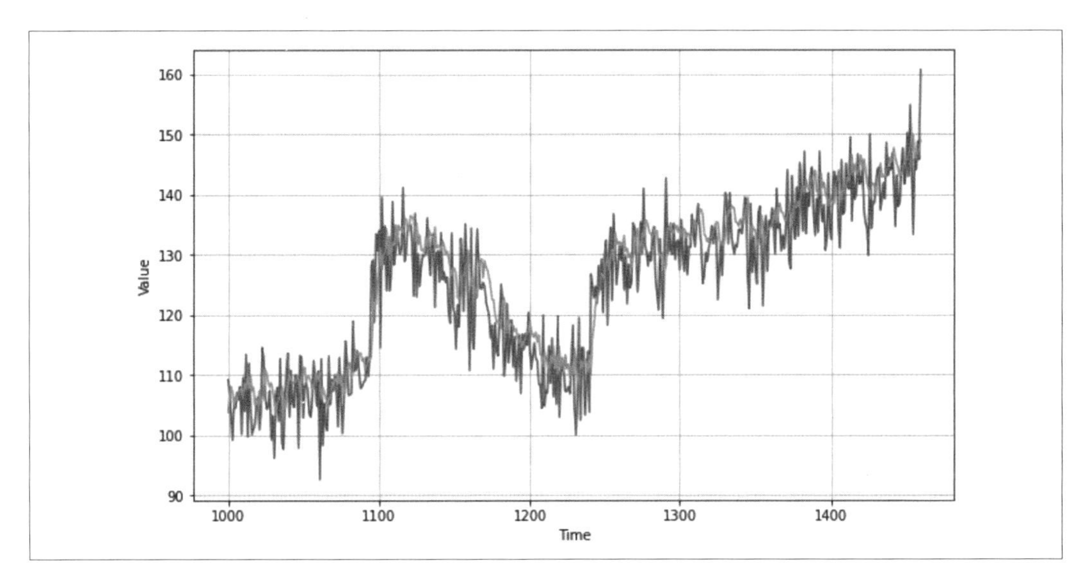

圖 10-5　使用調整過的學習率畫出來的圖表

我測量的 MAE 最後是 4.96，所以它倒退了一小步。話雖如此，當你得到最佳的學習率之後，你就可以開始探索其他的方法來優化網路的性能。調整窗口大小是很容易下手的地方——用 20 天的資料來預測 1 天可能不夠，所以你可能要嘗試 40 天的窗口。此外，試著訓練更多 epoch。只要稍做實驗，你就可以得到接近 4 的 MAE，這是不錯的結果。

使用 Keras Tuner 來研究超參數調整

上一節教你如何對隨機梯度下降損失函數的學習率進行粗略的優化，這是非常麻煩的工作，你要在每幾個 epoch 更改學習率，並且測量損失。「損失函數**會在**每一個 epoch 改變」這件事也會在某種程度上干擾這項工作，所以你可能沒有找到最佳值，只是近似值。為了找到真正的最佳值，你應該用每一個可能的值來訓練完整的 epoch 集合，然後比較結果。這麼費力地工作只是為了調整一個超參數——學習率。如果你想要找到最佳動力（momentum），或調整其他的東西，例如模型架構（每一層有多少個神經元、有多少層…等），你可能有好幾千個選項需要測試，而且很難用程式來以全部的選項進行訓練。

幸好，Keras Tuner 工具（*https://oreil.ly/QDFVd*）可以簡化這項工作，我們可以用簡單的 `pip` 命令來安裝 Keras Tuner：

```
!pip install keras-tuner
```

然後使用它來將超參數參數化，指定想要測試的值的範圍。Keras Tuner 會訓練多個模型，每一個都用一組可能的參數來訓練，用你指定的指標來評估模型，然後回報前幾名的模型。我們不在這裡討論該工具提供的所有選項，但是會告訴你如何用它來處理這個模型。

假如我們只想要實驗兩件事情，第一件事情是模型架構的輸入神經元的數量，你的模型架構一直以來都有 10 個輸入神經元，接下來是 10 個隱藏層，然後是輸出層，但是使用更多網路層會不會更好？例如，如果在輸入層用 30 個神經元來試驗會怎樣？

我們當時是這樣定義輸入層的：

```
tf.keras.layers.Dense(10, input_shape=[window_size], activation="relu"),
```

如果你想要測試不同的值，而不是寫死的 10，你可以讓它循環使用一些整數：

```
tf.keras.layers.Dense(units=hp.Int('units', min_value=10, max_value=30, step=2),
                      activation='relu', input_shape=[window_size])
```

我們在這裡指定使用幾個輸入值來測試這個階層，從 10 開始，並且在 2 步之間增加到 30，現在，Keras Tuner 會訓練模型 11 次，而不是只訓練它一次並查看損失！

此外，之前在編譯模型時，我們將動力參數寫死為 `0.9`，當時是用這段程式來定義模型的：

```
optimizer = tf.keras.optimizers.SGD(lr=1e-5, momentum=0.9)
```

我們可以使用 `hp.Choice` 架構來將它改成循環執行一些選項，例如：

```
optimizer=tf.keras.optimizers.SGD(hp.Choice('momentum',
                                  values=[.9, .7, .5, .3]),
                                  lr=1e-5)
```

它提供四種可能的選項，所以結合之前的模型架構，現在是試驗 44 種可能的組合。Keras Tuner 可以幫你做這件事，並且回報表現最好的模型。

在完成設定之前，我們先寫一個建構模型的函式，這是更改後的模型定義：

```
def build_model(hp):
  model = tf.keras.models.Sequential()
  model.add(tf.keras.layers.Dense(
```

```
    units=hp.Int('units', min_value=10, max_value=30, step=2),
                activation='relu', input_shape=[window_size]))
  model.add(tf.keras.layers.Dense(10, activation='relu'))
  model.add(tf.keras.layers.Dense(1))

  model.compile(loss="mse",
               optimizer=tf.keras.optimizers.SGD(hp.Choice('momentum',
                                               values=[.9, .7, .5, .3]),
                                               lr=1e-5))

  return model
```

安裝 Keras Tuner 之後，我們建立一個 RandomSearch 物件來管理所有的迭代：

```
tuner = RandomSearch(build_model,
                    objective='loss', max_trials=150,
                    executions_per_trial=3, directory='my_dir',
                    project_name='hello')
```

注意，我們定義模型的方法是將之前描述的函式傳給它，用 hyperparameter 參數（hp）來控制想要改變哪些值，將 objective 設為 loss，代表想要將損失最小化。我們使用 max_trials 參數來設定想要運行的試驗次數上限，並使用 executions_per_trial 參數來設定想要訓練和評估模型多久（稍微消除隨機波動）。

只要像呼叫 model.fit 一樣呼叫 tuner.search 即可開始搜尋，程式如下：

```
tuner.search(dataset, epochs=100, verbose=0)
```

讓它處理這一章一直在使用的合成序列時，它會根據我們定義的試驗選項，用每一個可能的超參數來訓練模型。

在它完成工作之後呼叫 tuner.results_summary，它會根據目標，提供前 10 名試驗：

```
tuner.results_summary()
```

你會看到這個輸出：

```
Results summary
|-Results in my_dir/hello
|-Showing 10 best trials
|-Objective(name='loss', direction='min')
Trial summary
|-Trial ID: dcfd832e62daf4d34b729c546120fb14
|-Score: 33.18723194615371
|-Best step: 0
Hyperparameters:
```

```
|-momentum: 0.5
|-units: 28
Trial summary
|-Trial ID: 02ca5958ac043f6be8b2e2b5479d1f09
|-Score: 33.83273440510237
|-Best step: 0
Hyperparameters:
|-momentum: 0.7
|-units: 28
```

從這個結果可以看到，最佳損失分數是用動力 0.5 和 28 個輸入單元來實現的。我們可以取出這個模型與前幾名的模型，做法是呼叫 get_best_models 並指定想要取出多少個，如果你想要取得前 4 名模型，可以這樣呼叫它：

```
tuner.get_best_models(num_models=4)
```

接著你可以測試這些模型。

或者，你可以使用學到的超參數來從零開始建立新模型：

```
dataset = windowed_dataset(x_train, window_size, batch_size,
                           shuffle_buffer_size)

model = tf.keras.models.Sequential([
    tf.keras.layers.Dense(28, input_shape=[window_size],
                          activation="relu"),
    tf.keras.layers.Dense(10, activation="relu"),
    tf.keras.layers.Dense(1)
])

optimizer = tf.keras.optimizers.SGD(lr=1e-5, momentum=0.5)
model.compile(loss="mse", optimizer=optimizer)
history = model.fit(dataset, epochs=100,  verbose=1)
```

當我使用這些超參數來進行訓練，並且用整個驗證組來進行預測時，得到圖 10-6。

用它來計算 MAE 產生 4.47，雖然只比原本的 4.51 好一些，但是比上一章的統計方法所產生的 5.13 好很多。這是藉著將學習率改成 1e−5 實現的，它可能不是最好的。使用 Keras Tuner 可以像之前那樣調整超參數、調整中間層的神經元，甚至實驗各種損失函數和優化函數，你可以試試看能不能改善這個模型！

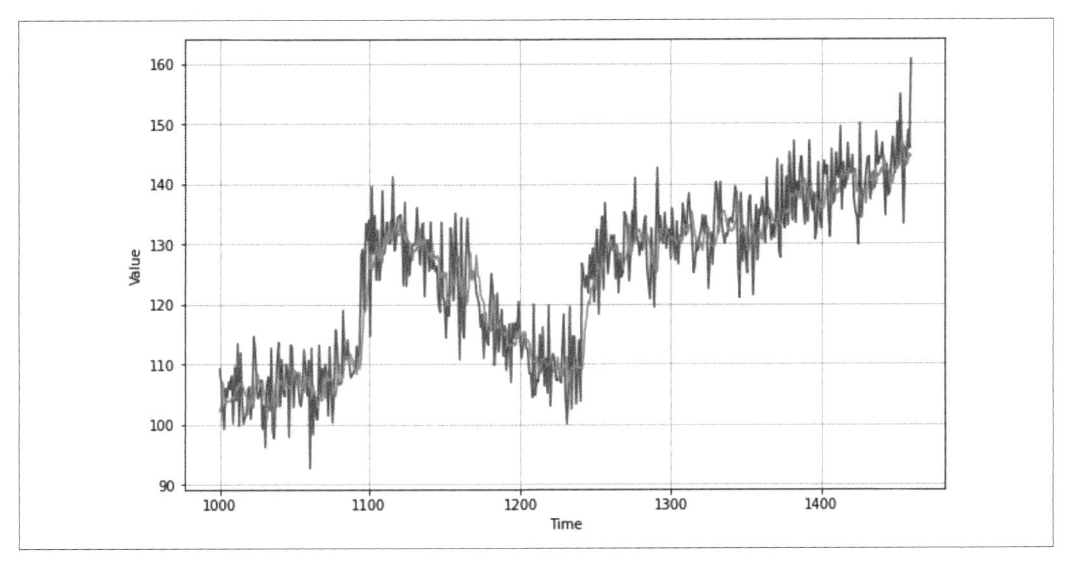

圖 10-6　使用優化的超參數產生的預測圖

小結

這一章根據第 9 章的時間序列統計分析，使用機器學習來試著做出更好的預測。機器學習其實就是模式匹配，而且一如預期，你可以藉著先使用深度神經網路來找出模式，然後使用 Keras Tuner 來調整超參數以改善損失並增加準確度，將 MAE 下降大約 10%。在第 11 章，我們要跳脫簡單的 DNN，研究使用遞迴神經網路來預測序列值的影響。

第十一章

使用摺積和遞迴方法來製作序列模型

前幾章介紹了序列資料，先教你使用統計方法來預測它，然後使用基本的機器學習方法，透過深度神經網路。我們也研究了如何使用 Keras Tuner 來調整模型的超參數。這一章要來看一些可以進一步改善序列資料預測能力的技術，我們將使用摺積神經網路，以及遞迴神經網路。

處理序列資料的摺積

第 3 章曾經介紹摺積，當時用一個 2D 過濾器滑過一張圖像來修改圖像並提取特徵。神經網路可以逐漸學習哪些過濾器可以有效地為「針對像素的修改」指定標籤，從而有效地從圖像中提取特徵。同樣的技術也可以用來處理數值時間序列資料，但是需要做一種修改：摺積是一維的，而不是二維的。

例如，考慮圖 11-1 的數字序列。

圖 11-1　數字序列

1D 摺積是這樣處理數字的：假如摺積是個 1 × 3 過濾器，它的值是 −0.5、1 和 −0.5，在這個例子中，序列的第一個值會被捨棄，第二個值會從 8 變成 −1.5，如圖 11-2 所示。

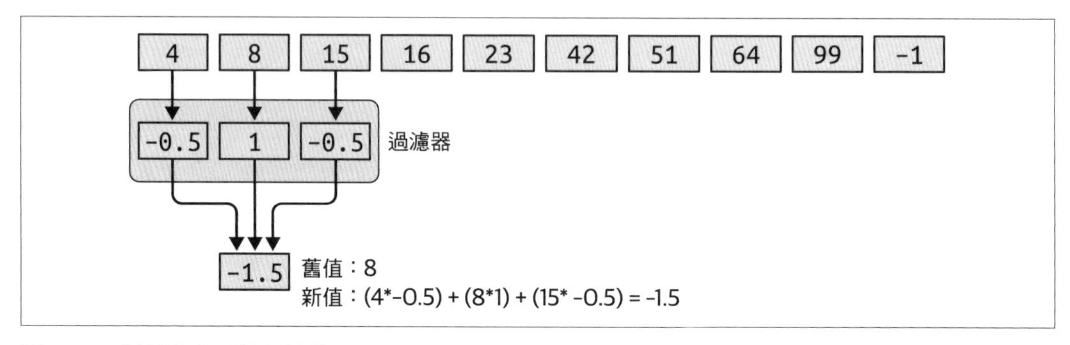

圖 11-2　對數字序列使用摺積

然後將這個過濾器移到每一個值上面，在過程中計算新值，因此，舉例來說，在下一次移動，15 會被轉換成 3，如圖 11-3 所示。

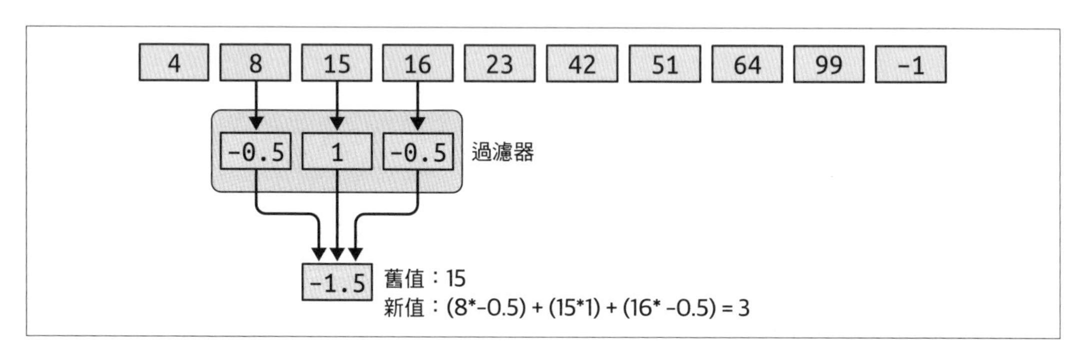

圖 11-3　在 1D 摺積的下一次移動

這種方法可以取得值與值之間的模式，並且學習能夠提取它們的過濾器，很像在圖像像素上面使用摺積。這個例子沒有標籤，但是我們可以學習可將整體損失最小化的摺積。

編寫摺積程式

在編寫摺積程式之前，我們必須調整在上一章使用的窗口化資料組產生器，因為在編寫摺積層時，我們必須指定維數，窗口化資料組有 1 維，但不是定義成 1D 張量。我們只要在 windowed_dataset 函式的開頭加入 tf.expand_dims 陳述式即可：

```
def windowed_dataset(series, window_size, batch_size, shuffle_buffer):
  series = tf.expand_dims(series, axis=-1)
  dataset = tf.data.Dataset.from_tensor_slices(series)
  dataset = dataset.window(window_size + 1, shift=1, drop_remainder=True)
  dataset = dataset.flat_map(lambda window: window.batch(window_size + 1))
```

```
    dataset = dataset.shuffle(shuffle_buffer).map(
                lambda window: (window[:-1], window[-1]))
    dataset = dataset.batch(batch_size).prefetch(1)
    return dataset
```

修正資料組之後，我們可以在既有的稠密層前面加入一個摺積層：

```
dataset = windowed_dataset(x_train, window_size, batch_size, shuffle_buffer_size)

model = tf.keras.models.Sequential([
    tf.keras.layers.Conv1D(filters=128, kernel_size=3,
                           strides=1, padding="causal",
                           activation="relu",
                           input_shape=[None, 1]),
    tf.keras.layers.Dense(28, activation="relu"),
    tf.keras.layers.Dense(10, activation="relu"),
    tf.keras.layers.Dense(1),
])

optimizer = tf.keras.optimizers.SGD(lr=1e-5, momentum=0.5)
model.compile(loss="mse", optimizer=optimizer)
history = model.fit(dataset, epochs=100, verbose=1)
```

在 Conv1D 層裡面，我們使用了一些參數：

filters

我們希望該層學習的過濾器數量，它會產生這個數量，並且在學習時，隨著時間調整它們來擬合資料。

kernel_size

過濾器的大小——前面的過濾器使用值 –0.5、1、–0.5，它的 kernel 大小是 3。

strides

當過濾器掃描串列時每一「步」的大小，通常設成 1。

padding

設定當移除串列兩端資料時的行為。3 × 1 過濾器會「丟掉」串列的第一個與最後一個值，因為它不能計算第一個值的首值，與最後一個值的末值。通常在使用序列資料時，我們會將它設成 causal，它會直接從當前的時步與前一個時步拿資料，絕不會拿未來的資料，因此，舉例來說，3 × 1 過濾器會拿當前的時步，以及前兩個時步的資料。

activation

觸發函數，在這個例子中，relu 代表阻擋負值跑出這一層。

input_shape

一如往常，它是網路的輸入資料的外形，因為這是第一層，你必須指定它。

用它來訓練會產生與之前一樣的模型，但是由於輸入層已經改變外形了，為了從模型取得預測，我們必須修改預測程式。

此外，如果我們正確地將序列格式化為資料組，我們可以為整個序列取得一個預測，而不是根據之前的窗口，一個接著一個預測各個值。為了簡化，我們用一個輔助函式來用模型和指定的窗口大小來預測整個序列：

```
def model_forecast(model, series, window_size):
    ds = tf.data.Dataset.from_tensor_slices(series)
    ds = ds.window(window_size, shift=1, drop_remainder=True)
    ds = ds.flat_map(lambda w: w.batch(window_size))
    ds = ds.batch(32).prefetch(1)
    forecast = model.predict(ds)
    return forecast
```

為了讓模型預測這個 series，你只要傳入 series 並使用一個新軸（new axis），用額外的軸處理階層所需的 Conv1D：

```
forecast = model_forecast(model, series[..., np.newaxis], window_size)
```

你可以使用預定的拆解時間（split time）來將這個預測拆成只有驗證組的預測：

```
results = forecast[split_time - window_size:-1, -1, 0]
```

圖 11-4 同時畫出結果與序列。

這個例子的 MAE 是 4.89，它比之前的預測略遜一些，或許是因為我們沒有妥善地調整摺積層，或是摺積沒有幫助，這是必須用資料來進行試驗的實驗類型。

注意，這個資料有隨機元素，所以值會在每次執行時不同。如果你使用第 10 章的程式，然後分別執行這段程式，隨機波動必然會影響資料，從而影響 MAE。

但是在使用摺積時都會出現這些問題：為什麼要選擇那些參數？為什麼要用 128 個過濾器？為什麼大小是 3 × 1？好消息是，你可以用 Keras Tuner（*https://oreil.ly/doxhE*）來試驗它們，就像之前示範的做法那樣，我們接著來討論它。

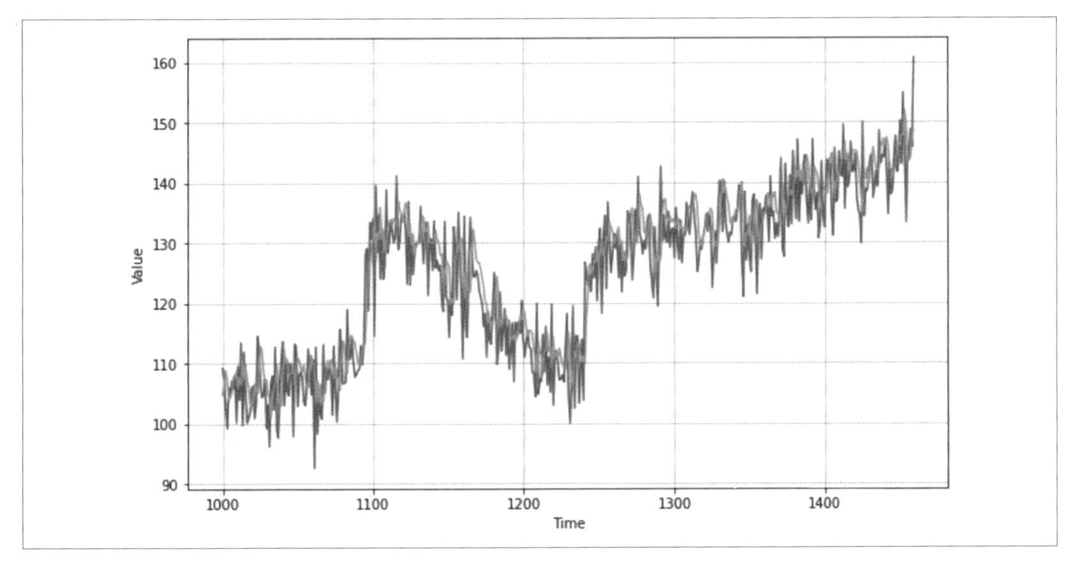

圖 11-4　用摺積神經網路來預測時間序列資料

試驗 Conv1D 超參數

上一節使用參數不變的 1D 摺積，那些參數包括過濾器數量、kernel 大小、步幅數…等，用它來訓練神經網路時，MAE 看起來有稍微提升，所以使用 Conv1D 沒有好處。雖然結果與資料有關，所以不一定都是如此，不過問題的原因也有可能是沒有使用最好的超參數，因此，這一節將教你如何用 Keras Tuner 來優化它們。

這個例子要試驗的超參數包括過濾器數量、kernel 大小、步幅大小，我們維持其他參數不變：

```
def build_model(hp):
    model = tf.keras.models.Sequential()
    model.add(tf.keras.layers.Conv1D(
        filters=hp.Int('units',min_value=128, max_value=256, step=64),
        kernel_size=hp.Int('kernels', min_value=3, max_value=9, step=3),
        strides=hp.Int('strides', min_value=1, max_value=3, step=1),
        padding='causal', activation='relu', input_shape=[None, 1]
    ))

    model.add(tf.keras.layers.Dense(28, input_shape=[window_size],
                                    activation='relu'))

    model.add(tf.keras.layers.Dense(10, activation='relu'))
```

```
    model.add(tf.keras.layers.Dense(1))

    model.compile(loss="mse",
                  optimizer=tf.keras.optimizers.SGD(momentum=0.5, lr=1e-5))
    return model
```

過濾器的值將從 128 開始，然後遞增 64，直到 256。kernel 大小將從 3 開始，遞增 3，直到 9，步幅從 1 開始，步進到 3。

這些值有很多種組合，所以這個實驗需要花一些時間來執行。你也可以試著修改其他地方，例如使用小很多的過濾器初始值，觀察它們造成的影響。

這是進行搜尋的程式碼：

```
tuner = RandomSearch(build_model, objective='loss',
                     max_trials=500, executions_per_trial=3,
                     directory='my_dir', project_name='cnn-tune')

tuner.search_space_summary()

tuner.search(dataset, epochs=100, verbose=2)
```

當我進行實驗時，我發現 128 個過濾器、大小 9 和步幅 1 可產生最好的結果。與最初的模型相較之下，它最大的不同是過濾器大小，對這麼大型的資料組來說，這是很合理的選擇。當過濾器的大小是 3 時，只有隔壁的資料會造成影響，但是當大小是 9 時，距離較遠的鄰點也會影響過濾器的結果。從這個結果看來，我們可以進一步試驗，從這些值開始嘗試更大的過濾器大小，或許使用更少過濾器。請自行試試看能否進一步改善！

將這些值插入模型架構可以得到：

```
dataset = windowed_dataset(x_train, window_size, batch_size,
                           shuffle_buffer_size)

model = tf.keras.models.Sequential([
    tf.keras.layers.Conv1D(filters=128, kernel_size=9,
                           strides=1, padding="causal",
                           activation="relu",
                           input_shape=[None, 1]),
    tf.keras.layers.Dense(28, input_shape=[window_size],
                           activation="relu"),
    tf.keras.layers.Dense(10, activation="relu"),
    tf.keras.layers.Dense(1),
])
```

```
optimizer = tf.keras.optimizers.SGD(lr=1e-5, momentum=0.5)
model.compile(loss="mse", optimizer=optimizer)
history = model.fit(dataset, epochs=100,  verbose=1)
```

用它來訓練之後，從圖 11-5 可以看到，這個模型的準確度比之前的天真 CNN 和原始的 DNN 更好。

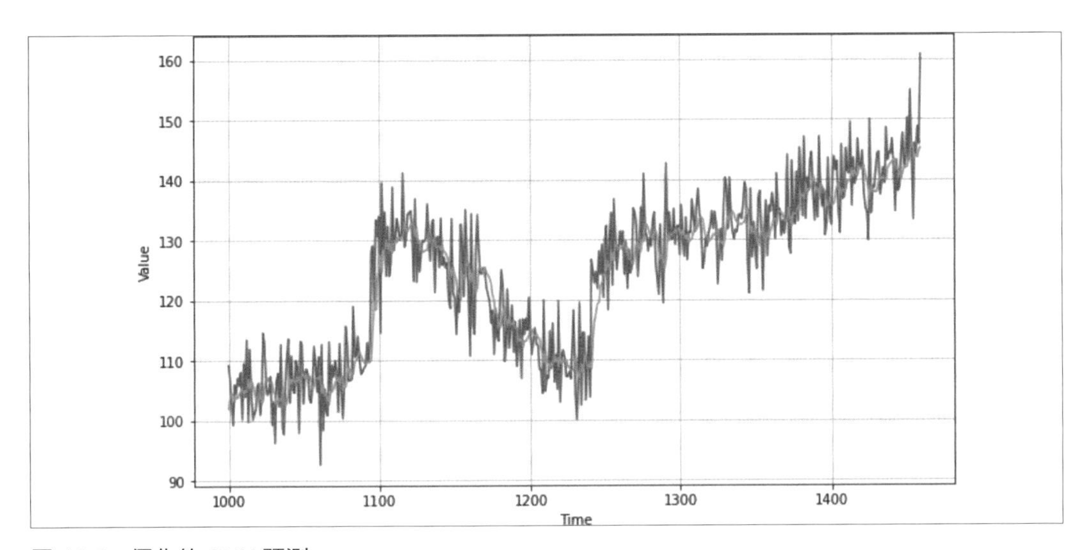

圖 11-5　優化的 CNN 預測

它產生 4.39 的 MAE，比不使用摺積層的 4.47 稍微好一些。進一步試驗 CNN 超參數或許還可以進一步改善它。

除了摺積之外，使用 CNN 來處理自然語言的章節所介紹的技術或許也可以用來處理序列資料，包括 LSTM。就本質而言，RNN 在設計上是為了保留背景，所以之前的值會影響之後的值，接下來我們要用它們來建立序列模型。不過在那之前，我們先跟合成資料組告別，開始使用真實的資料。這個例子將考慮天氣資料。

使用 NASA 天氣資料

NASA 戈達德太空研究所（GISS）地表溫度分析（*https://oreil.ly/6IixP*）是很棒的時間序列天氣資料來源之一。前往 Station Data（*https://oreil.ly/F9Hmw*），你可以在網頁右邊選擇天氣站，並取得它的資料。例如，我選擇 Seattle Tacoma（SeaTac）機場，然後出現圖 11-6 的網頁。

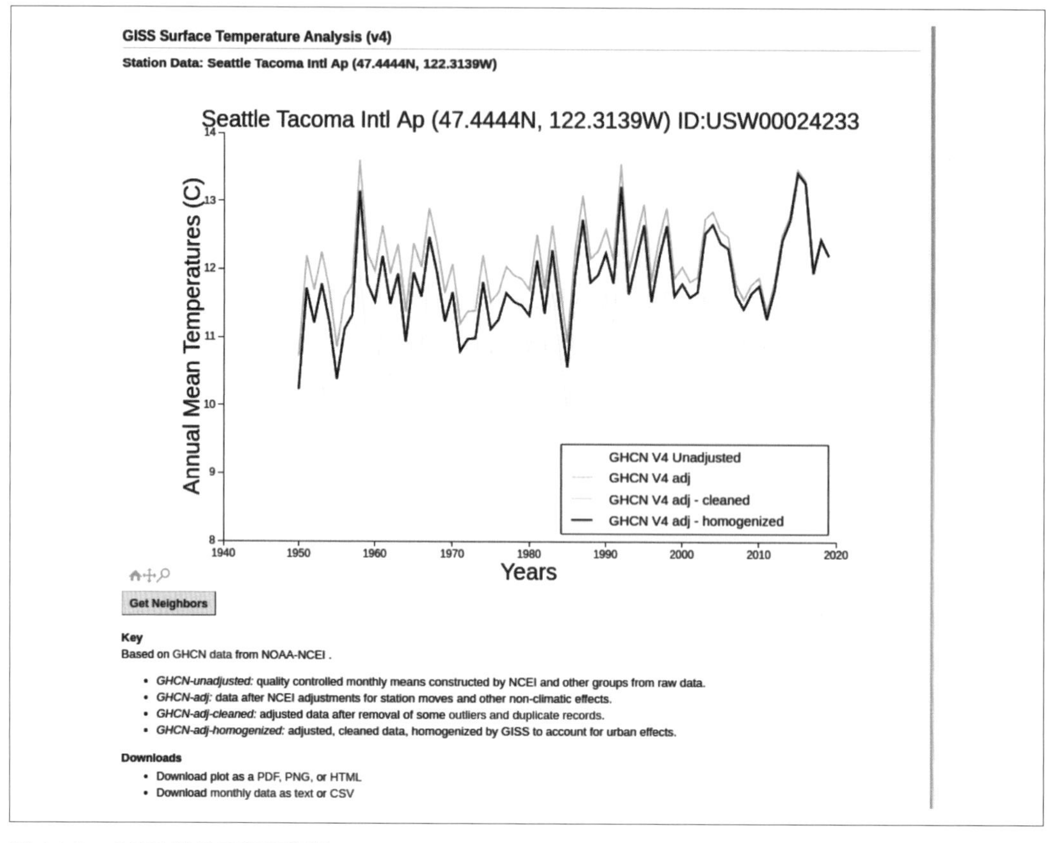

圖 11-6　GISS 的地表溫度資料

在網頁底下有連結可以下載逐月資料 CSV，按下它之後，*station.csv* 檔案就會下載到你的設備上。打開它可以看到它是一個資料網格，一年一列，一個月一欄，見圖 11-7。

	A	B	C	D	E	F	G	H	I	J	K	L	M
1	YEAR	JAN	FEB	MAR	APR	MAY	JUN	JUL	AUG	SEP	OCT	NOV	DEC
2	1950	-2.54	5.85	6.99	9.37	12.31	17.04	18.99	19.05	15.74	10.95	7.84	8.5
3	1951	4.14	6.19	5.49	11.15	13.73	17.57	19.38	17.86	16.43	11.85	8.38	3.87
4	1952	3.86	6.21	7.13	10.55	13.63	15.01	18.86	18.63	16.51	13.77	6.43	6.76
5	1953	8.25	5.95	7.49	9.63	12.85	14.45	18	18.49	16.77	13.17	9.56	7.12
6	1954	3.67	7.08	6.24	8.94	13.57	14.91	17.02	17.3	16.24	11.73	10.83	6.26
7	1955	5.38	4.86	5.37	8.39	11.78	15.83	17	17.49	15.3	11.62	5.23	4.96
8	1956	5.3	3.45	6.32	11.2	15.2	15.25	19.54	18.61	15.81	10.77	6.98	5.64

圖 11-7　探索資料

因為它是 CSV 資料，所以用 Python 來處理它很簡單，但是與處理任何一種資料組時一樣，務必注意格式。在讀取 CSV 時，我們往往會逐行讀取它，通常每一行都有一個你關注的資料點。在這個例子裡，每一行至少有 12 個關注的資料點，所以你必須在讀取資料時考慮這件事。

用 Python 讀取 GISS 資料

下面是讀取 GISS 資料的程式：

```
def get_data():
    data_file = "/home/ljpm/Desktop/bookpython/station.csv"
    f = open(data_file)
    data = f.read()
    f.close()
    lines = data.split('\n')
    header = lines[0].split(',')
    lines = lines[1:]
    temperatures=[]
    for line in lines:
        if line:
            linedata = line.split(',')
            linedata = linedata[1:13]
            for item in linedata:
                if item:
                    temperatures.append(float(item))

    series = np.asarray(temperatures)
    time = np.arange(len(temperatures), dtype="float32")
    return time, series
```

它會打開你指定的路徑（你的當然是不同的）裡面的檔案，並讀取整個檔案，成為很多行（lines），用換行字元（`\n`）來分開每一行，然後它會遍歷每一行，忽略第一行，並且用逗號字元將它們拆成新陣列 `linedata`。在這個陣列裡，第 1 個到第 13 個項目以字串來表示從一月到二月的值，我們將那些值轉換成浮點數，並加入陣列 `temperatures`，完成之後，將它轉換成 NumPy 陣列 `series`，然後建立另一個 NumPy 陣列 `time`，其大小與 `series` 一樣，因為它是用 `np.arange` 來建立的，所以第一個元素是 1，第二個是 2，以此類推。因此，這個函式會回傳包含從 1 到資料點數量的 `time`，以及那些時間的資料 `series`。

執行這段程式來將時間序列標準化：

```
time, series = get_data()
mean = series.mean(axis=0)
series-=mean
std = series.std(axis=0)
series/=std
```

我們像之前那樣將它拆成訓練和驗證組。我們根據資料的大小來選擇拆開的時間——我有大約 840 個資料項目，所以我在 792 拆開（保留 4 年的資料點，準備用來驗證）：

```
split_time = 792
time_train = time[:split_time]
x_train = series[:split_time]
time_valid = time[split_time:]
x_valid = series[split_time:]
```

因為現在的資料是 NumPy 陣列，我們可以用之前的程式來建立窗口化資料組，並訓練神經網路：

```
window_size = 24
batch_size = 12
shuffle_buffer_size = 48
dataset = windowed_dataset(x_train, window_size,
                           batch_size, shuffle_buffer_size)
valid_dataset = windowed_dataset(x_valid, window_size,
                                 batch_size, shuffle_buffer_size)
```

我們使用本章稍早的摺積網路所使用的 `windowed_dataset`，並加入一個新維度。在使用 RNN、GRU 和 LSTM 時，你要讓資料有那種外形。

使用 RNN 來建立序列模型

將 NASA CSV 資料變成窗口化資料組之後，建立模型來訓練預測器就比較簡單了（但是訓練好的模型比較困難一些！）。我從一個簡單的、天真的 RNN 模型開始做起，程式如下：

```
model = tf.keras.models.Sequential([
    tf.keras.layers.SimpleRNN(100, return_sequences=True,
                              input_shape=[None, 1]),
    tf.keras.layers.SimpleRNN(100),
    tf.keras.layers.Dense(1)
])
```

這個例子使用 Keras SimpleRNN 層。RNN 是神經網路類別，很適合用來研發序列模型。我們在第 7 章研究自然語言處理時第一次認識它，我不在此詳細說明它們如何運作，如果你有興趣，而且你跳過那一章，現在可以回去閱讀。值得注意的是，RNN 有一個內部的迴路，它會迭代序列的時步，同時會在內部保留它看過的時步的狀態。SimpleRNN 會將各個時步的輸出傳給下一個時步。

你可以用之前的超參數來編譯和擬合模型，也可以使用 Keras Tuner 來看看能不能找到更好的超參數。為了簡化，你可以使用這些設定：

```
optimizer = tf.keras.optimizers.SGD(lr=1.5e-6, momentum=0.9)
model.compile(loss=tf.keras.losses.Huber(),
              optimizer=optimizer, metrics=["mae"])

history = model.fit(dataset, epochs=100,  verbose=1,
                    validation_data=valid_dataset)
```

使用 100 個 epoch 就足以了解它的預測效果了，結果如圖 11-8 所示。

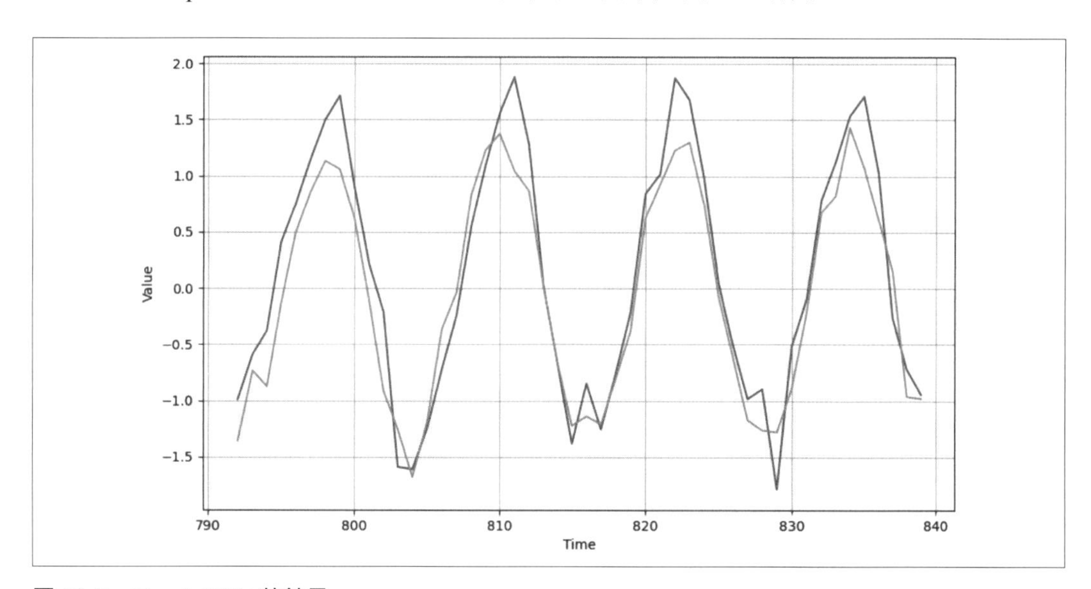

圖 11-8　SimpleRNN 的結果

結果相當不錯，雖然它離峰值有一些距離，而且當模式發生意外變化時也是如此（例如在時步 815 與 828 時），但整體來說，它的表現不錯。接著我們來看一下，訓練它 1,500 epoch 會怎樣（圖 11-9）。

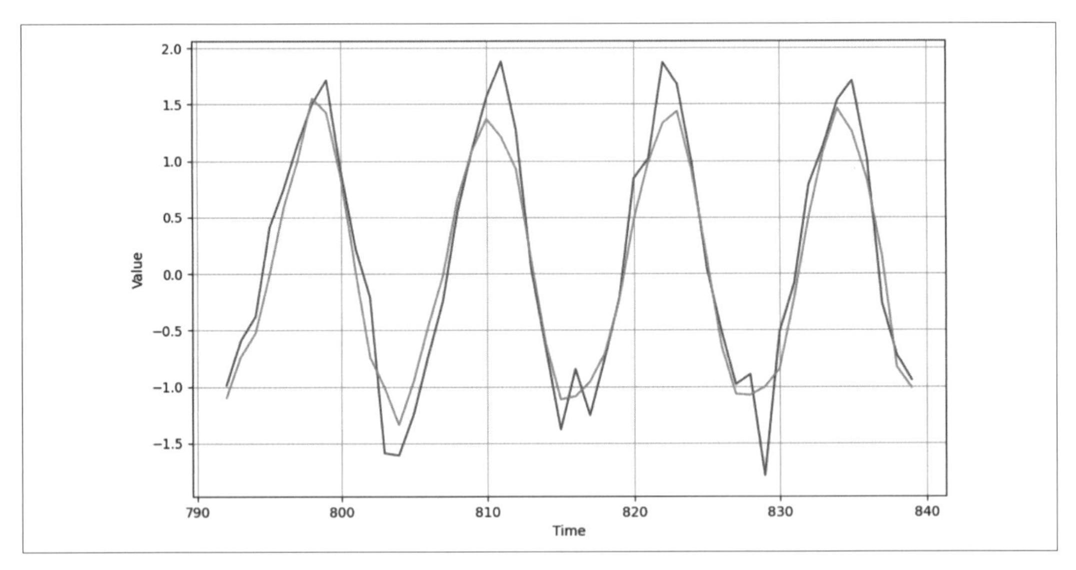

圖 11-9　訓練超過 1,500 epoch 的 RNN

結果沒有太大不同，只是有些波峰變平滑了。圖 11-10 是驗證和驗組的損失紀錄。

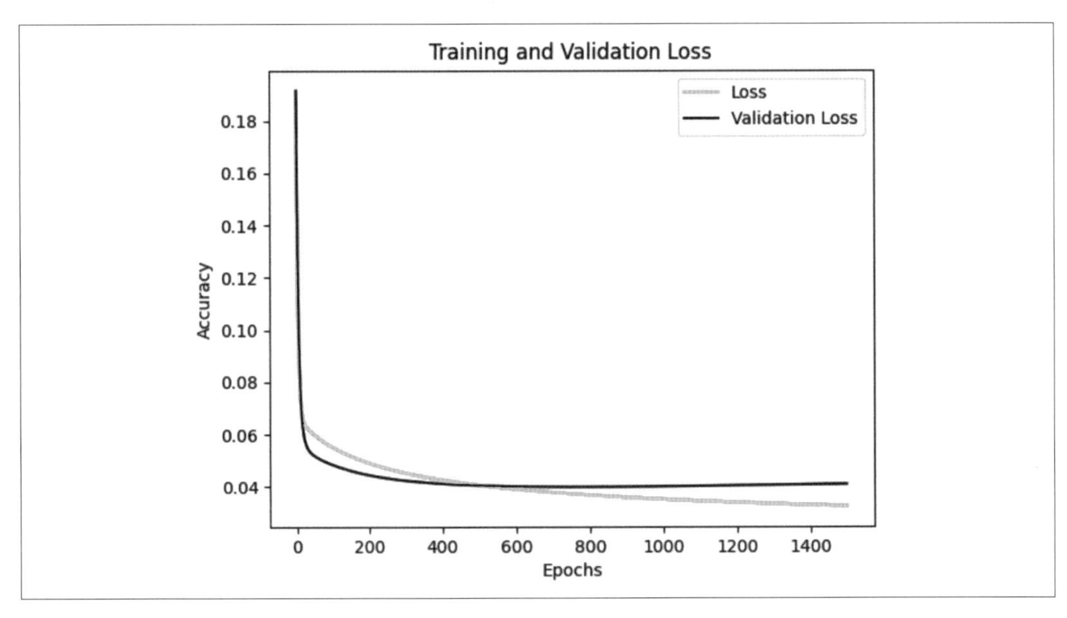

圖 11-10　SimpleRNN 的訓練和驗證損失

你可以看到，訓練損失和驗證損失很相符，但是隨著 epoch 增加，模型會開始過擬訓練組，最好的 epoch 數或許是在 500 左右。

其中一個原因可能是，由於這些資料是逐月的天氣資料，所以有很強的季節性，另一個原因是訓練組很大，但驗證組相對較小。接下來，我們要使用更大型的氣候資料組來研究。

研究更大型的資料組

KNMI Climate Explorer（*https://oreil.ly/J8CP0*）可讓你探索世界各地的詳細氣候資料。我下載了一個資料組（*https://oreil.ly/OCqrj*），它裡面有英格蘭中央地點從 1772 年到 2020 年的每日溫度，這些資料的結構與 GISS 資料不同，它們是一個字串，然後有一些空格，然後是溫度。

我已經幫你準備好資料，移除標題和用不到的空格，你可以用這段程式輕鬆地讀取它：

```
def get_data():
    data_file = "tdaily_cet.dat.txt"
    f = open(data_file)
    data = f.read()
    f.close()
    lines = data.split('\n')
    temperatures=[]
    for line in lines:
        if line:
            linedata = line.split(' ')
            temperatures.append(float(linedata[1]))

    series = np.asarray(temperatures)
    time = np.arange(len(temperatures), dtype="float32")
    return time, series
```

這個資料組有 90,663 個資料點，所以，在訓練模型之前，務必妥善地拆開它。我在時間點 80,000 拆開，保留 10,663 筆紀錄來驗證。此外，你也要更改窗口大小、批次大小，以及 shuffle buffer 大小，例如：

```
window_size = 60
batch_size = 120
shuffle_buffer_size = 240
```

其餘的參數可以維持不變。你可以從圖 11-11 看到，在訓練 100 epoch 之後，預測組與驗證組的比較圖看起來很好。

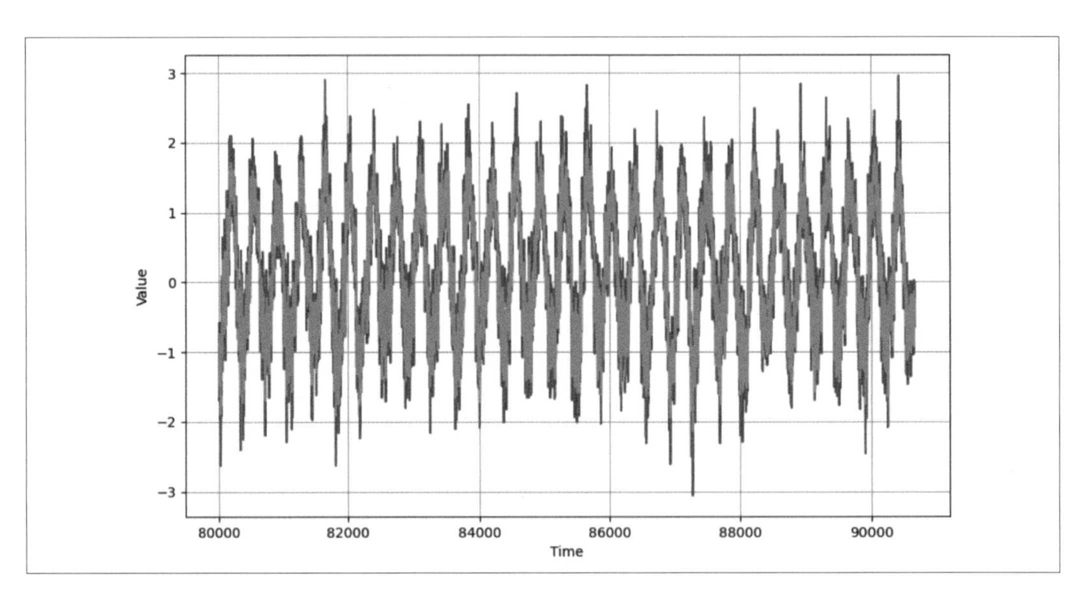

圖 11-11　預測與實際資料的比較圖

因為資料很多，我們把鏡頭拉近，只看最後 100 天（圖 11-12）。

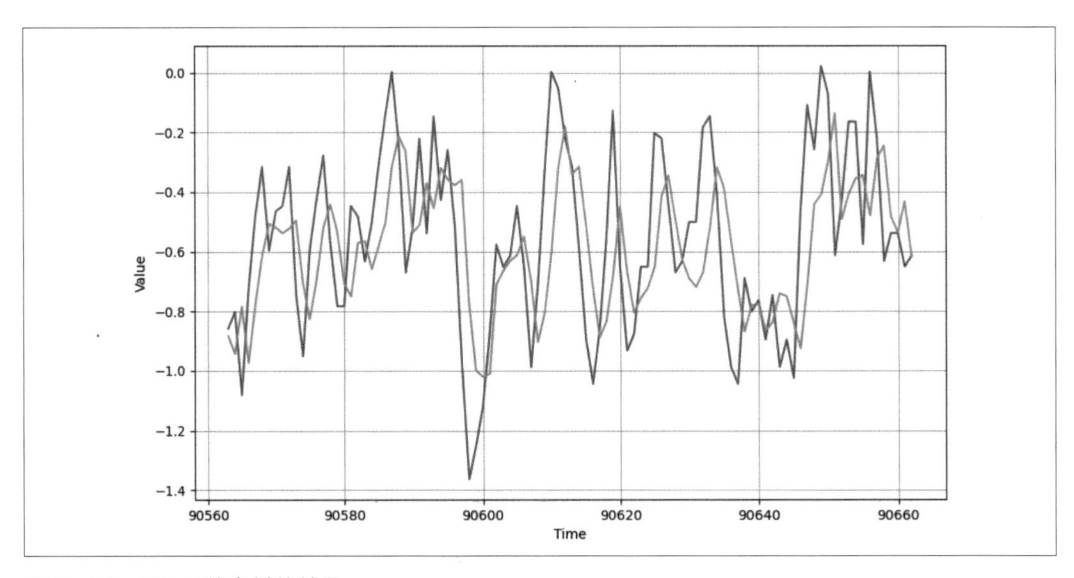

圖 11-12　100 天的資料的結果

雖然這張圖大致上遵循資料的曲線，而且趨勢大致正確，但是它離資料很遠，尤其是在上下兩端，所以我們有改善的空間。

另一項需要注意的事情是，因為我們將資料正規化了，所以損失和 MAE 看起來很低是因為它們是正規化之後的值產生的損失和 MAE，它們的變異數比真正的值低很多。因此，在圖 11-13 中，損失小於 0.1 可能會造成虛假的安全感。

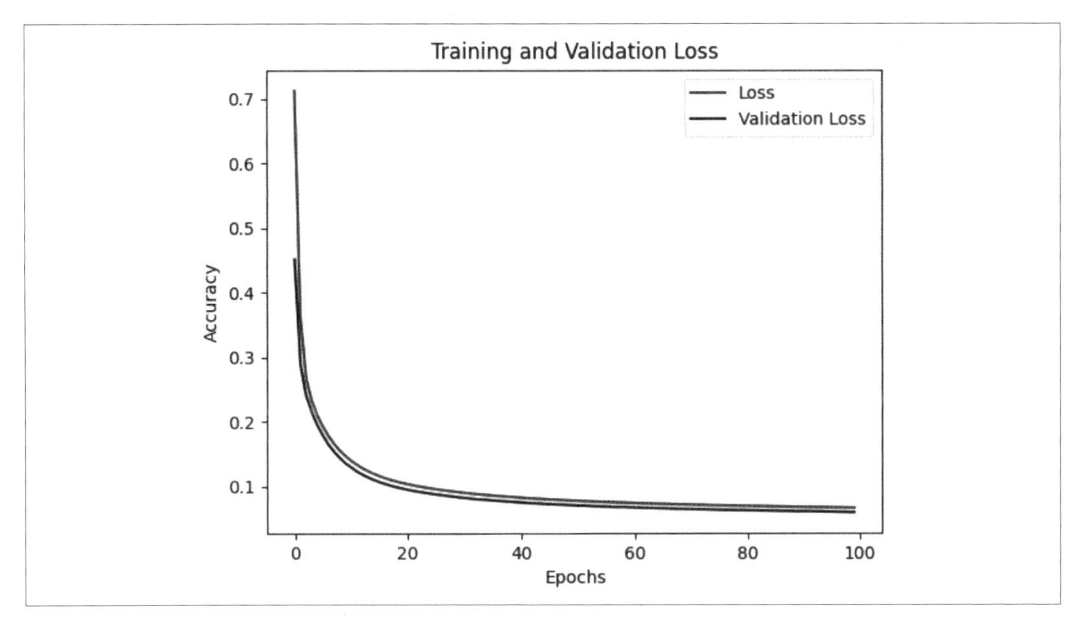

圖 11-13　大型資料組的損失與驗證損失

我們可以執行標準化的反向運算來將資料反標準化：先乘以標準差，再將平均值加回去。如果你願意，現在你可以像之前那樣，計算預測集合的真正 MAE。

使用其他的遞迴方法

除了 `SimpleRNN` 之外，TensorFlow 也有其他的遞迴層類型，例如閘控迴流單元（gated recurrent units, GRUs）和第 7 章介紹過的長短期記憶層（LSTM）。如果你想要試試它們，而且使用本章一直在使用的 `TFRecord` 資料結構，做法很簡單，只要把想要實驗的 RNN 類型植入即可。

因此，舉例來說，考慮之前建立的簡單天真 RNN：

```
model = tf.keras.models.Sequential([
    tf.keras.layers.SimpleRNN(100, input_shape=[None, 1],
                              return_sequences=True),
    tf.keras.layers.SimpleRNN(100),
    tf.keras.layers.Dense(1)
])
```

將它換成 GRU 很簡單：

```
model = tf.keras.models.Sequential([
    tf.keras.layers.GRU(100, input_shape=[None, 1], return_sequences=True),
    tf.keras.layers.GRU(100),
    tf.keras.layers.Dense(1)
])
```

使用 LSTM 的做法大致相同：

```
model = tf.keras.models.Sequential([
    tf.keras.layers.LSTM(100, input_shape=[None, 1], return_sequences=True),
    tf.keras.layers.LSTM(100),
    tf.keras.layers.Dense(1)
])
```

這些階層類型以及各種超參數、損失函數和優化函數都值得試驗，世上沒有放之四海而皆準的解決方案，所以最好的方法取決於你的資料，和你用那些資料來預測的需求。

使用 dropout

如果遇到模型過擬問題，也就是處理訓練資料時得到的 MAE 或損失比處理驗證資料時得到的好很多，你可以使用 dropout。第 3 章在電腦視覺的背景下介紹過，使用 dropout 時，我們會在訓練期間隨機卸除（忽略）相鄰的神經元，以避免熟悉偏見（familiarity bias）。在使用 RNN 時，你也可以使用*遞迴 dropout* 參數。

它有什麼不同？之前在使用 RNN 時，我們通常有一個輸入值，神經元會計算一個輸出值，以及一個傳給下一個時步的值，dropout 會隨機卸除輸入值，遞迴 dropout 則是隨機卸除傳給下一步的遞迴值。

例如，考慮圖 11-14 的基本遞迴神經網路架構。

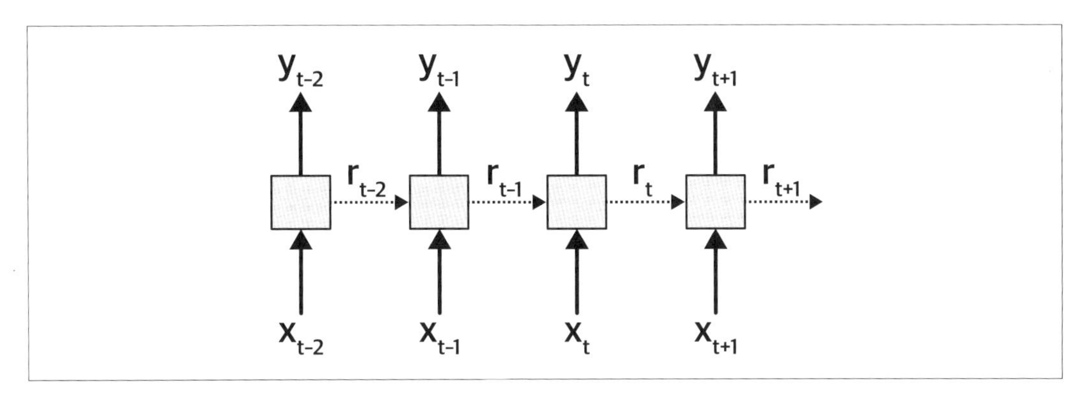

圖 11-14　遞迴神經網路

你可以從這張圖看到在不同的時步的階層輸入（x），當前的時間是 t，圖中的時步是 $t - 2$ 到 $t + 1$。圖中也有同一個時步的輸出（y）。虛線和 r 代表在時步之間傳遞的遞迴值。

使用 *dropout* 會隨機移除 x 值，使用遞迴 *dropout* 會隨機移除 r 遞迴值。

你可以從 Yarin Gal 與 Zoubin Ghahramani 合著的論文「A Theoretically Grounded Application of Dropout in Recurrent Neural Networks」（*https://arxiv.org/pdf/1512.05287.pdf*）透過更深入的數學觀點來了解更多關於遞迴 dropout 如何運作的細節。

Gal 在研究深度學習的不確定性（*https://arxiv.org/abs/1506.02142*）時，提出在使用遞迴 dropout 時需要考慮的事情，他說：每一個時步都要使用相同的 dropout 單元模式，也要使用相似且固定的 dropout 遮罩。雖然 dropout 通常是隨機的，但 Keras 內建 Gal 的研究成果，所以在使用 `tf.keras` 時，他的研究建議的一致性也是成立的。

你只要在你的階層使用相關的參數就可以加入 dropout 和遞迴 dropout 了，例如，這是在之前的簡單 GRU 加入它們的程式：

```
model = tf.keras.models.Sequential([
    tf.keras.layers.GRU(100, input_shape=[None, 1], return_sequences=True,
                        dropout=0.1, recurrent_dropout=0.1),
    tf.keras.layers.GRU(100, dropout=0.1, recurrent_dropout=0.1),
    tf.keras.layers.Dense(1),
])
```

每個參數的值都在 0 和 1 之間，代表要卸除的值的比例。0.1 代表卸除 10% 的必要值。

使用 dropout 的 RNN 通常更久才會收斂，所以務必訓練它們更多 epoch 來測試這一點。圖 11-15 是訓練之前的 GRU 1,000 個 epoch，並且在每一層使用 0.1 的 dropout 和遞迴 dropout 的結果。

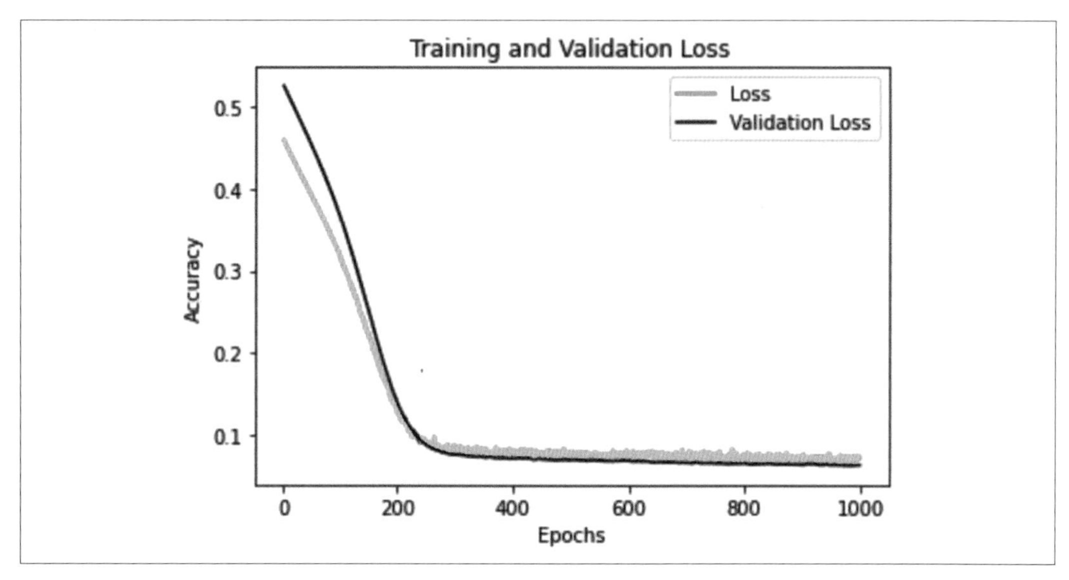

圖 11-15　使用 dropout 訓練 GRU

在 epoch 300 之前，損失與 MAE 都快速下降，接下來它們持續下降，但有很多雜訊。使用 dropout 經常可以看到這種雜訊，這代表你可能要調整 dropout 數量，以及損失函數的參數，例如學習率。這種網路的預測相當準確，如圖 11-16 所示，但是還有改善的空間，因為預測峰值比實際峰值低得多。

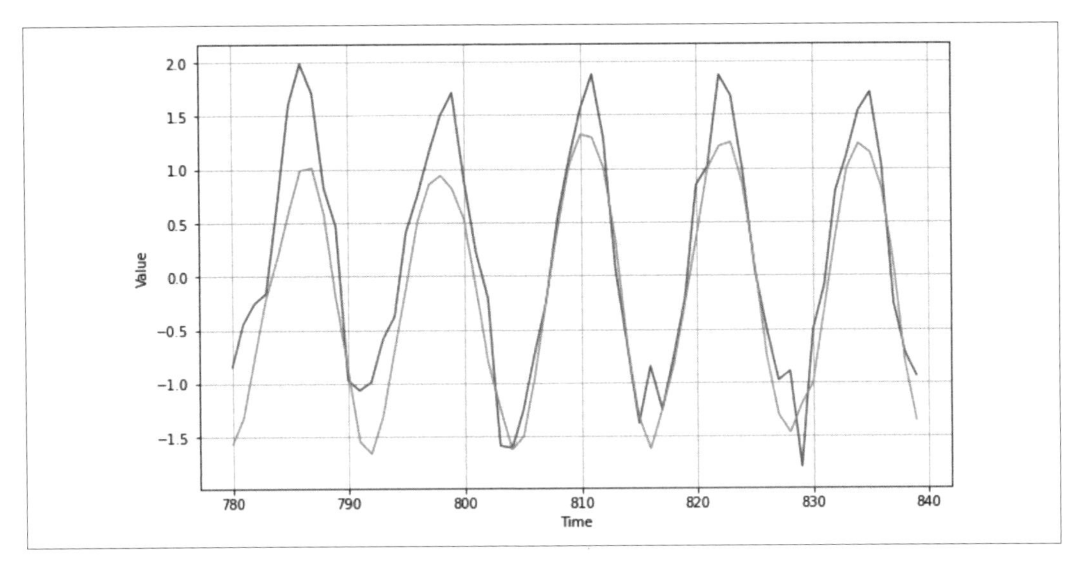

圖 11-16 使用 GRU 和 dropout 來預測

正如本章所展示的，雖然使用神經網路來預測時間序列資料是個困難的問題，但是調整它們的超參數（尤其是使用 Keras Tuner 之類的工具）可以改善模型，及其後續預測。

使用雙向 RNN

為序列進行分類的另一種技術是雙向訓練，這種做法乍看之下違反直覺，你可能會質疑：未來的值怎麼可能影響過去的值。但是時間序列可能有季節性，值會隨著時間重複，而且在使用神經網路來預測時，其實都只是在做精密的模式比對。由於資料會重複，我們或許可以在未來的值裡面發現資料會怎樣重複出現，在使用雙向訓練時，我們可以訓練網路，讓它試著找出從時間 t 到時間 t + x 的模式，以及從時間 t + x 到時間 t 的模式。

還好，這種技術很容易寫成程式。例如，考慮上一節的 GRU，要將它變成雙向的，你只要將各個 GRU 層包在一個 `tf.keras.layers.Bidirectional` 呼叫式裡面就可以了，這實質上會在每一步訓練兩次——一次使用原始順序的序列資料，一次使用反向順序的，它們的結果會在進入下一步之前合併。

例如：

```
model = tf.keras.models.Sequential([
    tf.keras.layers.Bidirectional(
        tf.keras.layers.GRU(100, input_shape=[None, 1],return_sequences=True,
                            dropout=0.1, recurrent_dropout=0.1)),
    tf.keras.layers.Bidirectional(
        tf.keras.layers.GRU(100, dropout=0.1, recurrent_dropout=0.1)),
    tf.keras.layers.Dense(1),
])
```

圖 11-17 是用雙向 GRU 和 dropout 以時間序列來訓練的結果圖，它沒有太大的不同，而且最終的 MAE 也很相似。但在使用更大型的資料序列時，準確度可能有很大的差異，而且調整訓練參數（尤其是 `window_size`，來取得多個季節）可能會造成很大的影響。

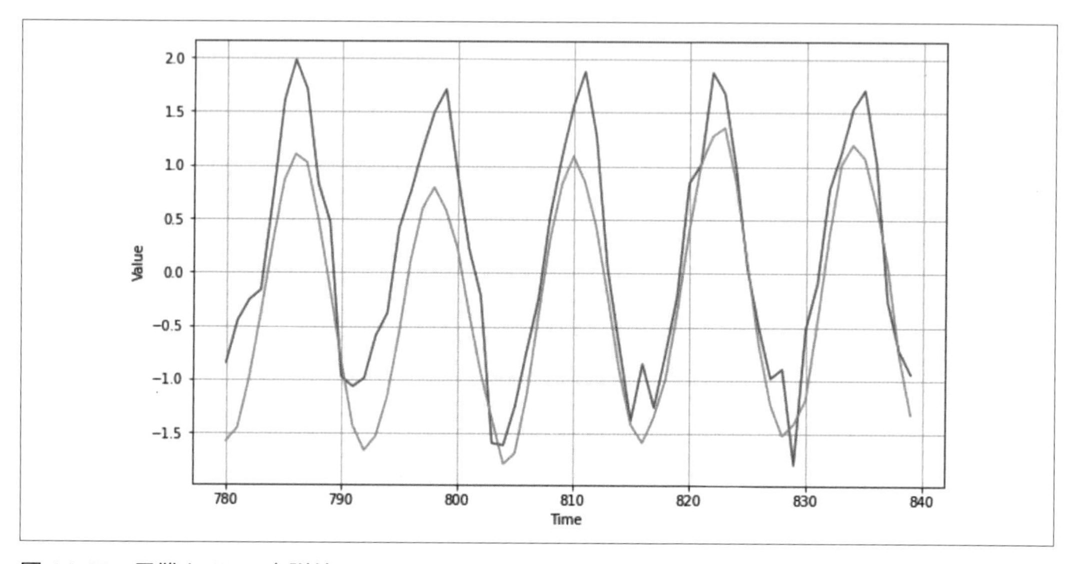

圖 11-17　用雙向 GRU 來訓練

這個網路的 MAE（使用標準化的資料）大約是 .48，主要是因為它在高峰的表現不太好。用更大的窗口和雙向來重新訓練它可產生更好的結果，MAE 是明顯較低的 .28（圖 11-18）。

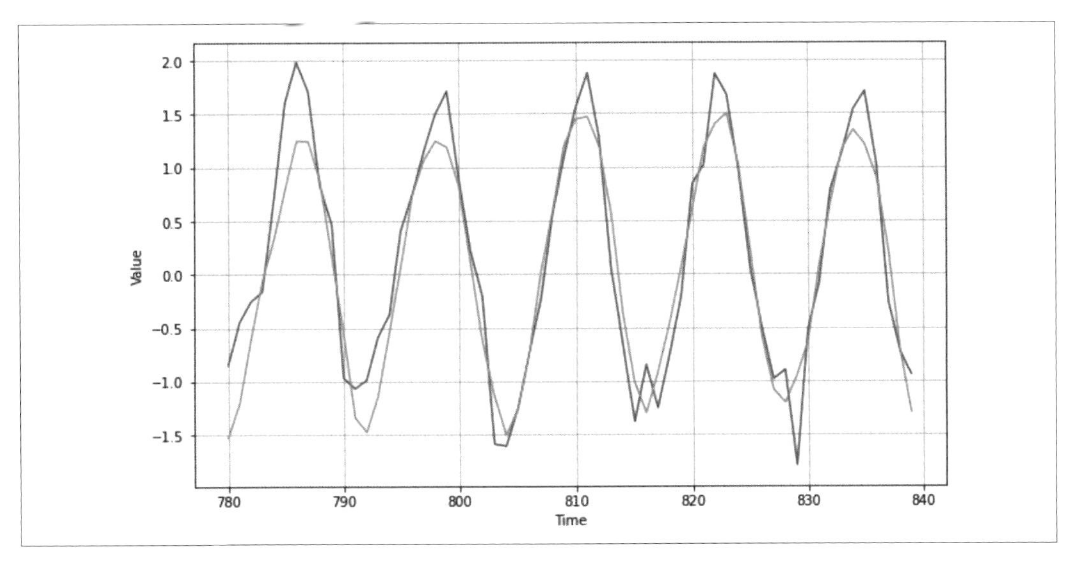

圖 11-18　更大的窗口與雙向 GRU 的結果

如你所見，你可以用各種網路架構和各種超參數來試驗，以改善整體的預測。理想的選擇在很大程度上依資料而定，本章介紹的技術可以協助你處理你的資料組！

小結

本章介紹了各種不同的網路類型，可用來建構預測時間序列資料的模型。我們基於第 10 章的簡單 DNN，在上面加入摺積，並試驗遞迴網路，例如簡單的 RNN、GRU 和 LSTM。我們知道如何調整超參數與網路架構來改善模型的準確度，並且用一些真實的資料組來練習，包括一個包含幾百年溫度數據的龐大資料組。現在你已經可以為各種資料組建構網路，並且了解為了優化它們，你必須掌握哪些資訊了！

第二部分

使用模型

第十二章

TensorFlow Lite 簡介

在之前的所有章節裡，我們都在探討如何使用 TensorFlow 來建立機器學習模型，用它們來進行電腦視覺、自然語言處理、序列建模等工作，而不需要編寫明確的規則。神經網路可以用有標籤的資料來學習分辨各種事物的模式，我們可以擴展這種功能，用它來解決問題。在本書接下來的部分，我們要換個檔位，看看**如何**在常見的場景中使用這些模型。首先，最明顯，或許也是最有用的主題，就是如何在行動 app 中使用模型，這一章要討論在行動（或嵌入式）設備上運作機器學習的底層技術：TensorFlow Lite，下兩章將在 Android 和 iOS 上面使用這些模型。

TensorFlow Lite 是搭配 TensorFlow 的工具組，它有兩個主要目標，第一，讓模型更適合在行動設備上使用，通常會降低模型的大小與複雜度，同時盡量不降低準確度，並且讓它們在行動設備之類電力有限的環境裡面有更好的表現。第二，為各種行動平台提供執行環境，包括 Android、iOS、行動 Linux（例如 Raspberry Pi），以及各種微控制器。TensorFlow Lite 無法用來**訓練**模型，我們的工作流程是先用 TensorFlow 來訓練它，然後將它**轉換**成 TensorFlow Lite 格式，再使用 TensorFlow Lite 解譯器來載入並執行它。

什麼是 TensorFlow Lite？

TensorFlow Lite 最初是讓 Android 和 iOS 開發者使用的 TensorFlow 行動版，其目標是成為滿足開發者需求的 ML 工具組。當你在電腦或雲端設備上建構和執行模型時，並不會遇到電池的耗電量、螢幕的尺寸與行動 app 開發的其他問題，因此，為了在行動設備上部署，我們必須處理一些新的限制。

第一項限制就是行動 app 框架必須是**輕量的**，行動設備的資源比用來訓練模型的典型電腦有限許多，開發者不但要非常注意 app 使用的資源，也要注意 app 框架使用的資源，事實上，當用戶瀏覽 app 商店時，他們會觀察每一個 app 的大小，並且會根據它們的資料使用情況來決定是否下載它們，如果運行模型的框架很大，模型本身也很大，檔案就非常龐大，讓用戶退避三舍。

框架也必須有**低延遲**，在行動設備上運行的 app 必須順暢地執行，否則用戶可能不再使用它們。只有 38% 的 app 被使用超過 11 次，也就是說，有 62% 的 app 被使用少於 10 次，事實上，有 25% 的 app 只被使用 1 次。高延遲，也就是 app 在啟動時，或是在處理重要的資料時很緩慢，是導致這種捨棄率的要素。因此，ML app 框架必須快速載入與快速執行必要的推理。

除了低延遲之外，行動框架也要使用**高效的模型格式**，在使用強大的超級電腦來訓練時，模型的格式通常不是最重要的訊號。我們在前幾章看過，高準確度、低損失、避免過擬等等，都是模型創作者追求的指標，但是在行動設備上運行模型時，為了實現輕量化和低延遲，模型的格式也必須列入考量。我們到目前為止看過的神經網路中的數學大都是高精度的浮點數運算，這在進行科學研究時是必要的條件，但是為了在行動設備上運行，我們就不一定需要如此了。行動友善的框架必須協助你做出這類的平衡，並且提供一些工具，在必要時轉換模型。

在行動設備上運行模型主要的好處在於，它們不需要將資料傳給雲端設備並且在上面執行推理，這種做法可以提升**用戶隱私**，以及改善**耗電量**。只要在設備上進行推理不會消耗更多電力，不必使用基地台或 WiFi 訊號來傳送資料與接收預測都是好事。把資料留在設備上以進行預測也是強大且越來越重要的特徵，或明顯的理由！（本書稍後會討論**聯合學習**（*federated learning*），它是在設備上與在雲端上進行機器學習的混合式方法，可提供這兩個領域的優點，同時保持隱私。）

TensorFlow Lite 就是為了滿足上述的需求而設計的，如前所述，它不是用來**訓練**模型的框架，而是為了滿足行動和嵌入式系統的所有限制的搭配工具。

它大致上可以分成兩個主要成分：將 TensorFlow 模型轉換成 *.tflite* 格式、壓縮和優化它的轉換器，以及讓各種執行環境使用的解譯器（圖 12-1）。

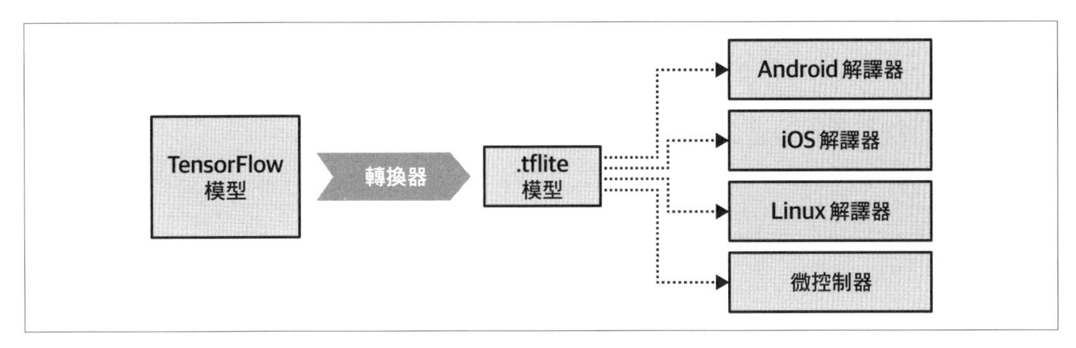

圖 12-1　TensorFlow Lite 套件

解譯器環境也在它們的框架內支援加速選項，例如，TensorFlow Lite 在 Android 裡支援 Neural Networks API（*https://oreil.ly/wXjpm*），因此可以在擁有它的設備上利用它。

注意，TensorFlow Lite 或 TensorFlow Lite 轉換器不一定支援 TensorFlow 的每一項操作（op），你可能會在轉換模型時遇到這種問題，所以務必閱讀文件（*https://oreil.ly/otEIp*）來了解細節。本章稍後會介紹一種很有幫助的工作流程，就是取得既有的行動友善模型，並使用遷移學習來讓它適用於你的場景。你可以在 TensorFlow 網站（*https://oreil.ly/s28gE*）和 TensorFlow Hub（*https://oreil.ly/U8siI*）找到許多為了配合 TensorFlow Lite 而優化的模型。

演練：建立模型並將它轉換成 TensorFlow Lite

我們會先逐步演練如何用 TensorFlow 來建立一個簡單的模型，將它轉換成 TensorFlow Lite 格式，然後使用 TensorFlow Lite 解譯器。在過程中，我會使用 Linux 解譯器，因為它是 Google Colab 內建的。在第 13 章，你將了解如何在 Android 上使用這個模型，在第 14 章，你將在 iOS 上使用它。

第 1 章曾經介紹非常簡單的 TensorFlow 模型，它可以學習實際關係為 Y = 2X – 1 的兩組數字之間的關係，為了方便起見，我再次列出完整的程式：

```
l0 = Dense(units=1, input_shape=[1])
model = Sequential([l0])
model.compile(optimizer='sgd', loss='mean_squared_error')

xs = np.array([-1.0, 0.0, 1.0, 2.0, 3.0, 4.0], dtype=float)
ys = np.array([-3.0, -1.0, 1.0, 3.0, 5.0, 7.0], dtype=float)
```

```
model.fit(xs, ys, epochs=500)

print(model.predict([10.0]))
print("Here is what I learned: {}".format(l0.get_weights()))
```

訓練完成之後，如你所見，你可以執行 `model.predict[x]` 並取得期望的 `y`。在上面的程式中，`x=10`，模型產生的 y 是一個接近 19 的值。

這個模型很小而且很容易訓練，我們將它當成範例，將它轉換成 TensorFlow Lite 來展示所有的步驟。

第 1 步：儲存模型

TensorFlow Lite 轉換器可以處理各種不同的檔案格式，包括 SavedModel（首選）與 Keras H5 格式。這個練習將使用 SavedModel。

你要設定想要將模型存在哪一個目錄，並且呼叫 `tf.saved_model.save`，將模型與目錄傳給它：

```
export_dir = 'saved_model/1'
tf.saved_model.save(model, export_dir)
```

這個模型會被存為 assets 與 variables 以及一個 *saved_model.pb* 檔，如圖 12-2 所示。

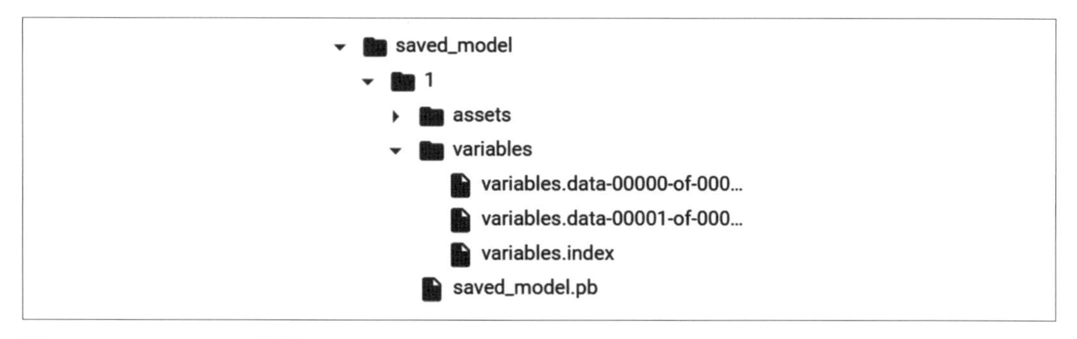

圖 12-2　SavedModel 結構

存好模型之後，我們可以用 TensorFlow Lite 轉換器來轉換它。

為了促進整個 TensorFlow 生態系統的相容性，包括與未來的新 API 相容，TensorFlow 團隊建議使用 SavedModel 格式。

第 2 步：轉換與儲存模型

TensorFlow Lite 轉換器在 `tf.lite` 程式包裡面，你可以先用 `from_saved_model` 方法來呼叫它，將放置模型的目錄傳給它，然後呼叫它的 `convert` 方法，來轉換已儲存的模型：

```
# 轉換模型
converter = tf.lite.TFLiteConverter.from_saved_model(export_dir)
tflite_model = converter.convert()
```

接下來，你可以用 `pathlib` 來儲存新的 *.tflite* 模型：

```
import pathlib
tflite_model_file = pathlib.Path('model.tflite')
tflite_model_file.write_bytes(tflite_model)
```

現在你有一個 *.tflite* 檔案可以在任何解譯器環境中使用了，稍後我們會在 Android 與 iOS 上使用它，但是現在先使用 Python 解譯器，以便在 Colab 上運行它。你也可以在 Raspberry Pi 之類的嵌入式 Linux 環境中使用同樣的解譯器！

第 3 步：載入 TFLite 模型並配置張量

下一步是將模型載入解譯器，配置模型的輸入資料張量，然後讀取模型輸出的預測。從程式員的角度來看，此時 TensorFlow Lite 的用法與 TensorFlow 有很大的不同。在使用 TensorFlow 時，你可以直接使用 `model.predict(`*`something`*`)` 來取得結果，但是因為 TensorFlow Lite 不像 TensorFlow 有許多依賴項目，尤其是在非 Python 環境裡，現在你必須在比較低階的層次上處理輸入和輸出張量，將你的資料格式化來配合它們，並將輸出解析成可讓設備使用的資料。

首先，我們載入模型與配置張量：

```
interpreter = tf.lite.Interpreter(model_content=tflite_model)
interpreter.allocate_tensors()
```

然後從模型取得輸入與輸出的細節，以便了解它期望的資料格式，以及它將提供什麼資料格式：

```
input_details = interpreter.get_input_details()
output_details = interpreter.get_output_details()
print(input_details)
print(output_details)
```

輸出好多東西！

我們先檢查輸入參數，注意 shape 的配置，它是個外型為 [1,1] 的陣列，另外也注意一下類別（class），它是 numpy.float32。這些配置指出輸入資料的外形和它的格式：

```
[{'name': 'dense_input', 'index': 0, 'shape': array([1, 1], dtype=int32),
  'shape_signature': array([1, 1], dtype=int32), 'dtype': <class
  'numpy.float32'>, 'quantization': (0.0, 0), 'quantization_parameters':
  {'scales': array([], dtype=float32), 'zero_points': array([], dtype=int32),
  'quantized_dimension': 0}, 'sparsity_parameters': {}}]
```

因此，如果要預測 x=10.0 時的 y，為了格式化輸入資料，我們要用這種程式來定義輸入陣列外形與型態：

```
to_predict = np.array([[10.0]], dtype=np.float32)
print(to_predict)
```

你可能不了解為什麼 10.0 被兩組中括號包起來——我對於 array[1,1] 的理解方式是，因為有 1 個串列，所以有第一組 []，在那個串列裡面只有 1 個值，該值為 [10.0]，所以出現 [[10.0]]。或許你也不明白為何外形的定義是 dtype=int32，我們卻使用 numpy.float32，dtype 參數是定義外形的資料型態，不是那個外形裡面的串列的內容，對它要使用 class。

輸出的細節很像輸入資料，外形是要注意的地方，因為它也是個型態 [1,1] 的陣列，所以我們可以預期答案是 [[y]]，類似輸入是 [[x]]：

```
[{'name': 'Identity', 'index': 3, 'shape': array([1, 1], dtype=int32),
  'shape_signature': array([1, 1], dtype=int32), 'dtype': <class
  'numpy.float32'>, 'quantization': (0.0, 0), 'quantization_parameters':
  {'scales': array([], dtype=float32), 'zero_points': array([], dtype=int32),
  'quantized_dimension': 0}, 'sparsity_parameters': {}}]
```

第 4 步：執行預測

為了讓解譯器進行預測，你要將輸入張量設為想要預測的值，告訴它要使用哪個輸入值：

```
interpreter.set_tensor(input_details[0]['index'], to_predict)
interpreter.invoke()
```

輸入張量是用 input detail 陣列的索引來指定的，這個例子使用一個非常簡單的模型，它只有一個輸入選項，所以是 input_details[0]，你會在索引的位置找到它。input detail 的項目 0 只有一個索引，位於 0，它期望的外形是之前定義的 [1,1]，所以，你要將 to_predict 值放在那裡，然後用 invoke 方法來呼叫解譯器。

接著呼叫 get_tensor，並且將想要讀取的張量細節傳給它，來讀取預測：

```
tflite_results = interpreter.get_tensor(output_details[0]['index'])
print(tflite_results)
```

輸出張量也只有一個，所以它是 output_details[0]，你要指定索引來取得它底下的細節，也就是輸出值。

因此，執行這段程式：

```
to_predict = np.array([[10.0]], dtype=np.float32)
print(to_predict)
interpreter.set_tensor(input_details[0]['index'], to_predict)
interpreter.invoke()
tflite_results = interpreter.get_tensor(output_details[0]['index'])
print(tflite_results)
```

會得到這種輸出：

```
[[10.]]
[[18.975412]]
```

10 是輸入值，18.97 是預測值，它非常接近 19，也就是當 X = 10 時，2X – 1 的值。如果你想知道它為何不是 19，請回去復習第 1 章！

這是非常簡單的範例，我們接著來看一個比較複雜的——用一個著名的圖像分類模型來進行遷移學習，然後將它轉換到 TensorFlow Lite。這個例子可以讓我們更了解對模型進行優化和量化造成的影響。

獨立的解譯器

TensorFlow Lite 是整體的 TensorFlow 生態系統的一部分，它包含許多用來轉換訓練好的模型和解譯模型所需的工具。在接下來兩章，你將分別了解如何使用 Android 和 iOS 的解譯器，不過現在也有獨立的 Python 解譯器（*https://oreil.ly/K-p1n*）可以在任何一種可運行 Python 的系統（例如 Raspberry Pi）上面安裝，你可以利用它在能夠運行 Python 的嵌入式系統上運行模型。從語法上來看，它的運作方式與你剛才看到的解譯器是一樣的。

演練：對圖像分類器進行遷移學習，將它轉換到 TensorFlow Lite

這一節要用遷移學習來建立第 3 章與第 4 章的 Dogs vs. Cats 電腦視覺模型的新版本。我們將使用來自 TensorFlow Hub 的模型，你可以按照網站上的說明安裝它（*https://www.tensorflow.org/hub*）。

第 1 步：建構與儲存模型

我們先取得所有資料：

```
import numpy as np
import matplotlib.pylab as plt

import tensorflow as tf
import tensorflow_hub as hub
import tensorflow_datasets as tfds


def format_image(image, label):
    image = tf.image.resize(image, IMAGE_SIZE) / 255.0
    return  image, label


(raw_train, raw_validation, raw_test), metadata = tfds.load(
    'cats_vs_dogs',
    split=['train[:80%]', 'train[80%:90%]', 'train[90%:]'],
    with_info=True,
    as_supervised=True,
)

num_examples = metadata.splits['train'].num_examples
num_classes = metadata.features['label'].num_classes
print(num_examples)
print(num_classes)

BATCH_SIZE = 32
train_batches =
raw_train.shuffle(num_examples // 4)
.map(format_image).batch(BATCH_SIZE).prefetch(1)

validation_batches = raw_validation.map(format_image)
.batch(BATCH_SIZE).prefetch(1)
test_batches = raw_test.map(format_image).batch(1)
```

這會下載 Dogs vs. Cats 資料組，並將它拆成訓練、測試和驗證組。

然後使用 TensorFlow Hub 的 mobilenet_v2 模型來建立一個稱為 feature_extractor 的 Keras 層：

```
module_selection = ("mobilenet_v2", 224, 1280)
handle_base, pixels, FV_SIZE = module_selection

MODULE_HANDLE ="https://tfhub.dev/google/tf2-preview/{}/feature_vector/4"
.format(handle_base)

IMAGE_SIZE = (pixels, pixels)

feature_extractor = hub.KerasLayer(MODULE_HANDLE,
                                   input_shape=IMAGE_SIZE + (3,),
                                   output_shape=[FV_SIZE],
                                   trainable=False)
```

建立特徵提取器（feature extractor）之後，我們將它當成神經網路的第一層，並且加上一個輸出層，讓它的神經元與類別一樣多（在這個例子是 2 個），然後編譯並訓練它：

```
model = tf.keras.Sequential([
            feature_extractor,
            tf.keras.layers.Dense(num_classes, activation='softmax')
        ])

model.compile(optimizer='adam',
              loss='sparse_categorical_crossentropy',
              metrics=['accuracy'])

hist = model.fit(train_batches,
                 epochs=5,
                 validation_data=validation_batches)
```

只要用五個訓練 epoch 就可以讓模型有 99% 的訓練組準確度與 98% 以上的驗證組準確度，我們將模型儲存出來：

```
CATS_VS_DOGS_SAVED_MODEL = "exp_saved_model"
tf.saved_model.save(model, CATS_VS_DOGS_SAVED_MODEL)
```

儲存模型之後就可以轉換它了。

第 2 步：將模型轉換成 TensorFlow Lite

與之前一樣，現在我們可以將存起來的模型轉換成 *.tflite* 模型，我們將它存為 *converted_model.tflite*：

```
converter = tf.lite.TFLiteConverter.from_saved_model(CATS_VS_DOGS_SAVED_MODEL)
tflite_model = converter.convert()
tflite_model_file = 'converted_model.tflite'

with open(tflite_model_file, "wb") as f:
    f.write(tflite_model)
```

有了檔案之後，我們用它來實例化一個解譯器，完成之後就可以像之前一樣取得輸入與輸出細節。我們分別將它們存入 `input_index` 與 `output_index` 變數，讓程式更容易閱讀！

```
interpreter = tf.lite.Interpreter(model_path=tflite_model_file)
interpreter.allocate_tensors()

input_index = interpreter.get_input_details()[0]["index"]
output_index = interpreter.get_output_details()[0]["index"]

predictions = []
```

這個資料組的 `test_batches` 裡面有許多測試圖像，所以如果你想要取出一百張圖像並測試它們，可以這樣做（你可以將 `100` 改成任何其他值）：

```
test_labels, test_imgs = [], []
for img, label in test_batches.take(100):
    interpreter.set_tensor(input_index, img)
    interpreter.invoke()
    predictions.append(interpreter.get_tensor(output_index))
    test_labels.append(label.numpy()[0])
    test_imgs.append(img)
```

稍早，在讀取圖像時，它們已經被對映函式 `format_image` 重新格式化了，變成用來訓練和推理時的正確尺寸，所以現在只要將解譯器的張量設成圖像的輸入索引就可以了。在呼叫解譯器之後，我們可以在輸出索引取得張量。

如果要比較預測結果與標籤，可以執行這段程式：

```
score = 0
for item in range(0,99):
    prediction=np.argmax(predictions[item])
    label = test_labels[item]
```

```
        if prediction==label:
            score=score+1

print("Out of 100 predictions I got " + str(score) + " correct")
```

它應該會產生 99 或 100 的正確預測分數。

你也可以用這段程式將模型的輸出和測試資料的比較視覺化：

```
for index in range(0,99):
    plt.figure(figsize=(6,3))
    plt.subplot(1,2,1)
    plot_image(index, predictions, test_labels, test_imgs)
    plt.show()
```

圖 12-3 是它的一些結果。（所有的程式都可以在本書的 GitHub repo 取得（*https://github.com/lmoroney/tfbook*），需要的話，請前往該網站。）

圖 12-3　推理的結果

這只是個一般的、轉換過的模型，沒有為行動設備做任何優化。下一步將介紹如何為行動設備優化模型。

第 3 步：優化模型

知道訓練、轉換與透過 TensorFlow Lite 解譯器來使用模型的完整程序之後，我們來看一下如何優化和量化模型。

第一種優化稱為**動態範圍量化**，做法是在執行轉換之前設定轉換器的 `optimizations` 屬性，程式如下：

```
converter = tf.lite.>TFLiteConverter.from_saved_model(CATS_VS_DOGS_SAVED_MODEL)
converter.optimizations = [tf.lite.>Optimize.DEFAULT]

tflite_model = converter.convert()
tflite_model_file = >'converted_model.tflite'

>with open(tflite_model_file, >"wb") >as f:
    f.write(tflite_model)
```

在筆者行文至此時，它有幾個優化選項可以使用（之後可能會加入更多種），包括：

`OPTIMIZE_FOR_SIZE`
: 進行優化來讓模型越小越好。

`OPTIMIZE_FOR_LATENCY`
: 進行優化來讓推理時間越短越好。

`DEFAULT`
: 找出大小與延遲之間的最佳平衡點。

在這個例子裡，模型的大小在這個步驟之前有將近 9 MB，完成之後只有 2.3 MB，減少將近 70%。現在已經有各種實驗指出模型可以變成 4 倍小，速度提高 2–3 倍。但是，取決於模型的類型，它可能會降低一些準確度，所以你要大致測試一下模型，看看能否這樣進行量化。在這個例子裡，我發現模型的準確度從 99% 降為大約 94%。

你可以透過**全整數量化**或 ***float16* 量化**，利用特定硬體來改善它，全整數量化是將模型的權重從 32-bit 浮點變成 8-bit 整數，它會對模型的大小和延遲造成很大的影響（尤其是對比較大的模型來說），對準確度的影響相對較小。

要進行全整數量化，你必須指定一個代表性（representative）的資料組，來告訴轉換器大致會收到哪個範圍的資料。我們這樣修改程式：

```
converter = tf.lite.TFLiteConverter.from_saved_model(CATS_VS_DOGS_SAVED_MODEL)

converter.optimizations = [tf.lite.Optimize.DEFAULT]

def representative_data_gen():
    for input_value, _ in test_batches.take(100):
        yield [input_value]

converter.representative_dataset = representative_data_gen
converter.target_spec.supported_ops = [tf.lite.OpsSet.TFLITE_BUILTINS_INT8]

tflite_model = converter.convert()
tflite_model_file = 'converted_model.tflite'

with open(tflite_model_file, "wb") as f:
    f.write(tflite_model)
```

使用這種代表性資料可讓轉換器在資料流經模型時檢查資料，並且尋找最適合進行轉換之處。接著，藉著設定 supported ops（在這個例子設為 `INT8`），我們只會在模型的這些部分量化精度。它可能會產生大一些的模型——在這個例子，如果只使用 `convertor.optimizations`，它從 2.3 MB 變成 2.8 MB，但是準確度回到 99%。因此，透過這些步驟，我們將模型縮小成三分之二，同時保持它的準確度！

TensorFlow Lite for Microcontrollers

TensorFlow Lite for Microcontrollers 是正在研發的 TensorFlow Lite 實驗性版本，它的設計是為了在只有少量記憶體的設備上運行的（通常稱為 *TinyML* 的機器學習領域），有鑑於運行它的執行環境，它是大幅精簡的 TensorFlow 版本。它是用 C++ 寫成的，可以在常見的微控制器開發電路板上面運行，例如 Arduino Nano、Sparkfun Edge⋯等。若要進一步了解它，可參考 Pete Warden 與 Daniel Situnayake 合著的 *TinyML: Machine Learning and TensorFlow Lite on Arduino and Ultra-Low Power Microcontollers*（O'Reilly）（*https://oreil.ly/tinyML*），繁體中文版《*TinyML｜TensorFlow Lite 機器學習*》由碁峰資訊出版。

小結

本章介紹 TensorFlow Lite 與它的設計如何讓模型在比開發環境更小型、更輕量級的設備上運行，這些設備包括行動作業系統，例如 Android、iOS 與 iPadOS、行動 Linux 計算環境，例如 Raspberry Pi，以及支援 TensorFlow 的微控制器系統。我們建立了一個簡單的模型，並且用它來討論轉換工作流程，然後用一個比較複雜的範例，使用遷移學習和我們資料組來重新訓練一個既有的模型，將它轉換成 TensorFlow Lite，並且針對行動環境優化它。下一章將沿用這些知識，介紹如何使用 Android 解譯器，在 Android app 裡面使用 TensorFlow Lite。

第十三章

在 Android app 使用 TensorFlow Lite

第 12 章介紹 TensorFlow Lite，它是一組轉換模型的格式，來讓行動或嵌入式系統使用的工具。接下來幾章將介紹如何在各種執行環境裡面使用這些模型。首先，我們要來看如何製作使用 TensorFlow Lite 模型的 Android app，我們先快速地介紹 Android app 的主要設計工具：Android Studio。

什麼是 Android Studio？

Android Studio 是為各種設備開發 Android app 的整合式開發環境（IDE），它支援的設備包括手機、平板、電視、汽車、手錶…等。本章要用它來開發手機 app。它可以免費下載（*https://developer.android.com/studio*），所有主流作業系統都有專屬的版本。

Android Studio 提供一種很棒的東西——Android 模擬器，你不需要取得實體設備就可以在上面試驗 app，本書將大量使用它！傳統上，Android app 是用 Java 程式語言建構的，但最近 Google 在 Android Studio 加入 Kotlin，本章將使用這種語言。

> **Kotlin？**
>
> Kotlin（*https://kotlinlang.org*）是一種現代、開源的語言，它與 Java 都是建構 Android app 的主要語言，它採取簡潔的設計，可減少重複的程式。它也採取程式員友善的設計，幫助你避免許多常見的錯誤（例如 null 指標例外、使用內建的 nullable 型態等）。它也沒有進入演化死路（evolutionary dead end），能夠與既有的程式庫搭配，這一點特別重要，因為 Android 有 Java 語言的歷史，因此許多程式庫都是為 Java 建立的。

建立你的第一個 TensorFlow Lite Android app

如果你還沒有 Android Studio，現在就去安裝它，設定所有東西、進行更新到開始使用可能要花一些時間。在接下來幾頁，我會帶領你建立新的 app，設計它的用戶介面，加入 TensorFlow Lite 依賴項目，然後寫程式來讓它進行推理。它是個很簡單的 app，你會在裡面輸入一個值讓它執行推理，並計算 Y = 2X – 1，其中的 X 是你輸入的值。雖然如此簡單的功能應該不值得你我付出這麼多心力，但建構這種 app 的模式幾乎與建構複雜許多的 app 一模一樣。

第 1 步：建立新的 Android 專案

安裝 Android Studio 並且執行它之後，用 File → New → New Project 建立一個新的 app，它會打開 Create New Project 對話框（圖 13-1）。

選擇 Empty Activity，如圖 13-1 所示。這是最簡單的 Android app，只有極少量的既有程式碼。按下 Next 之後，你會看到 Configure Your Project 對話框（圖 13-2）。

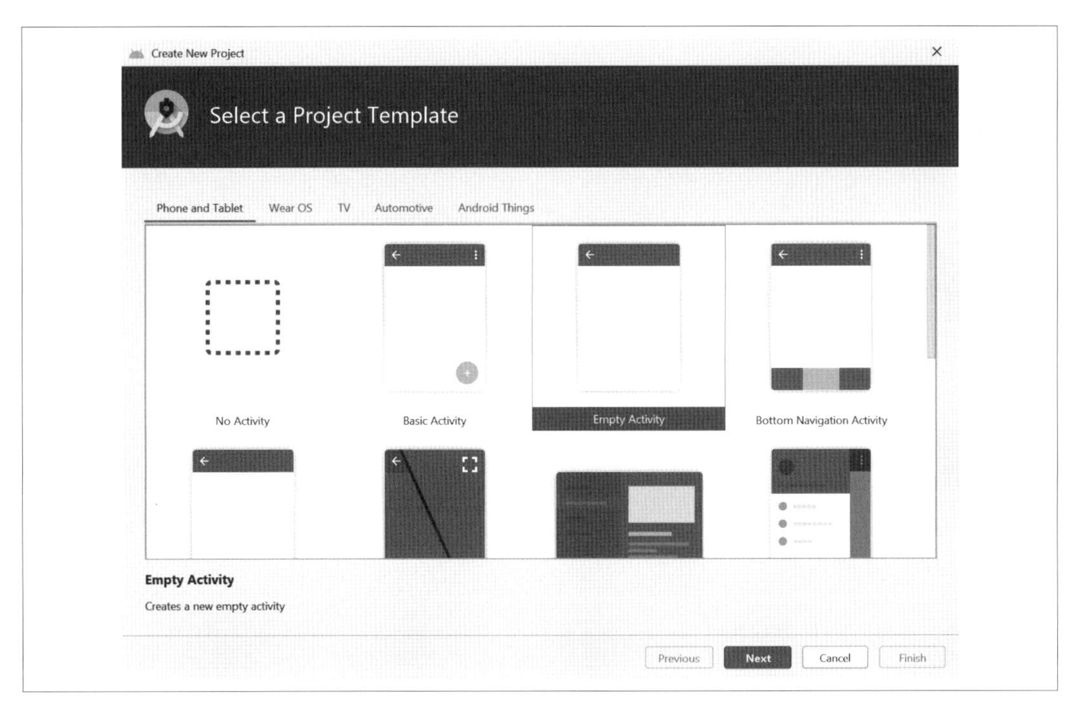

圖 13-1 在 Android Studio 建立新專案

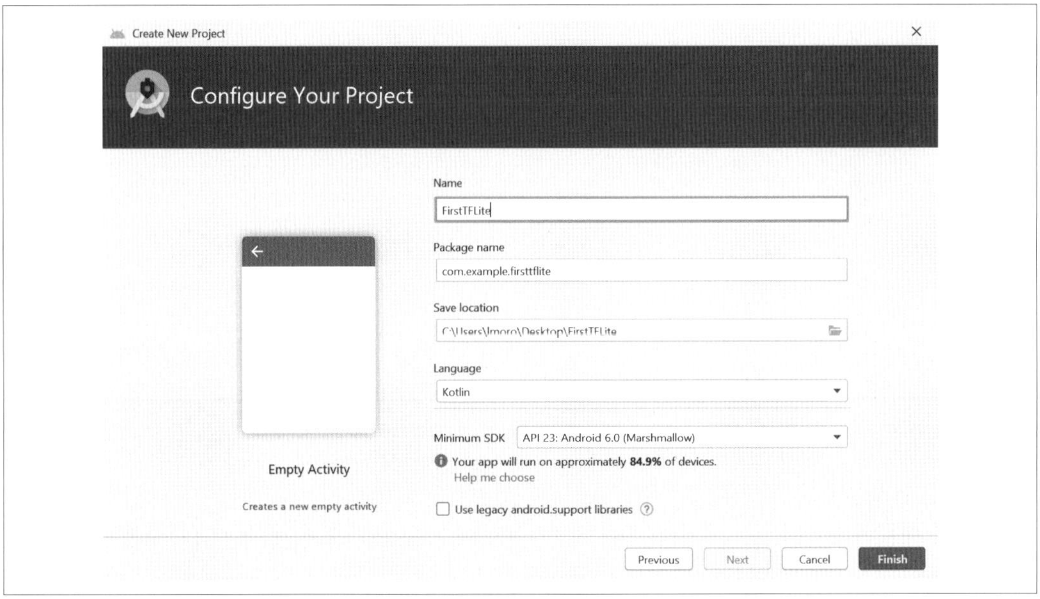

Create New Project
Configure Your Project
Name
FirstTFLite
Package name
com.example.firsttflite
Save location
C:\Users\lmoro\Desktop\FirstTFLite
Language
Kotlin
Minimum SDK
API 23: Android 6.0 (Marshmallow)
Your app will run on approximately **84.9%** of devices.
Help me choose
Use legacy android.support libraries
Empty Activity
Creates a new empty activity
Previous
Next
Cancel
Finish

圖 13-2 設置專案

在這個對話框裡面，將名稱設成 *FirstTFLite*，並且確保語言是 Kotlin。Minimum SDK 應該預設為 API 23，喜歡的話，你可以直接使用那個設定。

完成之後，按下 Finish，Android Studio 會幫 app 建立所有的程式碼。Android app 需要使用許多檔案，你剛才建立的 activity 有一個定義其外觀的 layout 檔（XML），以及一個管理相關資源的 *.kt*（Kotlin）檔。此外也有一些組態檔，它們定義 app 應該如何建構、應該使用哪些依賴項目、它的資源、資產…等，它們一開始可能會令人眼花瞭亂，即使是這個非常簡單的 app。

第 2 步：編輯 layout 檔

你可以在畫面的左邊看到專案瀏覽器，確保上面選擇了 Android，並找到 *res* 資料夾，在它裡面有一個 *layout* 資料夾，裡面有 *activity_main.xml*（見圖 13-3）。

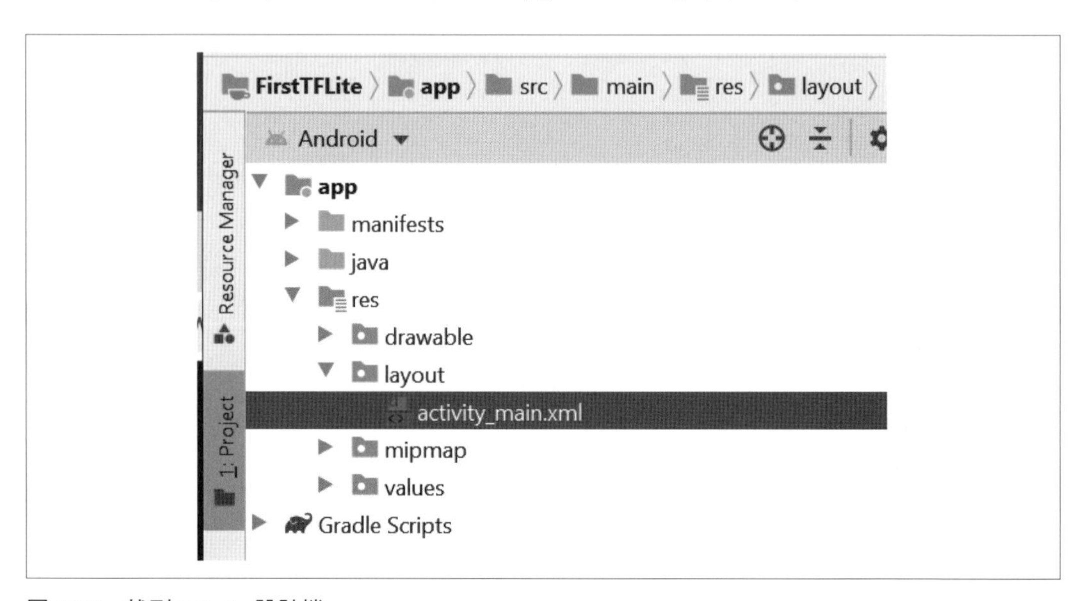

圖 13-3　找到 activity 設計檔

對它按兩下來打開它，你會看到 Android Studio Layout Editor，這個編輯器可以讓你的 activity 使用用戶介面的視覺元素，以及顯示定義的 XML 編輯器。你可能只會看到其中一個，但如果你想要看到兩者（我建議如此！），你可以使用圖 13-4 的右上角的三個按鈕，它們會顯示（從左到右）單獨的 XML 編譯器、包含 XML 編輯器與視覺設計器的分割畫面，以及視覺設計器本身。另外，注意它們下面的 Attributes 標籤。它可讓你編輯各個用戶介面元素的任何屬性。當你建構更多 Android app 之後，你應該會覺得使用視覺布局工具將控制面板的項目拉到設計圖面，並且使用 Attributes 視窗來設定布局寬度比較方便。

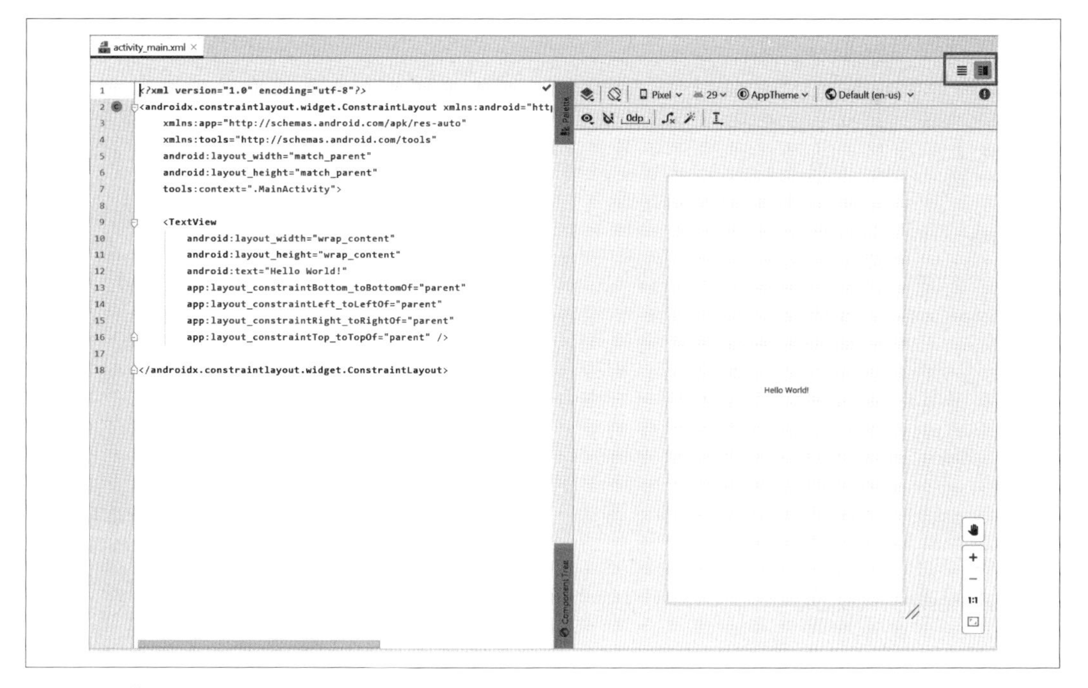

圖 13-4　使用 Android Studio 的 Layout Editor

如圖 13-4 所示，你會得到一個非常基本的 Android activity，裡面有一個 `TextView` 控制項，顯示「Hello World」。將 activity 的所有程式換成：

```
<?xml version="1.0" encoding="utf-8"?>
<LinearLayout xmlns:tools="http://schemas.android.com/tools"
        android:orientation="vertical"
        xmlns:android="http://schemas.android.com/apk/res/android"
        android:layout_height="match_parent"
        android:layout_width="match_parent">

    <LinearLayout
        android:layout_width="match_parent"
        android:layout_height="wrap_content">

        <TextView
            android:id="@+id/lblEnter"
            android:layout_width="wrap_content"
            android:layout_height="wrap_content"
```

```
            android:text="Enter X:  "
            android:textSize="18sp"></TextView>

        <EditText
            android:id="@+id/txtValue"
            android:layout_width="180dp"
            android:layout_height="wrap_content"
            android:inputType="number"
            android:text="1"></EditText>

        <Button
            android:id="@+id/convertButton"
            android:layout_width="wrap_content"
            android:layout_height="wrap_content"
            android:text="Convert">

        </Button>
    </LinearLayout>
</LinearLayout>
```

在這段程式中，需要特別注意的東西是 `android:id` 欄位，特別是 `EditText` 與 `Button` 的，它們是可以修改的，但如果你修改它們，接下來在寫程式時，就要使用同樣的值。我將它們稱為 `txtValue` 與 `convertButton`，在程式中，特別注意它們！

第 3 步：加入 TensorFlow Lite 依賴項目

TensorFlow Lite 不是 Android API 內建的，所以當你在 Android app 裡面使用它時，必須讓環境知道你要匯入外部的程式庫。在 Android Studio 裡面，我們用 Gradle 組建工具來做這件事，這個工具可讓你用 *build.gradle* 這個 JSON 檔來描述環境的組態，以設定環境。Android Studio 會給你兩個 Gradle 檔案，對此，Android 開發新手可能會有些疑惑。通常它們被稱為「專案級」的 *build.gradle* 與「app 級」的 *build.gradle*。前者可在專案資料夾裡面找到，後者可在 *app* 資料夾裡面找到（因此有那種稱呼），如圖 13-5 所示。

你要編輯 app 級的檔案，也就是圖 13-5 選擇的那一個，它有你的 app 的依賴項目細節，打開它，並且修改兩個地方，第一個是在 dependencies 部分加入一個 `implementation`，這是為了加入 TensorFlow Lite 程式庫：

```
implementation 'org.tensorflow:tensorflow-lite:0.0.0-nightly'
```

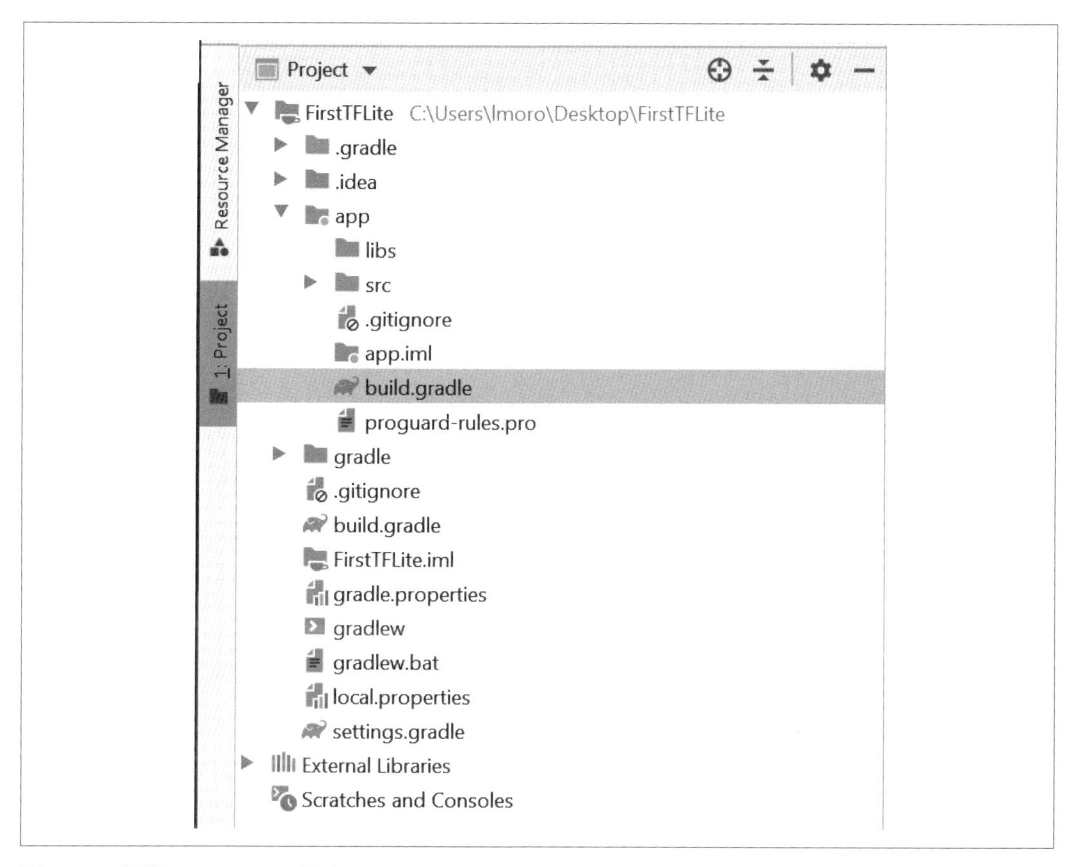

圖 13-5　選擇 build.gradle 檔案

你可以在 TensorFlow Lite 文件（*https://oreil.ly/ncLNY*）裡面找到這個依賴項目的最新版本號碼。

第二項修改是在 `android{}` 部分建立一個新的設定如下：

```
android{
...
    aaptOptions {
        noCompress "tflite"
    }
...
}
```

這一步可以防止編譯器壓縮你的 *.tflite* 檔，Android Studio 編譯器會編譯資產來將它們縮小，這是為了減少從 Google Play Store 下載的時間。但是，如果 *.tflite* 檔被壓縮，TensorFlow Lite 解譯器將無法認得它，為了確保它不被壓縮，你必須幫 *.tflite* 檔將 `aaptOptions` 設成 `noCompress`。如果你使用不同的副檔名（有些人直接使用 *.lite*），務必在此使用它。

現在我們可以試著組建專案了，在過程中，TensorFlow Lite 程式庫會被下載並連結。

第 4 步：加入你的 TensorFlow Lite 模型

我們在第 12 章建立了一個非常簡單的模型，這個模型可以從訓練它的 X 與 Y 值推斷出 Y = 2X – 1，我們也將它轉換成 TensorFlow Lite，並將它存為 *.tflite* 檔。這個步驟會用到那個檔案。

首先，你要在專案中建立一個 *assets* 資料夾。為此，在專案瀏覽器裡面前往 *app/src/main* 資料夾，在主資料夾按下右鍵，並選擇 New Directory，將它命名為 *assets*。將你在訓練模型之後下載的 *.tflite* 檔拉到那個目錄，如果你之前沒有建立這個檔案，你可以在本書的 GitHub repository（*https://github.com/lmoroney/tfbook*）裡面找到它。

完成之後，專案瀏覽器應該會長得像圖 13-6。如果你的 *assets* 資料夾還沒有特殊的資產圖示，不用擔心，Android Studio 終究會更新它，通常在下一次組建之後。

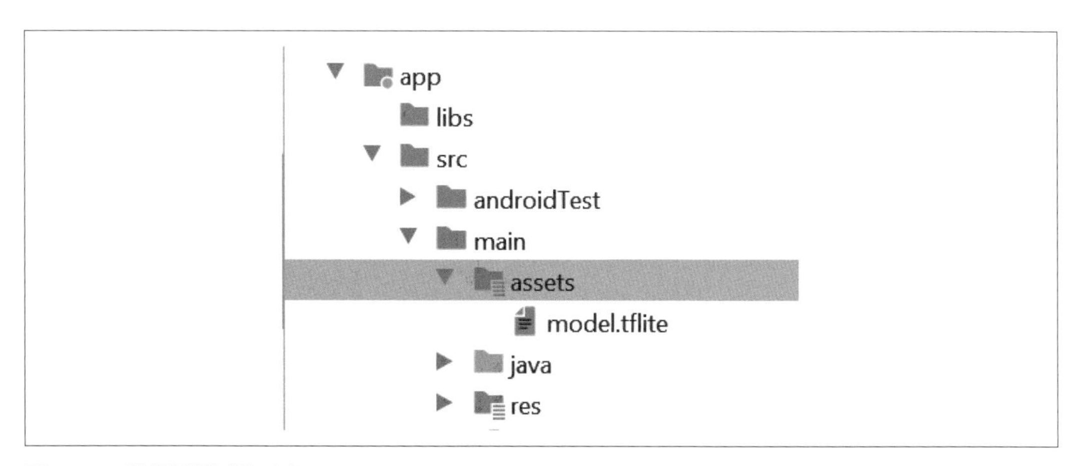

圖 13-6　將模型當成資產加入

完成所有的基礎工作之後，接下來要開始寫程式了！

第 5 步：編寫 activity 程式，來使用 TensorFlow Lite 來推理

雖然你正在使用 Kotlin，但如圖 13-6 所示，你的 source 檔案在 *java* 目錄裡面，打開它，你可以看到一個以你的包裝名稱為名的資料夾，在裡面你可以看到你的 *MainActivity.kt* 檔，對它按兩下，用程式碼編輯器打開它。

首先，你需要用一個輔助函式從 *assets* 目錄載入 TensorFlow Lite 模型：

```
private fun loadModelFile(assetManager: AssetManager,
                                        modelPath: String): ByteBuffer {
    val fileDescriptor = assetManager.openFd(modelPath)
    val inputStream = FileInputStream(fileDescriptor.fileDescriptor)
    val fileChannel = inputStream.channel
    val startOffset = fileDescriptor.startOffset
    val declaredLength = fileDescriptor.declaredLength
    return fileChannel.map(FileChannel.MapMode.READ_ONLY,
                           startOffset, declaredLength)
}
```

.tflite 檔實質上是一個包含權重與偏差的壓縮二進位大型物件，解譯器會用它們來建立內部的神經網路，用 Android 的術語來說，它是個 `Byte Buffer`。這段程式會從 `modelPath` 載入檔案，並且用 `ByteBuffer` 來回傳它。

接下來，在你的 activity 裡面，在類別等級（也就是在類別宣告式的下面，不在任何類別函式裡面）加入模型和解譯器的宣告式：

```
private lateinit var tflite : Interpreter
private lateinit var tflitemodel : ByteBuffer
```

因此，在這個例子裡，執行所有工作的解譯器物件稱為 `tflite`，以 `ByteBuffer` 格式載入解譯器的模型稱為 `tflitemodel`。

接下來，在 onCreate 方法裡面（它會在建立 activity 時被呼叫），加入一些程式來實例化解譯器，以及載入 `model.tflite`：

```
try{
    tflitemodel = loadModelFile(this.assets, "model.tflite")
    tflite = Interpreter(tflitemodel)
} catch(ex: Exception){
    ex.printStackTrace()
}
```

在 onCreate 加入你將要互動的兩個控制項的程式——用來輸入值的 EditText，以及用來按下去以取得推理的 Button：

```
var convertButton: Button = findViewById<Button>(R.id.convertButton)
convertButton.setOnClickListener{
    doInference()
}
txtValue = findViewById<EditText>(R.id.txtValue)
```

你也要將 EditText 宣告為類別等級，連同 tflite 與 tflitemodel，因為下一個函式會引用它：

```
private lateinit var txtValue :EditText
```

最後，我們要做推理了。我們用一個稱為 doInference 的新函式來做這件事：

```
private fun doInference(){
}
```

在這個函式裡，我們從輸入收集資料，將它傳給 TensorFlow Lite 來取得推理，然後顯示回傳的值。

用來輸入數字的 EditText 控制項會提供一個字串，我們要將它轉換成浮點數：

```
var userVal:Float = txtValue.text.toString().toFloat()
```

第 12 章介紹過，當你將資料傳給模型時必須將它格式化，轉換成 NumPy 陣列。NumPy 是 Python 結構，無法在 Android 裡面使用，但是你可以在這裡使用 FloatArray。雖然你只傳入一個值，但是它仍然必須是個陣列，大致上接近張量：

```
var inputVal:FloatArray = floatArrayOf(userVal)
```

模型會回傳一串必須解譯的 bytes 給你，你會從模型取得浮點值，一個浮點值有 4 bytes，你可以設定 4 bytes 的 ByteBuffer 來接收輸出。bytes 有許多排序的方式，但是你只需要預設的、原始的順序：

```
var outputVal:ByteBuffer = ByteBuffer.allocateDirect(4)
outputVal.order(ByteOrder.nativeOrder())
```

在執行推理時，你要呼叫解譯器的 run 方法，將輸入與輸出值傳給它，它會讀取輸入值，並寫到輸出值：

```
tflite.run(inputVal, outputVal)
```

輸出會被寫到 ByteBuffer，現在它的指標在緩衝區（buffer）的結尾，為了讀取它，你必須將它重設到緩衝區的開頭：

```
outputVal.rewind()
```

讀取 ByteBuffer 的浮點數內容：

```
var f:Float = outputVal.getFloat()
```

使用 AlertDialog 來將它顯示出來：

```
val builder = AlertDialog.Builder(this)
with(builder)
{
    setTitle("TFLite Interpreter")
    setMessage("Your Value is:$f")
    setNeutralButton("OK", DialogInterface.OnClickListener {
        dialog, id -> dialog.cancel()
    })
    show()
}
```

現在就執行 app 並且自行嘗試它！你可以看到圖 13-7 的結果。

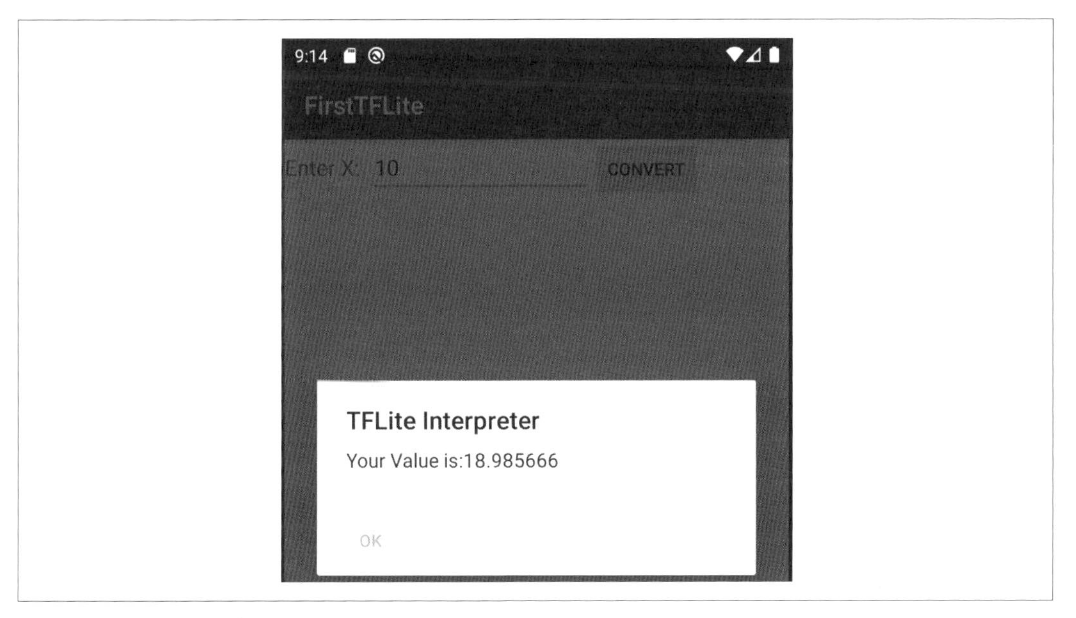

圖 13-7　模擬器裡面執行解譯器

跳脫「Hello World」——處理圖像

正如你在前幾頁看到的，建構 Android app 需要做很多鷹架工程，你也要編寫和設定 TensorFlow Lite 解譯器才能將它正確地初始化。當你建立其他使用 TensorFlow Lite 的 Android app 時，你也會經歷差不多的過程，唯一主要的差異是你要將輸入資料格式化，轉換成模型認識的格式，並且用同樣的方式來解析輸出資料。因此，舉例來說，我們曾經在第 12 章建立 Dogs vs. Cats 模型，傳入一張貓或狗的圖片，並且取得一個推理，那個模型期望收到 224 × 224 像素、有三個顏色通道，而且已經標準化的輸入圖像，你必須搞清楚如何從 Android 圖像控制項取得圖像，將它格式化，來讓網路可以了解它！

例如，我們從圖 13-8 這張圖像看起，它是一張簡單的狗圖像，剛好是 395 × 500 像素。

圖 13-8　要解讀的狗圖像

首先，我們要將它的大小改成 224 × 224 像素，它就是用來訓練模型的圖像維度，你可以在 Android 裡面使用 `Bitmap` 程式庫來做這件事，例如，你可以建立一個新的 224 × 224 bitmap：

```
val scaledBitmap = Bitmap.createScaledBitmap(bitmap, 224, 224, false)
```

（在這個例子裡，bitmap 裡面有 app 當成資源載入的原始圖像。完整的 app 可以在本書的 GitHub repo 取得（*https://github.com/lmoroney/tfbook*））。

有了正確的尺寸之外，你必須根據模型期望的圖像結構在 Android 裡面重塑它的結構。我們之前訓練模型時，是將標準化的張量傳入模型，這種圖像是 (224, 224, 3)：224 × 224 是圖像尺寸，3 是顏色深度。我們也將值都標準化，變成 0 和 1 之間。

因此，我們要使用 224 × 224 × 3 個介於 0 和 1 之間的浮點值來代表圖像。我們用這段程式將它存入 ByteArray（一個浮點數是以 4 bytes 組成的）：

```
val byteBuffer = ByteBuffer.allocateDirect(4 * 224 * 224 * 3)
byteBuffer.order(ByteOrder.nativeOrder())
```

另一方面，Android 圖像將每一個像素存為 32-bit 的 RGB 整數值，因此每一個像素都長得像 0x0010FF10，它的前兩個值是透明度，你可以忽略它們，其他的是 RGB，也就是 0x10 是紅色的值，0xFF 是綠色的值，0x10 是藍色的值。我們之前做的標準化是直接將 R、G、B 通道值除以 255，產生紅色值 .06275，綠色值 1，藍色值 .06275。

因此，為了做這個轉換，我們要先將 bitmap 轉換成 224 × 224 整數陣列，並將像素複製進去，getPixels API 可以用來做這件事：

```
val intValues = IntArray(224 * 224)
scaledbitmap.getPixels(intValues, 0, 224, 0, 0, 224, 224)
```

現在你只要遍歷這個陣列，一個接著一個讀取像素，並將它們轉換成標準化的浮點數即可。你可以使用位元位移（bit shifting）來取得特定的通道。例如，考慮上述的值 0x0010FF10，將它往右移動 16 bits 會得到 0x0010（FF10「遺失」了），接下來將它與 0xFF 做「and」會得到 0x10，只保留最後的兩個數字。同樣的，右移 8 bits 會得到 0x0010FF，然後對它執行「and」會產生 0xFF。這項技術可以快速且輕鬆地挑出組成像素的位元。你可以對整數使用 shr 操作來做這件事，input.shr(16) 的意思是「將輸入右移 16 個像素」：

```
var pixel = 0
for (i in 0 until INPUT_SIZE) {
    for (j in 0 until INPUT_SIZE) {
        val input = intValues[pixel++]
        byteBuffer.putFloat(((input.shr(16)  and 0xFF) / 255))
        byteBuffer.putFloat(((input.shr(8) and 0xFF) / 255))
        byteBuffer.putFloat(((input and 0xFF)) / 255))
    }
}
```

與之前一樣，在處理輸出時，你必須定義一個陣列來保存結果。它不需要是個 ByteArray，如果你知道結果是浮點數，你也可以定義 FloatArray 之類的東西。在這個例子中，使用 Dogs vs. Cats 模型時，我們有兩個標籤，而且模型架構的輸出層是用兩個神經元來定義的，裡面有類別貓與狗各自的屬性。因此，為了讀回結果，你可以定義一個結構來容納輸出張量：

```
val result = Array(1) { FloatArray(2) }
```

注意，這是一個陣列，它裡面有一個雙項目陣列。在使用 Python 時，我們看過 [[1.0 0.0]] 之類的值，在這裡也一樣。Array(1) 定義容納的陣列 []，而 FloatArray(2) 是 [1.0 0.0]。雖然它有點令人困惑，但我希望你習慣它，因為它會編寫更多 TensorFlow app！

與之前一樣，我們用 interpreter.run 來解譯：

```
interpreter.run(byteBuffer, result)
```

結果是個陣列，裡面有一個包含兩個值的陣列，你可以在 Android debugger 裡面看到它的長相，如圖 13-8 所示。

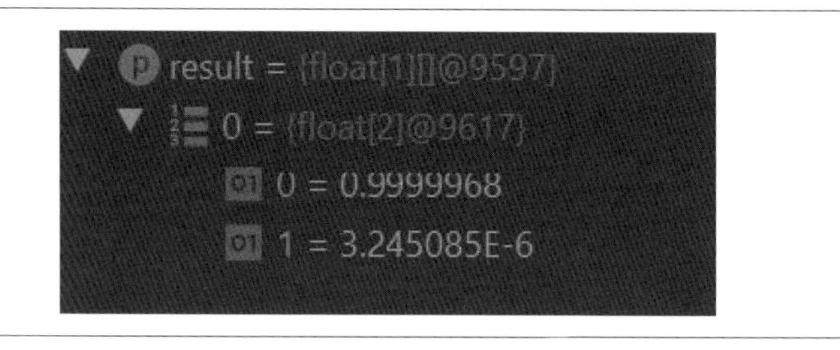

圖 13-9 解析輸出值

在建立 Android 行動 app 時，這是最複雜的考慮因素，當然，除了建立模型之外。Python 表示值的方法與 Android 的做法有很大的不同，尤其是使用 NumPy 時。你必須建立轉換器來將資料重新格式化成神經網路預期的輸入資料格式，而且必須了解神經網路使用的輸出格式，這樣才可以解析結果。

> **程式碼生成**
>
> 在筆者行文至此時，有一種用參考資料（metadata）來產生程式碼的工具正進入實驗模式（*https://oreil.ly/cMDna*），使用它來執行轉換時，你要為 TensorFlow Lite 模型加入參考資料，因為它還在不斷變化，所以我不在此完整介紹它，你可以參考文件（*https://oreil.ly/fdzXh*）來了解如何為模型建立參考資料，再使用這種工具來產生程式碼，協助你避免處理本章所使用的低階 `ByteBuffers`。或許你也可以了解一下 TensorFlow Lite Model Maker 程式庫（*https://oreil.ly/wPEwa*）。

TensorFlow Lite 示範 app

TensorFlow 團隊提供許多開源的示範 app，你可以根據本章的教學，藉著分析它們來了解它們如何運作。它們包括（但不限於）這些東西：

圖像分類

　從設備的相機讀取輸入並且分類成一千個不同的項目。

物體偵測

　從設備的相機讀取輸入，並且幫偵測到的物體加框。

姿態估計

　觀察相機的人物，推斷出他們的姿勢。

語音辨識

　辨識常見的口令。

姿勢辨識

　用手勢訓練模型，並且在相機裡辨識它們。

聰明回答

　接收輸入訊息，並且回答它們。

圖像分割

　類似物體偵測，不過是預測圖像裡的每一個像素屬於哪個類別。

風格轉換

對任何圖像套用新風格。

數字分類

辨識手寫數字。

文本分類

使用以 IMDb 資料組來訓練的模型，辨識文本裡面的情緒。

問題回答

使用 Bidirectional Encoder Representations from Transformers（BERT）來自動回答用戶的查詢！

你可以在 GitHub 的 Awesome TFLite repo（*https://oreil.ly/Rxpbx*）裡面找到其他的精選 app 清單。

TensorFlow Lite Android 支援程式庫

TensorFlow 團隊也為 TensorFlow Lite 建立一個支援程式庫（*https://oreil.ly/OAN8P*），它的目標是提供一組高階的類別來支援 Android 上常見的場景。在筆者行文至此時，它提供了處理某些電腦視覺場景的功能，藉著提供預先製作的類別和函式來處理圖像張量的複雜性，以及解析輸出的機率陣列。

小結

本章帶你在 Android 上使用 TensorFlow Lite，我們剖析了 Android app，並介紹如何將 TensorFlow Lite 放到裡面。你已經知道如何將模型做成 Android 的資產，以及如何在解譯器裡面載入與使用它，最重要的是，你知道 Android 資料（例如圖像或數字）必須轉換成輸入陣列，來模擬模型使用的張量，以及如何解析輸出資料，並且知道它其實是記憶體對映到 `ByteBuffers` 的張量。我們用幾個範例詳細地介紹如何執行這項操作，希望它們可以協助你處理其他場景。下一章將重複做這些工作，不過這一次要在 iOS 上面使用 Swift。

第十四章

在 iOS app 裡使用 TensorFlow Lite

第 12 章介紹了 TensorFlow Lite，以及如何使用它來將 TensorFlow 模型轉換成省電、紮實、可在行動設備上使用的格式，接下來的第 13 章討論如何建立包含 TensorFlow Lite 模型的 app。本章要做同一件事，不過這次使用 iOS，在上面建立一些簡單的 app，看看如何使用 Swift 程式語言來讓 TensorFlow Lite 模型進行推理。

你需要一台 Mac 才能跟著操作本章的範例，因為我們的開發工具是 Xcode，它只能在 Mac 上運行。如果你已經有 Mac 了，你可以從 App Store 安裝它，它會提供你需要的所有東西，包括 iOS 模擬器，你可以在上面執行 iPhone 與 iPod app，而不需要實體設備。

用 Xcode 建立第一個 TensorFlow Lite app

安裝 Xcode 並啟動它之後，你可以按照本節的步驟來建立一個簡單的 iOS app，並且在裡面加入第 12 章的 Y = 2X − 1 模型。雖然這是一個非常簡單的場景，對機器學習 app 來說，絕對是大材小用，但是複雜的 app 也使用相同的骨架結構，而且我認為這種做法很適合用來示範如何在 app 中使用模型。

第 1 步：建立基本的 iOS app

打開 Xcode 並選擇 File → New Project，它會讓你選擇新專案的模板，選擇 Single View App，這是最簡單的模板（圖 14-1），然後按下 Next。

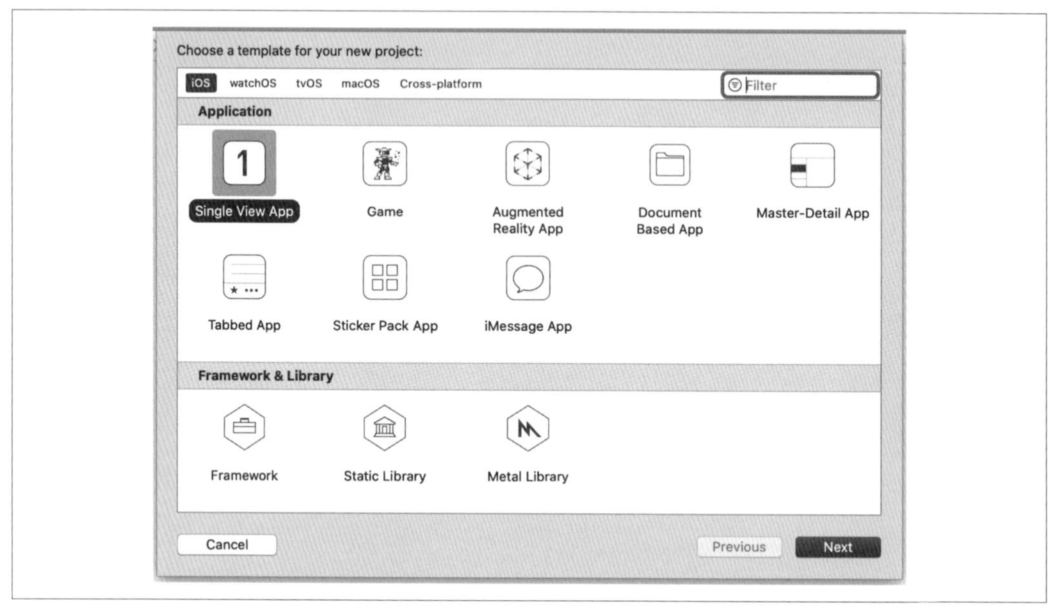

圖 14-1　在 Xcode 裡建立新的 iOS app

接下來，它會請你選擇新專案的選項，包括 app 的名稱，將它命名為 *firstlite*，並且確定語言是 Swift，用戶介面是 Storyboard（圖 14-2）。

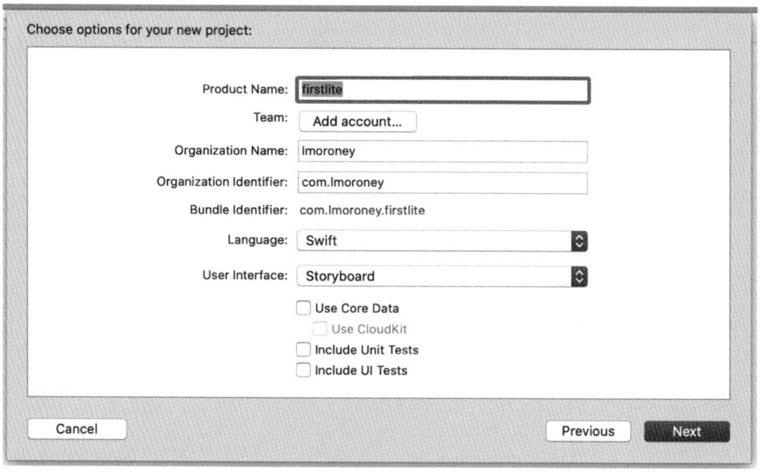

圖 14-2　為新專案選擇選項

按下 Next 來建立一個在 iPhone 或 iPad 模擬器上運行的基本 iOS app，下一步是在裡面加入 TensorFlow Lite。

第 2 步：將 TensorFlow Lite 加入專案

為了將依賴項目加入 iOS 專案，你可以使用一種稱為 CocoaPods 的技術（*https://cocoapods.org*），它是一個依賴項目管理專案，有上千個程式庫，可以輕鬆地整合到 app 裡面。為了做這件事，你要建立一個規格，稱為 Podfile，它裡面有關於你的專案的細節，以及你想要使用的依賴項目。它是個簡單的文字檔，稱為 *Podfile*（沒有副檔名），請將它放在 Xcode 已經為你建立的 *firstlite.xcodeproj* 檔的同一個目錄裡面。它的內容長這樣：

```
# Uncomment the next line to define a global platform for your project
platform :ios, '12.0'

target 'firstlite' do
  # Comment the next line if you're not using Swift and don't want to
  # use dynamic frameworks
  use_frameworks!

  # Pods for ImageClassification
  pod 'TensorFlowLiteSwift'
end
```

`pod 'TensorFlowLiteSwift'` 這一行是最重要的部分，它的意思是必須將 TensorFlow Lite Swift 程式庫加入專案。

接下來，使用 Terminal，將目錄切換到 Podfile 的目錄，並且執行下面的命令：

```
pod install
```

它會下載依賴項目並加入你的專案，存到一個名為 *Pods* 的新資料夾裡面，你也可以加入 *.xcworkspace* 檔，如圖 14-3 所示。以後你要用它來打開專案，而不是 *.xcodeproj* 檔。

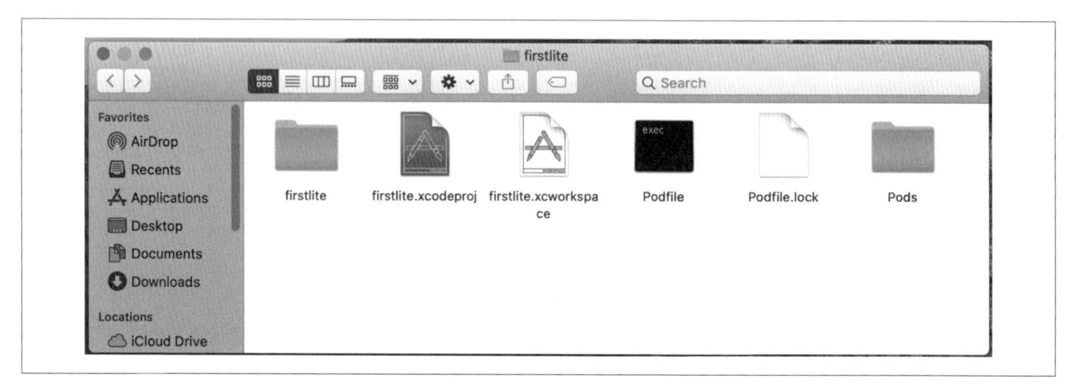

圖 14-3　執行 pod install 之後的檔案結構

有了基本的 iOS app，並且加入 TensorFlow Lite 依賴項目之後，我們要建立用戶介面。

第 3 步：建立用戶介面

Xcode storyboard 編輯器是建立用戶介面的視覺工具，打開 workspace 可以在左邊看到一系列的來源檔，選擇 *Main.storyboard*，並使用控制面板，你可以將控制項拉到 iPhone 螢幕的視圖上（圖 14-4）。

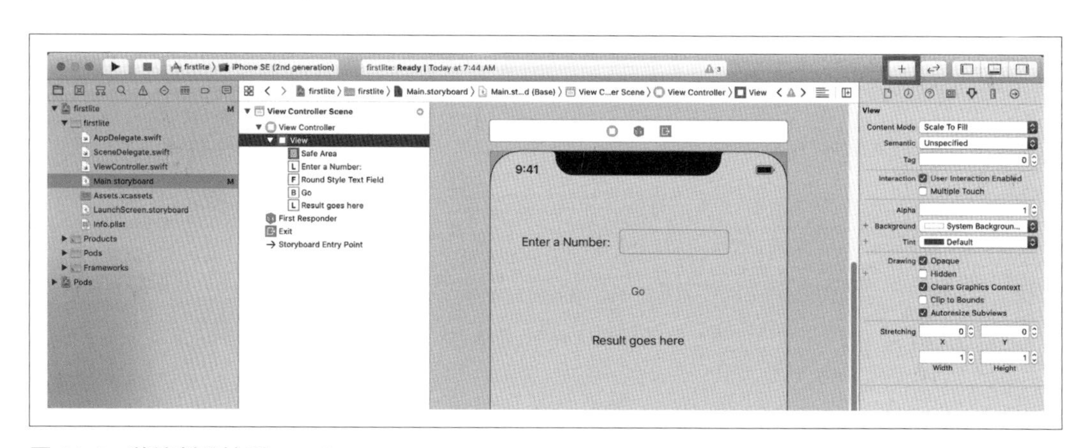

圖 14-4　將控制項拉到 storyboard

如果你找不到控制面板，你可以按下畫面右上角的 + 來打開它（見圖 14-4 的標示）。使用它加入一個 Label，並將文字改成「Enter a Number」，再加入一個 Label，使用文字「Result goes here」，然後加入一個 Button，並將它的標題改成「Go」，最後加入一個 Text Field。把它們排成圖 14-4 的樣子，不需要排得很漂亮！

安排好控制項之後，我們要在程式裡面引用它們。按照 storyboard 的說法，你要用 *outlet*（當你想要定位想要讀取的控制項或設定它的內容時）或 *action*（當你想要在用戶和控制項進行互動時執行某些程式時）來做。

連接它最簡單的方法是使用分割畫面，在一邊顯示 storyboard，在另一邊顯示 *ViewController.swift* 程式碼，你可以選擇分割畫面按鈕（圖 14-5 框起來的地方），然後按下一邊，並選擇 storyboard，接著按下另一邊，並選擇 *ViewController.swift*。

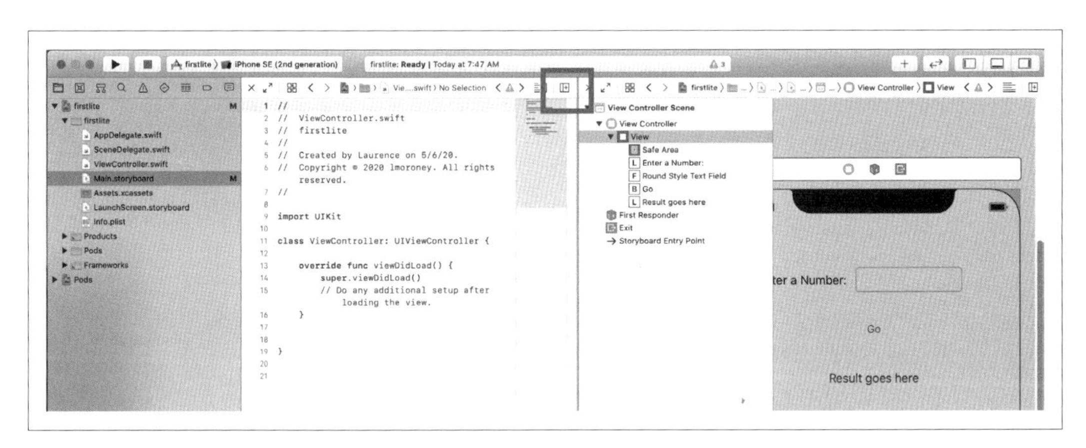

圖 14-5　分割畫面

完成之後就可以開始用拖曳的方式來建立 outlet 與 action 了。當用戶使用這個 app 時，他們要在文字欄輸入一個數字，按下 Go，app 會用他們輸入的值來執行推理，將結果顯示在「Result goes here」的標籤裡。

這代表我們必須讀取或寫入兩個控制項，讀取文字欄位的內容來取得用戶輸入的東西，並且將結果寫到「Results goes here」標籤，因此，我們需要兩個 outlet。宣告它們的方法是按下 Ctrl 鍵，並將 storyboard 的控制項拉到 *ViewController.swift* 檔，把它放在類別定義式下面。你會看到一個彈出畫面，要求你定義它（圖 14-6）。

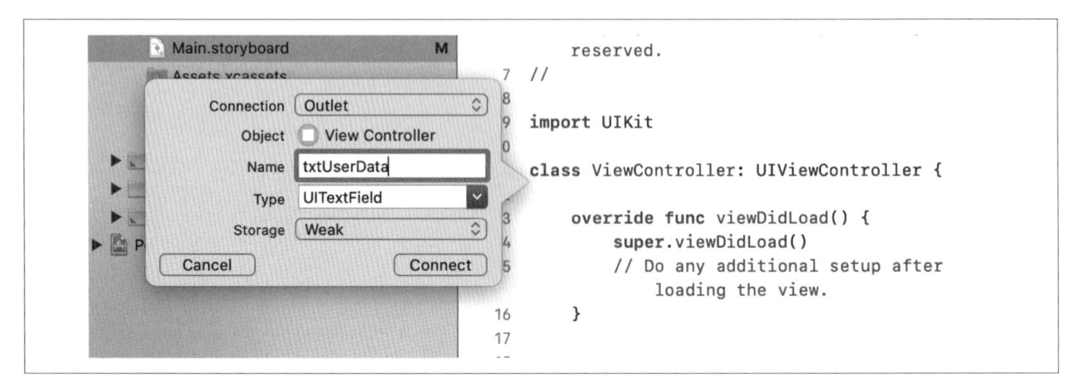

圖 14-6　建立 outlet

確保 connection 類型是 Outlet，並且為文字欄位建立一個 outlet，將它命名為 `txtUserData`，也為標籤建立一個，稱之為 `txtResult`。

接著將按鈕拉到 *ViewController.swift* 檔。在彈出畫面中，確保連接（connection）類型是 Action，事件（event）類型是 Touch Up Inside。使用它來定義一個稱為 `btnGo` 的 action（圖 14-7）。

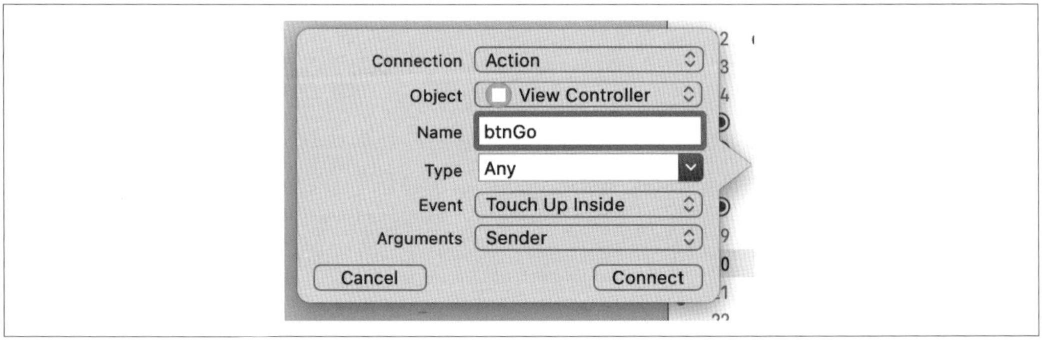

圖 14-7　加入 action

此時的 *ViewController.swift* 檔長成這樣——注意 `IBOutlet` 與 `IBAction` 程式：

```
import UIKit

class ViewController: UIViewController {
    @IBOutlet weak var txtUserData: UITextField!

    @IBOutlet weak var txtResult: UILabel!
```

```
        @IBAction func btnGo(_ sender: Any) {
        }
        override func viewDidLoad() {
            super.viewDidLoad()
            // 在載入 view 之後做額外的設定
        }
    }
```

完成 UI 之後，下一步是編寫處理推理的程式。我們將它放在另一個程式檔裡面，而不是放在 ViewController 邏輯的同一個 Swift 檔裡面。

第 4 步：加入模型推理類別並將它初始化

為了將 UI 與底層的模型推理分開，我們要建立一個新的 Swift 檔，將 ModelParser 類別放在裡面。這就是把資料傳給模型、執行推理，然後解析結果的地方。在 Xcode 選擇 File → New File，並選擇 Swift File 作為模板類型（圖 14-8）。

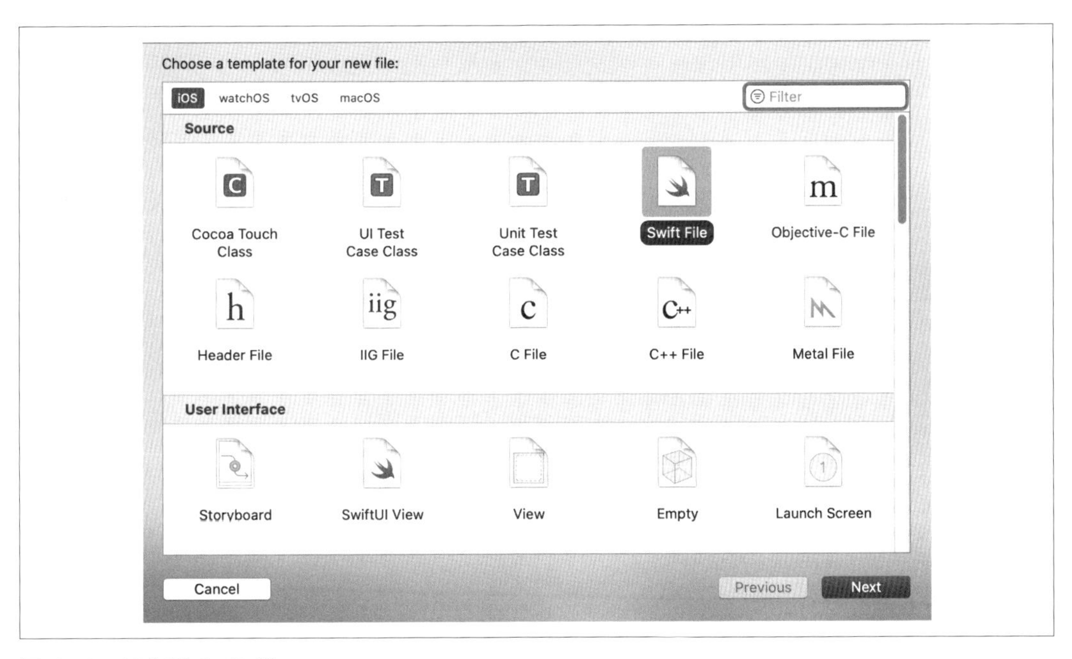

圖 14-8　加入新 Swift 檔

將它命名為 *ModelParser*，並確保將它指向 firstlite 專案的選取方塊有打勾（圖 14-9）。

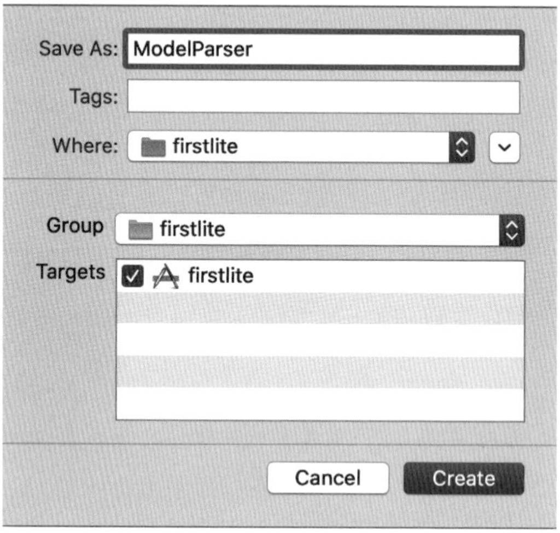

圖 14-9　將 ModelParser.swift 加入專案

這會將 *ModelParser.swift* 檔案加入專案，你可以編輯它並加入介面邏輯。首先，確保在檔案最上面的 import 包含 `TensorFlowLite`：

```
import Foundation
import TensorFlowLite
```

等一下要將一個指向模型檔（*model.tflite*）的參考傳給這個類別，現在我們還沒有加入它，但很快就會加入：

```
typealias FileInfo = (name: String, extension: String)

enum ModelFile {
  static let modelInfo: FileInfo = (name: "model", extension: "tflite")
}
```

`typealias` 與 `enum` 可以讓程式更紮實一些，你很快就會看到它們的用法。接下來要將模型載入解譯器，我們先將解譯器宣告成類別私用變數：

```
private var interpreter:Interpreter
```

在使用 Swift 時，變數必須初始化，你可以在 init 函式裡面做這件事。下面的函式會接收兩個輸入參數，第一個參數 modelFileInfo 是你剛才宣告的 FileInfo 型態，第二個參數 threadCount 是初始化解譯器時使用的執行緒數量，我們將它設成 1。在這個函式裡面，我們建立一個指向之前宣告的模型檔案（*model.tflite*）的參考：

```
init?(modelFileInfo: FileInfo, threadCount: Int = 1) {
  let modelFilename = modelFileInfo.name

  guard let modelPath = Bundle.main.path
  (
    forResource: modelFilename,
    ofType: modelFileInfo.extension
  )
  else {
    print("Failed to load the model file")
    return nil
  }
```

取得 bundle 裡面的模型檔案路徑之後，我們載入它：

```
do
  {
    interpreter = try Interpreter(modelPath: modelPath)
  }
  catch let error
  {
    print("Failed to create the interpreter")
    return nil
  }
```

第 5 步：執行推理

我們接下來在 ModelParser 類別裡面進行推理。用戶會在文字欄輸入字串值，它會被轉換成浮點數，所以你需要一個接收浮點數的函式，將它傳給模型，執行推理，然後解析回傳值。

我們先建立 runModel 函式。我們必須讓程式捕捉錯誤，所以在一開始使用 do{：

```
func runModel(withInput input: Float) -> Float? {
    do{
```

接著在解譯器配置張量（allocate tensors），這會將它初始化，並且讓它做好推理的準備：

```
try interpreter.allocateTensors()
```

接著建立輸入張量，因為 Swift 沒有 Tensor 資料型態，我們要在 UnsafeMutableBufferPointer 裡面直接將資料寫入記憶體。我們將它的型態設為 Float，並寫入一個值（因為只有一個浮點數），從 data 變數的位址開始寫起。這會將浮點數的所有 bytes 複製到 buffer 裡面：

```
var data: Float = input
  let buffer: UnsafeMutableBufferPointer<Float> =
      UnsafeMutableBufferPointer(start: &data, count: 1)
```

將資料放入 buffer 之後，我們將它複製到解譯器的輸入 0，輸入張量只有一個，所以可以將它設為 buffer：

```
try interpreter.copy(Data(buffer: buffer), toInputAt: 0)
```

呼叫（invoke）解譯器來執行推理：

```
try interpreter.invoke()
```

它只有一個輸出張量，所以我們取出位於 0 的輸出來讀取它：

```
let outputTensor = try interpreter.output(at: 0)
```

與輸入值一樣，我們處理的是低階的記憶體，它是不安全的資料（unsafe data）。它是一個包含 Float32 值的陣列（它只有一個元素，但仍然必須視為陣列），可以這樣讀取：

```
let results: [Float32] =
      [Float32](unsafeData: outputTensor.data) ?? []
```

如果你還不知道 ?? 語法，它的意思是將輸出張量複製給結果，來讓結果是 Float32 的陣列，如果失敗了，就讓它成為空陣列。為了讓這段程式可以工作，我們必須實作 Array extension，等一下會展示完整的程式。

把結果放入陣列之後，它的第一個元素將是結果，如果失敗，它會回傳 nil：

```
guard let result = results.first else {
    return nil
  }
  return result
}
```

這個函式的開頭是 `do{`，所以你必須捕捉錯誤，印出它們，並且在那個事件裡回傳 `nil`：

```
      catch {
        print(error)
        return nil
      }
    }
  }
```

最後，同樣在 *ModelParser.swift* 裡面，你可以加入 `Array` extension 來處理不安全的資料，並將它載入陣列：

```
extension Array {
  init?(unsafeData: Data) {
    guard unsafeData.count % MemoryLayout<Element>.stride == 0
        else { return nil }
    #if swift(>=5.0)
    self = unsafeData.withUnsafeBytes {
      .init($0.bindMemory(to: Element.self))
    }
    #else
    self = unsafeData.withUnsafeBytes {
      .init(UnsafeBufferPointer<Element>(
        start: $0,
        count: unsafeData.count / MemoryLayout<Element>.stride
      ))
    }
    #endif  // swift(>=5.0)
  }
}
```

這是個方便的輔助函式，當你想直接從 TensorFlow Lite 模型解析出浮點數時可以使用它。

完成解析模型的類別之後，我們要將模型加入 app。

第 6 步：將模型加入 app

為了將模型加入 app，我們要在 app 裡面加入 *models* 目錄。在 Xcode 裡面，在 *firstlite* 資料夾按下右鍵，並選擇 New Group（圖 14-10）。將新的群組命名為 *models*。

圖 14-10　在 app 裡面加入新群組

你可以訓練第 12 章的 Y = 2X – 1 範例來取得模型，如果你還沒有模型，可以使用本書的 GitHub repository 裡面的 Colab（*https://oreil.ly/AQgL_*）。

取得轉換好的模型檔之後（稱為 *model.tflite*），你可以將它拉到 Xcode 裡面，剛才加入的模型群組內。選擇「Copy items if needed」，並且將 firstlite 旁邊的選取方塊打勾，來確保你將它加到 firstlite 目標。

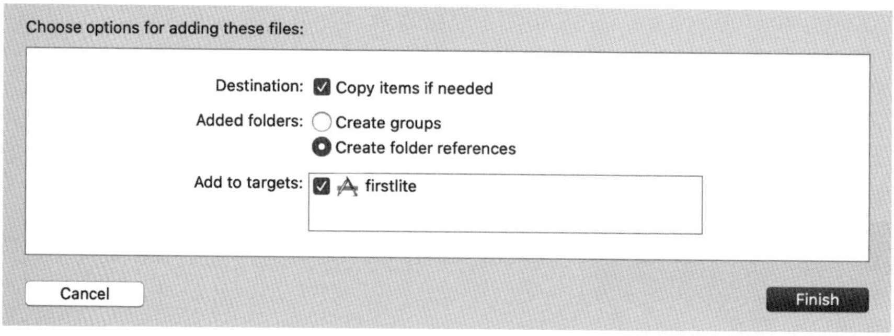

Choose options for adding these files:
Destination: Copy items if needed
Added folders: Create groups
Create folder references
Add to targets: firstlite
Cancel
Finish

圖 14-11　將模型加入專案

接下來模型會被放入專案，並且可用來推理。最後一步是完成用戶介面邏輯，然後一切就緒！

第 7 步：加入 UI 邏輯

我們在前面建立了包含 UI description 的 storyboard，並開始編譯包含 UI 邏輯的 *ViewController.swift* 檔。因為大部分的推理工作都分配給 ModelParser 類別，UI 邏輯應該要很少。

我們先加入一個私用變數，宣告 ModelParser 類別的實例：

```
private var modelParser: ModelParser? =
    ModelParser(modelFileInfo: ModelFile.modelInfo)
```

在之前，我們在按鈕建立一個稱為 btnGo 的 action，當用戶按下按鈕時就會呼叫它。將它改成當用戶執行動作時執行 doInference 函式：

```
@IBAction func btnGo(_ sender: Any) {
  doInference()
}
```

接下要建構 doInference 函式：

```
private func doInference() {
```

用戶用來輸入資料的文字欄位稱為 txtUserData，讀取這個值，如果它是空的，直接將結果設成 0.00，不需要做任何推理：

```
guard let text = txtUserData.text, text.count > 0 else {
    txtResult.text = "0.00"
    return
  }
```

否則將它轉成浮點數，如果失敗，則退出函式：

```
guard let value = Float(text) else {
    return
  }
```

此時，你可以執行模型，將輸入傳給它了，ModelParser 會做接下來的工作，回傳結果或 nil，如果回傳值是 nil，我們就離開函式：

```
guard let result = self.modelParser?.runModel(withInput: value) else {
    return
  }
```

最後，如果執行到這裡，代表我們取得結果，因此可以將浮點數轉換成字串，並將它放入標籤（txtResult）：

```
txtResult.text = String(format: "%.2f", result)
```

完工！因為 ModelParser 類別負責處理載入模型與進行推理的複雜工作，所以 ViewController 非常輕量。為了方便，我列出完整的程式：

```
import UIKit

class ViewController: UIViewController {
  private var modelParser: ModelParser? =
      ModelParser(modelFileInfo: ModelFile.modelInfo)
  @IBOutlet weak var txtUserData: UITextField!

  @IBOutlet weak var txtResult: UILabel!
  @IBAction func btnGo(_ sender: Any) {
    doInference()
  }
  override func viewDidLoad() {
    super.viewDidLoad()
    // 在載入 view 之後做額外的設定
  }
  private func doInference() {

    guard let text = txtUserData.text, text.count > 0 else {
      txtResult.text = "0.00"
      return
    }
    guard let value = Float(text) else {
      return
    }
    guard let result = self.modelParser?.runModel(withInput: value) else {
      return
    }
    txtResult.text = String(format: "%.2f", result)
  }

}
```

我們已經完成所有工作，可讓 app 開始運行了，執行它之後，你可以在模擬器裡面看到它，在文字欄位輸入數字，按下按鈕，你應該可以在結果欄位看到結果，如圖 14-12 所示。

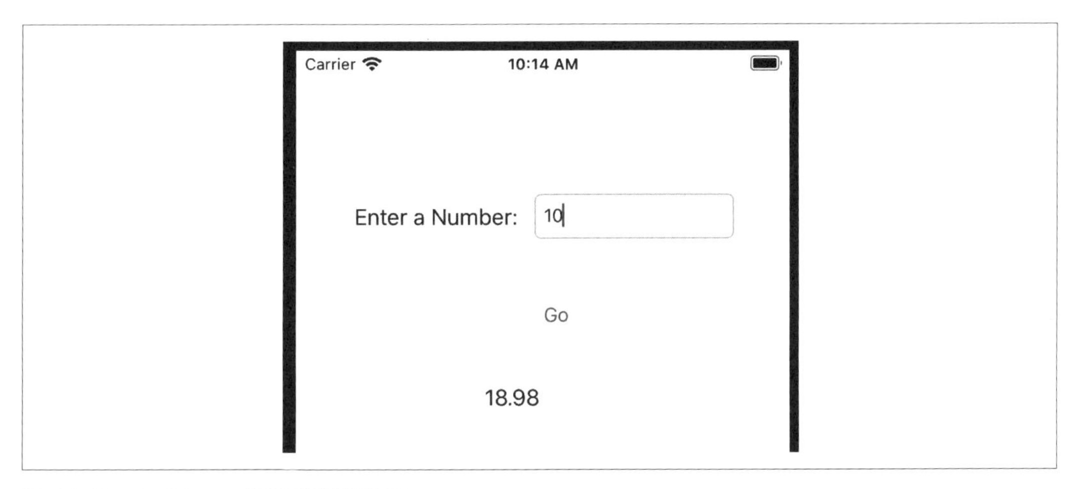

圖 14-12　在 iPhone 模擬器裡面執行 app

雖然對一個非常簡單的 app 來說，這是一個漫長的旅程，但它提供一個很好的模板，可以讓你了解 TensorFlow Lite 如何運作。在這個演練裡面，你知道如何：

- 使用 pods 來加入 TensorFlow Lite 依賴項目。
- 將 TensorFlow Lite 模型加入 app。
- 將模型載入解譯器。
- 讀取輸入張量，並直接寫入它們的記憶體。
- 讀取輸出張量記憶體，並將它複製到高階的資料結構，例如浮點數陣列。
- 用 storyboard 和 view 控制器來將它們全部連接到用戶介面。

下一節將告別這個簡單的場景，處理更複雜的資料。

跳脫「Hello World」——處理圖像

在之前的範例中，你已經知道如何建立完整的 app 並使用 TensorFlow Lite 來做非常簡單的推理。雖然 app 很簡單，但是將資料放入模型，以及從模型解析出資料可能有點令人難以理解，因為我們處理的是低階的位元和位元組。好消息是當你遇到比較複雜的場景時（例如圖像處理）處理程序不會更複雜。

考慮我們在第 12 章製作的 Dogs vs. Cats 模型。這一節將告訴你如何用 Swift 以及一個訓練好的模型來建立 iOS app，當你提供貓或狗的圖像給那個模型時，它能夠推理圖像裡面有什麼。你可以在本書的 GitHub repo 取得完整的程式碼（*https://github.com/lmoroney/tfbook*）。

我們說過，圖像的張量有三維：寬、高與顏色深。因此，舉例來說，當我們使用 Dogs vs. Cats 行動範例所採用的 MobileNet 架構時，維度是 224 × 224 × 3，每張圖像有 224 × 224 個像素，以及儲存顏色深的 3 bytes。注意，每一個像素都是用 0 和 1 之間的值來表示的，代表該像素的紅、綠、藍通道的強度。

在 iOS，圖像通常用 `UIImage` 類別的實例來表示，它有個好用的 `pixelBuffer` 屬性，可回傳圖像的所有像素的 buffer。

在 `CoreImage` 程式庫裡面有個 `CVPixelBufferGetPixelFormatType` API 可以回傳這種像素 buffer 型態：

```
let sourcePixelFormat = CVPixelBufferGetPixelFormatType(pixelBuffer)
```

它通常是張 32-bit 圖像，有 alpha（也就是透明度）、紅、綠和藍通道。但是，除此之外還有很多種變體，通道的順序通常不同，你要確保它是這些格式之一，因為如果圖像是用不同的格式來儲存的，接下來的程式將無法運作：

```
assert(sourcePixelFormat == kCVPixelFormatType_32ARGB ||
  sourcePixelFormat == kCVPixelFormatType_32BGRA ||
  sourcePixelFormat == kCVPixelFormatType_32RGBA)
```

因為我們期望的格式是 224 × 224，它是正方形，最好的做法是使用 `centerThumbnail` 屬性，在圖像的中央將它剪成最大的正方形，然後將它縮小成 224 × 224：

```
let scaledSize = CGSize(width: 224, height: 224)
guard let thumbnailPixelBuffer =
    pixelBuffer.centerThumbnail(ofSize: scaledSize)
else {
  return nil
}
```

將圖像縮小成 224 × 224 之後，下一步是移除 alpha 通道，模型是用 224 × 224 × 3 來訓練的，裡面的 3 是 RGB 通道，所以沒有 alpha。

我們接下來要從像素 buffer 提取 RGB 資料。下面的輔助函式可以找出 alpha 通道並將它切掉：

```
private func rgbDataFromBuffer(_ buffer: CVPixelBuffer,
                                byteCount: Int) -> Data? {

  CVPixelBufferLockBaseAddress(buffer, .readOnly)
  defer { CVPixelBufferUnlockBaseAddress(buffer, .readOnly) }
  guard let mutableRawPointer =
      CVPixelBufferGetBaseAddress(buffer)
  else {
    return nil
  }

  let count = CVPixelBufferGetDataSize(buffer)
  let bufferData = Data(bytesNoCopy: mutableRawPointer,
                        count: count, deallocator: .none)

  var rgbBytes = [Float](repeating: 0, count: byteCount)
  var index = 0

  for component in bufferData.enumerated() {
    let offset = component.offset
    let isAlphaComponent = (offset % alphaComponent.baseOffset) ==
     alphaComponent.moduloRemainder

    guard !isAlphaComponent else { continue }

     rgbBytes[index] = Float(component.element) / 255.0
    index += 1
  }

  return rgbBytes.withUnsafeBufferPointer(Data.init)

}
```

這段程式使用 Data extension，它將原始 bytes 複製到陣列裡面：

```
extension Data {
  init<T>(copyingBufferOf array: [T]) {
    self = array.withUnsafeBufferPointer(Data.init)
  }
}
```

我們將剛才建立的 thumbnail pixel buffer 傳給 `rgbDataFromBuffer`：

```
guard let rgbData = rgbDataFromBuffer(
    thumbnailPixelBuffer,
    byteCount: 224 * 224 * 3
    )
else {
  print("Failed to convert the image buffer to RGB data.")
  return nil
}
```

取得模型期望的格式的原始 RGB 資料之後，我們將它直接複製到輸入張量裡面：

```
try interpreter.allocateTensors()
try interpreter.copy(rgbData, toInputAt: 0)
```

呼叫解譯器，並讀取輸出張量：

```
try interpreter.invoke()
outputTensor = try interpreter.output(at: 0)
```

在 Dogs vs. Cats 例子裡，我們的輸出是有兩個值的浮點陣列，第一個是圖像是貓的機率，第二個是狗的機率。這段程式與之前的一樣，它使用之前的範例的 `Array` extension：

```
let results = [Float32](unsafeData: outputTensor.data) ?? []
```

如你所見，這是比較複雜的範例，但它仍然採用同一種設計模式。你必須了解模型的架構，以及原始輸入與輸出格式，然後將輸入資料改成模型期望的結構——這通常意味著將原始 bytes 寫入 buffer，或至少使用陣列來模擬，接著讀取模型傳出來的 bytes 原始串流，並且建立一個資料結構來保存它們。從輸出的角度來看，它幾乎都是本章所展示的浮點數陣列。有了剛才的輔助程式之後，我們已經很接近目標了！

TensorFlow Lite 示範 app

TensorFlow 團隊建構了大量的示範 app，並且不斷加入新 app。學會本章介紹的知識之後，你可以開始研究它們，並了解它們的輸入 / 輸出邏輯。在筆者行文至此時，他們為 iOS 編寫的示範 app 有：

圖像分類

讀取設備的相機，並將它分類成上千種不同的項目。

物體偵測

讀取設備的相機，並且在偵測到的物體周圍加上方框。

姿態估計

觀察相機的人物，推斷出他們的姿勢。

語音辨識

辨識常見的口令。

姿勢辨識

用手勢訓練模型，並且在相機裡辨識它們。

圖像分割

類似物體偵測，不過它是預測圖像的每一個像素屬於哪一種類別。

數字分類

辨識手寫數字。

小結

本章仔細地帶領你製作簡單的 app，並使用解譯器來呼叫模型來執行推理，教你學會將 TensorFlow Lite 放入 iOS app。本章特別說明在處理模型時必須處理低階的資料，確保輸入符合模型的預期，你也知道如何解析模型傳出來的原始資料。這只是將機器學習交給 iOS 用戶這個漫長旅程的開端，下一章要離開本地模型開發，開始介紹如何使用 TensorFlow.js 來訓練模型，並且在瀏覽器執行推理。

第十五章

TensorFlow.js 簡介

除了使用 TensorFlow Lite 在本地行動設備或嵌入式系統運行之外，TensorFlow 生態系統也有 TensorFlow.js，它可以讓你使用流行的 JavaScript 語言來開發 ML 模型，並且直接在瀏覽器裡面使用，或是在 Node.js 後端使用。它可以讓你訓練新模型，以及用它們進行推理，它也內建一些工具來讓你將 Python 模型轉換成與 JavaScript 相容的模型。本章將介紹 TensorFlow.js 在整個生態系統中的定位，以及它的架構，你將學會如何使用免費的、開源的、與你的瀏覽器整合的 IDE 來建構自己的模型。

什麼是 TensorFlow.js？

圖 15-1 是 TensorFlow 生態系統的概要，包含一些**訓練**模型的工具、一個儲存**既有**模型與階層的版本庫，以及一些**部署**模型來讓終端用戶使用的技術。

如同 TensorFlow Lite（第 12–14 章）與 TensorFlow Serving（第 19 章），TensorFlow.js 位於這張圖的右側，因為雖然它的用途主要是當成模型的執行環境，但它也可以用來訓練模型，應該視為與 Python 和 Swift 一起完成任務的一級語言。TensorFlow.js 可以在瀏覽器或 Node.js 之類的後端上運行，不過本書把焦點放在瀏覽器上。

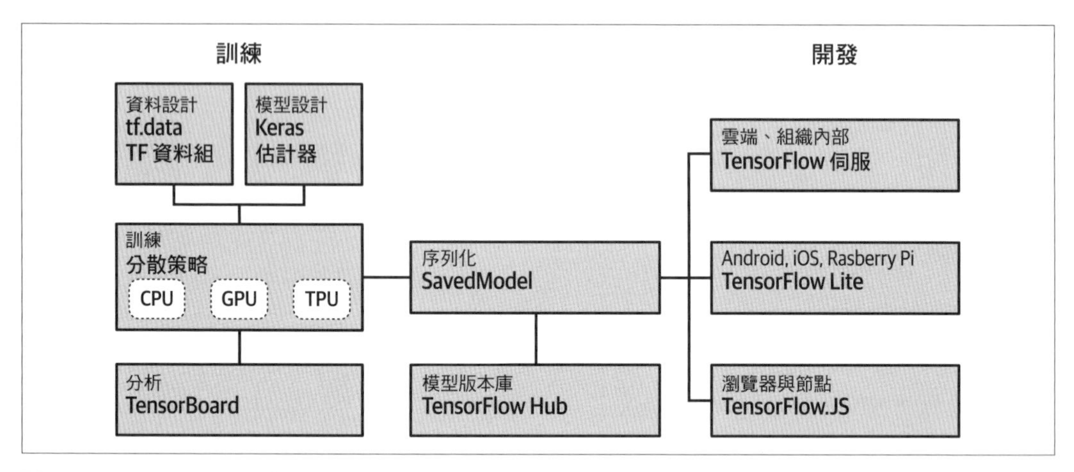

圖 15-1　TensorFlow 生態系統

圖 15-2 說明 TensorFlow.js 如何在瀏覽器提供訓練和推理的架構。

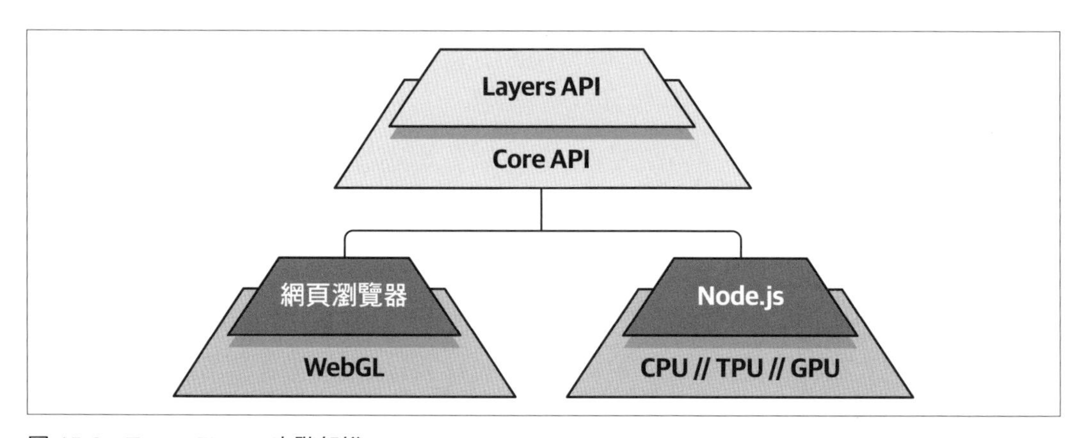

圖 15-2　TensorFlow.js 高階架構

身為開發者的你通常會使用 Layers API，它可以在 JavaScript 裡面提供類似 Keras 的語法，讓你可以在 JavaScript 裡面使用本書教你的技術。Layers API 的基礎是 Core API，顧名思義，Core API 在 JavaScript 裡面提供 TensorFlow 的核心功能，它除了提供 Layers API 的基礎之外，也可以讓你重複使用既有的 Python 模型，其做法是用一組轉換工具來將它們轉換成 JSON 格式，以方便使用。

Core API 可以在網頁瀏覽器裡面運行，使用 WebGL 來利用 GPU 加速，或是在 Node.js 上面運行，在那裡，取決於環境的設定，除了 CPU 之外，它也可以利用 TPU 或 GPU 來加速。

如果你不曾使用 HTML 或 JavaScript 來做 web 開發，不用擔心，這是入門的章節，將提供足夠的背景來協助你建構第一個模型。雖然你可以使用任何一種 web/JavaScript 開發環境，但我建議新手使用 Brackets（*http://brackets.io*）。下一節將告訴你如何安裝並執行它，然後帶你建構第一個模型。

安裝與使用 Brackets IDE

Brackets 是免費的、開源的文字編輯器，它非常適合 web 開發者，尤其是新手，因為它巧妙地整合瀏覽器，可讓你在本地伺服你的檔案，讓你可以測試和 debug 它們。通常在設定 web 開發環境時，伺服是很麻煩的部分。雖然編寫 HTML 和 JavaScript 程式很簡單，但如果沒有伺服器將它們提供給瀏覽器，你就很難測試和 debug 它們。Brackets 可以在 Windows、Mac 與 Linux 上使用，所以無論你的作業系統是哪一種，你都會有相似的體驗。在這一章，我是在 Mint Linux 上執行它的，運作起來沒有問題！

在你下載並安裝 Brackets 之後，執行它，你會看到類似圖 15-3 的 Getting Started 網頁。你可以在右上角看到閃電圖示。

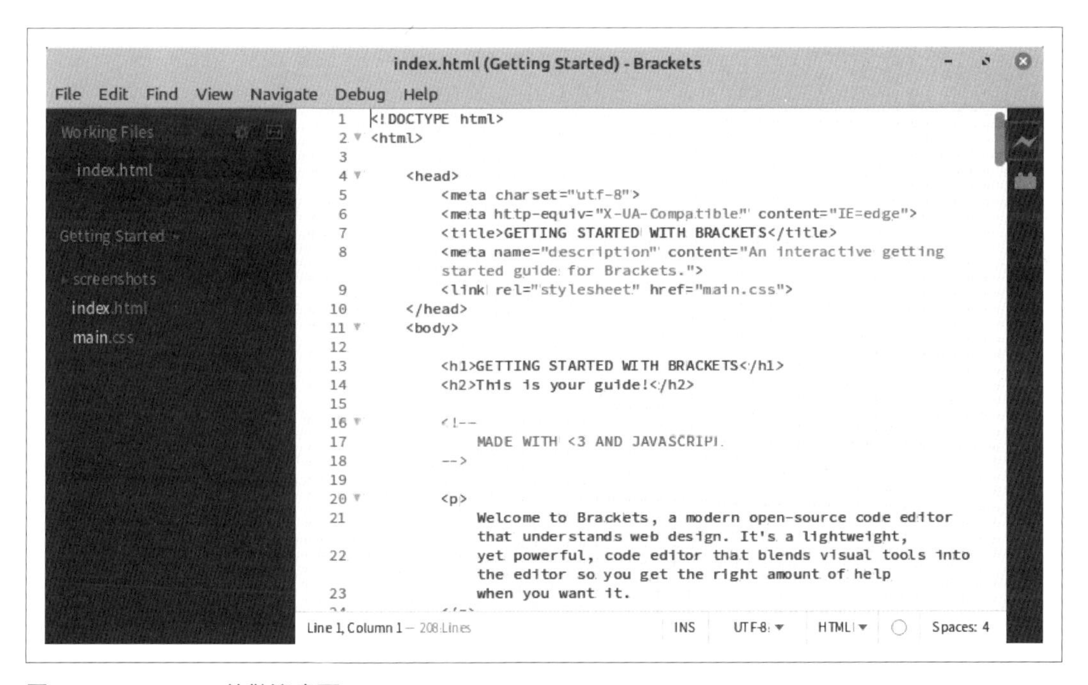

圖 15-3　Brackets 的歡迎畫面

按下它會打開瀏覽器，當你在 Brackets 裡面編輯 HTML 時，瀏覽器會即時更新。因此，舉例來說，如果你將第 13 行的程式：

```
<h1>GETTING STARTED WITH BRACKETS</h1>
```

改成：

```
<h1>Hello, TensorFlow Readers!</h1>
```

瀏覽器的內容會即時改變，配合你的修改，如圖 15-4 所示。

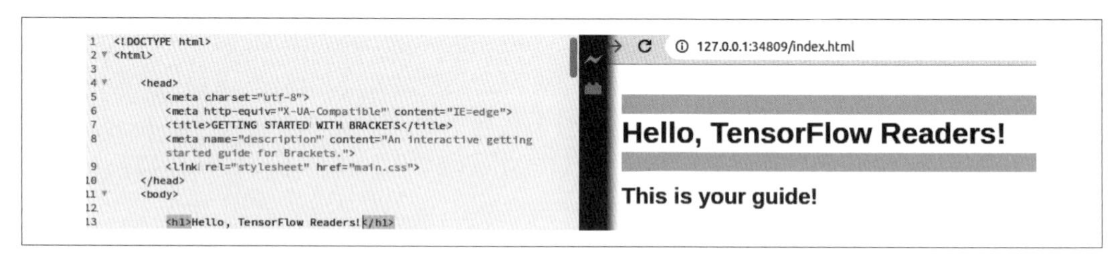

圖 15-4　在瀏覽器裡即時更新

我發現在瀏覽器裡面進行 HTML 與 JavaScript 開發非常方便，因為順暢的環境可以讓你把注意力放在程式上面。在面對這麼多新概念時（尤其是機器學習），這個功能非常寶貴，因為它可以幫助你在沒有太多干擾的情況下工作。

在 Getting Started 網頁裡面，你可以發現你目前正在 Brackets 伺服檔案的普通目錄裡面工作。如果你想要使用你自己的目錄，只要在你的檔案系統裡面建立一個目錄並打開它，你在 Brackets 裡面建立的新檔案就會被放在那裡，並在那裡執行。請確保你有那個目錄的寫入權限，這樣你才可以儲存你的成果！

設定好開發環境並執行它之後，我們要用 JavaScript 來建立第一個機器學習模型了。我們將回到「Hello World」場景，也就是訓練一個模型來推理兩個數字之間的關係。如果你從這本書開始就一直跟著操作，你已經看過這個模型很多次了，但為了幫助你了解用 JavaScript 來寫程式時必須注意的語法差異，它仍然是個很方便的範例。

建構第一個 TensorFlow.js 模型

在瀏覽器裡面使用 TensorFlow.js 之前，你必須在 HTML 檔案裡面啟動 JavaScript。建立一個檔案，加入這個 HTML 骨架：

```
<html>
<head></head>
<body>
    <h1>First HTML Page</h1>
</body>
</html>
```

接下來，在 <head> 段落與 <body> 標籤之前插入 <script> 標籤，指定 TensorFlow.js 程式庫的位置：

```
<script src="https://cdn.jsdelivr.net/npm/@tensorflow/tfjs@latest"></script>
```

現在執行網頁會下載 TensorFlow.js，但你還看不到任何影響。

接著在 <script> 標籤後面加入另一個 <script> 標籤。你可以在裡面建立模型定義。注意，雖然它很像你在 Python 的 TensorFlow 裡面做的事情（詳情見第 1 章），但兩者仍然有一些差異，例如，在 JavaScript 裡，每一行都以分號結束，此外，函式的參數，例如 model.add 或 model.compile 都使用 JSON 標記法。

這個模型是你熟悉的「Hello World」，它只有一層與一個神經元。我們用均方誤差損失函數與隨機梯度下降優化函數來編譯它：

```
<script lang="js">
    const model = tf.sequential();
    model.add(tf.layers.dense({units: 1, inputShape: [1]}));
    model.compile({loss:'meanSquaredError', optimizer:'sgd'});
```

接下來，我們加入資料，這些資料與在 Python 使用的 NumPy 陣列有些不同，它們當然無法在 JavaScript 裡面使用，所以我們要改用 tf.tensor2d 結構。雖然它們彼此很相似，但有一個主要的不同：

```
const xs = tf.tensor2d([-1.0, 0.0, 1.0, 2.0, 3.0, 4.0], [6, 1]);
const ys = tf.tensor2d([-3.0, -1.0, 2.0, 3.0, 5.0, 7.0], [6, 1]);
```

我們除了加入一個值串列之外，也用第二個串列來定義第一個的外形，因此，tensor2d 是用一個 6 × 1 的串列與一個 [6,1] 的串列來實例化的，當你傳入七個值時，第二個參數就是 [7,1]。

接著我們建立 doTraining 函式來進行訓練。它會使用 model.fit 來訓練模型，而且與之前一樣，傳給它的參數會被格式化為 JSON 串列：

```
async function doTraining(model){
  const history =
      await model.fit(xs, ys,
                      { epochs: 500,
                        callbacks:{
                            onEpochEnd: async(epoch, logs) =>{
                                console.log("Epoch:"
                                            + epoch
                                            + " Loss:"
                                            + logs.loss);
                            }
                        }
                      });
}
```

它是非同步操作的，訓練會花一段時間，所以最好把它寫成非同步函式。然後我們 await model.fit（等待模型擬合），將 epoch 數當成參數傳給它。你也可以指定一個 callback，在每一個 epoch 結束時輸出它們的損失。

最後一項工作是呼叫這個 doTraining 方法，將模型傳給它，並且在訓練結束之後回報結果：

```
  doTraining(model).then(() => {
    alert(model.predict(tf.tensor2d([10], [1,1])));
});
```

它會呼叫 model.predict，傳一個值給它來取得預測。因為它使用 tensor2d 與值來預測，我們也必須用第二個參數來傳遞第一個參數的外形。因此，為了預測 10 的結果，我們建立一個 tensor2d，將這個值放入陣列，並且傳入那個陣列的外形。

為了方便你，我再次列出完整的程式：

```
<html>
<head></head>
<script src="https://cdn.jsdelivr.net/npm/@tensorflow/tfjs@latest"></script>
<script lang="js">
    async function doTraining(model){
        const history =
            await model.fit(xs, ys,
                            { epochs: 500,
                              callbacks:{
                                  onEpochEnd: async(epoch, logs) =>{
```

```
                                    console.log("Epoch:"
                                                + epoch
                                                + " Loss:"
                                                + logs.loss);

                                }
                            }
                        });
        }
        const model = tf.sequential();
        model.add(tf.layers.dense({units: 1, inputShape: [1]}));
        model.compile({loss:'meanSquaredError',
                       optimizer:'sgd'});
        model.summary();
        const xs = tf.tensor2d([-1.0, 0.0, 1.0, 2.0, 3.0, 4.0], [6, 1]);
        const ys = tf.tensor2d([-3.0, -1.0, 2.0, 3.0, 5.0, 7.0], [6, 1]);
        doTraining(model).then(() => {
            alert(model.predict(tf.tensor2d([10], [1,1])));
        });
    </script>
    <body>
        <h1>First HTML Page</h1>
    </body>
    </html>
```

當你執行這個網頁時，它最初看起來沒有任何動靜，等待幾秒之後，你會看到圖 15-5 的對話框，它是一個警告框（alert dialog），裡面有針對 `[10]` 的預測結果。

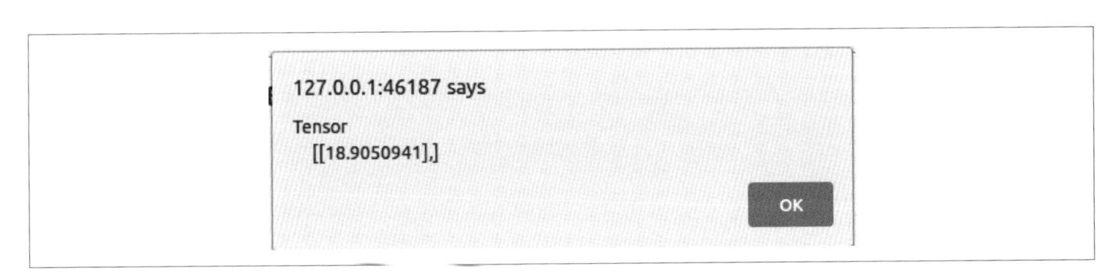

圖 15-5　在訓練後進行推理的結果

雖然等那麼久才出現對話框會讓人搞不清楚狀況，但你應該猜得到，那時是在訓練模型。在 `doTraining` 函式裡，我們建立一個 callback 來將每個 epoch 的損失寫到控制台 log，你可以打開瀏覽器的開發工具來觀察那些數據，在 Chrome 裡，按下右上角的三個小點，選擇更多工具→開發人員工具，或按下 Ctrl-Shift-I。

打開之後，選擇窗格最上面的 Console 並且重新整理網頁，當模型重新訓練時，你就會看到每個 epoch 的損失了（見圖 15-6）。

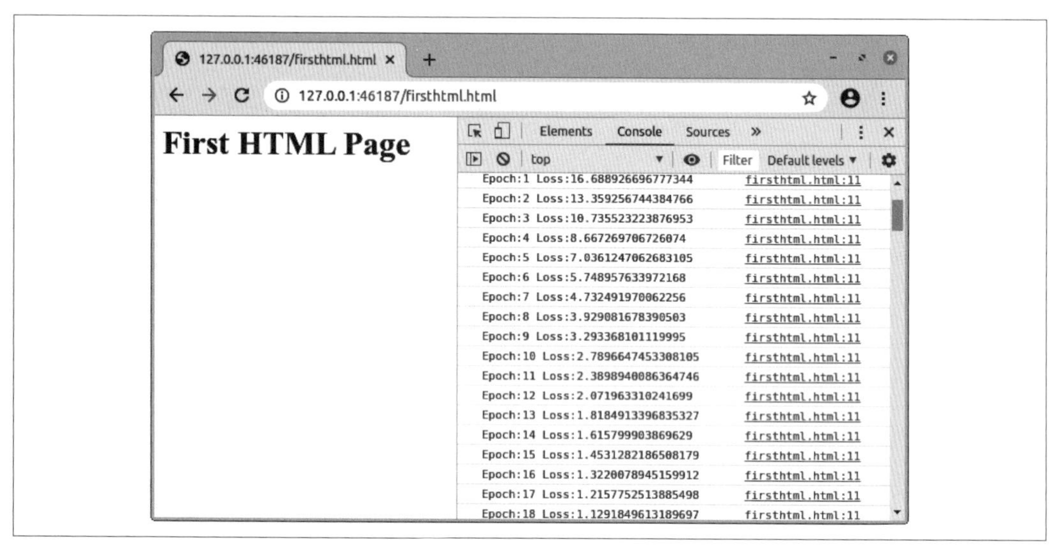

圖 15-6　在瀏覽器的開發工具裡面觀察每個 epoch 的損失

完成第一個（而且是最簡單的）模型之後，我們來做比較複雜的東西。

建立鳶尾花分類器

上一個範例非常簡單，所以我們來做一個比較複雜的專案。如果你曾經做過機器學習，你應該聽過 Iris（鳶尾花）資料組，它是非常適合用來學習 ML 的資料組。

這個資料組有 150 個資料項目，每一個項目有四個屬性，描述三種類別的花。那些屬性有萼片（sepal）的長度和寬度，以及花瓣（petal）的長度和寬度。將它們畫在一起可以看出明顯的花品種類型叢集（圖 5-7）。

從圖 15-7 可以看到，即使是如此簡單的資料組，我們要處理的問題也有相當的複雜度。怎麼用規則來區分這三種品種？在花瓣長度 vs. 花瓣寬度圖裡面，雖然 *Iris setosa* 的樣本（紅色）是分開的，但藍色與綠色混在一起了，所以它是很適合用來學習 ML 的資料組：它很小、訓練起來很快，而且你可以用它來解決很難用規則來處理的問題！

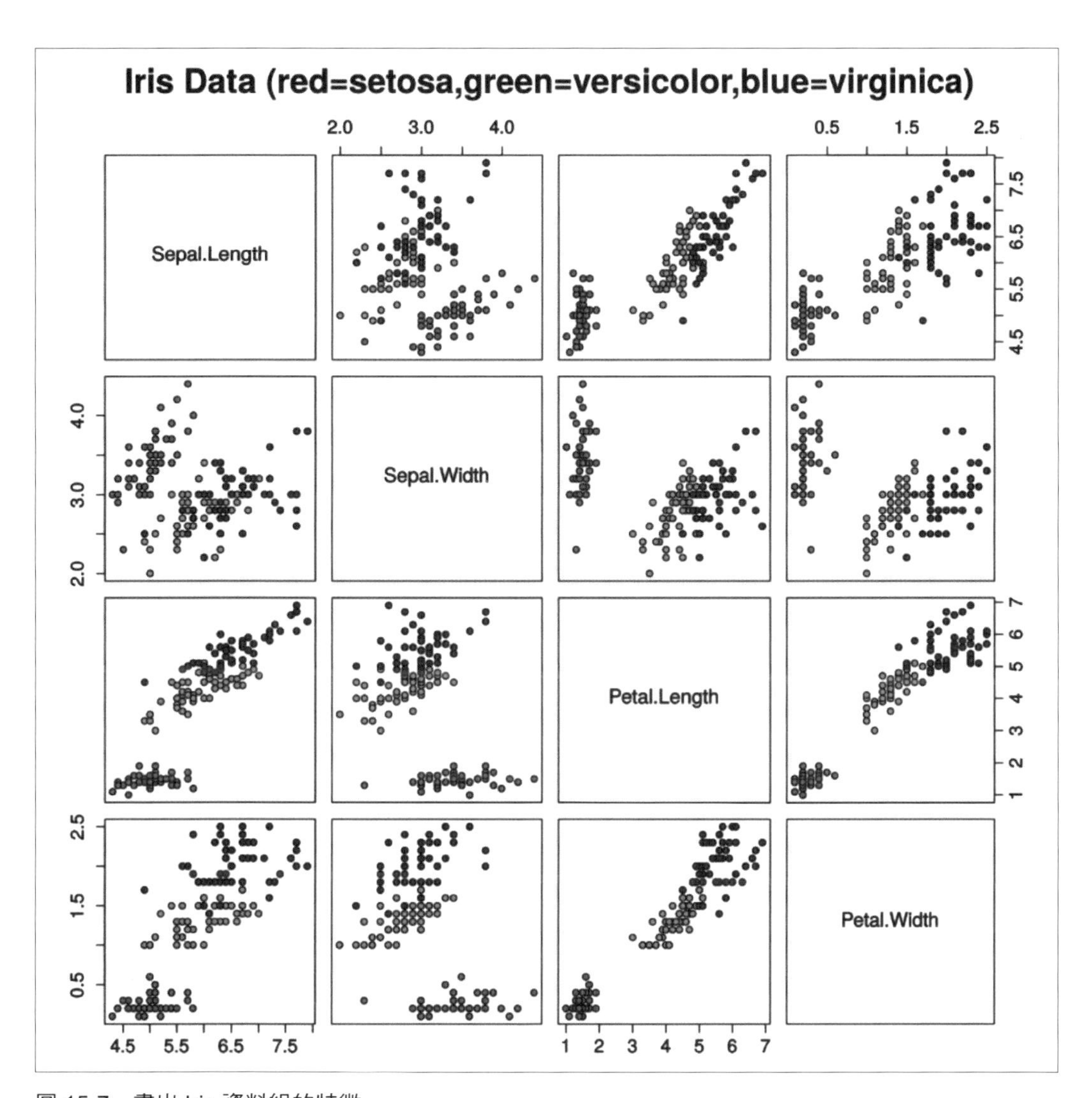

圖 15-7　畫出 Iris 資料組的特徵
（來源：Nicoguaro，取自 Wikimedia Commons（*https://oreil.ly/zgf7c*））

你可以從 UCI Machine Learning Repository（*https://oreil.ly/aIVGp*）下載這個資料組，或使用本書的 GitHub repository（*https://oreil.ly/91b40*）裡面的版本，我將它轉換成 CSV，以便在 JavaScript 裡面使用。

CSV 長這樣：

```
sepal_length,sepal_width,petal_length,petal_width,species
5.1,3.5,1.4,0.2,setosa
4.9,3,1.4,0.2,setosa
4.7,3.2,1.3,0.2,setosa
4.6,3.1,1.5,0.2,setosa
5,3.6,1.4,0.2,setosa
5.4,3.9,1.7,0.4,setosa
4.6,3.4,1.4,0.3,setosa
5,3.4,1.5,0.2,setosa
...
```

前四個值是每一朵花的四個資料點，第五個值是標籤，可能是 `setosa`、`versicolor` 或 `virginica`。CSV 檔的第一行有欄位標籤，把它記起來——稍後它很好用！

我們先和之前一樣建立基本的 HTML 網頁，並加入 `<script>` 標籤來載入 TensorFlow.js：

```
<html>
<head></head>
<script src="https://cdn.jsdelivr.net/npm/@tensorflow/tfjs@latest"></script>
<body>
    <h1>Iris Classifier</h1>
</body>
</html>
```

TensorFlow.js 有 `tf.data.csv` API 可以用來載入 CSV 檔，你可以將 URL 傳給它，它也可以讓你指定哪一欄是標籤，因為我準備的 CSV 檔的第一行是欄位名稱，我們可以這樣子指定哪一欄是標籤，在這個例子中，它就是 `species`：

```
<script lang="js">
    async function run(){
        const csvUrl = 'iris.csv';
        const trainingData = tf.data.csv(csvUrl, {
            columnConfigs: {
                species: {
                    isLabel: true
                }
            }
        });
```

標籤是字串，我們不能用它來訓練神經網路，這個神經網路是一個有三個輸出神經元的多類別分類器，其中的每一個神經元都有輸入資料屬於它所代表的品種的機率，因此，標籤很適合使用 one-hot 編碼。

如此一來，如果我們用 [1, 0, 0] 來代表 setosa，將第一個神經元設為 1 來代表該類別，virginica 就是 [0, 1, 0]，versicolor 就是 [0, 0, 1]，我們可以有效地定義「最後一層的神經元如何表示各個類別」的模板。

因為我們用 tf.data 來載入資料，所以可以使用對映（map）函式來接收 xs（特徵）與 ys（標籤）並且對映它們。因此，為了維持特徵不變，並且用 one-hot 來編碼標籤，我們可以這樣子寫：

```
const convertedData =
  trainingData.map(({xs, ys}) => {
      const labels = [
          ys.species == "setosa" ? 1 : 0,
          ys.species == "virginica" ? 1 : 0,
          ys.species == "versicolor" ? 1 : 0
      ]
      return{ xs: Object.values(xs), ys: Object.values(labels)};
  }).batch(10);
```

注意，標籤被存成一個三值陣列。每一個值的預設值都是 0，除非品種符合特定的字串，才會變成 1。因此，setosa 會編碼成 [1, 0, 0]，以此類推。

對映函式會原封不動地回傳 xs，以及 one-hot 編碼的 ys。

現在我們可以定義模型了。輸入層的外形是特徵的數量，它是 CSV 檔的欄位數量減 1（因為有一個欄位是標籤）：

```
const numOfFeatures = (await trainingData.columnNames()).length - 1;

const model = tf.sequential();
model.add(tf.layers.dense({inputShape: [numOfFeatures],
                           activation: "sigmoid", units: 5}))

model.add(tf.layers.dense({activation: "softmax", units: 3}));
```

最後一層有三個單位，因為訓練資料是用 one-hot 來編碼三個類別的。

接下來，我們設定損失函數與優化函數。因為這是多類別分類器，所以我們使用分類損失函數——分類交叉熵。我們使用 tf.train 名稱空間裡面的 adam 優化函數，並且將學習率（在此是 0.06）等參數傳給它：

```
model.compile({loss: "categoricalCrossentropy",
    optimizer: tf.train.adam(0.06)});
```

因為資料被格式化成資料組，我們用 model.fitDataset 來訓練，而不是 model.fit。為了訓練 100 個 epoch 並且在控制台顯示損失，我們使用這個 callback：

```
await model.fitDataset(convertedData,
                      {epochs:100,
                       callbacks:{
                           onEpochEnd: async(epoch, logs) =>{
                               console.log("Epoch: " + epoch +
                                " Loss: " + logs.loss);
                           }
                       }});
```

為了在完成訓練之後測試模型，我們將值載入 tensor2d，別忘了，在使用 tensor2d 時，你也必須指定資料的外形。在這裡，為了測試整組的四個值，我們這樣在 tensor2d 裡面定義它們：

```
const testVal = tf.tensor2d([4.4, 2.9, 1.4, 0.2], [1, 4]);
```

然後，你可以將它傳給 model.predict 來取得預測：

```
const prediction = model.predict(testVal);
```

你會得到長這樣的張量值：

```
[[0.9968228, 0.00000029, 0.0031742],]
```

我們用 argMax 函式來取得最大值：

```
tf.argMax(prediction, axis=1)
```

上述的資料會讓它回傳 [0]，因為在位置 0 的神經元有最高的機率。

我們用 .dataSync 來將它拆成值，這項操作會從張量同步下載一個值。它會塞住 UI 執行緒，所以在使用它時要很小心！

下面程式會回傳 0 而不是 [0]：

```
const pIndex = tf.argMax(prediction, axis=1).dataSync();
```

我們將它對映到類別名稱字串：

```
const classNames = ["Setosa", "Virginica", "Versicolor"];
alert(classNames[pIndex])
```

現在你已經知道如何從 CSV 檔載入資料、將它轉換成資料組，如何用資料組來擬合模型，以及如何用那個模型來進行預測了，你已經做好準備，可以自己選擇其他的資料組來進行實驗，以進一步磨練你的技術了！

小結

本章介紹 TensorFlow.js 以及如何用它在瀏覽器訓練模型和執行推理。你已經知道如何使用開源的 Brackets IDE，在本地的 web 伺服器上編寫和測試模型，並且用它來訓練兩個模型：「Hello World」線性回歸模型，以及熱門的鳶尾花資料組基本分類器。它們都是非常簡單的場景，但是在第 16 章，我們將往上提升，看看如何用 TensorFlow.js 訓練電腦視覺模型。

第十六章

用 TensorFlow.js 製作電腦視覺的設計技術

你已經在第 2 章與第 3 章知道如何用 TensorFlow 來建立電腦視覺模型了，你可以用圖像的內容來訓練模型，並且讓模型辨識圖像。本章會做同一件事，不過這次使用 JavaScript。我們要製作一個在瀏覽器運行的手寫辨識器，用 MNIST 資料組來訓練它。圖 16-1 是它的樣子。

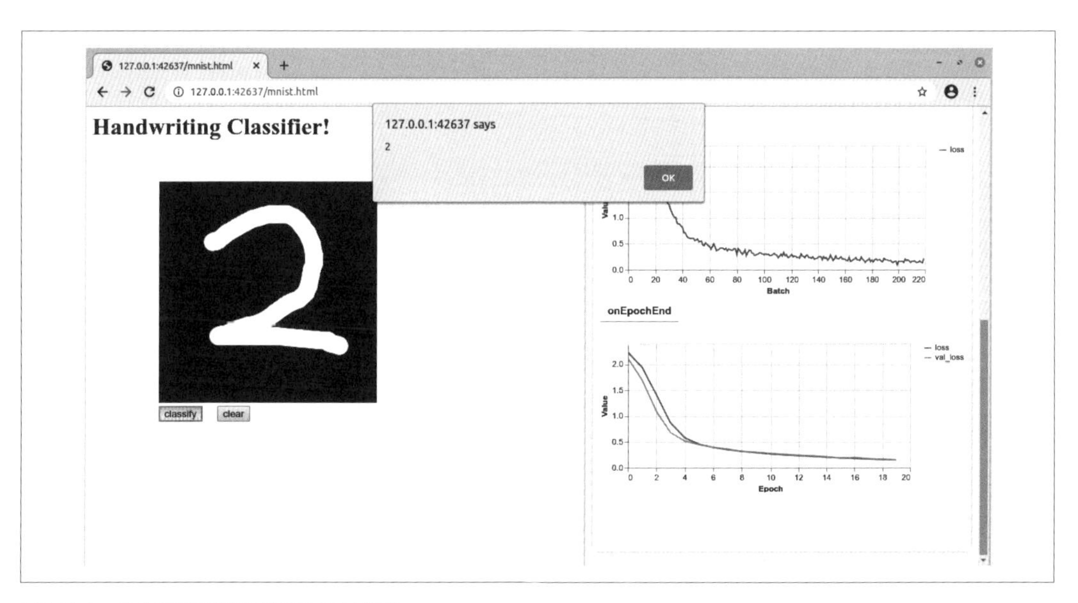

圖 16-1　在瀏覽器裡面的手寫分類器

在使用 TensorFlow.js 時，你必須注意幾項關鍵的細節，尤其是在瀏覽器裡面建構 app 時，最大且最重要的一個細節或許是處理訓練資料的做法。在使用瀏覽器時，每次你打開 URL 的一項資源，你就要進行 HTTP 連結，用這個連結來將命令傳給伺服器，並且讓它將結果傳給你，供你解析。在製作機器學習時，我們通常有很多訓練資料——例如，在 MNIST 與 Fashion MNIST 的案例中，雖然它們都是小型的訓練資料組，但都有 70,000 張圖像，代表有 70,000 次 HTTP 連結！本章稍後會告訴你如何處理這種情況。

此外，你將在稍後看到，即使是在處理非常簡單的場景，例如訓練 Y = 2X – 1，除非你打開除錯控制台檢查每個 epoch 的損失，否則在訓練過程中，你會覺得什麼事都沒發生。如果你訓練複雜許多的東西，訓練時間更長，那麼在訓練過程中，你可能會很難了解發生了什麼事。幸好我們可以使用一些內建的視覺化工具，如圖 16-1 的右側所示，本章也會介紹它們。

當你使用 JavaScript 來定義摺積神經網路時，也有一些語法上的差異必須注意，其中有一些已經在前面的章節說過了。我們先來考慮這些問題。如果你想要復習 CNN，可參考第 3 章。

TensorFlow 開發者使用 JavaScript 時的注意事項

當你要用 JavaScript 來建構完整的（或接近完整的）app 時，你必須考慮幾件事情，JavaScript 與 Python 大異其趣，因此，雖然 TensorFlow.js 團隊已經費盡心思地讓使用體驗盡量接近「傳統的」TensorFlow 了，卻它們仍然有些差異。

首先是**語法**。雖然在許多層面上，在 JavaScript 裡面的 TensorFlow 程式碼（尤其是 Keras 程式碼）非常類似在 Python 裡面的，但它們還是有一些語法差異，最值得注意的是在參數列中使用 JSON，

然後是**同步性**（*synchronicity*），尤其是在瀏覽器裡面運作時。你不能在訓練時鎖定 UI 執行緒，而是要非同步地執行許多操作，使用 JavaScript 的 `Promises` 與 `await` 呼叫式。本章的目的不是深入教導這些概念，如果你還不熟悉它們，可以將它們想成非同步函式，它們不會等到執行結束再回傳，而是會離開，做它們自己的事情，並且在完成時「叫你回來」。`tfjs-vis` 程式庫可以幫助你在使用 TensorFlow.js 來非同步地訓練模型時進行 debug。視覺化工具在瀏覽器裡面是個獨立的側欄，不會干擾你當前的網頁，它會在裡面畫出訓練進度等圖示，我們會在第 285 頁的「使用 callback 來進行視覺化」更深入討論它們。

資源的使用也是很重要的考慮因素。因為瀏覽器是共享的環境，你會打開很多標籤，在裡面做各種不同的事情，你也可能在同一個 web app 裡面執行多項操作。因此，記憶體使用量很重要。訓練 ML 可能使用大量記憶體，因為它需要了解許多資料，以及辨識模式，來為特徵指定標籤。因此，你要自己注意事後的清理工作。`tidy` API 正是為了這個目的而設計的，你要盡量使用它：把函式放在 `tidy` 裡面可以確保沒有被函式回傳的張量都會被清除，並釋出記憶體。

雖然 JavaScript 的 `arrayBuffer` 不是 TensorFlow API，但它是另一種好用的結構，它很像管理資料的 `ByteBuffer` 的低階記憶體版本。在機器學習 app 的案例中，使用非常稀疏的編碼方式通常是最簡單的做法，就像你看過的 one-hot 編碼。切記，在 JavaScript 裡面的程序可能會使用大量的執行緒，而且我們不希望瀏覽器被鎖住，所以使用「不需要用處理器來解碼的稀疏編碼」是比較輕鬆的做法。在本章的範例中，標籤就是這樣編碼的：在 10 個類別裡面，有 9 個使用 0 × 00 byte，另一個代表該特徵所屬的類別則是 0 × 01 byte。這代表每一個標籤都會使用 10 bytes，或 80 bits，然而另一種只使用 4 bits 的編碼方法必須將數字編碼成 1 到 10 之間，當然，如果你採取這種做法，你就要將結果解碼——兩者標籤數量相差 65,000 倍。因此，使用稀疏編碼的檔案，並使用 `arrayBuffer` 來以 bytes 來表示是比較快的做法，雖然檔案會比較大。

另一個值得一提的是 `tf.browser` API，它很適合用來處理圖像。在筆者行文至此時，它有兩個方法，`tf.browser.toPixels` 與 `tf.browser.fromPixels`，顧名思義，它們可以在適合瀏覽器的格式和張量格式之間轉換像素，稍後我們在畫圖來讓模型解讀時會用到它們。

在 JavaScript 裡建構 CNN

當你用 TensorFlow Keras 來建立任何一種神經網路時，你都要定義一些階層。在摺積神經網路的案例裡，我們通常會用一系列的摺積層，後面加上一些池化層，將它們的輸出壓平，再傳入稠密層。例如，這是我們在第 3 章為了分類 MNIST 資料而定義的 CNN：

```
model = tf.keras.models.Sequential([
    tf.keras.layers.Conv2D(64, (3, 3), activation='relu',
                           input_shape=(28, 28, 1)),
    tf.keras.layers.MaxPooling2D(2, 2),
    tf.keras.layers.Conv2D(64, (3, 3), activation='relu'),
    tf.keras.layers.MaxPooling2D(2,2),
    tf.keras.layers.Flatten(),
    tf.keras.layers.Dense(128, activation=tf.nn.relu),
    tf.keras.layers.Dense(10, activation=tf.nn.softmax)])
```

我們來一行一行地說明如何用 JavaScript 來編寫它，首先，我們將模型定義成 sequential：

```
model = tf.sequential();
```

接下來將第一層定義成 2D 摺積，讓它學習 64 個過濾器，kernel 大小為 3 × 3，輸入外形為 28 × 28 × 1。這裡的語法與 Python 很不同，但你可以看到它們之間的相似處：

```
model.add(tf.layers.conv2d({inputShape: [28, 28, 1],
          kernelSize: 3, filters: 64, activation: 'relu'}));
```

下一層是 MaxPooling2D，池的大小是 2 × 2。用 JavaScript 來寫是：

```
model.add(tf.layers.maxPooling2d({poolSize: [2, 2]}));
```

接下來是另一個摺積層與最大池化層，它們的不同在於它們沒有輸入外形，因為它不是輸入層，在 JavaScript 裡，它長這樣：

```
model.add(tf.layers.conv2d({filters: 64,
          kernelSize: 3, activation: 'relu'}));

model.add(tf.layers.maxPooling2d({poolSize: [2, 2]}));
```

接下來，我們將輸出壓平，在 JavaScript 裡，語法是：

```
model.add(tf.layers.flatten());
```

模型最後有兩個稠密層，一個有 128 個神經元，使用 relu 觸發，輸出層有 10 個神經元，使用 softmax 觸發：

```
model.add(tf.layers.dense({units: 128, activation: 'relu'}));

model.add(tf.layers.dense({units: 10, activation: 'softmax'}));
```

你可以看到，JavaScript API 看起來很像 Python 的，但是有一些語法上的差異：API 的名稱採取 camel case 規則，但開頭是小寫，這正是 JavaScript 期望的格式（也就是寫成 maxPooling2D，而不是 MaxPooling2D），參數是用 JSON 定義的，而不是一串以逗號分隔的參數⋯等。當你用 JavaScript 來編寫神經網路時，請注意這些差異。

為了方便起見，以下是以 JavaScript 定義模型的完整程式碼：

```
model = tf.sequential();

model.add(tf.layers.conv2d({inputShape: [28, 28, 1],
          kernelSize: 3, filters: 8, activation: 'relu'}));
```

```
model.add(tf.layers.maxPooling2d({poolSize: [2, 2]}));

model.add(tf.layers.conv2d({filters: 16,
        kernelSize: 3, activation: 'relu'}));

model.add(tf.layers.maxPooling2d({poolSize: [2, 2]}));

model.add(tf.layers.flatten());

model.add(tf.layers.dense({units: 128, activation: 'relu'}));

model.add(tf.layers.dense({units: 10, activation: 'softmax'}));
```

同樣的，在編譯模型時，你也要考慮 Python 與 JavaScript 之間的差異。這是 Python：

```
model.compile(optimizer='adam',
              loss='sparse_categorical_crossentropy',
              metrics=['accuracy'])
```

等效的 JavaScript 是：

```
model.compile(
{  optimizer: tf.train.adam(),
       loss: 'categoricalCrossentropy',
       metrics: ['accuracy']
});
```

雖然它們很相似，但請記得在參數使用 JSON 語法（*parameter: value*，而不是 *parameter=value*），以及參數列是用大括號（{}）包起來的。

使用 callback 來進行視覺化

當我們在第 15 章訓練簡單的神經網路時，曾經在每個 epoch 結束時將損失 log 到控制台，然後使用瀏覽器的開發工具，在控制台裡面查看進度，以及損失的變化。比較精密的方法是使用 TensorFlow.js 視覺化工具（*https://oreil.ly/VJ3t5*），它是專門為了瀏覽器內的開發而打造的，可以回報訓練指標、評估模型…等。視覺化工具會顯示在獨立的瀏覽器視窗區域，不會干擾網頁的其他地方，我們將它命名為 *visor*。在預設的情況下，它至少會顯示模型的架構。

為了在網頁裡使用 tfjs-vis 程式庫，你可以用 script 來 include 它：

```
<script src="https://cdn.jsdelivr.net/npm/@tensorflow/tfjs-vis"></script>
```

接下來，為了在訓練過程看到視覺化，你要在 model.fit 呼叫式裡面設定一個 callback：

```
return model.fit(trainXs, trainYs, {
    batchSize: BATCH_SIZE,
    validationData: [testXs, testYs],
    epochs: 20,
    shuffle: true,
    callbacks: fitCallbacks
});
```

我們將 callback 定義成 const，使用 tfvis.show.fitCallbacks。它接收兩個參數：容器（container）與想要使用的指標（metrics），它們也是用 const 來定義的：

```
const metrics = ['loss', 'val_loss', 'accuracy', 'val_accuracy'];

const container = { name: 'Model Training', styles: { height: '640px' },
                    tab: 'Training Progress' };

const fitCallbacks = tfvis.show.fitCallbacks(container, metrics);
```

container 有定義視覺化區域的參數，所有的視覺化在預設情況下都是在單一標籤裡顯示的，我們用 tab 參數（在此設為「Training Progress」）來將訓練進度拆到一個獨立的標籤裡面。圖 16-2 是上面的程式在執行期顯示的畫面。

接下來，我們來研究如何管理訓練資料。如前所述，用 URL 連結來處理成千上萬張圖像對瀏覽器來說不是件好事，因為它會鎖住 UI 執行緒，但是我們可以向遊戲開發領域借用一些技術！

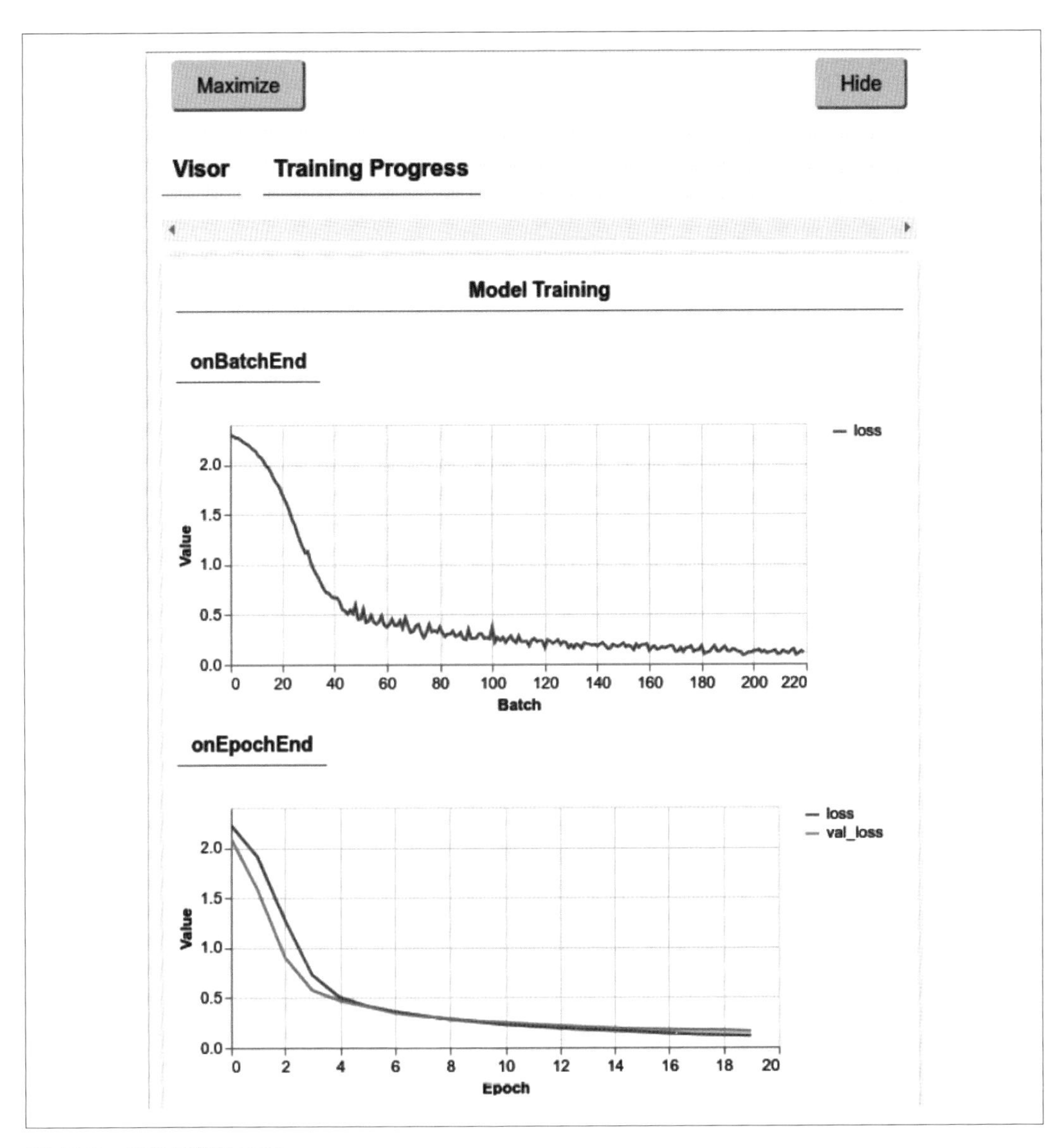

圖 16-2 使用視覺化工具

使用 MNIST 資料組來訓練

不同於一張一張下載圖像，在 TensorFlow.js 裡面，有一種實用的訓練資料處理方法——將所有圖像接成一張圖像，通常稱為 *sprite sheet*，這項技術經常被用來開發遊戲，也就是將遊戲使用的圖片都存入一個檔案裡面，而不是很多張比較小的圖片，以節省檔案儲存空間。當你將所有訓練圖像都存入一個檔案之後，只要打開它的 HTTP 連結，就可以一次性地下載所有圖像。

為了幫助學習，TensorFlow 團隊幫 MNIST 與 Fashion MNIST 資料組製作了 sprite sheet 可供我們使用。你可以從 *mnist_images.png* 檔案取得 MNIST 圖像（*https://oreil.ly/8-Cgl*）（見圖 16-3）。

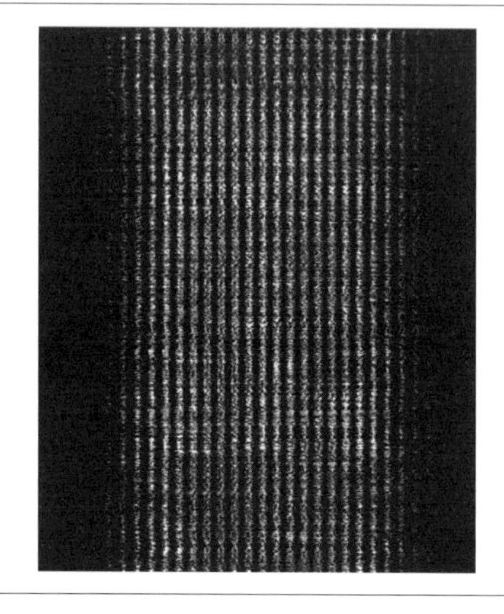

圖 16-3　用圖像瀏覽器來打開 mnist_images.png

檢查這張圖像的維度可以看到它有 65,000 行，每一行有 784（28 × 28）個像素。這些維度似曾相識，因為 MNIST 圖像都是 28 × 28 單色，你可以下載這張圖像，逐行讀取它，然後將每一行拆成 28 × 28 像素的圖像。

在 JavaScript 裡面，你可以載入圖像，然後定義一個畫布（canvas），從原始圖像提取每一行並將它們畫在上面，然後將這些畫布的 bytes 提取到資料組裡面，在將來訓練時使用。這些程序看起來有點複雜，而且由於 JavaScript 是瀏覽器技術，所以它不是真正為了處理資料或圖像而設計的，但是，這種做法的效果很棒，而且跑起來很快！在介紹細節之前，我們也要看一下標籤，以及它們是怎麼儲存的。

我們先為訓練和測試資料設定常數，我們知道 MNIST 圖像有 65,000 行，每張圖像一行。我們將訓練和測試資料的比例設為 5:1，用它來計算用來訓練與測試的元素數量：

```
const IMAGE_SIZE = 784;
const NUM_CLASSES = 10;
const NUM_DATASET_ELEMENTS = 65000;

const TRAIN_TEST_RATIO = 5 / 6;

const NUM_TRAIN_ELEMENTS = Math.floor(TRAIN_TEST_RATIO * NUM_DATASET_ELEMENTS);
const NUM_TEST_ELEMENTS = NUM_DATASET_ELEMENTS - NUM_TRAIN_ELEMENTS;
```

所有的程式都可以從本書的 repo 取得（*https://github.com/lmoroney/tfbook*），你可以隨意修改它！

接下來，我們用 `const` 來建立保存 sprite sheet 的圖像控制項，以及用來切割圖像的畫布：

```
const img = new Image();
const canvas = document.createElement('canvas');
const ctx = canvas.getContext('2d');
```

為了載入圖像，我們要將 `img` 控制項設成 sprite sheet 的路徑：

```
img.src = MNIST_IMAGES_SPRITE_PATH;
```

載入圖像之後，我們設定一個 buffer 來保存它的 bytes。圖像是 PNG 檔，每個像素有 4 bytes，所以我們要為 buffer 保留 65,000（圖像的數量）× 768（在 28 × 28 的圖像裡面的像素數量）× 4（PNG 每一個像素的 bytes 數）bytes。我們不一張一張地從檔案拆開圖像，而是成塊（chunk）拆開它。我們設定 `chunkSize`，一次取出五千張圖像：

```
img.onload = () => {
    img.width = img.naturalWidth;
    img.height = img.naturalHeight;

    const datasetBytesBuffer =
        new ArrayBuffer(NUM_DATASET_ELEMENTS * IMAGE_SIZE * 4);

    const chunkSize = 5000;
    canvas.width = img.width;
    canvas.height = chunkSize;
```

接下來，我們建立一個迴圈來遍歷圖像塊，為每一塊建立一組 bytes，並將它畫到畫布上。這會將 PNG 解碼到畫布上，讓我們可以取得圖像的原始 bytes。在資料組裡面的每一張圖像都是單色的，PNG 的 R、G、B bytes 都有相同的大小，所以我們可以直接取出它們的任何一個：

```
for (let i = 0; i < NUM_DATASET_ELEMENTS / chunkSize; i++) {
    const datasetBytesView = new Float32Array(
        datasetBytesBuffer, i * IMAGE_SIZE * chunkSize * 4,
        IMAGE_SIZE * chunkSize);
    ctx.drawImage(
        img, 0, i * chunkSize, img.width, chunkSize, 0, 0, img.width,
        chunkSize);

    const imageData = ctx.getImageData(0, 0, canvas.width, canvas.height);

    for (let j = 0; j < imageData.data.length / 4; j++) {
        // 因為圖像是灰階的，所以所有的通道值都一樣，
        // 因此只讀取紅色通道。
        datasetBytesView[j] = imageData.data[j * 4] / 255;
    }
}
```

我們用這段程式將圖像載入資料組：

```
this.datasetImages = new Float32Array(datasetBytesBuffer);
```

與圖像一樣，標籤被存放在單獨的檔案裡面（*https://oreil.ly/l4Erh*），它是一個二進制檔，存有標籤的稀疏編碼。每一個標籤都是以 10 bytes 表示的，其中一個 byte 的值是 01，代表它的類別。看圖比較容易了解，見圖 16-4。

它是檔案的十六進制畫面，選起來的部分是前 10 bytes，在裡面，第 8 byte 是 01，其他的都是 00，代表第一張圖像的標籤是 8。因為 MNIST 有 10 個類別，以數字 0 到 9 來表示，所以第八個標籤就是代表數字 7。

因此，除了下載與逐行解碼圖像的 bytes 之外，你也要解碼標籤。我們透過 fetch URL 來下載標籤，然後使用 arrayBuffer 來將它們解碼成陣列：

```
const labelsRequest = fetch(MNIST_LABELS_PATH);
const [imgResponse, labelsResponse] =
    await Promise.all([imgRequest, labelsRequest]);

this.datasetLabels = new Uint8Array(await labelsResponse.arrayBuffer());
```

標籤的稀疏編碼大幅簡化程式，我們只要用這一行就可以將所有標籤放入 buffer 了。如果你不明白為何要用這種低效率的方法來儲存標籤，這是一種取捨：用較複雜的儲存方式來換取較簡單的解碼程序！

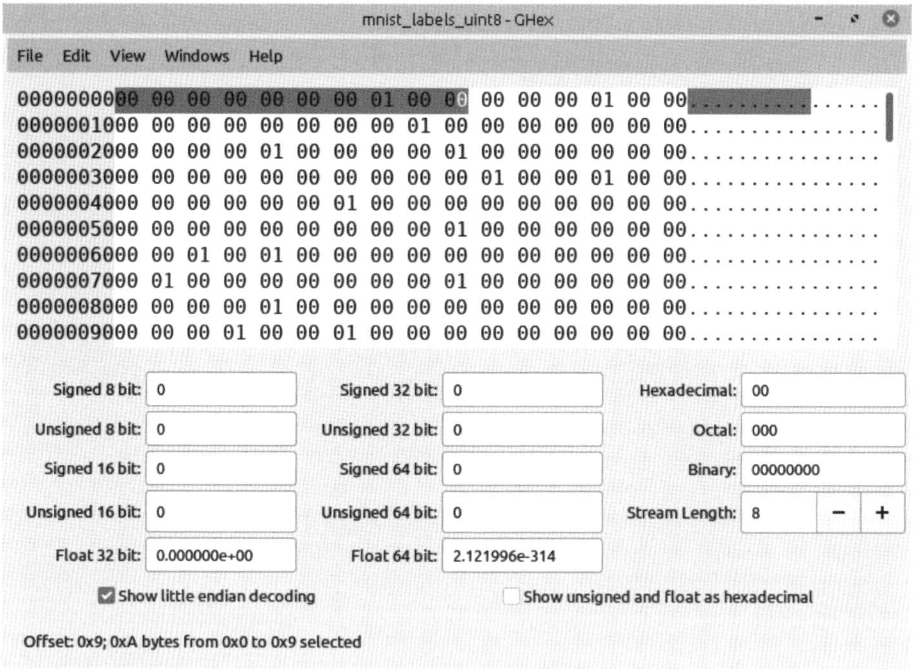

```
mnist_labels_uint8 - GHex
File  Edit  View  Windows  Help
0000000000 00 00 00 00 00 00 01 00 00 00 00 00 01 00 00................
0000001000 00 00 00 00 00 00 01 00 00 00 00 00 00 00 00................
0000002000 00 00 00 01 00 00 00 01 00 00 00 00 00 00 00................
0000003000 00 00 00 00 00 00 00 00 01 00 00 01 00 00 00................
0000004000 00 00 00 00 01 00 00 00 00 00 00 00 00 00 00................
0000005000 00 00 00 00 00 00 00 01 00 00 00 00 00 00 00................
0000006000 00 01 00 01 00 00 00 00 00 00 00 00 00 00 00................
0000007000 01 00 00 00 00 00 00 01 00 00 00 00 00 00 00................
0000008000 00 00 00 01 00 00 00 00 00 00 00 00 00 00 00................
0000009000 00 00 01 00 00 01 00 00 00 00 00 00 00 00 00................

Signed 8 bit: 0          Signed 32 bit: 0          Hexadecimal: 00
Unsigned 8 bit: 0        Unsigned 32 bit: 0        Octal: 000
Signed 16 bit: 0         Signed 64 bit: 0          Binary: 00000000
Unsigned 16 bit: 0       Unsigned 64 bit: 0        Stream Length: 8  - +
Float 32 bit: 0.000000e+00   Float 64 bit: 2.121996e-314
[x] Show little endian decoding     [ ] Show unsigned and float as hexadecimal
Offset: 0x9; 0xA bytes from 0x0 to 0x9 selected
```

圖 16-4　了解標籤檔

然後我們將圖像和標籤拆成訓練與測試組：

```
this.trainImages =
    this.datasetImages.slice(0, IMAGE_SIZE * NUM_TRAIN_ELEMENTS);
this.testImages = this.datasetImages.slice(IMAGE_SIZE * NUM_TRAIN_ELEMENTS);

this.trainLabels =
    this.datasetLabels.slice(0, NUM_CLASSES * NUM_TRAIN_ELEMENTS);
this.testLabels =
    this.datasetLabels.slice(NUM_CLASSES * NUM_TRAIN_ELEMENTS);
```

在訓練時，我們將資料分批，將圖像放入 Float32Arrays，將標籤放入 UInt8Arrays，接著將它們轉換成 tensor2d 型態，稱它們為 xs 與 labels：

```
nextBatch(batchSize, data, index) {
    const batchImagesArray = new Float32Array(batchSize * IMAGE_SIZE);
    const batchLabelsArray = new Uint8Array(batchSize * NUM_CLASSES);
```

```
        for (let i = 0; i < batchSize; i++) {
            const idx = index();

            const image =
                data[0].slice(idx * IMAGE_SIZE, idx * IMAGE_SIZE + IMAGE_SIZE);
            batchImagesArray.set(image, i * IMAGE_SIZE);

            const label =
                data[1].slice(idx * NUM_CLASSES, idx * NUM_CLASSES + NUM_CLASSES);
            batchLabelsArray.set(label, i * NUM_CLASSES);
        }

        const xs = tf.tensor2d(batchImagesArray, [batchSize, IMAGE_SIZE]);
        const labels = tf.tensor2d(batchLabelsArray, [batchSize, NUM_CLASSES]);

        return {xs, labels};
    }
```

我們用這個 batch 函式來指定訓練資料批次大小，並回傳洗亂的訓練批次：

```
    nextTrainBatch(batchSize) {
        return this.nextBatch(
            batchSize, [this.trainImages, this.trainLabels], () => {
                this.shuffledTrainIndex =
                    (this.shuffledTrainIndex + 1) % this.trainIndices.length;
                return this.trainIndices[this.shuffledTrainIndex];
            });
    }
```

我們用一樣的方式來分批和洗亂測試資料。

接下來，為了做好訓練的準備，你可以為你想要抓取的指標、視覺化的外觀，以及批次大小等細節設定一些參數。你可以呼叫 nextTrainBatch 並將 X reshape 成正確的張量大小來取得訓練的批次，然後為測試資料做同樣的事情：

```
const metrics = ['loss', 'val_loss', 'accuracy', 'val_accuracy'];
const container = { name: 'Model Training', styles: { height: '640px' },
                    tab: 'Training Progress' };
const fitCallbacks = tfvis.show.fitCallbacks(container, metrics);

const BATCH_SIZE = 512;
const TRAIN_DATA_SIZE = 5500;
const TEST_DATA_SIZE = 1000;

const [trainXs, trainYs] = tf.tidy(() => {
    const d = data.nextTrainBatch(TRAIN_DATA_SIZE);
```

```
        return [
            d.xs.reshape([TRAIN_DATA_SIZE, 28, 28, 1]),
            d.labels
        ];
    });

    const [testXs, testYs] = tf.tidy(() => {
        const d = data.nextTestBatch(TEST_DATA_SIZE);
        return [
            d.xs.reshape([TEST_DATA_SIZE, 28, 28, 1]),
            d.labels
        ];
    });
```

留意 `tf.tidy`（*https://oreil.ly/Q3xlz*）呼叫式。在 TensorFlow.js 中，顧名思義，它會整理、清除除了函式回傳的張量之外的所有中間張量。當你使用 TensorFlow.js 時，它非常重要，可防止瀏覽器內的記憶體洩漏。

設定所有事情之後，進行訓練就非常簡單了，你只要提供訓練 X 與 Y（標籤），以及驗證 X 與 Y 即可：

```
    return model.fit(trainXs, trainYs, {
        batchSize: BATCH_SIZE,
        validationData: [testXs, testYs],
        epochs: 20,
        shuffle: true,
        callbacks: fitCallbacks
    });
```

當你訓練時，callback 會在 visor 裡顯示視覺化，就像我們在圖 16-1 看到的那樣。

在 TensorFlow.js 裡面用圖像執行推理

在執行推理之前，我們必須先取得圖像，你曾經在圖 16-1 中看過 ·個介面，在裡面可以手繪圖像，並且用它來進行推理，它使用 280 × 280 畫布，設定方法如下：

```
    rawImage = document.getElementById('canvasimg');
    ctx = canvas.getContext("2d");
    ctx.fillStyle = "black";
    ctx.fillRect(0,0,280,280);
```

注意，canvas 稱為 `rawImage`，當用戶在圖像上繪圖之後（程式可以本書的 repo 找到），你就可以使用 `tf.browser.fromPixels` API 來抓取它的像素並用它來進行推理：

```
var raw = tf.browser.fromPixels(rawImage,1);
```

它是 280 × 280，所以我們要將它縮小為 28 × 28 才能用來推理，我們用 `tf.image.resize` API 來做這件事：

```
var resized = tf.image.resizeBilinear(raw, [28,28]);
```

模型的輸入張量是 28 × 28 × 1，所以你要擴展維數：

```
var tensor = resized.expandDims(0);
```

現在可以進行預測了，使用 `model.predict` 並將張量傳給它。模型的輸出是一組機率，我們可以使用 TensorFlow 的 `argMax` 函式來選出最大的一個：

```
var prediction = model.predict(tensor);
var pIndex = tf.argMax(prediction, 1).dataSync();
```

你可以在本書的 GitHub repository 取得完整的程式（*https://github.com/lmoroney/tfbook*），包括網頁的所有 HTML、畫圖函式的 JavaScript，以及 TensorFlow.js 模型的訓練與推理程式。

小結

JavaScript 是非常強大的瀏覽器語言，可以在許多場景中使用，本章告訴你如何在瀏覽器裡面訓練圖像分類器，然後將它與繪圖畫布結合在一起。我們將輸入解析成可被分類的張量，並將結果回傳給用戶。這個實用的示範將 JavaScript 程式設計的許多層面整合起來，說明你可能在訓練時遇到的限制，例如必須減少 HTTP 連結的數量，以及如何利用內建的解碼器來管理資料，就像你在稀疏編碼標籤中看到的。

或許你不想要在瀏覽器裡面訓練新模型，而是想要重複使用以前用 Python 和 TensorFlow 做好的模型，下一章會告訴你怎麼做。

第十七章

將 Python 模型轉換成 JavaScript 來重複使用它

雖然在瀏覽器裡面訓練是強大的選項，但是你可能會因為它花費的時間，而選擇不這樣做。第 15 章與第 16 章曾經說過，即使是訓練簡單的模型都會鎖住瀏覽器一段時間。雖然將進度視覺化有一些幫助，但是它仍然不是最好的體驗。我們有三種替代方案。第一種是在 Python 裡訓練模型，並將它轉換成 JavaScript。第二種使用已經在別處訓練好的既有模型，並且以 JavaScript 可用的格式來提供它。第三種是使用第 3 章介紹過的遷移學習。在那裡，我們將已經在一個場景學到的特徵、權重、或偏差轉移到另一個場景，而不是做耗時的重新學習。本章將討論前兩種案例，然後會在第 18 章介紹如何在 JavaScript 裡面進行遷移學習。

將 Python 模型轉換成 JavaScript

已經用 TensorFlow 訓練好的模型或許可以用 Python `tensorflowjs` 工具來轉換成 JavaScript。你可以用這個命令來安裝它們：

```
!pip install tensorflowjs
```

例如，考慮我們在本書中不斷使用的這個簡單模型：

```
import numpy as np
import tensorflow as tf
from tensorflow.keras import Sequential
from tensorflow.keras.layers import Dense
```

```
l0 = Dense(units=1, input_shape=[1])
model = Sequential([l0])
model.compile(optimizer='sgd', loss='mean_squared_error')

xs = np.array([-1.0, 0.0, 1.0, 2.0, 3.0, 4.0], dtype=float)
ys = np.array([-3.0, -1.0, 1.0, 3.0, 5.0, 7.0], dtype=float)

model.fit(xs, ys, epochs=500, verbose=0)

print(model.predict([10.0]))
print("Here is what I learned: {}".format(l0.get_weights()))
```

我們可以用這段程式將訓練好的模型存成 saved model（儲存模型）：

```
tf.saved_model.save(model, '/tmp/saved_model/')
```

有了 saved model 的目錄之後，我們使用 TensorFlow.js 轉換器，將輸入格式（在這個例子是 saved model）、saved model 目錄的位置，還有 JSON 模型的位置傳給它：

```
!tensorflowjs_converter \
    --input_format=keras_saved_model \
    /tmp/saved_model/ \
    /tmp/linear
```

它會在指定的目錄（在此是 */tmp/linear*）裡面建立 JSON 模型。檢查這個目錄的內容也可以看到一個二進制檔，在這個例子中稱為 *group1-shardof1.bin*（圖 17-1）。這個檔案裡面有網路學到的權重與偏差，用高效的二進制格式儲存。

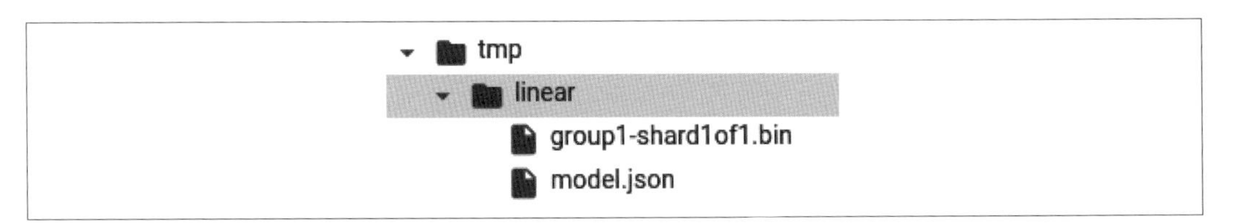

圖 17-1　JS 轉換器的輸出

JSON 檔案裡面有描述模型的文字，例如，在 JSON 裡面，你會看到這個設定：

```
"weightsManifest": [
   {"paths": ["group1-shard1of1.bin"],
    "weights": [{"name": "dense_2/kernel", "shape": [1, 1], "dtype": "float32"},
  {"name": "dense_2/bias", "shape": [1], "dtype": "float32"}]}
]}
```

它指出保存權重與偏差的 *.bin* 檔的位置，以及它們的外形。

在十六進制編輯器裡面檢查 *.bin* 檔的內容，可以看到它裡面有 8 bytes（圖 17-2）。

```
00000000F1 90 FF 3F 5A 4F 7D BF
```

圖 17-2 在 .bin 檔案裡面的 bytes

因為我們的網路用一個神經元來學習 Y = 2X – 1，網路用一個 `float32`（4 bytes）學到一個權重，用一個 `float32`（4 bytes）學到一個偏差。這 8 bytes 都被寫到 *.bin* 檔裡面。

回顧程式的輸出：

```
Here is what I learned: [array([[1.9966108]], dtype=float32),
array([-0.98949206], dtype=float32)]
```

你可以用 Floating Point to Hex Converter（*https://oreil.ly/cLNPG*）來將權重（1.9966108）轉換成十六進制（圖 17-3）。

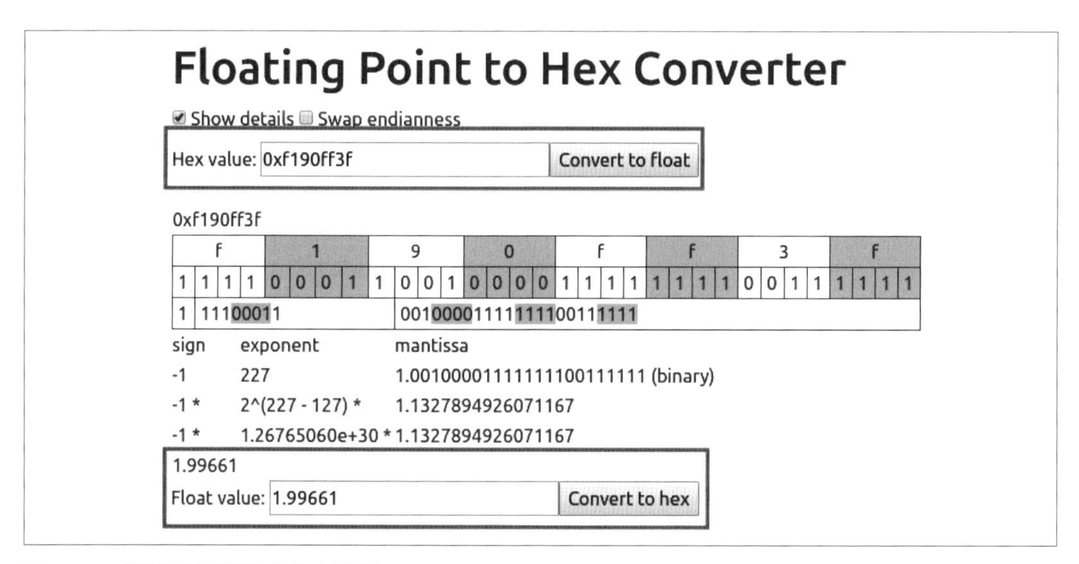

圖 17-3 將浮點值轉換成十六進制

你可以看到權重 1.99661 被轉換成十六進制 F190FF3F，它是圖 17-2 的十六進制檔的前 4 bytes。將偏差轉換成十六進制也會看到類似的結果（注意，你必須對調位元組排列法（endian））。

使用轉換後的模型

獲得 JSON 檔及其 *.bin* 檔之後，我們就可以在 TensorFlow.js app 裡面輕鬆地使用它們了。為了從 JSON 檔載入模型，我們指定提供它的 URL。如果你使用 Brackets 的內建伺服器，它位於 127.0.0.1:*<port>*。設定這個 URL 之後，我們可以用 `await tf.loadLayersModel(URL)` 命令來載入模型。例如：

```
const MODEL_URL = 'http://127.0.0.1:35601/model.json';
const model = await tf.loadLayersModel(MODEL_URL);
```

你可能要將 35601 改成你的本地伺服器埠。*model.json* 檔與 *.bin* 檔必須放在同一個目錄裡面。

如果你想要用模型來進行預測，你可以像之前一樣使用 `tensor2d`，傳入輸入值與它的外形。因此，在這個例子裡，如果你想要預測 10.0 個值，你可以建立一個 `tensor2d`，將第一個參數設為 `[10.0]`，第二個設為 `[1,1]`：

```
const input = tf.tensor2d([10.0], [1, 1]);
const result = model.predict(input);
```

為了方便起見，下面是這個模型的完整 HTML 網頁：

```
<html>
<head>
<script src="https://cdn.jsdelivr.net/npm/@tensorflow/tfjs@latest"></script>
<script>
    async function run(){
        const MODEL_URL = 'http://127.0.0.1:35601/model.json';
        const model = await tf.loadLayersModel(MODEL_URL);
        console.log(model.summary());
        const input = tf.tensor2d([10.0], [1, 1]);
        const result = model.predict(input);
        alert(result);
    }
    run();
</script>
<body>
</body>
</html>
```

當你執行網頁時，它會立刻載入模型，並提示預測的結果，如圖 17-4 所示。

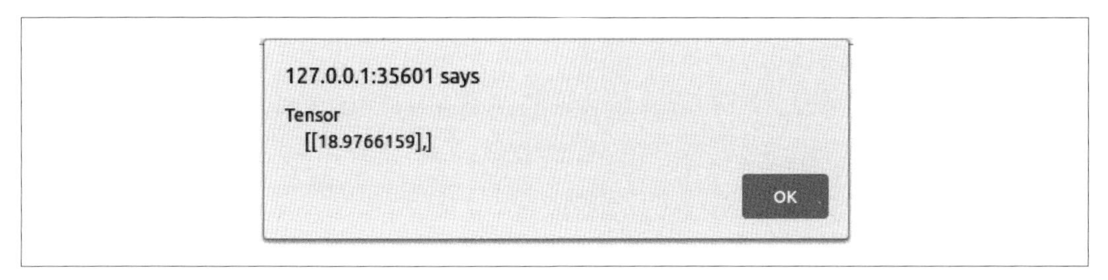

圖 17-4　推理的輸出

顯然這是個非常簡單的範例，它的模型二進制檔只有 8 bytes，很容易檢查。但是，希望它可以幫助你了解 JSON 與二進制表示法是如何一起運作的。當你轉換你自己的模型時，你會看到大很多的二進制檔，但是正如你所見，它終究只是二進制形式的權重與偏差。

下一節將介紹一些已經用這種方法來幫你轉換好的模型，以及如何在 JavaScript 裡面使用它們。

使用轉換好的 JavaScript 模型

除了將模型轉換成 JavaScript 之外，你也可以使用轉換好的模型。TensorFlow 團隊已經幫你做好幾個模型來讓你嘗試，你可以在 GitHub 上找到它們（*https://oreil.ly/FOoe5*）。它有處理各種資料類型的模型，包括圖像、音訊與文本。我們來研究其中的幾個模型，並了解如何在 JavaScript 裡面使用它們。

使用 Toxicity 文本分類器

Toxicity 分類器（*https://oreil.ly/fJTNg*）是 TensorFlow 團隊提供的文本模型之一。它可以接收文本字串，並預測它裡面有沒有下列的毒性（toxicity）類型：

- 身分攻擊
- 侮辱
- 猥褻
- 嚴重毒性

- 色情
- 威脅
- 一般毒性

它是用 Civil Comments 資料組來訓練的（*https://oreil.ly/jUtEQ*），這個資料組有超過 200 萬條已經用這些類型來標注的評論。使用它很簡單。你可以隨著 TensorFlow.js 一起載入模型如下：

```
<script src="https://cdn.jsdelivr.net/npm/@tensorflow/tfjs@latest"></script>
<script src="https://cdn.jsdelivr.net/npm/@tensorflow-models/toxicity"></script>
```

取得程式庫之後，你可以設定一個閾值，超過它的句子就會被分類。它的預設值是 0.85，但是你可以將它改成這樣，在載入模型時設定它：

```
const threshold = 0.7;
toxicity.load(threshold).then(model => {
```

接下來，如果你想要分類一個句子，你可以將它放到陣列裡。你可以同時分類多個句子：

```
const sentences = ['you suck', 'I think you are stupid',
                   'i am going to kick your head in',
                  'you feeling lucky, punk?'];

model.classify(sentences).then(predictions => {
```

此時你可以解析 predictions 物件來取得結果。它是個包含七個項目的陣列，每一種毒性類型有一個項目（圖 17-5）。

```
▼(7) [{…}, {…}, {…}, {…}, {…}, {…}, {…}]
  ▶0: {label: "identity_attack", results: Array(4)}
  ▶1: {label: "insult", results: Array(4)}
  ▶2: {label: "obscene", results: Array(4)}
  ▶3: {label: "severe_toxicity", results: Array(4)}
  ▶4: {label: "sexual_explicit", results: Array(4)}
  ▶5: {label: "threat", results: Array(4)}
  ▶6: {label: "toxicity", results: Array(4)}
   length: 7
  ▶__proto__: Array(0)
```

圖 17-5　毒性預測的結果

在它們裡面有每一個句子屬於該類別的結果，因此，舉例來說，如果你檢查代表侮辱的項目 1，並且展開它來檢查結果，你會看到裡面有四個元素，它們是四個輸入句子分別屬於那一種毒性的機率（圖 17-6）。

```
▼1:
   label: "insult"
 ▼results: Array(4)
   ▼0:
      match: true
    ▶probabilities: Float32Array(2) [0.08124715834856033, 0.918752908706665]
    ▶__proto__: Object
   ▼1:
      match: true
    ▶probabilities: Float32Array(2) [0.004555284511297941, 0.9954447150230408]
    ▶__proto__: Object
   ▼2:
      match: false
    ▶probabilities: Float32Array(2) [0.9109156131744385, 0.08908446133136749]
    ▶__proto__: Object
   ▼3:
      match: false
    ▶probabilities: Float32Array(2) [0.9996488094329834, 0.0003512044495437294]
    ▶__proto__: Object
     length: 4
```

圖 17-6　探索毒性結果

這些機率是以 [負，正] 來衡量的，因此第二個元素有高值代表那一種毒性是存在的。在這個例子裡，句子「you suck」被評估為有 .91875 的機率是侮辱，但「I am going to kick your head in」雖然也有毒性，但侮辱的可能性很低，只有 0.089。

為了解析它們，你可以遍歷 predictions 陣列，再遍歷結果裡面的毒性類型，然後遍歷它們的結果來找出每一個句子被認出來的毒性類型。我們可以使用 match 方法來做這件事，如果預測出來的值大於閾值，它就會是正的。

程式如下：

```
for(sentence=0; sentence<sentences.length; sentence++){
  for(toxic_type=0; toxic_type<7; toxic_type++){
    if(predictions[toxic_type].results[sentence].match){
      console.log("In the sentence: " + sentences[sentence] + "\n" +
                   predictions[toxic_type].label +
                   " was found with probability of " +
```

```
                    predictions[toxic_type].results[sentence].probabilities[1]);
        }
      }
    }
```

圖 17-7 是它的結果。

```
In the sentence: you suck
insult was found with probability of 0.918752908706665
In the sentence: you suck
toxicity was found with probability of 0.9688231945037842
In the sentence: I think you are stupid
insult was found with probability of 0.9954447150230408
In the sentence: I think you are stupid
toxicity was found with probability of 0.9955390095710754
In the sentence: i am going to kick your head in
toxicity was found with probability of 0.7943095564842224
```

圖 17-7　Toxicity 分類器處理樣本輸入的結果

因此，如果你想要在你的網站製作某種毒性過濾器，你只要用幾行程式就可以做到！

另一種簡便的做法是，如果你不想要抓到全部的七種毒性，你可以這樣指定子集合：

```
const labelsToInclude = ['identity_attack', 'insult', 'threat'];
```

然後在載入模型時，指定這個串列以及閾值：

```
toxicity.load(threshold, labelsToInclude).then(model => {}
```

當然，如果你想要在後端捕捉和過濾毒性的話，這個模型可以在 Node.js 後端使用。

使用 MobileNet 在瀏覽器裡面做圖像分類

除了文本分類程式庫之外，repo 也有一些圖像分類程式庫，例如 MobileNet（*https://oreil.ly/OTRUU*）。MobileNet 模型體積小且低耗電，同時能夠準確地分類 1,000 種圖像類別。因此，它們有 1,000 個輸出神經元，每一個都是圖像包含該類別的機率。所以，當你將圖像傳給模型時，你會得到 1,000 個機率，你必須將它們對映到這些類別。但是，JavaScript 程式庫可以幫你提取它們，按優先順序選出前三個類別並且只提供它們給你。

下面是類別的摘錄（*http://bit.ly/mobilenet-labels*）：

```
00: background
01: tench
02: goldfish
03: great white shark
04: tiger shark
05: hammerhead
06: electric ray
```

在一開始，你要載入 TensorFlow.js 與 mobilenet 腳本，例如：

```
<script src="https://cdn.jsdelivr.net/npm/@tensorflow/tfjs@latest"> </script>
<script src="https://cdn.jsdelivr.net/npm/@tensorflow-models/mobilenet@1.0.0">
```

為了使用這個模型，你必須提供一張圖像給它。最簡單的方法是寫一個 <img> 標籤，並且將圖像放入裡面。你也可以建立 <div> 標籤來保存輸出：

```
<body>
    <img id="img" src="coffee.jpg"></img>
    <div id="output" style="font-family:courier;font-size:24px;height=300px">
    </div>
</body>
```

要用模型來分類圖像，你只要載入它，並傳且將指向 <img> 的參考傳給分類器：

```
const img = document.getElementById('img');
const outp = document.getElementById('output');
mobilenet.load().then(model => {
    model.classify(img).then(predictions => {
        console.log(predictions);
    });
});
```

這會將輸出印到控制台 log，它看起來像圖 17-8。

輸出是個可以解析的 prediction 物件，我們可以迭代它，並選出類別名稱和機率：

```
for(var i = 0; i<predictions.length; i++){
    outp.innerHTML += "<br/>" + predictions[i].className + " : "
     + predictions[i].probability;
}
```

圖 17-9 是將樣本圖像與預測一起顯示在瀏覽器裡面的情況。

```
▼Array(3)
  ▼0:
     className: "vase"
     probability: 0.6312612295150757
   ▶__proto__: Object
  ▼1:
     className: "pot, flowerpot"
     probability: 0.20017513632774353
   ▶__proto__: Object
  ▼2:
     className: "cup"
     probability: 0.11374199390411377
   ▶__proto__: Object
  length: 3
 ▶__proto__: Array(0)
```

圖 17-8　探索 MobileNet 輸出

```
vase : 0.6312612295150757
pot, flowerpot : 0.20017513632774353
cup : 0.11374199390411377
```

圖 17-9　分類圖像

為了方便起見，我們列出這個簡單網頁的完整程式碼。在使用它時，你必須在同一個目錄放入一張圖像。我使用 *coffee.jpg*，你當然可以使用別張圖像，並修改 `<img>` 標籤的 `src` 屬性來分類別的東西：

```
<html>
<head>
<script src="https://cdn.jsdelivr.net/npm/@tensorflow/tfjs@latest"> </script>
<script src="https://cdn.jsdelivr.net/npm/@tensorflow-models/mobilenet@1.0.0">
</script>
</head>
<body>
    <img id="img" src="coffee.jpg"></img>
    <div id="output" style="font-family:courier;font-size:24px;height=300px">
    </div>
</body>
<script>
    const img = document.getElementById('img');
    const outp = document.getElementById('output');
    mobilenet.load().then(model => {
        model.classify(img).then(predictions => {
            console.log(predictions);
            for(var i = 0; i<predictions.length; i++){
                outp.innerHTML += "<br/>" + predictions[i].className + " : "
                + predictions[i].probability;
            }
        });
    });
</script>
</html>
```

使用 PoseNet

PoseNet（*https://oreil.ly/FOoe5*）是 TensorFlow 團隊轉換好的另一種有趣的程式庫，它可以在瀏覽器裡面提供接近即時的姿勢估計。它可以接收一張圖像，並回傳一組點，代表圖像內的 17 個身體部位：

- 鼻子
- 左眼和右眼
- 左耳和右耳
- 左肩和右肩
- 左肘和右肘

- 左手腕和右手腕
- 左右臀部
- 左膝和右膝
- 左右腳踝

舉個簡單的例子，我們在瀏覽器裡面估計一張圖像的姿勢。為此，我們先載入 TensorFlow.js 與 posenet 模型：

```
<head>
    <script src="https://cdn.jsdelivr.net/npm/@tensorflow/tfjs"></script>
    <script src="https://cdn.jsdelivr.net/npm/@tensorflow-models/posenet">
    </script>
</head>
```

在瀏覽器裡面，你可以將圖像載入 <img> 標籤，並建立一個畫布，以便在上面繪製身體部位的位置：

```
<div><canvas id='cnv' width='661px' height='656px'/></div>
<div><img id='master' src="tennis.png"/></div>
```

為了取得預測，我們將包含圖片的圖像元素傳給 posenet，呼叫 estimateSinglePose 方法：

```
var imageElement = document.getElementById('master');
posenet.load().then(function(net) {
    const pose = net.estimateSinglePose(imageElement, {});
    return pose;
}).then(function(pose){
    console.log(pose);
    drawPredictions(pose);
})
```

它會用 pose 這個物件來回傳預測。它是一個陣列，裡面有身體部位的關鍵點（圖 17-10）。

每一個項目裡面都有述敘身體部位的文字（例如 nose）、存有位置的 x 與 y 座標的物件，以及代表正確識別位置的信心程度 score。因此，舉例來說，在圖 17-10 中，認出鼻子（nose）位置的可能性是 .999。

```
▼Object
 ▼keypoints: Array(17)
  ▼0:
     part: "nose"
    ▶position: {x: 338.951882447714, y: 147.63976189876809}
     score: 0.9993178844451904
    ▶__proto__: Object
  ▶1: {score: 0.9989699125289917, part: "leftEye", position: {…}}
  ▶2: {score: 0.9965984225273132, part: "rightEye", position: {…}}
  ▶3: {score: 0.9560711979866028, part: "leftEar", position: {…}}
  ▶4: {score: 0.736717164516449, part: "rightEar", position: {…}}
  ▶5: {score: 0.9932397603988647, part: "leftShoulder", position: {…}}
  ▶6: {score: 0.9985883831977844, part: "rightShoulder", position: {…}}
  ▶7: {score: 0.9734750390052795, part: "leftElbow", position: {…}}
  ▶8: {score: 0.9767395853996277, part: "rightElbow", position: {…}}
  ▶9: {score: 0.9655238389968872, part: "leftWrist", position: {…}}
  ▶10: {score: 0.7352950572967529, part: "rightWrist", position: {…}}
  ▶11: {score: 0.9939306974411011, part: "leftHip", position: {…}}
  ▶12: {score: 0.9954432249069214, part: "rightHip", position: {…}}
  ▶13: {score: 0.9826021790504456, part: "leftKnee", position: {…}}
  ▶14: {score: 0.93722003698349, part: "rightKnee", position: {…}}
  ▶15: {score: 0.9435631632804871, part: "leftAnkle", position: {…}}
  ▶16: {score: 0.860307514667511, part: "rightAnkle", position: {…}}
   length: 17
```

圖 17-10　回傳的姿勢位置

接著你可以用它們在圖像上畫出部位點。我們先將圖像載入畫布，然後在上面繪製：

```
var canvas = document.getElementById('cnv');
var context = canvas.getContext('2d');
var img = new Image()
img.src="tennis.png"
img.onload = function(){
    context.drawImage(img, 0, 0)
    var centerX = canvas.width / 2;
    var centerY = canvas.height / 2;
    var radius = 2;
```

然後用這段程式遍歷預測，取出部位名稱與 (x,y) 座標，並將它們畫在畫布上：

```
for(i=0; i<pose.keypoints.length; i++){
    part = pose.keypoints[i].part
    loc = pose.keypoints[i].position;
    context.beginPath();
    context.font = "16px Arial";
    context.fillStyle="aqua"
    context.fillText(part, loc.x, loc.y)
    context.arc(loc.x, loc.y, radius, 0, 2 * Math.PI, false);
    context.fill();
}
```

接下來，在執行環境裡，你可以看到類似圖 17-11 的畫面。

圖 17-11　在圖像上估計並畫出身體部位位置

你也可以使用 score 屬性來篩選出不良的預測。例如，如果你的圖片裡面只有人臉，你可以修改程式來篩選出低可能性的預測，只把注意力放在有關的位置上：

```
for(i=0; i<pose.keypoints.length; i++){
    if(pose.keypoints[i].score>0.1){
    // 畫出點
    }
}
```

如果照片是一個人的臉部特寫，你一定不想畫出肩膀、腳踝等，它們的分數會很低但不是零，所以如果你沒有將它們濾除，它們就會被畫在圖像的某個地方，而且因為圖像裡面沒有這些部位，所以會變成明顯的錯誤！

圖 17-12 是濾除低可能性部位的臉部照片。注意，裡面沒有 mouth 部位，因為 PoseNet 主要的目的是估計身體姿勢，不是臉部。

圖 17-12　在臉部使用 PoseNet

PoseNet 模型還有許多其他的特徵可用，我們在此只稍微談一下它的可能性，你可以用網路攝影機在瀏覽器裡面做即時的姿勢偵測、編輯姿勢的準確度（低準確度的預測速度較快）、選擇架構來優化速度、偵測多個身體的姿勢…等。

小結

本章告訴你如何透過 TensorFlow.js 來使用 Python 模型，無論是訓練你自己的，還是用工具來轉換它，或是使用既有的模型。在進行轉換時，我們知道 `tensorflowjs` 工具可以建立包含模型的參考資訊的 JSON 檔，以及包含權重與偏差的二進制檔。你可以將模型當成 JavaScript 程式庫輕鬆地匯入它，並且在瀏覽器裡面直接使用它。

接著我們看了幾個已經轉換好的既有模型，以及如何在 JavaScript 程式中使用它們。我們先試著用 Toxicity 來處理文本並識別和濾除毒性評論，然後使用 MobileNet 電腦視覺模型來預測圖像的內容。最後，我們介紹如何使用 PoseNet 模型來偵測圖像裡的身體部位，並畫出它們，包括如何濾除低可能性分數，以避免畫出看不到的部位。

第 18 章會介紹使用既有模型的另一種方法：遷移學習，屆時你將在你自己的 app 裡面使用既有的預訓特徵。

第十八章

遷移學習，使用 JavaScript

我們在第 17 章討論了在 JavaScript 裡面使用模型的兩種方法：轉換 Python 模型，以及使用 TensorFlow 團隊提供的既有模型。除了從零開始訓練之外，我們還有一個選擇：遷移學習，也就是將已經為某個場景訓練好的模型的某些階層用在另一種場景。例如，處理電腦視覺的摺積網路可能已經學會許多過濾器階層了，如果它是用龐大的資料組來學習辨識許多類別，它可能有非常通用的過濾器，可以在其他的場景中使用。

為了使用 TensorFlow.js 來進行遷移學習，我們有幾種做法，取決於既有的模型是如何發表的，發表方式主要有三種：

- 如果模型被放在 *model.json* 檔裡面，在建立時使用 TensorFlow.js 轉換器來將它轉換成階層式模型，你可以研究它的階層，選擇其中一個，並且把它變成你訓練的新模型的輸入。
- 如果模型已經被轉換成圖式（graph-based）模型，例如在 TensorFlow Hub 常見的那些，你可以將它的特徵向量接到另一個模型，來利用它學到的特徵。
- 如果模型被包在 JavaScript 檔裡面，以方便發布，你可以輕鬆地利用這個檔案，取得 embedding 或其他特徵向量來進行預測或遷移學習。

本章將介紹這三種做法。我們會先討論如何取得 MobileNet 的預訓階層並將它們放入你自己的模型，我們曾經在第 17 章將 MobileNet 當成圖像分類器來使用。

從 MobileNet 遷移學習

MobileNet 架構定義了一組模型（*https://oreil.ly/yl3ka*），它們主要的訓練目的是在設備上進行圖像辨識。它們是用超過 1,000 萬張圖像，裡面有 1,000 個類別的 ImageNet 資料組來訓練的。透過遷移學習，你可以使用它們學好的過濾器，並且修改底下的稠密層來讓它們符合你的類別，而不是使用模型原本訓練的上千個類別。

為了使用遷移學習來建構 app，你必須採取幾個步驟：

1. 下載 MobileNet 模型，並確認想要使用哪幾層。
2. 建立你自己的模型結構，將 MobileNet 的輸出當成它的輸入。
3. 收集資料，做成訓練用的資料組。
4. 訓練模型。
5. 執行推理。

我們接下來會執行這些步驟。我們先建立一個瀏覽器應用程式，用網路攝影機拍攝剪刀、石頭、布手勢的照片，接著讓應用程式用它們來訓練一個新模型，這個模型會使用 MobileNet 的預訓層，並在下面加入一組新的稠密層來處理我們的類別。

第 1 步：下載 MobileNet 並確認想要使用的階層

TensorFlow.js 團隊在 Google Cloud Storage 提供了一些轉換好的模型，如果你想要自行嘗試它們，你可以在本書的 GitHub repo（*https://oreil.ly/I6ykm*）找到 URL 清單。MobileNet 模型有很多個，包括本章將要使用的（*mobilenet_v1_0.25_224/model.json*）。

為了研究模型，我們建立一個新的 HTML 檔，並將它命名為 *mobilenet-transfer.html*。我們在這個檔案裡面載入 TensorFlow.js 與接下來要建立的外部檔 *index.js*：

```
<html>
  <head>
    <script src="https://cdn.jsdelivr.net/npm/@tensorflow/tfjs@latest">
    </script>
  </head>
  <body></body>
  <script src="index.js"></script>
</html>
```

接下來，建立上面的 HTML 所引用的 *index.js* 檔。它裡面有一個非同步方法，可下載模型與印出它的摘要：

```
async function init(){
  const url = 'https://storage.googleapis.com/tfjs-
models/tfjs/mobilenet_v1_0.25_224/model.json'

  const mobilenet = await tf.loadLayersModel(url);
  console.log(mobilenet.summary())
}

init()
```

在控制台裡面看一下 model.summary 的輸出，並捲到最下面，你會看到圖 18-1。

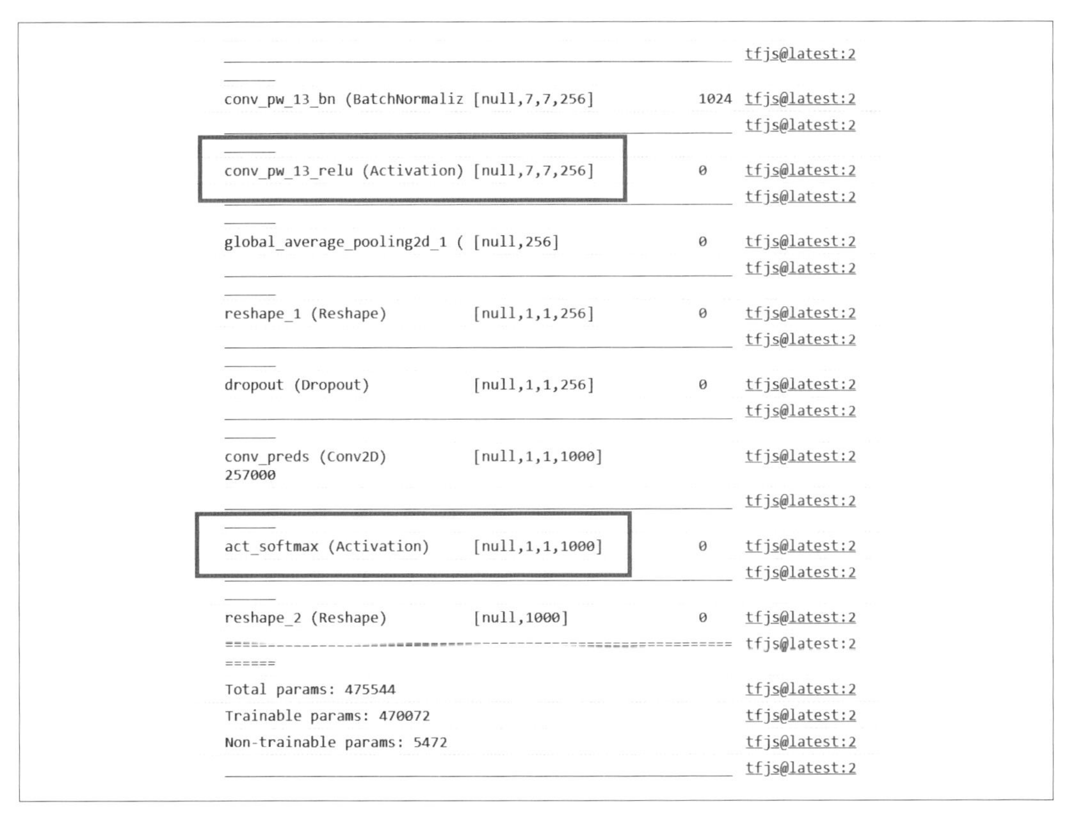

圖 18-1　MobileNet JSON 模型的 model.summary 的輸出

使用 MobileNet 來進行遷移學習的關鍵是尋找觸發（*activation*）層。你可以看到，最下面有兩個。最後一個有 1,000 個輸出，它們對映 MobileNet 提供的 1,000 個類別。因此，如果你想要使用學好的觸發層（尤其是學好的摺積過濾器），可以尋找它上面的觸發層，並記下它們的名稱。如圖 18-1 所示，這個模型最後面一個觸發層之前的觸發層稱為 `conv_pw_13_relu`。

在做遷移學習時，你可以將它當成你的模型的輸出（事實上，使用它之前的任何觸發層都可以）。

第 2 步：建立你自己的模型結構，將 MobileNet 的輸出當成它的輸入

在設計模型時，你通常會從輸入層開始設計所有階層，直到輸出層為止。在使用遷移學習時，你會將輸入傳給遷移的來源模型，並建立新的輸出層。見圖 18-2，這是 MobileNet 的高階粗略架構。它接收維度為 224 × 224 × 3 的圖像，並讓它們經歷神經網路架構，產生有 1,000 個值的輸出，每一個值都代表圖像包含相關類別的機率。

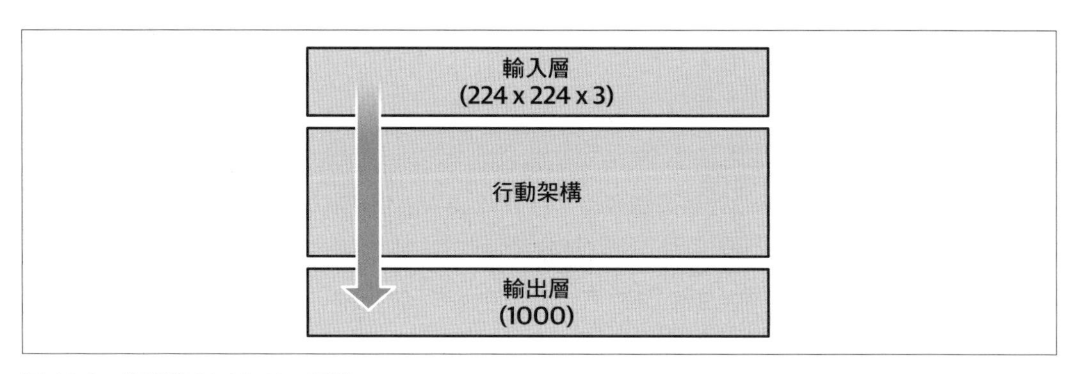

圖 18-2　高階的 MobileNet 架構

我們曾經查看那個架構的內部結構，並找出最後一個觸發摺積層——`conv_pw_13_relu`。圖 18-3 是放入這一層時的架構。

MobileNet 架構仍然有 1,000 個要辨識的類別，裡面沒有任何類別是我們想要實作的（剪刀、石頭、布的手勢）。我們需要一個用這三種類別來訓練的新模型。雖然我們可以從零開始訓練它，讓它學習所有過濾器，用過濾器產生可以區分它們的特徵，就像前面的章節所介紹的那樣，但我們也可以從 MobileNet 取出訓練好的過濾器，使用 `conv_pw_13_relu` 與之前的所有架構，並將它傳給一個只分類三種類別的新模型。圖 18-4 是這個概念的摘要。

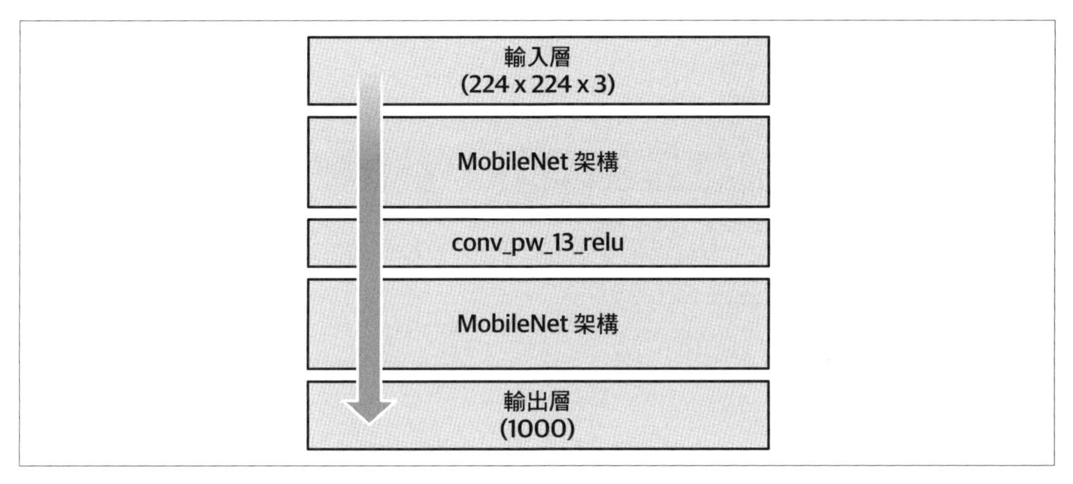

圖 18-3　顯示 conv_pw_13_relu 的高階 MobileNet 架構

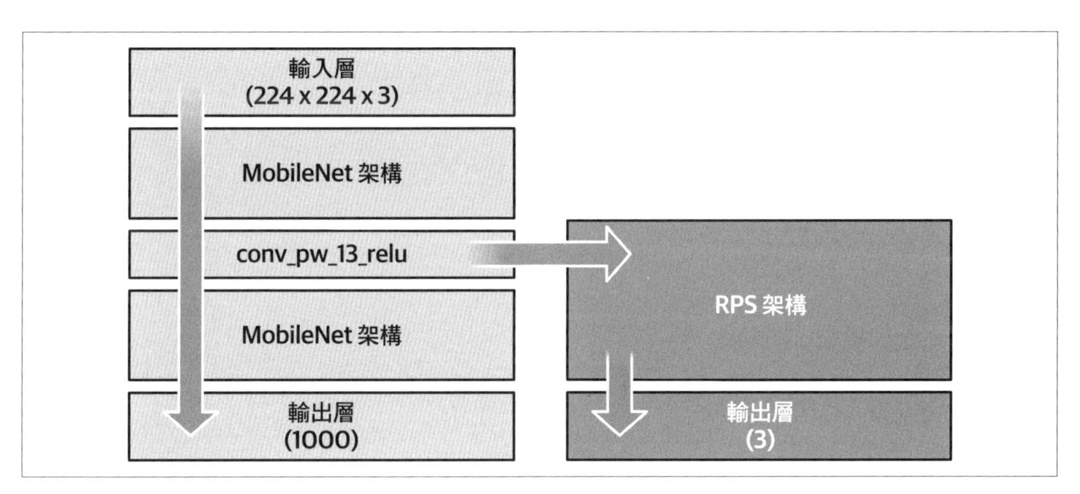

圖 18-4　使用遷移學習，將 conv_pw_13_relu 遷移到新架構

為了用程式來編寫這個程序，我們將 *index.js* 改成這樣：

```
let mobilenet

async function loadMobilenet() {
  const mobilenet = await tf.loadLayersModel(url);
  const layer = mobilenet.getLayer('conv_pw_13_relu');
  return tf.model({inputs: mobilenet.inputs, outputs: layer.output});
}
```

```
async function init(){
  mobilenet = await loadMobilenet()
  model = tf.sequential({
  layers: [
    tf.layers.flatten({inputShape: mobilenet.outputs[0].shape.slice(1)}),
    tf.layers.dense({ units: 100, activation: 'relu'}),
    tf.layers.dense({ units: 3, activation: 'softmax'})
  ]
  });
  console.log(model.summary())
}

init()
```

我們在 `mobilenet` 自己的 async 函式裡面載入它，載入模型之後，我們用 `getLayer` 方法從它裡面提取 `conv_pw_13_relu` 層。這個函式會回傳一個模型，該模型的輸入被設為 `mobilenet` 的輸出，輸出被設為 `conv_pw_13_relu` 的輸出。我們在圖 18-4 用箭頭來表示這個過程。

我們在這個函式 return 之後，建立一個新的 sequential 模型。注意它的第一層——它是 `mobilenet` 輸出（也就是 `conv_pw_13_relu` 輸出）的 flatten 版，然後是一個有 100 個神經元的稠密層，接下來是有 3 個神經元的稠密層（剪刀、石頭、布各一）。

現在對這個模型執行 `model.fit` 可以訓練它辨識三種類別，但是這次不是從零開始訓練所有過濾器識別圖像裡面的特徵，而是使用 MobileNet 已經學好的過濾器。不過，在這之前，我們需要一些資料，下一步要教你如何收集資料。

第 3 步：收集資料並將它格式化

在這個例子裡，我們將使用瀏覽器裡面的網路攝影機來拍攝剪刀、石頭、布的手勢。本書不是介紹如何使用網路攝影機來取得資料的書籍，所以我不在此詳細介紹，但是本書的 GitHub repo 有一個 *webcam.js* 檔（TensorFlow 團隊製作的）可以幫你處理所有事情。它會用網路攝影機拍照，並且用 TensorFlow 友善的格式，以批次圖像的形式回傳它們。它也會處理 TensorFlow.js 的所有清理程式，避免瀏覽器出現記憶體洩漏。這是那個檔案的部分程式：

```
capture() {
  return tf.tidy(() => {
    // 從攝影機 <video> 元素以張量來讀取圖像。
    const webcamImage = tf.browser.fromPixels(this.webcamElement);
    const reversedImage = webcamImage.reverse(1);
    // 裁剪圖像，使用矩形的中央正方形。
```

```
      const croppedImage = this.cropImage(reversedImage);
      // 擴展最外面的維度，讓批次大小為 1。
      const batchedImage = croppedImage.expandDims(0);
      // 將圖像標準化，使其介於 -1 與 1 之間。圖像原本是
      // 0-255，所以我們除以 127 再減 1。
      return batchedImage.toFloat().div(tf.scalar(127)).sub(tf.scalar(1));
    });
  }
```

我們用簡單的 <script> 標籤在 HTML 裡面 include 這個 *.js* 檔：

```
<script src="webcam.js"></script>
```

接著修改 HTML，用 <div> 來保存攝影機的視訊預覽、用按鈕來讓用戶選擇，以拍攝剪刀、石頭、布手勢的樣本，並且用 <div> 來輸出已拍攝的樣本數量。這是改好的內容：

```
<html>
  <head>
    <script src="https://cdn.jsdelivr.net/npm/@tensorflow/tfjs@latest">
    </script>
    <script src="webcam.js"></script>
  </head>
  <body>
    <div>
      <video autoplay playsinline muted id="wc" width="224" height="224"/>
    </div>
    <button type="button" id="0" onclick="handleButton(this)">Rock</button>
    <button type="button" id="1" onclick="handleButton(this)">Paper</button>
    <button type="button" id="2" onclick="handleButton(this)">Scissors</button>
      <div id="rocksamples">Rock Samples:</div>
      <div id="papersamples">Paper Samples:</div>
      <div id="scissorssamples">Scissors Samples:</div>
  </body>
  <script src="index.js"></script>
</html>
```

接下來，我們在 *index.js* 檔案上面加入一個 const 來初始化攝影機，使用 HTML 的 <video> 標籤的 ID：

```
const webcam = new Webcam(document.getElementById('wc'));
```

然後在 init 函式裡面初始化攝影機：

```
await webcam.setup();
```

這個網頁會顯示攝影機預覽以及三個按鈕（見圖 18-5）。

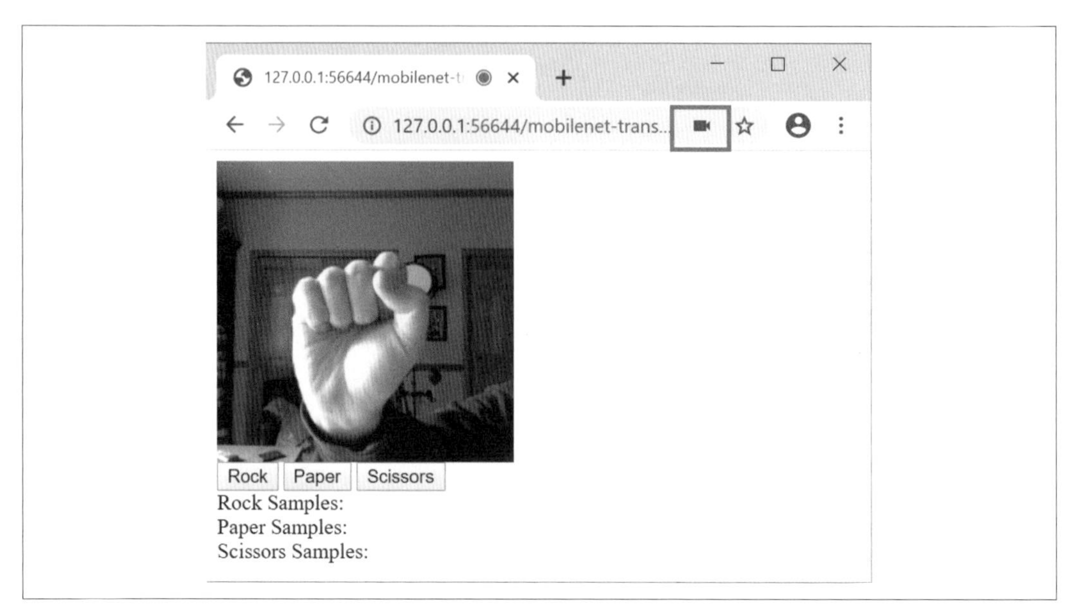

圖 18-5　顯示攝影機預覽

如果你沒有看到預覽，你應該會看到在圖中的 Chrome 狀態欄上框起來的圖示。如果它的中間有一條紅線，你要先讓瀏覽器有權使用攝影機，才可以看到預覽。接下來你要拍攝圖像，並且將它們放入方便訓練第 2 步所建立的模型的格式。

因為 TensorFlow.js 無法像 Python 那樣使用內建的資料組，我們必須自己建立資料組類別。幸好這件事做起來很簡單，在 JavaScript 裡面，建立一個稱為 *rps-dataset.js* 的檔案。在裡面建立一個標籤陣列如下：

```
class RPSDataset {
  constructor() {
    this.labels = []
  }
}
```

每次我們用攝影機拍攝新的手勢樣本時，我們就要將它加入這個資料組。我們可以用 `addExample` 方法來做這件事，樣本會用 `xs` 來加入。注意，這不會加入原始圖像，而是用切斷的 `mobilenet` 來對圖像進行分類的結果，等一下你就會看到。

第一次呼叫 addExample 方法時，xs 是 null，所以要用 tf.keep 方法來建立 xs。顧名思義，這個方法可以防止張量被 tf.tidy 摧毀。它也會將標籤傳給在建構式裡面建立的 labels 陣列。在後續的呼叫中，xs 就不是 null 了，所以我們將 xs 複製到 oldX，然後將樣本 concat 到它後面，做出新的 xs。然後將標籤傳給標籤陣列，並丟棄舊的 xs：

```
addExample(example, label) {
  if (this.xs == null) {
    this.xs = tf.keep(example);
    this.labels.push(label);
  } else {
    const oldX = this.xs;
    this.xs = tf.keep(oldX.concat(example, 0));
    this.labels.push(label);
    oldX.dispose();
  }
}
```

按照這種做法，標籤將會是一個陣列。但是為了訓練模型，我們要將它變成 one-hot 編碼的陣列，所以要在資料組類別加入一個輔助函式。這段 JavaScript 會將 labels 陣列編碼成類別，類別數量以 numClasses 參數來指定：

```
encodeLabels(numClasses) {
  for (var i = 0; i < this.labels.length; i++) {
    if (this.ys == null) {
      this.ys = tf.keep(tf.tidy(
          () => {return tf.oneHot(
              tf.tensor1d([this.labels[i]]).toInt(), numClasses)}));
    } else {
      const y = tf.tidy(
          () => {return tf.oneHot(
              tf.tensor1d([this.labels[i]]).toInt(), numClasses)});
      const oldY = this.ys;
      this.ys = tf.keep(oldY.concat(y, 0));
      oldY.dispose();
      y.dispose();
    }
  }
}
```

重點是 tf.oneHot 方法，顧名思義，它會將它收到的參數編碼成 one-hot。

我們在 HTML 加入三個按鈕，並設定它們的 onclick 來呼叫 handleButton 函式：

```
<button type="button" id="0" onclick="handleButton(this)">Rock</button>
<button type="button" id="1" onclick="handleButton(this)">Paper</button>
<button type="button" id="2" onclick="handleButton(this)">Scissors</button>
```

我們在 *index.js* 腳本裡面實作它，將元素 ID（它們是 0、1、2，分別代表石頭、布與剪刀）轉換成標籤、提取攝影機照片、呼叫 mobilenet 的 predict 方法，並且使用之前寫好的方法，將結果當成樣本加入資料組：

```
function handleButton(elem){
  label = parseInt(elem.id);
  const img = webcam.capture();
  dataset.addExample(mobilenet.predict(img), label);
}
```

在你繼續閱讀之前，請務必看懂 addExample 方法。當你可以建立資料組來取得原始圖像並將它們加入資料組之後，回去看一下圖 18-4，我們用 conv_pw_13_relu 的輸出建立了一個 mobilenet 物件，並呼叫 predict 來取得那一層的輸出，在圖 18-1 中，你可以看到輸出是 [?, 7, 7, 256]，我們將它整理成圖 18-6。

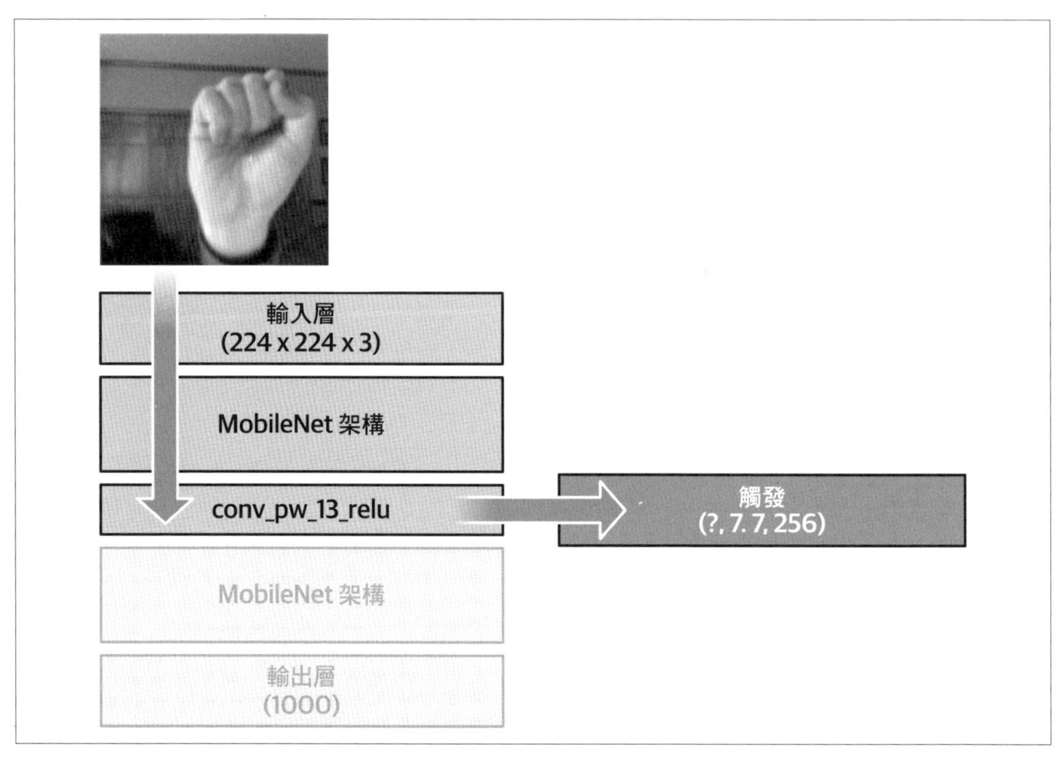

圖 18-6　mobilenet.predict 的結果

回想一下，在使用 CNN 時，隨著圖像經過網路，有一些過濾器會學到東西，這些過濾器的結果會與圖像相乘，它們通常會被池化並傳給下一層。使用這種架構時，當圖像到達輸出層時，我們不是得到一張彩色圖像，而是 256 張 7 × 7 圖像，它們是使用所有過濾器得到的結果。接下來可以將它們傳入稠密網路來進行分類。

我們也可以加入更新用戶介面的程式，累計加入的樣本數量。為了簡化，我省略它，但你可以在 GitHub repo 找到它。

別忘了在 HTML 使用 `<script>` 標籤來加入 *rps-dataset.js* 檔：

```
<script src="rps-dataset.js"></script>
```

在 Chrome 開發人員工具裡，你可以加入斷點和觀察變數。執行你的程式，並且加入一個 `dataset` 變數的 watch，並在 `dataset.addExample` 方法加入一個斷點。按下 Rock/Paper/Scissors 按鈕，你會看到資料組被更新。圖 18-7 是我按下這三個按鈕之後的結果。

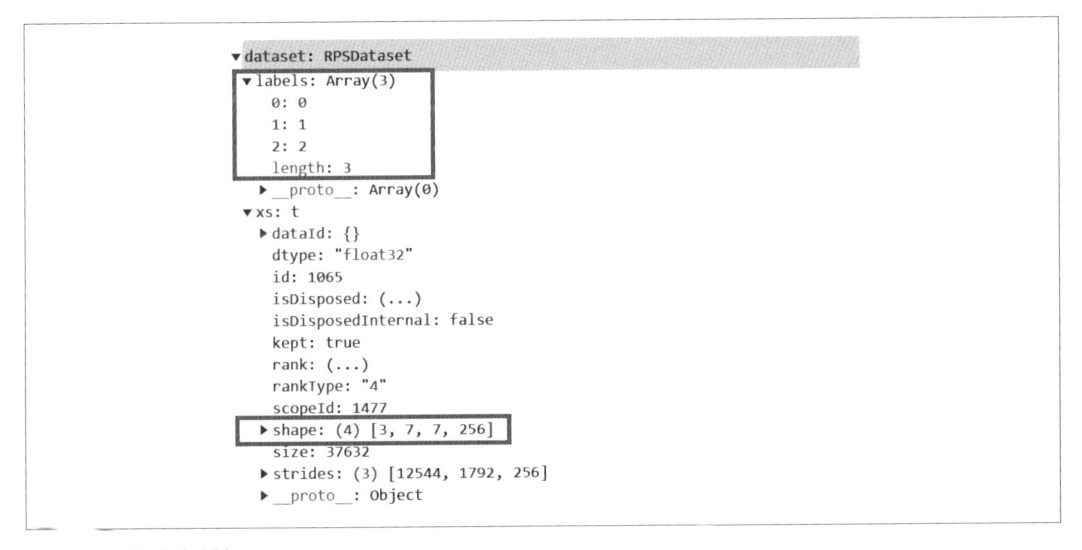

圖 18-7　探索資料組

注意，`labels` 陣列已經被設成 0、1、2 三個標籤。它還沒有被 one-hot 編碼。此外，在資料組裡面，你可以看到一個包含收集到的所有資料的 4D 張量。第一維 (3) 是收集到的樣本的數量。接下來的維度 (7, 7, 256) 是 `mobilenet` 的觸發。

現在我們有一個可以用來訓練模型的資料組了。我們可以在執行環境讓用戶按下按鈕來收集每一種類別的樣本，然後將它們傳給指定的稠密層來進行分類。

第 4 步：訓練模型

我們需要一個訓練模型的按鈕才能讓這個 app 動作，當訓練完成時，我們要用一個按鈕來讓模型預測它在攝影機裡面看到什麼，用另一個按鈕來停止預測。

在你的網頁裡面加入下面的 HTML 來加入這三個按鈕，以及一些保存輸出的 `<div>` 標籤。注意，按鈕呼叫方法稱為 `doTraining`、`startPredicting` 與 `stopPredicting`：

```
<button type="button" id="train" onclick="doTraining()">
  Train Network
</button>
<div id="dummy">
  Once training is complete, click 'Start Predicting' to see predictions
  and 'Stop Predicting' to end
</div>
<button type="button" id="startPredicting" onclick="startPredicting()">
  Start Predicting
</button>
<button type="button" id="stopPredicting" onclick="stopPredicting()">
  Stop Predicting
</button>
<div id="prediction"></div>
```

然後，在 *index.js* 裡面加入 `doTraining` 並編寫內容：

```
function doTraining(){
  train();
}
```

然後在 `train` 方法裡面定義模型架構、將標籤 one-hot 編碼，以及訓練模型。注意，模型的第一層的 `inputShape` 定義成 `mobilenet` 的輸出外形，而我們之前已經將 `mobilenet` 物件的輸出設為 `conv_pw_13_relu` 了：

```
async function train() {
  dataset.ys = null;
  dataset.encodeLabels(3);
  model = tf.sequential({
    layers: [
      tf.layers.flatten({inputShape: mobilenet.outputs[0].shape.slice(1)}),
      tf.layers.dense({ units: 100, activation: 'relu'}),
      tf.layers.dense({ units: 3, activation: 'softmax'})
    ]
```

```
  });
  const optimizer = tf.train.adam(0.0001);
  model.compile({optimizer: optimizer, loss: 'categoricalCrossentropy'});
  let loss = 0;
  model.fit(dataset.xs, dataset.ys, {
    epochs: 10,
    callbacks: {
      onBatchEnd: async (batch, logs) => {
        loss = logs.loss.toFixed(5);
        console.log('LOSS: ' + loss);
      }
    }
  });
}
```

這會訓練模型 10 個 epoch，你可以根據模型的損失來調整它。

之前我們在 *init.js* 裡面定義模型，不過我們可以將它移到這裡，讓 `init` 函式只負責進行初始化。因此，`init` 應該變成：

```
async function init(){
  await webcam.setup();
  mobilenet = await loadMobilenet()
}
```

此時你可以在攝影機前面做出剪刀、石頭、布手勢。按下適當的按鈕來拍攝特定類別的樣本。為每個類別重複拍攝 50 次，然後按下 Train Network。等待訓練完成，你可以在控制台看到損失值，我看到的損失在一開始大約是 2.5，最後變成 0.0004，代表模型訓練得很好。

注意，每個類別 50 個樣本是超出需求的，因為我們加入資料組的樣本是**觸發**（*activated*）樣本。每一張圖像會提供 256 張傳給稠密層的 7 × 7 圖像，所以 150 個樣本會產生 38,400 個訓練項目。

訓練好模型之後，我們就可以用它來進行預測了！

第 5 步：用模型執行推理

完成第 4 步之後，你的程式應該可以提供完全訓練好的模型了。我們做了用來開始與停止預測的 HTML 按鈕，讓它們呼叫 `startPredicting` 與 `stopPredicting` 方法，現在要來寫這兩個方法，我們在它們裡面分別將 `isPredicting` 設為 `true/false`，代表我們想不想要進行預測，然後呼叫 `predict` 方法：

```
function startPredicting(){
  isPredicting = true;
  predict();
}

function stopPredicting(){
  isPredicting = false;
  predict();
}
```

接著讓 `predict` 方法使用訓練好的模型，它會擷取攝影機輸入，並且用圖像來呼叫 `mobilenet.predict` 來取得觸發，取得觸發之後，將它們傳給模型來取得預測。因為標籤使用 one-hot 編碼，我們呼叫 predictions 的 `argMax` 來取得最有可能的輸出：

```
async function predict() {
  while (isPredicting) {
    const predictedClass = tf.tidy(() => {
      const img = webcam.capture();
      const activation = mobilenet.predict(img);
      const predictions = model.predict(activation);
      return predictions.as1D().argMax();
    });
    const classId = (await predictedClass.data())[0];
    var predictionText = "";
    switch(classId){
      case 0:
        predictionText = "I see Rock";
        break;
      case 1:
        predictionText = "I see Paper";
        break;
      case 2:
        predictionText = "I see Scissors";
        break;
    }
    document.getElementById("prediction").innerText = predictionText;


    predictedClass.dispose();
    await tf.nextFrame();
  }
}
```

取得 0、1 或 2 結果之後，我們將值寫到 prediction `<div>` 並進行清理。

注意，我們用 `isPredicting` 布林來控制這個程序，如此一來，我們就可以用相關的按鈕來打開或關閉預測。現在，當你執行網頁時，你就可以收集樣本、訓練模型，以及執行推理了。見圖 18-8 的示範，它將我的手勢分類為 Scissors！

圖 18-8　在瀏覽器裡面用訓練好的模型進行推理

這個範例告訴你如何建構你自己的模型來進行遷移學習，接下來我們要研究另一種做法，使用 TensorFlow Hub 上面的圖式（graph-based）模型。

從 TensorFlow Hub 遷移學習

TensorFlow Hub（*https://www.tensorflow.org/hub*）是存放可重複使用的 TensorFlow 模型的線上程式庫。它已經幫你將許多模型轉換成 JavaScript 了，但是在進行遷移學習時，你要尋找「圖像特徵向量」類型的模型，而不是完整的模型本身。它們是已經被修剪過、可輸出學到的特徵的模型。這裡的做法與上一節的範例有一些不同，當時我們從 MobileNet 輸出觸發，並遷移到我們自訂模型。但是**特徵向量**是代表整張圖像的 1D 張量。

要尋找用來試驗的 MobileNet 模型，前往 TFHub.dev，選擇 TF.js 模型格式，並選擇 MobileNet 架構。你會看到許多可用的模型選項，如圖 18-9 所示。

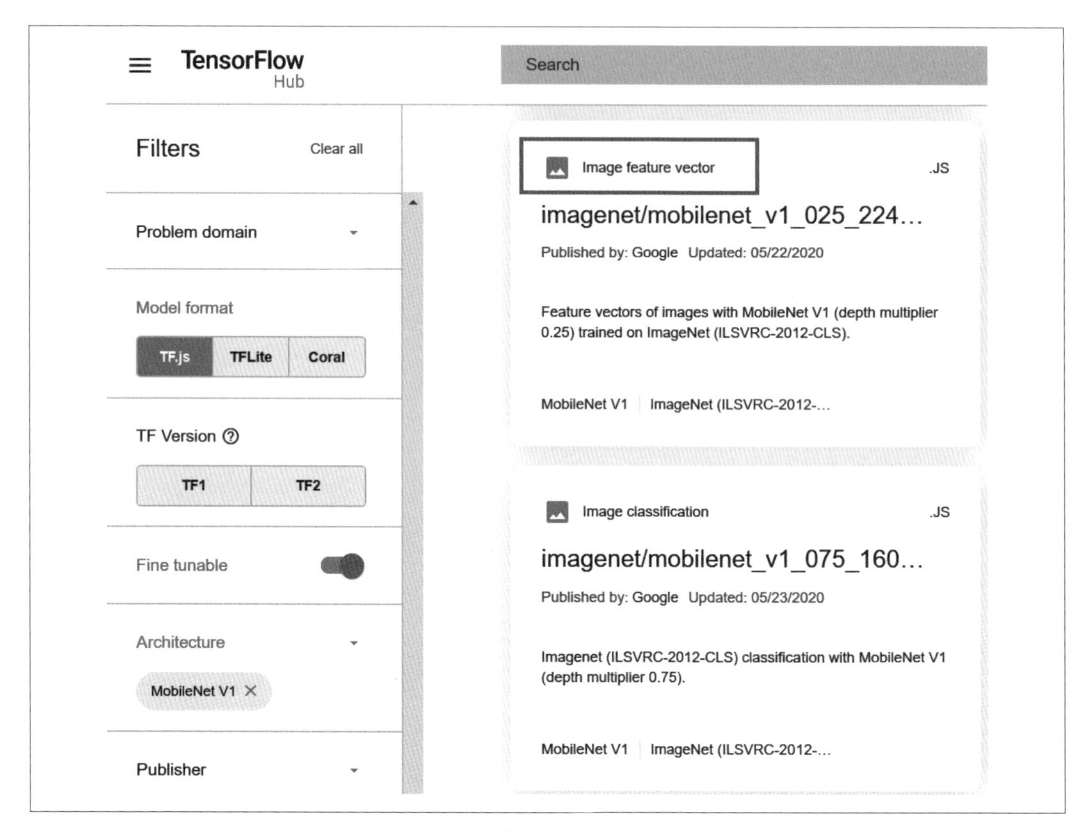

圖 18-9 使用 TFHub.dev 來尋找 JavaScript 模型

找到一個圖像特徵向量模型（我使用 025_224）並選擇它。在模型細節網頁的「Example use」區域，你可以找到說明如何下載圖像的程式，例如：

```
tf.loadGraphModel("https://tfhub.dev/google/tfjs-model/imagenet/
    mobilenet_v1_025_224/feature_vector/3/default/1", { fromTFHub: true })
```

你可以用它來下載模型，並檢查特徵向量的維度，這段簡單的 HTML 裡面有一段程式為一張稱為 *dog.jpg* 的圖像進行分類，那張圖像必須放在同一個目錄裡面：

```
<html>
<head>
<script src="https://cdn.jsdelivr.net/npm/@tensorflow/tfjs@latest"> </script>
</head>
<body>
  <img id="img" src="dog.jpg"/>
</body>
</html>
<script>
async function run(){
  const img = document.getElementById('img');
  model = await tf.loadGraphModel('https://tfhub.dev/google/tfjs-model/imagenet/
      mobilenet_v1_025_224/feature_vector/3/default/1', {fromTFHub: true});
  var raw = tf.browser.fromPixels(img).toFloat();
  var resized = tf.image.resizeBilinear(raw, [224, 224]);
  var tensor = resized.expandDims(0);
  var result = await model.predict(tensor).data();
  console.log(result)
}

run();

</script>
```

執行它並且查看控制台可以看到這個分類器的輸出（圖 18-10）。如果你使用與我一樣的模型，你應該可以看到一個包含 256 個元素的 `Float32Array`。其他的 MobileNet 版本可能有不同大小的輸出。

圖 18-10　查看控制台輸出

知道圖像特徵向量模型的輸出外形之後，我們就可以用它來做遷移學習了，舉例來說，對剪刀、石頭、布範例而言，我們可以使用圖 18-11 的架構。

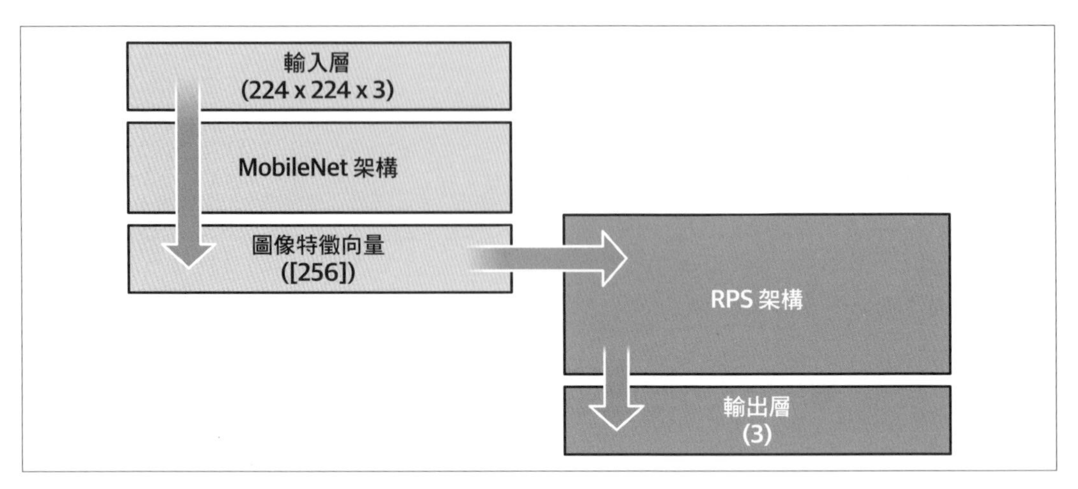

圖 18-11　使用圖像特徵向量來進行遷移學習

現在我們可以編譯遷移學習的剪刀、石頭、布 app，修改如何與從哪裡載入模型，以及修改分類器來接收圖像特徵向量，而不是觸發特徵。

如果你想要從 TensorFlow Hub 載入模型，只要更改 loadMobilenet 函式如下：

```
async function loadMobilenet() {
  const mobilenet =
    await tf.loadGraphModel("https://tfhub.dev/google/tfjs-model/imagenet/
    mobilenet_v1_050_160/feature_vector/3/default/1", {fromTFHub: true})
  return mobilenet
}
```

接下來，在 train 方法中定義分類模型的地方，將第一層改成接收圖像特徵向量的輸出（[256]）。程式如下：

```
model = tf.sequential({
  layers: [
    tf.layers.dense({ inputShape: [256], units: 100, activation: 'relu'}),
    tf.layers.dense({ units: 3, activation: 'softmax'})
  ]
});
```

注意，這個外形將依不同的模型而異，如果它沒有公開的話，你可以使用之前的 HTML 程式來找出外形。

完成之後，我們就可以用 JavaScript 來從 TensorFlow Hub 的模型做遷移學習了！

使用 TensorFlow.org 的模型

TensorFlow.org（*https://oreil.ly/Xw8lI*）是 JavaScript 開發者可以使用的另一種模型資源（見圖 18-12）。那裡提供的圖像分類、物體偵測及其他模型都是立即可用的。按下它的任何連結都可以前往存放 JavaScript 類別的 GitHub repo，那些類別都用邏輯來包裝圖式模型，讓它們使用起來方便許多。

在 MobileNet 的案例中（*https://oreil.ly/OTRUU*），你可以藉由 `<script>` 來加入並使用模型：

```
<script src="https://cdn.jsdelivr.net/npm/@tensorflow-models/mobilenet@1.0.0">
</script>
```

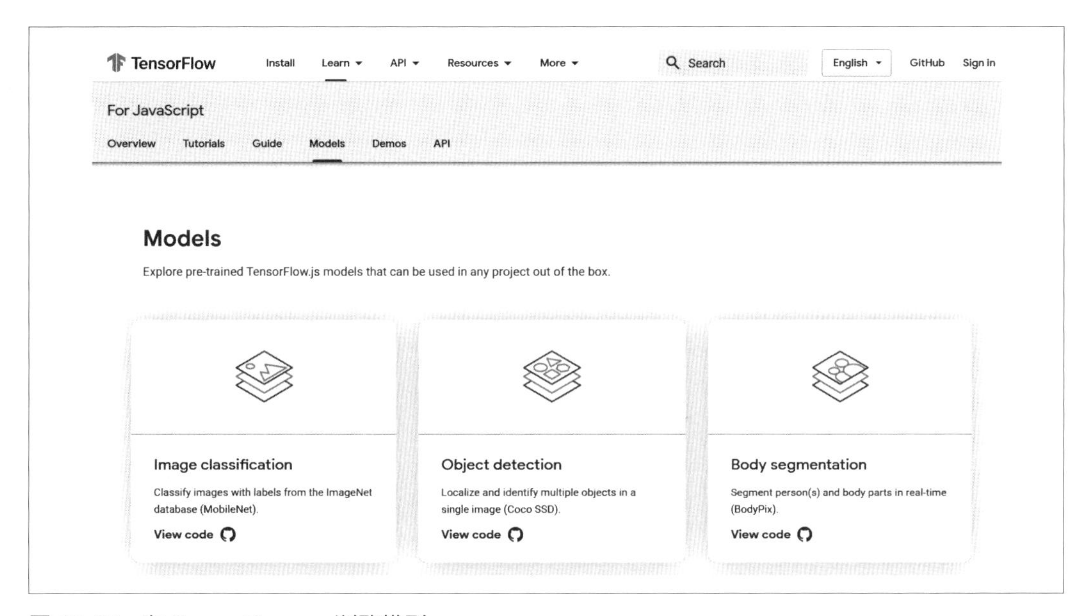

圖 18-12　在 TensorFlow.org 瀏覽模型

觀察程式可以發現兩件事。首先，標籤集合是用 JavaScript 來編寫的，可讓我們方便地查看推理結果，而不需要做第二次的查詢。你可以看到這段程式：

```
var i={
 0:"tench, Tinca tinca",
 1:"goldfish, Carassius auratus",
 2:"great white shark, white shark, man-eater, man-eating shark, Carcharodon
 carcharias",
 3:"tiger shark, Galeocerdo cuvieri"
...
```

此外，在這個檔案的最下面，你可以看到一些 TensorFlow Hub 提供的模型、階層與觸發，可載入 JavaScript 變數，例如，在 MobileNet 的第 1 版，你可以看到這個項目：

```
>n={"1.00">:
>{>.25>:">https://tfhub.dev/google/imagenet/mobilenet_v1_025_224/classification/1">,
 "0.50">:">https://tfhub.dev/google/imagenet/mobilenet_v1_050_224/classification/1">,
>.75>:">https://tfhub.dev/google/imagenet/mobilenet_v1_075_224/classification/1">,
"1.00">:">https://tfhub.dev/google/imagenet/mobilenet_v1_100_224/classification/1"
>}
```

0.25、0.50、0.75 等值是「寬度乘數」值。它們可以用來建構更小型、較不消耗計算資源的模型，你可以在介紹架構的原始論文了解細節（*https://oreil.ly/95NIb*）。

這些程式提供許多方便的捷徑。例如對圖像執行推理時，你可以拿下面的程式與之前使用 MobileNet 來取得狗圖像的推理的程式做比較。這是完整的 HTML：

```
<html>
<head>
<script src="https://cdn.jsdelivr.net/npm/@tensorflow/tfjs@latest">
</script>
<script src="https://cdn.jsdelivr.net/npm/@tensorflow-models/mobilenet@1.0.0">
</script>
</head>
<body>
  <img id="img" src="dog.jpg"/>
</body>
</html>
<script>
async function run(){
  const img = document.getElementById('img');
  mobilenet.load().then(model => {
    model.classify(img).then(predictions => {
      console.log('Predictions: ');
      console.log(predictions);
    });

  });
}

run();

</script>
```

注意，你不需要將圖像預先轉換成張量來進行分類。這段程式簡潔許多，而且可以讓你把注意力放在預測上面。我們可以使用 `model.infer` 而不是 `model.classify` 來取得 embedding：

```
embeddings = model.infer(img, embedding=true);
console.log(embeddings);
```

因此，如果你喜歡，你可以使用這些 embedding 從 MobileNet 製作遷移學習場景。

小結

本章介紹各種從現成的 JavaScript 模型進行遷移學習的選項，因為有各種不同的模型實作類型，我們也有各種取得它們來進行遷移學習的方法。首先，我們介紹如何使用 TensorFlow.js 轉換器製作的 JSON 檔，來探索模型的階層並選擇要遷移的對象。第二種選項是使用圖式模型。它是 TensorFlow Hub 最受歡迎的模型類型（因為它們的推理速度通常比較快），但是你會失去一些選擇階層來進行遷移學習的彈性。在使用這種方法時，你下載的 JavaScript 包裝沒有完整的模型，而是將它切成特徵向量輸出。你要將它遷移到你自己的模型。最後，我們介紹如何使用 TensorFlow 團隊預先包裝並放在 TensorFlow.org 上面的 JavaScript 模型，它有一些輔助函式可以讀取資料、檢查類別，以及從模型取得 embedding 或其他特徵向量，以便進行遷移學習。

一般來說，我建議採取 TensorFlow Hub 做法，並使用預建特徵向量輸出的模型——但如果沒有，知道 TensorFlow.js 有一個靈活的生態系統，可讓你用各種方式進行遷移學習也是一件好事。

第十九章

用 TensorFlow Serving 來部署

前面幾章都在介紹模型的部署層面，無論是在 Android、iOS 與 web 瀏覽器上。另一個可以部署模型的地方是伺服器，讓你的用戶可以傳遞資料到伺服器，並且讓它用你的模型執行推理，然後回傳結果。這種做法可以用 TensorFlow Serving 來實現，它是一個簡單的模型「包裝」，提供 API 介面以及生產級的擴展性。本章將介紹 TensorFlow Serving，並透過一個簡單的模型來介紹如何使用它來部署和管理推理。

TensorFlow Serving 是什麼？

本書的重點是建立模型的程式碼，雖然這本身是個巨大的任務，但它只是在生產環境中使用機器學習模型這個全局的一小部分。見圖 19-1，你的程式必須與組態設定、資料收集、資料驗證、監視、電腦資源管理、特徵提取，還有分析工具、程序管理工具、伺服基礎設施一起工作。

在 TensorFlow 中，提供這些工具的生態系統稱為 *TensorFlow Extended*（TFX）。除了本章將要介紹的伺服基礎設施之外，我不會討論 TFX 的其餘部分。如果你想要進一步了解它，Hannes Hapke 與 Catherine Nelson 合著的《*Building Machine Learning Pipelines*》（O'Reilly）是很棒的資源（*https://oreil.ly/iIYGm*）。

圖 19-1　ML 系統的系統架構模組

圖 19-2 是機器學習模型的處理流程。

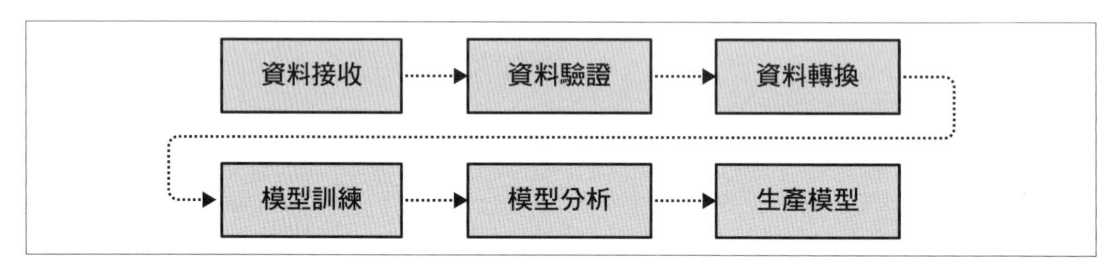

圖 19-2　機器學習生產流程

這個流程先收集和接收資料，然後驗證它，確定它「乾淨」之後，將它轉換成可以用來訓練的格式，包括視情況標注它。接下來就可以訓練模型，並且在完成時分析它們。我們已經在檢驗模型的準確度、觀察損失曲線時做過這些事情了。當你滿意成果之後，你就有一個生產模型了，

接著可以部署它，例如使用 TensorFlow Lite 部署到行動設備（圖 19-3）。

TensorFlow Serving 在這個架構裡面的作用是提供基礎設施在伺服器上承載你的模型。用戶端可以使用 HTTP 來傳遞請求以及資料酬載（payload）給這個伺服器。資料會被傳給模型，模型執行推理，產生結果，並將它們回傳給用戶端（圖 19-4）。

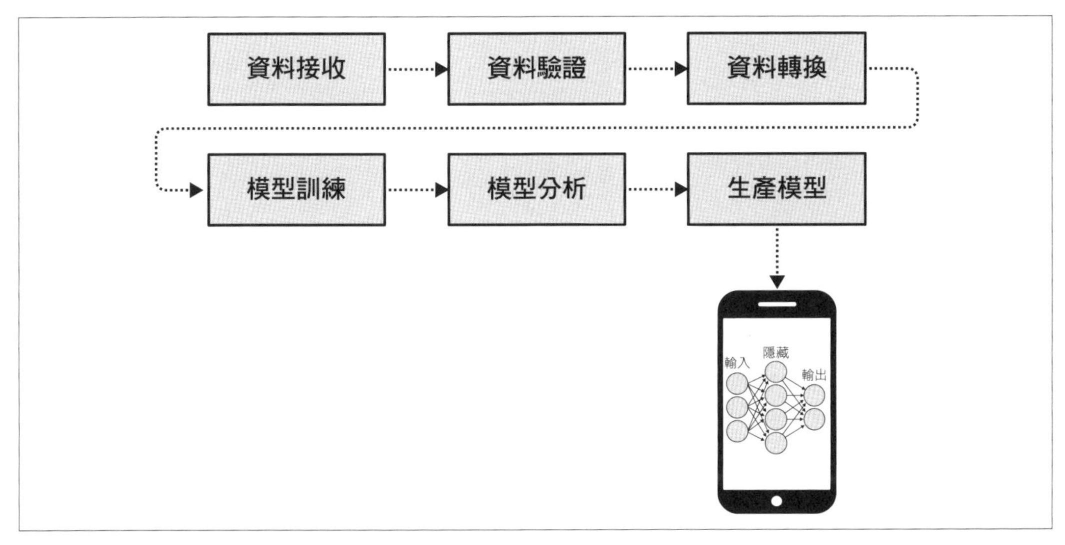

圖 19-3　將你的生產模型部署到行動設備

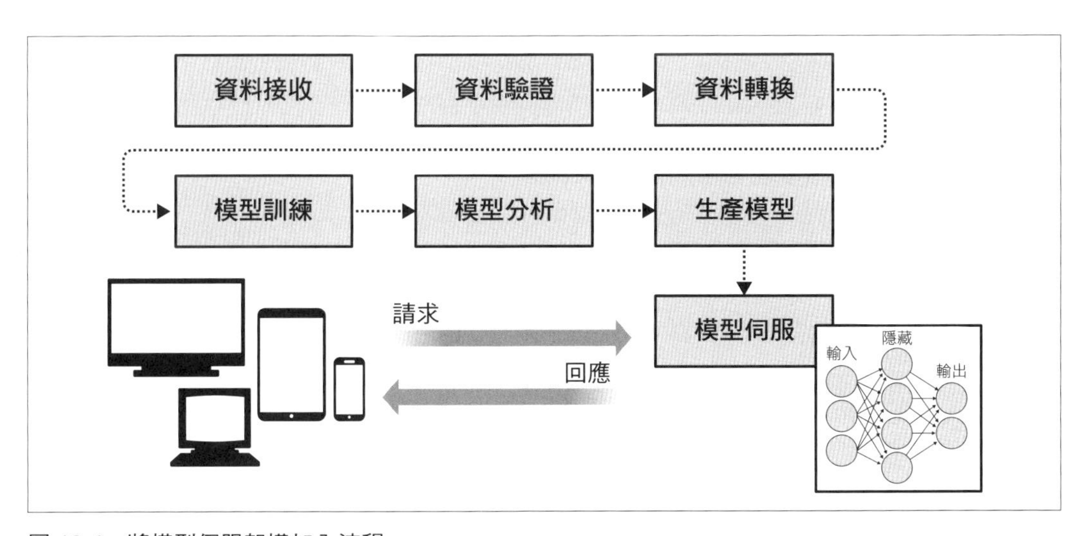

圖 19-4　將模型伺服架構加入流程

這種架構有一個重要的機制在於，你也可以控制你的用戶端所使用的模型的版本。舉例來說，當模型被部署到行動設備時，你可能會遇到模型漂移（model drift），也就是不同的用戶端使用不同的版本。但是使用圖 19-4 的基礎設施來提供服務可以避免這種情況。此外，這可讓你用不同的模型版本進行實驗，讓一些用戶端從其中一個版本取得推理，讓其他用戶端從其他版本取得（圖 19-5）。

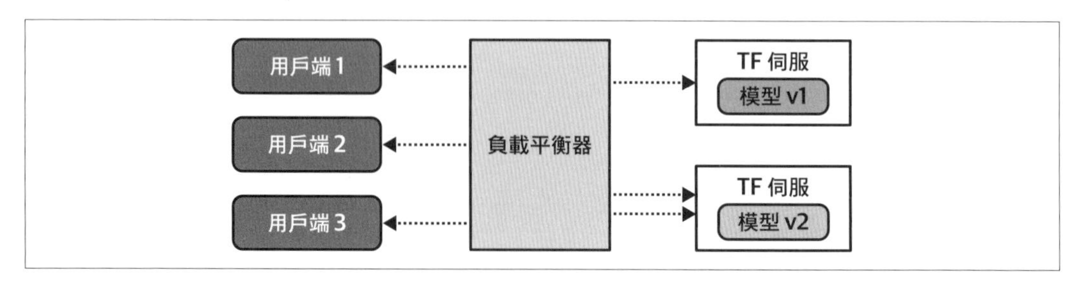

圖 19-5　使用 TensorFlow Serving 來處理多個模型版本

安裝 TensorFlow Serving

TensorFlow Serving 可以用兩種不同的伺服器架構來安裝。第一種是 `tensorflow-model-server`，它是完全優化的伺服器，在各種架構上使用平台專用的編譯器選項。一般來說，它是首選的方案，除非你的伺服器電腦沒有這些架構。另一種是 `tensorflow-model-server-universal`，它是用可以在所有電腦上運作的基本優化來編譯的，當 `tensorflow-model-server` 無法運作時，它是很好的後備方案。安裝 TensorFlow Serving 的方法有很多種，包括使用 Docker，或是以 `apt` 來直接安裝程式包。接下來要介紹這兩種選項。

用 Docker 來安裝

使用 Docker 或許是最容易快速執行的方法。在一開始，使用 `docker pull` 來取得 TensorFlow Serving 程式包：

```
docker pull tensorflow/serving
```

完成之後，從 GitHub 複製 TensorFlow Serving 程式碼：

```
git clone https://github.com/tensorflow/serving
```

它包括一些示範模型，其中有一個是 Half Plus Two，當你提供一個值給它時，它會回傳那個值的一半加 2。若要執行它，先設定變數 `TESTDATA`，在裡面放入示範模型的路徑：

```
TESTDATA="$(pwd)/serving/tensorflow_serving/servables/tensorflow/testdata"
```

現在你可以從 Docker 映像執行 TensorFlow Serving：

```
docker run -t --rm -p 8501:8501 \
    -v "$TESTDATA/saved_model_half_plus_two_cpu:/models/half_plus_two" \
    -e MODEL_NAME=half_plus_two \
    tensorflow/serving &
```

這會在 8501 埠實例化一個伺服器，本章稍後會更詳細地告訴你怎麼做，並且在那個伺服器執行模型。你接下來可以在 *http://localhost:8501/v1/models/half_plus_two:predict* 使用該模型。

你可以 POST 一個含有值的張量到這個 URL，來傳遞資料進行推理。下面的例子使用 `curl`（如果你在開發電腦上工作，請在別的終端機上執行它）：

```
curl -d '{"instances": [1.0, 2.0, 5.0]}' \
    -X POST http://localhost:8501/v1/models/half_plus_two:predict
```

結果如圖 19-6 所示。

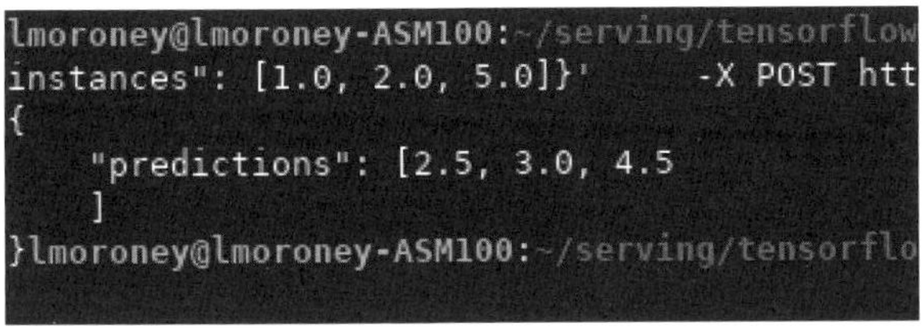

```
lmoroney@lmoroney-ASM100:~/serving/tensorflow
instances": [1.0, 2.0, 5.0]}'     -X POST htt
{
    "predictions": [2.5, 3.0, 4.5
    ]
}lmoroney@lmoroney-ASM100:~/serving/tensorflo
```

圖 19-6　執行 TensorFlow Serving 的結果

雖然 Docker 映像很方便，但你可能也想要在你的電腦上直接安裝並掌握百分之百的控制權，接下來要告訴你怎麼做。

直接在 Linux 上安裝

無論你使用 `tensorflow-model-server` 還是 `tensorflow-model-serveruniversal`，程式包的名稱都是相同的，因此，在你開始進行之前，最好可以先移除 `tensorflowmodel-server`，以確保你取得正確的程式包。如果你想要在你自己的硬體上嘗試下面的做法，我在 GitHub repo 提供一個 Colab notebook（*https://oreil.ly/afW4a*），使用這段程式：

```
apt-get remove tensorflow-model-server
```

它會在你的系統加入 TensorFlow 程式包原始碼（*https://oreil.ly/wpIF_*）：

```
echo "deb http://storage.googleapis.com/tensorflow-serving-apt stable
    tensorflow-model-server tensorflow-model-server-universal" | tee
    /etc/apt/sources.list.d/tensorflow-serving.list && \ curl
    https://storage.googleapis.com/tensorflow-serving-apt/tensorflow-
    serving.release.pub.gpg | apt-key add -
```

如果你需要在本地系統上使用 sudo，你可以這樣做：

```
sudo echo "deb http://storage.googleapis.com/tensorflow-serving-apt stable
tensorflow-model-server tensorflow-model-server-universal" | sudo tee
/etc/apt/sources.list.d/tensorflow-serving.list && \ curl
https://storage.googleapis.com/tensorflow-serving-apt/tensorflow-
serving.release.pub.gpg | sudo apt-key add -
```

接著你要更新 apt-get：

```
apt-get update
```

完成之後，你可以用 apt 來安裝模型伺服器：

```
apt-get install tensorflow-model-server
```

你可以用下面的指令來確保你安裝了最新的版本：

```
apt-get upgrade tensorflow-model-server
```

現在程式包應該可以使用了。

建構模型並讓它提供服務

本節將示範建立模型、準備讓它提供服務、使用 TensorFlow Serving 來部署它，然後用它來執行推理的完整程序。

我們將使用經常在本書中使用的「Hello World」模型：

```
xs = np.array([-1.0,  0.0, 1.0, 2.0, 3.0, 4.0], dtype=float)
ys = np.array([-3.0, -1.0, 1.0, 3.0, 5.0, 7.0], dtype=float)

model = tf.keras.Sequential([tf.keras.layers.Dense(units=1, input_shape=[1])])

model.compile(optimizer='sgd', loss='mean_squared_error')

history = model.fit(xs, ys, epochs=500, verbose=0)

print("Finished training the model")

print(model.predict([10.0]))
```

它應該可以非常快速地訓練，而且當它預測 X 是 10.0 時的 Y 時，會提供 18.98 左右的結果。

接著我們要保存模型。你需要一個暫時性的資料夾來存放它：

```
import tempfile
import os
MODEL_DIR = tempfile.gettempdir()
version = 1
export_path = os.path.join(MODEL_DIR, str(version))
print(export_path)
```

當它在 Colab 上運行時，應該可以提供類似 `/tmp/1` 的輸出。如果你在自己的系統上運行，你可以將它直接匯出到你想要的目錄，但我喜歡使用臨時（temp）目錄。

如果你儲存模型的目錄裡面有任何東西，最好可以先刪除它再繼續進行（我喜歡使用臨時目錄的原因之一就是為了避免這個問題！）。為了確保你的模型是 master，你可以刪除 `export_path` 目錄的內容：

```
if os.path.isdir(export_path):
   print('\nAlready saved a model, cleaning up\n')
   !rm -r {export_path}
```

然後儲存模型：

```
model.save(export_path, save_format="tf")

print('\nexport_path = {}'.format(export_path))
!ls -l {export_path}
```

完成之後，看一下目錄的內容。你應該會看到這些訊息：

```
INFO:tensorflow:Assets written to: /tmp/1/assets

export_path = /tmp/1
total 48
drwxr-xr-x 2 root root  4096 May 21 14:40 assets
-rw-r--r-- 1 root root 39128 May 21 14:50 saved_model.pb
drwxr-xr-x 2 root root  4096 May 21 14:50 variables
```

TensorFlow Serving 工具有個公用程式 `saved_model_cli` 可用來檢查模型。你可以在呼叫它時使用 `show` 命令，提供模型的目錄給它，來取得完整的模型參考資訊：

```
!saved_model_cli show --dir {export_path} --all
```

注意，! 在 Colab 中代表 shell 命令。如果你使用你自己的電腦，就不需要使用 !。

這個命令的輸出很長，但包含這類的細節：

```
signature_def['serving_default']:
  The given SavedModel SignatureDef contains the following input(s):
    inputs['dense_input'] tensor_info:
        dtype: DT_FLOAT
        shape: (-1, 1)
        name: serving_default_dense_input:0
  The given SavedModel SignatureDef contains the following output(s):
    outputs['dense'] tensor_info:
        dtype: DT_FLOAT
        shape: (-1, 1)
        name: StatefulPartitionedCall:0
```

注意 signature_def 的內容，它在這個例子中是 serving_default，稍後會使用它。

此外也注意，輸入與輸出也有定義外形（shape）和型態（type）。在這個例子，它們都是浮點數，而且外形都是 (–1, 1)。你可以忽略 –1，只要記得模型的輸入是浮點數，輸出也是浮點數即可。

如果你使用 Colab，你要告訴作業系統模型目錄在哪裡，如此一來，當你用 bash 命令來執行 TensorFlow Serving 時，它才可以知道位置。你可以用作業系統的環境變數來做這件事：

```
os.environ["MODEL_DIR"] = MODEL_DIR
```

當你用命令列來執行 TensorFlow 模型伺服器時，必須使用一些參數。首先，你要使用 --bg 來確保命令在背景執行。nohup 命令的意思是「no hangup」，要求腳本持續運行。然後你要指定一些 tensorflow_model_server 的參數，rest_api_port 是運行伺服器的連接埠號碼，這裡將它設成 8501。然後用 model_name 來提供模型名稱，在此將它稱為 helloworld。最後，你要使用 model_base_path 來將你在 MODEL_DIR 作業系統環境變數指定的路徑傳給伺服器。程式如下：

```
%%bash --bg
nohup tensorflow_model_server \
  --rest_api_port=8501 \
  --model_name=helloworld \
  --model_base_path="${MODEL_DIR}" >server.log 2>&1
```

在這個腳本的最後有將結果輸出至 server.log 的程式碼，它在 Colab 裡面的輸出是：

```
Starting job # 0 in a separate thread.
```

你可以用這個命令來查看它：

```
!tail server.log
```

你應該可以從輸出看到伺服器成功啟動，並且有訊息指出它在 *localhost:8501* 匯出 HTTP/REST API：

```
2020-05-21 14:41:20.026123:I tensorflow_serving/model_servers/server.cc:358]
Running gRPC ModelServer at 0.0.0.0:8500 ...
[warn] getaddrinfo: address family for nodename not supported
2020-05-21 14:41:20.026777:I tensorflow_serving/model_servers/server.cc:378]
Exporting HTTP/REST API at:localhost:8501 ...
[evhttp_server.cc :238] NET_LOG:Entering the event loop ...
```

如果它失敗，你應該可以看到關於失敗的通知。若是如此，或許你要重新啟動你的系統。

如果你想要測試伺服器，你可以在 Python 裡面這樣做：

```
import json
xs = np.array([[9.0], [10.0]])
data = json.dumps({"signature_name": "serving_default", "instances":
       xs.tolist()})
print(data)
```

為了將資料傳給伺服器，你必須把它變成 JSON 格式。在 Python 中，這代表你要建立一個 NumPy 陣列，並將你想傳遞的值放在裡面，在這個例子裡，它是個包含兩個值的串列，值是 9.0 與 10.0。它們每一個本身都是一個陣列，因為前面說過，輸入的外形是 (–1,1)。傳給模型的值只有一個，所以如果你想要傳遞多個，它就是串列的串列，最裡面的串列只有一個值。

你可以在 Python 使用 `json.dumps` 來建立酬載（payload），它是兩對名稱 / 值。第一對是呼叫模型使用的簽章名稱（signature name），它在這個例子是 `serving_default`（你應該記得，它是我們查看參考資訊時顯示的）。第二對是 `instances`，它是你想要傳給模型的值串列。

印出它會顯示酬載的長相：

```
{"signature_name": "serving_default", "instances": [[9.0], [10.0]]}
```

你可以使用 `requests` 來做 HTTP POST 來呼叫伺服器，注意 URL 結構，這個模型稱為 `helloworld`，我們想要執行它的預測，POST 命令需要資料，它是你剛才建立的酬載，以及一個標頭規範，我們用它告訴伺服器內容類型是 JSON：

```
import requests
headers = {"content-type": "application/json"}
json_response =
    requests.post('http://localhost:8501/v1/models/helloworld:predict',
    data=data, headers=headers)

print(json_response.text)
```

回應將是個包含預測的 JSON 酬載：

```
{
    "predictions": [[16.9834747], [18.9806728]]
}
```

探索伺服器組態

在下面的例子裡，我們建立了一個模型，並且用命令列啟動 TensorFlow Serving 來讓它提供服務。我們使用一些參數來指定提供服務的模型，並且提供參考資訊，例如它在提供服務時使用的連接埠。TensorFlow Serving 透過一個組態檔來提供更進階的伺服選項。

這個模型組態檔採取一種稱為 `ModelServerConfig` 的格式，在這個檔案裡面，最常見的設定是 `model_config_list`，它裡面有一些組態設定。它可讓你使用多個模型，每一個用特定的名稱來提供服務，因此，舉例來說，你可以在這種組態檔裡面指定模型名稱與路徑，而不是在啟動 TensorFlow Serving 時指定它們：

```
 model_config_list {
  config {
    name: '2x-1model'
    base_path: '/tmp/2xminus1/'
  }
  config {
    name: '3x+1model'
    base_path: '/tmp/3xplus1/'
  }
}
```

如果你用這個組態檔來啟動 TensorFlow Serving，而不是使用模型名稱與路徑的開關，你可以將多個 URL 指定給多個模型。舉例來說，這個命令：

```
%%bash --bg
nohup tensorflow_model_server \
  --rest_api_port=8501 \
  --model_config=/path/to/model.config >server.log 2>&1
```

可讓你 POST 至 `<server>:8501/v1/models/2x-1model:predict` 或 `<server>:8501/v1/models/3x+1model:predict`，而 TensorFlow Serving 會負責載入正確的模型、執行推理，以及回傳結果。

模型組態也可以讓你指定各個模型的版本細節，舉例來說，如果你這樣更改上面的模型組態：

```
model_config_list {
  config {
    name: '2x-1model'
    base_path: '/tmp/2xminus1/'
    model_version_policy: {
      specific {
        versions : 1
        versions : 2
      }
    }
  }
  config {
    name: '3x+1model'
    base_path: '/tmp/3xplus1/'
    model_version_policy: {
      all : {}
    }
  }
}
```

它可以讓第一個模型的第 1 版與第 2 版，以及第二個模型的所有版本提供服務。如果你沒有使用這些設定，提供服務的將是在 `base_path` 指定的那一個，如果沒有用它來指定，就是模型的最後一版。此外，你可以明確地幫第一個模型的特定版本指定名稱，因此，舉例來說，你可以藉著指定這些標籤來將版本 1 指定為 master，將版本 2 指定為 beta。這是修改後的組態設定：

```
model_config_list {
  config {
    name: '2x-1model'
    base_path: '/tmp/2xminus1/'
    model_version_policy: {
      specific {
        versions : 1
        versions : 2
      }
    }
    version_labels {
      key: 'master'
```

```
      value: 1
    }
    version_labels {
      key: 'beta'
      value: 2
    }
  }
  config {
    name: '3x+1model'
    base_path: '/tmp/3xplus1/'
    model_version_policy: {
        all : {}
    }
  }
}
```

現在如果你想要使用第一個模型的 beta 版，你可以這樣做：

```
<server>:8501/v1/models/2x-1model/versions/beta
```

如果你想要改變模型伺服器組態，而且不想要停止或重啟伺服器，你可以讓它定期輪詢組態檔，當它發現修改時，就會載入新的組態。因此，舉例來說，如果你不想要讓 master 是版本 1，而是讓它是 v2，你可以修改組態檔，如下所示，當伺服器使用 `--model_config_file_poll_wait_seconds` 參數來啟動，而且當時間到了時，新的組態就會被載入：

```
%%bash --bg
nohup tensorflow_model_server \
  --rest_api_port=8501 \
  --model_config=/path/to/model.config
  --model_config_file_poll_wait_seconds=60 >server.log 2>&1
```

小結

本章帶你認識 TFX，讓你知道任何機器學習系統都有超出模型建構領域之外的組件，並且學會如何安裝與設置其中一種組件（提供模型伺服功能的 TensorFlow Serving）。現在你知道如何建構模型、幫它做好提供服務的準備、部署到伺服器、使用 HTTP POST 請求來執行推理了，接下來，你知道使用組態檔來設置伺服器的選項有哪些，了解如何用它來部署多個模型，以及這些模型的各個版本。下一章會介紹另一個方向的領域，討論如何管理分散的模型來進行分散學習，同時使用聯合學習來保護用戶的隱私。

第二十章

AI 道德、公平性和隱私

在本書的程式員之旅中，你已經知道有哪些 TensorFlow 生態系統的 API 可用、如何為各式各樣的任務訓練模型，以及如何將這些模型部署到各種不同的表面了。有異於明確地自行編寫程式，這種使用帶標籤的資料來**訓練**模型的做法正是機器學習的核心，進而成為人工智慧革命的核心。

在第 1 章，我們將這種對程式員而言的變化整理成一張圖，如圖 20-1 所示。

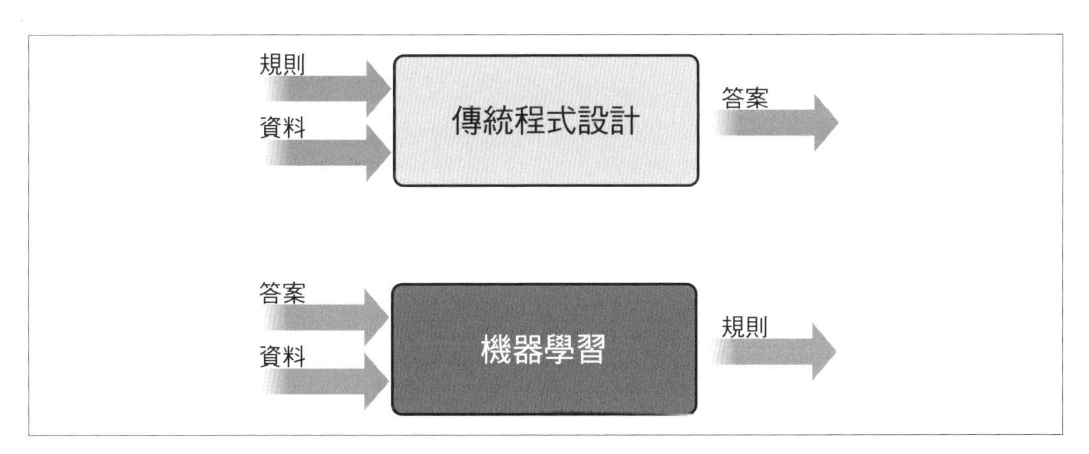

圖 20-1　傳統的程式設計 vs. 機器學習

這帶來新的挑戰。當我們使用原始碼來寫程式時，我們可以步進和探索程式來了解系統如何工作，但是當你建構模型時，即使只是簡單的模型，其輸出是一個二進制檔，裡面儲存的是模型學到的參數。它也可能是權重、偏差、過濾器…等。因此，它們可能相當模糊，導致你難以解讀它們的功能和工作方式。

而且如果作為社會一分子的我們開始依賴訓練好的模型來完成計算任務，我們就要讓模型的運作方式有相當程度的透明性——因此，對身為 AI 工程師的你而言，你必須了解如何建構出符合道德、公平性和重視隱私的模型。這些主題需要好幾本書來說明，本章只能討論一些皮毛；但希望本章的介紹可以協助你了解你真正需要知道的事情。

最重要的是，做出對用戶而言公平的系統不是新鮮事，也不是美德的象徵或符合政治正確的概念，無論大家對於「設計出具備整體公平性的系統」的重要性有什麼看法，我想要在這一章提出一個不容置疑的事實：從工程的角度來看，以**公平**和**符合道德**的觀點來建構系統不但是正確的做法，也可以幫助你避免將來的技術債務。

在程式設計中的公平性

雖然機器學習和 AI 的進展讓道德和公平的概念變成眾所矚目的焦點，但值得注意的是，不對等和不公平一直是電腦系統關注的主題。我在我的職涯中看過太多人在設計系統時沒有考慮公平和偏見造成的整體影響，

考慮一個例子：你的公司有一個顧客資料庫，它想要舉辦一個促銷活動，希望吸引更多特定郵遞區號的顧客，因為公司認為那些人有成長的機會，所以把折價券發給位於該郵遞區號地址、有聯絡方式，但還沒有買過任何東西的人。你可以寫出這種 SQL 來找出這些潛在顧客：

```
SELECT * from Customers WHERE ZIP=target_zip AND PURCHASES=0
```

這看起來是一段百分之百合理的程式，但是想一下那個地區的人口數據，如果住在那裡的人大都是特定的種族或是年齡呢？你可能會過度瞄準某部分的人口，而不是平均增加顧客基礎，更糟糕的是因為提供折扣給某個族裔而不是另一個族裔而導致歧視的行為。隨著時間過去，這種持續瞄準特定人口的策略可能導致基礎顧客朝著某個社會人口傾斜，最終讓公司的主要服務對象變成某部分的社會人口。

舉另一個例子，而且這是真正發生在我身上的！在第 1 章，我使用一些 emoji 來展示活動偵測機器學習的概念（見圖 20-2）。

圖 20-2　展示機器學習的 emoji

它們背後有一個故事，該故事始於幾年之前。我有幸訪問東京，那時我正開始學習跑步，有一位住在那裡的朋友邀請我繞著東京皇居跑步，她用類似圖 20-3 的 emoji 寫了一則簡訊並發送給我。

圖 20-3　包含 emoji 的簡訊

這段文字裡面有兩個 emoji，一個正在跑步的女生，與一個正在跑步的男生，我想要回覆它並傳送同樣的 emoji，但是當時是在電腦聊天程式傳送的，該程式沒有選擇 emoji 的現代功能。如果你想要使用 emoji，你就要輸入短碼（shortcode）。

我可以輸入短碼（running）產生男生的 emoji，但無法打出女生的 emoji，稍微 Google 一下，我發現只要輸入 (running)+ ♀ 就可以打出女生的 emoji，問題來了，怎麼打 ♀？

這取決於作業系統，舉例來說，在 Windows 上，你必須按住 Alt 並且用數字鍵盤輸入 12。在 Linux 上，你必須按下 Left Ctrl-Shift-U，然後輸入該符號的 Unicode，它是 2640。

打出女生的 emoji 很麻煩，更不用說女生 emoji 隱含的意義是男生的加上 ♀ 來改成女生的。這不是包含性（inclusive）設計法。但是為什麼會這樣？

想想 emoji 的歷史。emoji 最早的用途只是代表往右 90 度看的字元，例如 :) 代表微笑，;) 代表眨眼，我最喜歡的 *:) 很像**芝麻街**的 Ernie。它們天生沒有性別，因為它們的解析度很低。emoji（或 emoticon）是從字元演變成圖案的，它們通常是單字的「棍子人（stick *man*）」風格的插圖。答案就在名稱中——棍子人。隨著圖案變得越來越漂亮，尤其是在行動設備上，emoji 也變得越來越清楚。例如，在原始的 iPhone OS (2.2) 上，跑步 emoji（改名為「Person Running」）長這樣：🏃。

隨著圖片越來越漂亮，以及螢幕像素越來越密集，emoji 也持續演化，到了 iOS 13.3，它長得像圖 20-4。

圖 20-4　iOS 13.3 的 Person Running

談到工程設計以及改善圖片，維持回溯相容性非常重要，所以如果你的軟體的早期版本使用短碼（running）來代表棍子人跑步，使用更豐富的圖片的後期版本可以提供類似它的圖片，只是現在非常明顯是男生在跑步，

我們用虛擬碼來表示這種情況：

```
if shortcode.contains("(running)"){
  showGraphic(personRunning)
}
```

這是精心設計的程式，因為它可以隨著圖片的演變維持回溯相容性。你永遠不需要為新螢幕或新圖片修改你的程式，只要改變 personRunning 資源即可。但是對終端用戶來說，**效果**將有所不同，為了公平起見，你也要提供 Woman Running emoji。

但是，你不能使用同一個短碼，而且你不想要破壞回溯相容性，所以你必須修改程式，可能是改成這樣：

```
if shortcode.contains("(running)"){
    if(shortcode.contains("+♀")){
        showGraphic(womanRunning);
    } else {
        showGraphic(personRunning);
```

```
        }
    }
```

從程式設計的角度來看，這是合理的做法。你可以在不破壞回溯相容性的情況下提供額外的功能，而且它很容易記憶——當你想要打出女生跑步時，你就要使用代表女性的 Venus 符號。但是正如這個範例所展示的，人生不是只有程式設計一種角度，這種設計會在占人口很大一部分的用例中加入額外的執行環境摩擦。

當初創造 emoji 的人沒有考慮性別平等問題而埋下的技術債務，直到今日仍然在這類的變通方案中存在。從 Emojipedia 的 Woman Running 網頁（*https://oreil.ly/o6O8g*），你可以看到 emoji 是用零寬連字（zero-width joiner, ZWJ）序列來定義的，裡面包含 Person Running、一個 ZWJ，以及一個 Venus 符號。為了讓終端用戶舒適地打出女生跑步，你只能採取治標不治本的方法。

幸好隨著許多提供 emoji 的 app 都提供選擇器來讓你從選單選擇它，而不是輸入短碼，這個問題已經在某種程度上被掩蓋起來了。但是禍根仍然潛伏在表面之下，雖然這個例子無關痛癢，但我想要用它來說明過往不考慮公平性或偏見的決策可能會影響未來。不要為了拯救現在而犧牲未來！

我們回到 AI 與機器學習。因為我們正處於應用程式類型的新時代的開端，考慮你的應用程式的所有使用層面非常重要。你要盡量確保公平性內建其中，你也要盡量避免偏差。這是正確的做法，可以協助你避免技術債務讓你在未來治標不治本。

機器學習的公平性

機器學習系統是以資料來驅動的，不是以程式碼來驅動的，所以發現偏差與其他有問題的領域是了解資料的議題之一。你必須用工具來協助調查資料，以及觀察資料如何流經模型。即使你有很棒的資料，但設計不良的系統也可能產生問題。接下來是當你建構 ML 系統時可以考慮的一些小技巧，可以避免你遇到這些問題：

確定是不是真的需要 ML

雖然這聽起來是多說的，但隨著新趨勢衝擊科技市場，你永遠會遇到實作它們的壓力，投資者、銷售管道或其他地方經常會施加壓力，要求你展示最先進的技術，並且使用最新且最棒的東西。因此，可能有人要求你在產品中加入機器學習，但如果它們是沒必要的呢？如果為了滿足這種非功能性的需求，你因為 ML 不適合你的任務，或儘管它未來或許派得上用場，但你現在還沒有足夠的資料覆蓋率，因而身陷困境，此時該怎麼辦？

我曾經參加一場學生競賽，參賽者必須處理一種圖像生成挑戰——使用生成對抗網路（GANs），根據臉的上半部分來預測臉的下半部分長怎樣。這場比賽是在 COVID-19 大流行之前的流感季節舉辦的，當時很多人都戴著口罩，這是日本人的優雅典範之一。這場比賽希望看看能否有人預測出面具下面的面孔。為了完成這項任務，他們必須取得臉部資料，因此他們使用一個 IMDb 資料組，裡面有臉部圖像和年齡及性別標籤（*https://oreil.ly/uUIV6*）。這有什麼問題？因為來源是 IMDb，所以資料組的大多數面孔都不是日本人。因此，他們的模型在預測**我的**臉時有很好的表現，但是無法預測他們自己的。因為學生在沒有足夠資料覆蓋率的情況之下倉促製作 ML 解決方案，他們做出一個有偏差的解決方案。雖然這只是一個展示和講述（show-and-tell）比賽，而且他們的作品都很出色，但是這個例子很清楚地提醒我們，在不需要使用 ML 時急忙地將 ML 產生推向市場，或是沒有足夠的資料可以用來建構合適的模型，可能會導致你做出有偏差的模型，並且在未來承擔沉重的技術債務。

從第一天就設計和實作評估指標

或許我應該寫成從第 0 天開始，因為我們都是程式員。特別是，如果你正在修改或更新一個無 ML 的系統並加入 ML，你應該盡可能地追蹤你的系統目前的使用情況。我們以上述的 emoji 故事為例。如果人們在早期就發現設計出男生的 Person Running emoji 是使用者體驗上的錯誤（因為跑步的女生的數量與跑步的男生一樣多），那個問題可能永遠都不會出現。你要隨時試著了解用戶的需求，如此一來，當你為 ML 設計資料導向架構時，你就可以確保你有足夠的覆蓋率來滿足這些需求，並且有機會預測未來的趨勢並超越它們。

打造最簡可行模型並反覆改善它

你應該先建構一個最簡可行模型來進行實驗，**再開始**考慮將 ML 模型部署到你的系統。ML 與 AI 不是萬靈丹，你應該使用手頭的資料建構最簡可行產品（MVP），再開始一步一步在你的系統中使用 ML。它有沒有把事情做好？你有沒有途徑可以收集更多擴展系統所需的資料，同時讓它公平對待所有用戶？當你完成 MVP 之後，先反覆改善它，打造雛型，並繼續測試，先不要倉促投入生產。

確保你的基礎設施支援快速重新部署

無論你要用 TensorFlow Serving 來將模型部署到伺服器、用 TensorFlow Lite 部署到行動設備，或是用 TensorFlow.js 部署到瀏覽器，你一定要注意如何在必要時**重新部署**模型。如果你遇到失敗的情況（因為任何原因，而不僅僅是偏差），你要設法快速部署新模型且不破壞終端用戶的體驗。例如，使用 TensorFlow Serving 的組態檔可以用名稱值來定義多個模型，讓你可以用來快速地切換它們。在使用 TensorFlow Lite 時，模型是當成資產來部署的，所以與其將它寫到在 app 裡面，不如讓 app 透過網路檢查有沒有新的模型版本，並且在發現時更新它。此外，把使用模型來執行推理的程式抽象化，例如避免寫死標籤，可以協助你在重新部署時避免回歸錯誤。

公平性工具

在市場上，協助了解訓練模型所使用的資料、模型本身，以及模型的推理輸出的工具已經越來越多了，接下來要介紹目前可用的選項。

What-If Tool

Google 的 What-If Tool 是我最喜歡的工具之一，它的目的是讓你用最少的程式檢查 ML 模型。你可以使用這個工具來檢查資料，以及那個資料讓模型產生的輸出。它有一個範例（*https://oreil.ly/sRv23*）以 1994 US Census 的 30,000 筆紀錄來訓練一個模型，用它來預測一個人的收入。例如抵壓貸款公司用它來確定某個人有沒有能力償還貸款，從而決定是否借錢給他。

這個工具有一個部分可讓你選擇一個推理值，看看資料組的哪些資料點會導致那個推理。例如，看一下圖 20-5。

這個模型回傳 0 至 1 的低收入機率，低於 0.5 代表高輸入，高於 0.5 代表低收入。這位用戶得到 0.528，在我們虛構的抵押貸款場景中，他可能會因為收入太低而被拒絕。使用這個工具，你可以改變一些用戶資料，例如他們的年齡，看看這項改變會對推理造成什麼影響。在這個人的例子中，將他們的年齡從 42 改成 48 會在 0.5 這個閾值的另一側加分，貸款申請結果從「拒絕」變成「接受」。注意，用戶的其他選項都沒有改變，除了他們的年齡。這是模型可能有年齡偏見的強烈訊號。

What-If Tool 可讓你這樣試驗各種不同的訊號，包括性別、種族等等。為了防止一次性的情況導致本末倒置，造成你改變整個模型來防止由一位顧客本身而不是由模型引起的問題，這項工具可以讓你尋找最接近的反事實，也就是說，它可以找到導致不同推理且最接近的資料，讓你可以深入研究資料（或模型架構）來找出偏見。

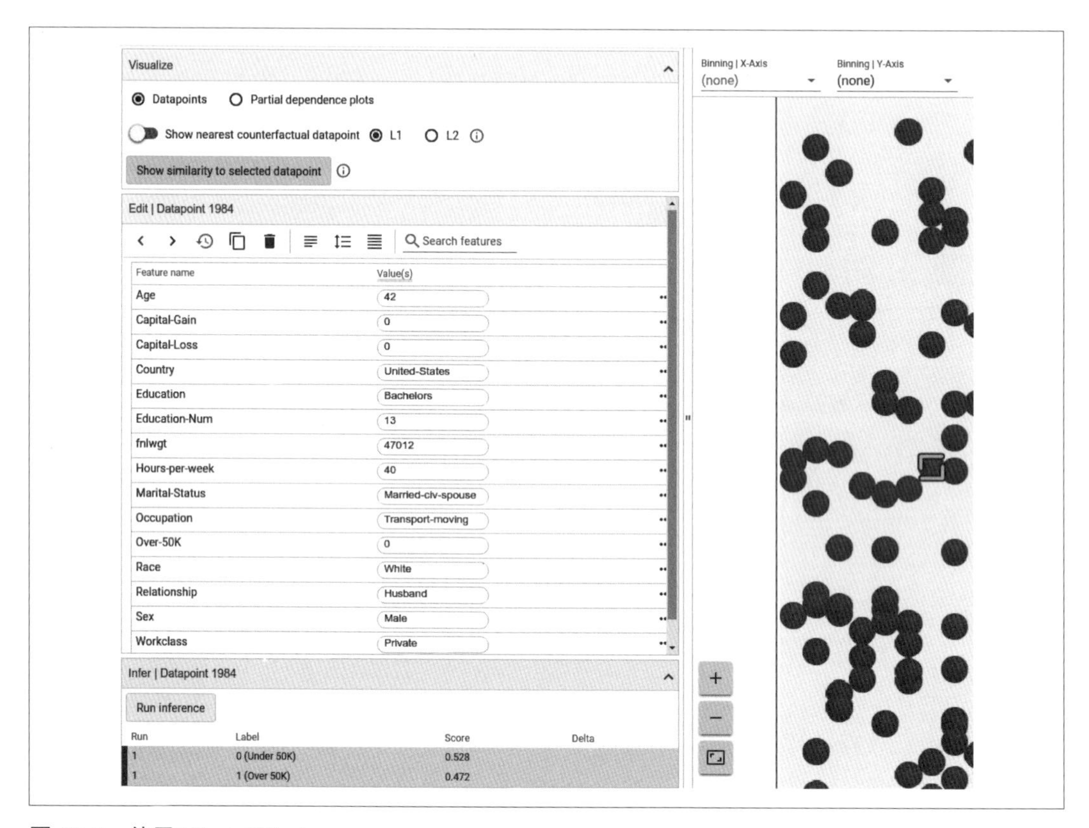

圖 20-5　使用 What-If Tool

剛才只是略提 What-If Tool 工具的少數功能，但我強烈建議你好好了解它。在網路上有許多範例展示你可以用它來做什麼（*https://oreil.ly/NQPB6*）。而且它的核心功能提供一些工具來讓你在部署之前測試「如果那樣的話（what-if）」的情況。因此，我認為它在你的 ML 工具箱裡是不可或缺的。

Facets

Facets（*https://oreil.ly/g7fQM*）是搭配 What-If Tool 來讓你透過視覺化技術來深入研究資料的工具。Facets 的目標是協助你了解資料組的各種特徵值的分布。如果你的資料被拆成多個子集合，分別用於訓練、測試、驗證或其他用途，這種功能特別好用。因為此時，你的資料很容易往特定特徵的方向傾斜，導致你做出一個錯誤的模型。這個工具可以協助你確定各個分割是否充分覆蓋各個特徵。

例如，在使用之前的 What-If Tool 範例中的 US Census 資料組時，只要稍微檢查就可以發現它的訓練 / 測試分組做得非常好，但是 capital gain 與 capital loss 特徵在訓練組應該有傾斜的現象。注意，從圖 20-6 的分位數（quantiles）可以看到，除了這兩個特徵之外的特徵裡面的十字都非常平衡，這代表大多數資料點的這些值都是零，但是在資料組裡面，有一些值大很多，在 capital gain 的案例中，訓練組有 91.67% 是零，其餘的值接近 100,000。這可能會讓訓練傾斜，而且可以視為一種 debug 訊號。這可能會導致模型往極少部分的人口傾斜。

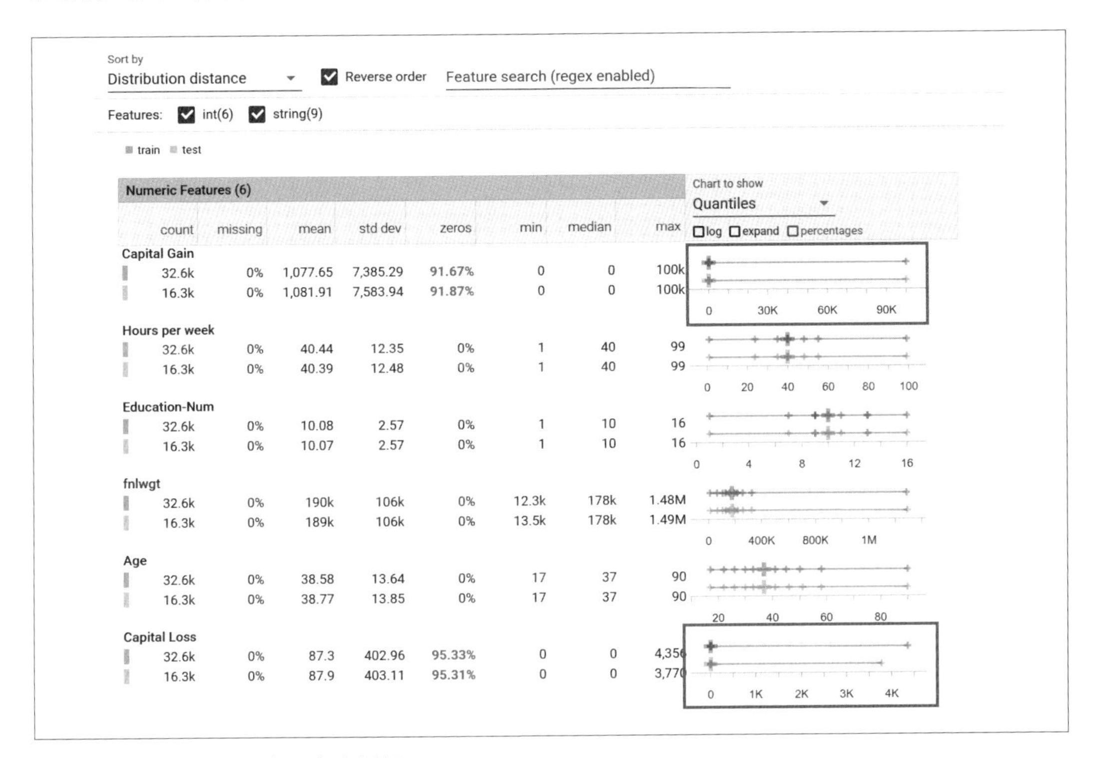

圖 20-6　使用 Facets 來探索資料組

Facets 也有一種稱為 Facets Dive 的工具，可讓你用一些座標軸來將資料組的內容視覺化。它可以協助你找出資料組裡面的錯誤，甚至是既有的偏差，讓你知道如何處理它們。例如圖 20-7，我在裡面用 target、education level 與 gender 來拆開資料組。

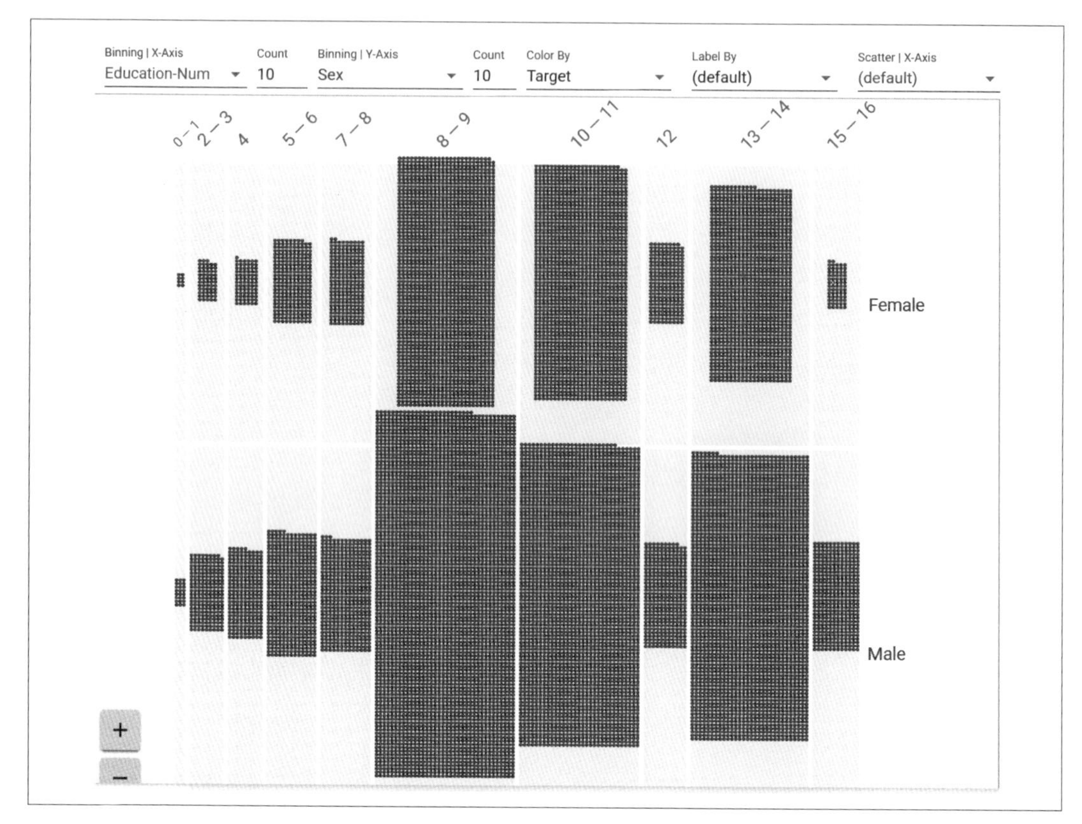

圖 20-7　用 Facets 深入了解

紅色代表「預測高收入」，由左至右是教育程度。在幾乎所有情況下，男性高收入的機率都比女性大，特別是在教育程度較高的情況下，這種對比更是明顯。例如，看一下第 13–14 行（相當於學士學位）：資料顯示，在一樣的教育程度之下，男性高收入者的比例遠高於女性。雖然模型裡面有許多其他的因素會影響收入高低，但是高教育程度的人有這種分歧可能代表模型有偏差。

為了協助你找出這種特徵，我建議你同時使用 What-If Tool 與 Facets 來調查你的資料與模型的輸出。

這些工具都是 Google 的 People + AI Research（PAIR）團隊製作的。我建議你把他們的網站加入書籤（*https://oreil.ly/Asc1P*），來注意最新的版本，並且加入 People + AI Guidebook（*https://oreil.ly/0k_jn*）來關注以人為中心的 AI 方法。

聯合學習

當你部署與發表模型之後，你可能會根據整個用戶群如何使用它來持續改善它。例如，鍵盤必須學習每位用戶的行為才能有效率地預測下一個字。但是這裡有一個陷阱——為了讓模型可以學習，我們必須收集資料，並且從終端用戶收集資料來訓練模型，特別是在沒有取得他們同意的情況下，這可能是對隱私的大規模侵犯。你沒有權力使用終端用戶輸入的每一個字來改善鍵盤的預測，因為如此一來，外界的第三方就可以知道每一封 email、文章、簡訊的內容。因此，為了實現這種學習方式，我們所使用的技術必須能夠同時維護用戶的隱私，並且分享有價值的部分資料。這種做法通常稱為**聯合學習**（*federated learning*），本節將介紹它。

聯合學習的核心概念就是絕對不把用戶資料送到中央伺服器，而是使用接下來介紹的程序。

第 1 步：找出可以用來訓練的設備

首先，你要找出一組適合協助訓練工作的用戶。你必須考慮在設備上進行訓練對用戶的影響。為了確定設備是否可用，你必須評估設備是否被用戶使用，或是它是否有插上電源（如圖 20-8 所示）。

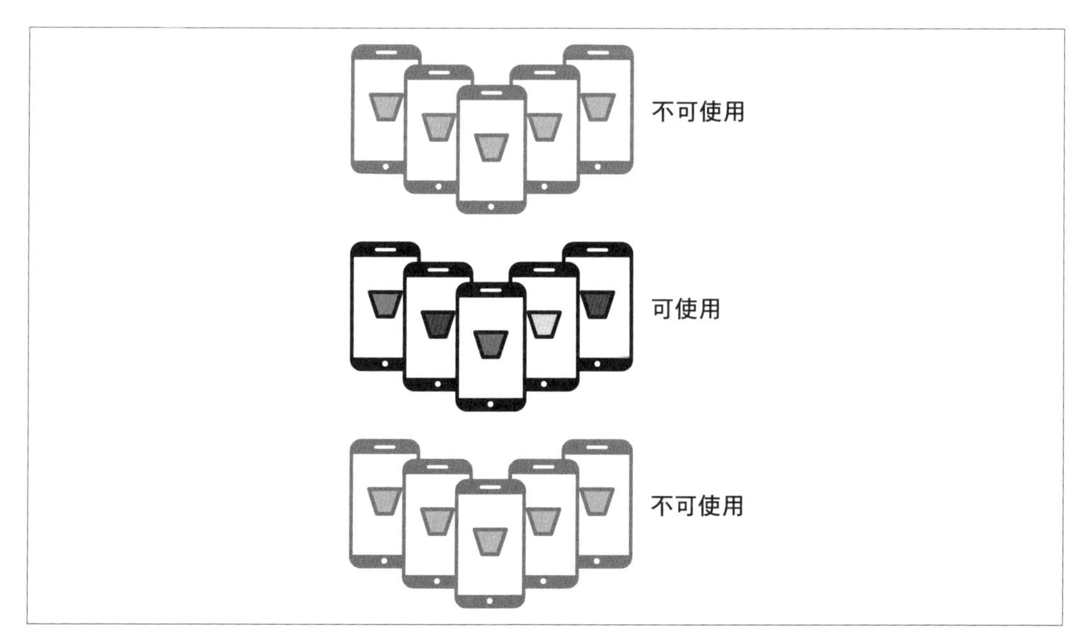

圖 20-8　找出可用的設備

第 2 步：找出適合用來訓練的設備

並非所有可用的設備都適合用來訓練，它們可能沒有足夠的資料、最近沒有被用過…等。決定適用性的因素很多，這取決於你的訓練標準。你要根據這些因素，從可用的設備篩選出一組**適合**而且可用的設備（圖 20-9）。

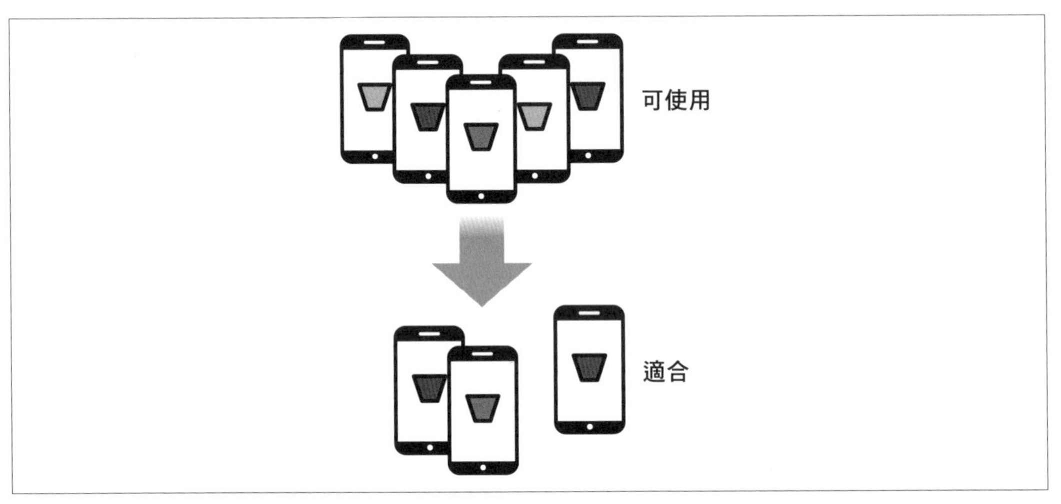

圖 20-9　選出適合且可用的設備

第 3 步：將可訓練的模型部署到你的訓練群組

找出一組適合且可用的設備之後，將模型部署到它們上面（圖 20-10），在這些設備上訓練模型，這就是為什麼目前沒有被使用而且有插電的設備（以避免耗盡電池）是適合的群體。*注意，目前在 TensorFlow 還沒有公用的 API 可以在設備上進行訓練*。你可以在 Colab 上測試這個環境，但是在筆者行文至此時，在 Android/iOS 還沒有等效的做法。

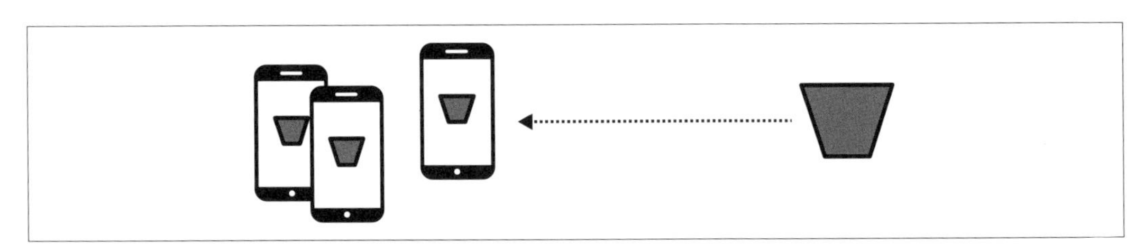

圖 20-10　將新的訓練模型部署到設備上

第 4 步：將訓練的結果回傳給伺服器

注意，在別人的設備上用來訓練模型的資料並**沒有**離開設備，但是模型學到的權重、偏差與其他參數可以離開設備。我們可以在這裡加入另一層的安全性和隱私性（見第 358 頁的「結合安全聚合與聯合學習」）。在這個例子中，在各個設備上學到的值可以傳給伺服器，我們可以將它們整合到主模型，有效地使用在各個用戶端學到的東西來建立新的模型版本（圖 20-11）。

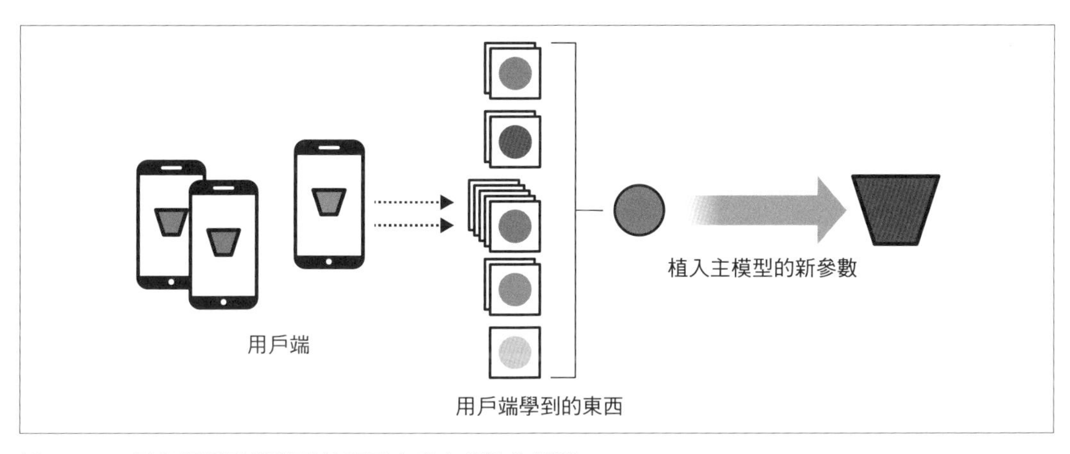

圖 20-11　用各個用戶端學到的東西來建立新的主模型

第 5 步：將新的主模型部署到用戶端

接著，當用戶端可以接收新的主模型時，我們將它部署到它們上面，讓所有人都可以使用新功能（圖 20-12）。

這種模式提供一種概念框架，你可以用所有用戶的經驗來訓練一個中央模型，同時不會因為將資料傳給伺服器而侵犯他們的隱私權。我們直接在他們的設備上進行部分的訓練，離開設備的只有訓練的**結果**。接下來將介紹一種稱為**安全聚合**（*secure aggregation*）的方法，它可以透過混淆來提供另一層隱私保障。

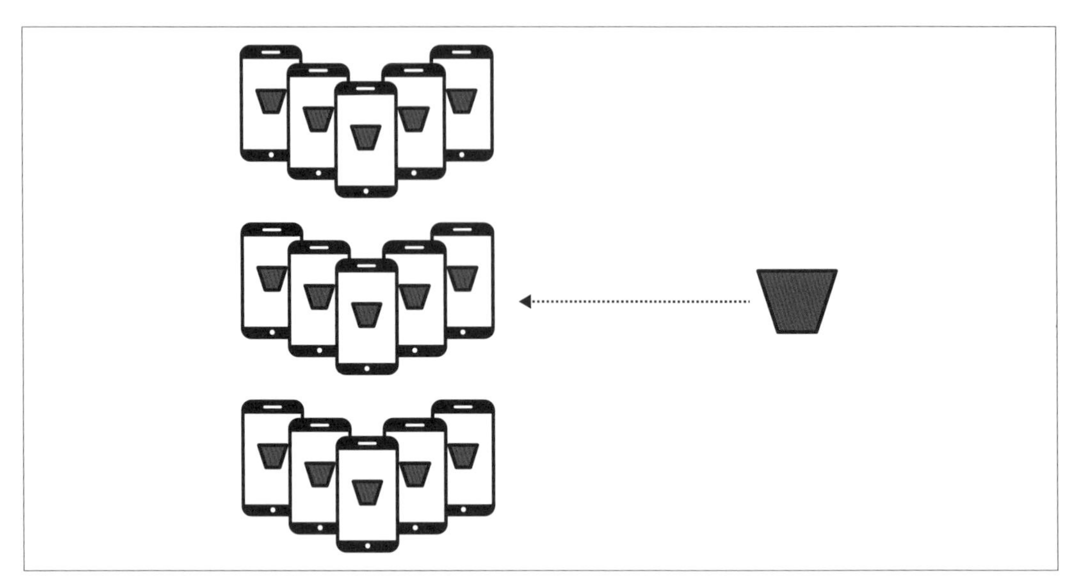

圖 20-12　將新的主模型部署到所有用戶端

結合安全聚合與聯合學習

之前的演練展示了聯合學習的概念框架。你可以將它與安全聚合的概念結合起來，以進一步混淆學到的權重與偏差，同時從用戶端傳到伺服器。它背後的概念很簡單。伺服器會在一個搭檔系統裡面為設備兩兩配對，例如，在圖 20-13 裡面有許多設備，每個設備都被指定兩個搭檔。每一對搭檔都會收到同一個隨機值，當成乘數，用來混淆它傳送的資料。

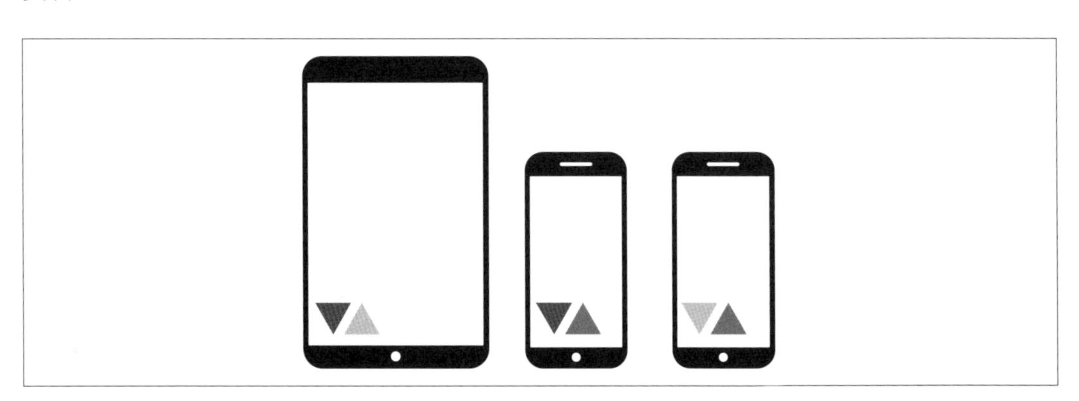

圖 20-13　搭檔設備

在這裡，第一個設備與第二個配對，以深色的三角形來表示，它們代表值，結合起來會互相抵銷，所以深色的「朝下」三角形可能是 2.0，深色的「朝上」可能是 0.5，兩個相乘得到 1。第一個設備也與第三個配對，每一個設備都有兩個「搭檔」，在該設備上的數字在另一個設備上有對應的數字。

從特定設備傳出來的資料，以圖 20-14 的圓形來表示，會和隨機的乘數結合再送給伺服器。

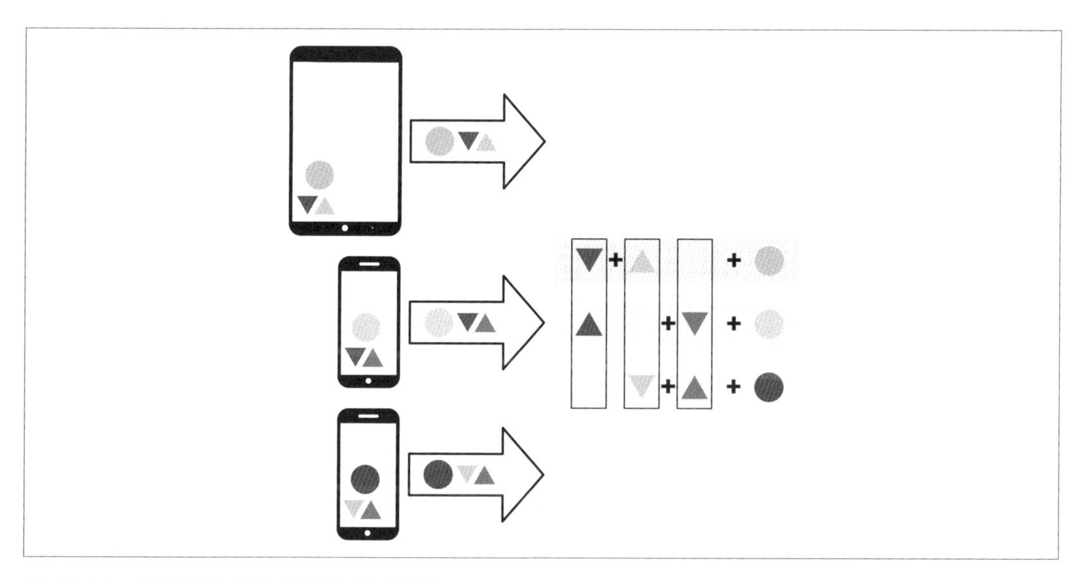

圖 20-14　使用安全聚合將值送給伺服器

因為伺服器知道被送給搭檔的值，所以可以將它們抵銷，只拿出酬載，當資料被傳送到伺服器時，它會被鍵（key）混淆。

使用 TensorFlow Federated 來進行聯合學習

TensorFlow Federated（TFF）（*https://oreil.ly/dLgJu*）是一個開源框架，可在模擬的伺服器環境中提供聯合學習功能。在筆者行文至此時，它仍然處於實驗階段，但值得研究。TFF 有兩個核心 API，第一個是 Federated Learning API，提供一組介面來讓你在既有的模型中加入聯合學習與評估功能。例如，它可以讓你定義被「分散的用戶端學到的值」影響的分散變數（distributed variables）。第二個是 Federated Core API，它在泛函（functional）設計環境裡實作了聯合通訊操作。它是 Google keyboard、Gboard 等已被部署的一些專案的基礎（*https://arxiv.org/pdf/1811.03604.pdf*）。

我不會詳細介紹如何使用 TFF，因為它仍然於早期階段，但我鼓勵你研究它，為可在設備上使用聯合學習程式庫的那一天做好準備！

Google 的 AI 原則

TensorFlow 是 Google 的工程師創造的，它是該公司為它的產品和內部系統建構的許多專案的根源。在它被開放原始碼之後，人們發現了許多新的機器學習途徑，ML 與 AI 領域的創新步伐快得令人震驚。有鑑於此，Google 決定發表一個公開聲明（*https://ai.google/principles*），概述有關如何創造與使用 AI 的原則。它們是很棒的指南，教你如何負責任地使用 AI，值得研究。總之，它提出的原則有：

利益社會

AI 的進展是革命性的，隨著這種變化的發生，我們必須考慮所有社會經濟因素，除非潛在的整體利益大於可預見的風險和不利因素，否則就不能繼續研發。

避免創造或強化不公平的偏見

本章談過，偏見很容易滲透到任何系統中，AI（尤其是在它改變產業的情況下）提供了一個消除既有偏見，並且確保新的偏見不會出現的機會。我們應該注意這一點。

建構安全的系統並加以測試

Google 持續開發強大的安全性和安全實踐法來避免 AI 造成的意外傷害。這包括在受限的環境裡面開發 AI 技術，以及在部署之後持續監視它們的運作。

對大眾負責

我們的目標是建構出可被適當的人員指引和控制的 AI 系統。這意味著我們必須提供適當的機會來讓大家可以回饋、申訴，以及做相關解釋。實作這些管道的工具是生態系統中非常重要的部分。

納入隱私設計原則

AI 系統必須包含保護措施，以確保提供足夠的隱私權，並且告知用戶他們的資料將被如何使用。你必須明確地通知他們並獲得同意。

堅持卓越的科學標準

科技創新最好用嚴謹的科學來完成，並願意接受公開的調查及合作。如果 AI 的目的是解開關鍵的科學領域知識，它就要追求這些領域所期望的卓越科學標準。

只讓遵守這些規則的用戶使用

雖然這一點看起來有點牽強，但我們想要強調，這些原則並不是單獨存在的，這些原則的對象也不是只有建構系統的人。它們也試圖指引你所建構的系統如何使用。注意別人可能如何以意想不到的方式來使用你的系統是有好處的，因此，你也要為用戶制定一套規則！

小結

我們來到本書的尾聲了。對我來說，寫這本書是一段驚奇且有趣的旅程，希望你能在閱讀的過程中發現它的價值！從機器學習的「Hello World」到建構你的第一個電腦視覺、自然語言處理，以及序列模型系統…等，你已經走過漫長的道路。你也練習了在各種地方部署模型，從行動設備到網路與瀏覽器。這一章概要說明如何以謹慎且利益大眾的方式使用的模型，以及為何應該如此，作為本書的結束。你知道偏見在電腦領域是個問題，在 AI 裡面也是個潛在的巨大問題，當這個領域尚處於起步階段的時候，我們也處於消除偏見的最前線。我們研究了一些協助完成這項工作的工具，並且了解聯合學習，特別說明為何它可能是行動 app 開發的未來。

感謝你和我一起經歷這趟旅程！期待收到你的回饋，我會盡我所能地回答你的問題。

索引

※ 提醒您： 由於翻譯書排版的關係，部分索引名詞的對應頁碼會和實際頁碼有一頁之差。

A

B

C

D

E

F

G

H

I

J

K

L

M

N

O

P

Q

R

S

T

U

V

W

關於作者

Laurence Moroney 是 Google 的 AI Advocacy 主管。他的目標是教導軟體開發者用機器學習來建構 AI 系統。他經常在 TensorFlow YouTube 頻道（*youtube.com/tensorflow*）上貢獻所學，是一位全球公認的主題演說者，寫了數不清的書，包括幾本暢銷的科幻小說，還寫過一部電影的劇本。他住在華盛頓的 Sammamish，在那裡喝過海量的咖啡。

出版記事

本書封面上的動物是瓣足或蹼足壁虎（*Palmatogecko rangei*）。壁虎是一種小蜥蜴，全世界有超過一千種。這個物種是在納米比亞的納米布沙漠和西南非演化出來的。

蹼足壁虎幾乎是半透明的，身長 4-6 英寸，有超大的眼睛，牠們會舔眼睛來維持清楚的視力。牠們用蹼足像鏟子一樣在沙漠中移動，腳趾上有黏墊可進一步提升靈活性。這種蹼足壁虎與大多數壁虎一樣，是在夜間活動的食蟲動物。

與其他爬行動物不同的是，大多數壁虎都會發出聲音。蹼足壁虎的聲音特別多樣，包括噠噠聲、蛙叫聲、吠叫聲和吱吱聲。

國際自然保護聯盟還沒有評估蹼足壁虎的數量。O'Reilly 書籍封面上的許多動物都面臨瀕臨絕種的危機；牠們都是這個世界重要的一份子。

這張彩色的插圖來自 Karen Montgomery 的作品，取自 *Lydekker's Royal Natural History* 的一幅黑白版畫。

從程式員到 AI 專家｜寫給程式員的人工智慧與機器學習指南

作　　者：Laurence Moroney
譯　　者：賴屹民
企劃編輯：蔡彤孟
文字編輯：王雅雯
設計裝幀：陶相騰
發 行 人：廖文良

發 行 所：碁峰資訊股份有限公司
地　　址：台北市南港區三重路 66 號 7 樓之 6
電　　話：(02)2788-2408
傳　　真：(02)8192-4433
網　　站：www.gotop.com.tw
書　　號：A667
版　　次：2021 年 04 月初版
建議售價：NT$680

國家圖書館出版品預行編目資料

從程式員到 AI 專家：寫給程式員的人工智慧與機器學習指南 / Laurence Moroney 原著；賴屹民譯. -- 初版. -- 臺北市：碁峰資訊, 2021.04
面；　公分
譯自：AI and Machine Learning for Coders: a programmer's guide to artificial intelligence
ISBN 978-986-502-777-3(平裝)
1.人工智慧　2.機器學習
312.83　　110004550

讀者服務

- 感謝您購買碁峰圖書，如果您對本書的內容或表達上有不清楚的地方或其他建議，請至碁峰網站:「聯絡我們」\「圖書問題」留下您所購買之書籍及問題。(請註明購買書籍之書號及書名，以及問題頁數，以便能儘快為您處理)
  http://www.gotop.com.tw
- 售後服務僅限書籍本身內容，若是軟、硬體問題，請您直接與軟體廠商聯絡。
- 若於購買書籍後發現有破損、缺頁、裝訂錯誤之問題，請直接將書寄回更換，並註明您的姓名、連絡電話及地址，將有專人與您連絡補寄商品。